Tobias Sprafke

Löss in Niederösterreich - Archiv quartärer Klima- und Landschaftsveränderungen

Tobias Sprafke

Löss in Niederösterreich

Archiv quartärer Klima- und Landschafts-veränderungen

Würzburg University Press

Dissertation, Julius-Maximilians-Universität Würzburg
Philosophische Fakultät, 2015
Gutachter: Prof. Dr. Birgit Terhorst, Prof. Dr. Manfred Frechen
Eingereicht unter dem Titel: Löss-Paläoboden Sequenzen in Niederösterreich
als komplexe Archive quartärer Klima- und Landschaftsveränderungen

Impressum

Julius-Maximilians-Universität Würzburg
Würzburg University Press
Universitätsbibliothek Würzburg
Am Hubland
D-97074 Würzburg
www.wup.uni-wuerzburg.de

Print on Demand

Coverdesign: Jakob Löffler
Coverfotos: Tobias Sprafke, Panorama der Kremser Bucht,
Dünnschlifffotos aus untersuchten Löss-Paläoboden Sequenzen

ISBN: 978-3-95826-038-2 (print)
ISBN: 978-3-95826-039-9 (online)
URN: urn:nbn:de:bvb:20-opus-127787

Vorwort

Der Fokus dieser Arbeit liegt auf den international sehr bekannten Löss-Paläoboden Sequenzen Niederösterreichs. Diese waren über einen langen Zeitraum Gegenstand wissenschaftlicher Diskussionen. Diese Situation erschwert sicherlich eine objektive Neubearbeitung der seit den 1980er Jahren kaum mehr beachteten Sequenzen. Vor dem Hintergrund aktueller neuer Methodik und sich ständig weiter entwickelnden paläoklimatischen und -ökologischen Fragestellungen erscheint eine erneute Analyse klassischer Typlokalitäten jedoch unbedingt sinnvoll und notwendig und in diesen Rahmen ist die vorliegende Studie einzuordnen. Sie basiert auf einer sehr stringenten und zugleich weitreichenden Datenanalyse, welche es Herrn Sprafke erlaubt, die untersuchten Lössprofile sehr weitgehend zu entschlüsseln. Die Literaturaufarbeitung in der vorgelegten Arbeit stellt den derzeit umfangreichsten Überblick über den Stand der Quartärforschung in der Untersuchungsregion dar. Auf dieser Grundlage konnten kontroverse Sichtweisen einer Weiterentwicklung zugeführt und überzeugende neue Konzepte entwickelt werden. Hier hat Herr Sprafke ohne Zweifel Pionierarbeit geleistet. Dabei stand auch im Mittelpunkt, die Reaktion des Naturraums mit seinen spezifischen Geoökosystemen auf Klimaveränderungen in unterschiedlichen Zeitabschnitten zu erfassen und darüber hinaus überregional zu vergleichen. An dieser Stelle verweise ich auf die überzeugenden regionalen und überregionalen Korrelationsschemata dieser Arbeit.

Generell stellen viele aktuelle Arbeiten über terrestrische quartäre Sequenzen eine hohe Auflösung von Messdaten für einzelne Profile in den Mittelpunkt, während eine grundlegende Gelände- und Prozessanalyse vernachlässigt wird. Herr Sprafke erreicht eine Verschneidung beider Herangehensweisen und die Kombination grundlegender Gelände- und Laboranalysen mit hochaufgelösten Probenserien (v.a. eigenständig weiterentwickelte Farbmessungen). Darauf aufbauend führen detaillierte mikromorphologische Resultate sowie die Ergebnisse der Lumineszendatierungen zu weitreichenden, wissenschaftlich ausgezeichneten Schlussfolgerungen. Die Datierungen wurden in Zusammenarbeit mit Dr. Christine Thiel (NLL Aarhus University, Nutech DTU, Risø Campus & LIAG Hannover) und Prof. Dr. Manfred Frechen (LIAG Hannover) durchgeführt, der dankenswerterweise auch das Zweitgutachten erstellte.

Würzburg im Juni 2016
Prof. Dr. Birgit Terhorst

Danksagung

Komplexe Lösssedimente, polygenetische Paläoböden und die reizvolle Region um Krems an der Donau entdeckte ich während meiner Diplomarbeit an der früheren Typuslokalität Paudorf. Die vorliegende Arbeit baut auf den grundlegenden Erkenntnissen auf und ist das Resultat zahlreicher Geländefahrten, umfassender Laborarbeiten und vieler Stunden vor dem Polarisationsmikroskop, die ohne größere Projektmittel, jedoch mit der Unterstützung durch zahlreiche Personen durchgeführt wurde. Zunächst möchte ich meiner Betreuerin Prof. Dr. Birgit Terhorst danken, dass sie mir nach der Diplomarbeit neben einer festen Anstellung für diese Dissertation auch wieder vertrauensvoll einige ihrer liebsten Forschungsobjekte überlies und mir viel Freiheit bei der methodischen Ausrichtung ließ. Prof. Dr. Manfred Frechen (LIAG Hannover) danke ich herzlich für seine sofortige Bereitschaft als Zweitgutachter zur Verfügung zu stehen. Danke auch an Prof. Dr. Jürgen Rauh (Universität Würzburg) für seinen Einsatz als Zweitprüfer der Disputation.

Ich möchte Ass.-Prof. Dr. Robert Peticzka sowie Ass.-Prof. Dr. Franz Holawe, Bernhard Groiss, Christa Hermann (Universität Wien) für technisch-logistische Hilfestellung und viele Diskussionen danken. Besonderen Dank möchte ich ausdrücken für die unkomplizierte Überlassung des Spektrophotometers für mehr als ein Jahr, welches letztlich eine zentrale Stütze dieser Arbeit wurde. Für die Herstellung mehrerer dutzend Dünnschliffe, die zweite große Säule dieser Studien danke ich Jaime Díaz. Ein großer Dank geht an Dr. Sergey Sedov (UNAM Mexico City), der mir diese bereitwillig vermittelte und darüber hinaus bei seinem einjährigen Forschungsaufenthalt an unserem Institut in Würzburg mehr als nur fachlichen Rat bot. Er ermöglichte mir auch die Kontaktaufnahme mit Prof. Dr. Arnt Bronger (Universität Kiel), der mich dankenswerterweise bei einigen grundsätzlichen Fragen mit seiner umfassenden Expertise unterstützte und aus dessen Sammlung ich zwei Dünnschliffe zum Studium für diese Arbeit erhielt. Ohne die Lumineszenzdatierungen von Dr. Christine Thiel (NLL Aarhus University, Nutech DTU, Risø Campus & LIAG Hannover) hätte all den durch gemessene Farbvariationen unterstützten Stratigraphien und mikromorphologisch rekonstruierten Prozessen der so wichtige chronologische Rahmen gefehlt. Vielen Dank für die vertrauensvolle Zusammenarbeit!

Das Team der Archäologen in Krems von der Prähistorischen Kommission der Österreichischen Akademie der Wissenschaften unter Leitung von Dr. Christine Neugebauer-Maresch und Dr. Thomas Einwögerer bot mir jede mögliche Unterstützung beispielsweise durch die Überlassung von Werkzeugen und Leitern sowie Vermessungen. Prof. Dr. Franz Ottner und Dr. Karin Wriessnig (Universität für Bodenkultur, Wien) hatten immer ein offenes Ohr und Labor. Ich möchte des Weiteren Dr. Roland Zech (ETH Zürich / Universität Bern) und Dr.

Michael Zech (Universität Bayreuth) für gute Diskussionen auf Tagungen und über skype danken! Prof. Dr. Bodo Damm (Universität Vechta) danke ich für die Finanzierung einiger Dünnschliffe und sonstige Unterstützung. Prof. Dr. Herbert Voßmerbäumer im Nachbarzimmer danke ich für kritische Anregungen.
Ich möchte auch den Bachelor-Studenten danken, die sich für ihre Abschlussarbeiten an die komplexen Sequenzen des Kremser Raumes trauten und mit mir gemeinsam Teilaspekte bearbeiteten: Sebastian Knoll (Gesamt- und Tonmineralogie von KR 4, KR 5 und KR 7), Thomas Köllisch und Franziska Schwab (Karbonate und Farbe AK3AB), Christian Schäfer (Farbe GN1AC+E, NW2C, MW2C) und Tobias Schneyer (Karbonate GN1AC). Dutzende Studenten trugen bei Geländeseminaren in Krems 2012 und 2013 zu meiner Arbeit bei. Unserer Arbeitsgruppe Boden und Landschaftsdynamik danke ich für kritische Kommentare und Hilfe. Dr. Felix Pollinger (Würzburg) danke ich für seine Bereitschaft, den Großteil der Labordaten mit statistischen Methoden auszuwerten, was schnell das Potential für eine eigene Forschungsarbeit zeigte. Ingo Hofer in Wien danke ich herzlich für die immer wieder freundliche Aufnahme und zahlreiche gute Diskussionen. Auch Dr. Reinhard Rötzel (Geologische Bundesanstalt Wien) stand mir immer mir Rat zur Seite. Danke! Danke an die Gemeindeverwaltung in Stiefern für die unbürokratische Erlaubnis für meine Forschungsarbeiten. In Stillfried ermöglichte Dr. Walpurga Antl-Weiser (Naturhistorisches Museum Wien) das kurzfristige Studium des in dieser Arbeit präsentierten Lössprofils. Besonderen Dank gebührt ferner dem Schützenverein Krems 1440, der mir stets freundlich Zugang zu den Lösswänden gestattete, an welchen der Hauptteil dieser Forschungsarbeiten durchgeführt wurde. Der Familie Surböck sei stellvertretend herzlichst gedankt.
In Würzburg und im Gelände ist Simon Meyer-Heintze nun schon seit über vier Jahren ein verlässlicher Freund und Partner, dafür Danke. Für langjährige Unterstützung in jeder Lebenslage danke ich Daniel Steinert und Anna-Katharina Mehrwald. Ximena gab mir den wichtigen Ausgleich zu streng rationaler Arbeit aber auch einige interessante Anregungen. Für viel Kritik und noch mehr Zuneigung danke ich meinen Geschwistern Johannes mit Hazel und Katharina mit Marco. Über dreißig Lebensjahre gaben mir meine Eltern bedeutend mehr als nur materielle Unabhängigkeit und die damit verbundene Möglichkeit zur Entfaltung, so dass diese Arbeit nur ein kleines Dankeschön sein kann.

Abstract

Loess in Lower Austria - archive of Quaternary climate and landscape changes

This study presents detailed stratigraphical and paleopedological studies of loess-paleosol sequences (LPS) in the continental northeast of Austria, on the leeward side of the Bohemian Massif relative to the Westerlies. Aside from advances in methodology, general conclusions are drawn about climate and landscape development over the last million years.
The studied outcrops are located in the region of Krems (Krems-Schießstätte, Paudorf, Stiefern) and at Stillfried. Some are widely known as former type localities of Quaternary stratigraphy, but general interest in these records faded after fundamental revisions were made in the 1970s. The LPS are located at slope positions, where polygenetic units and erosional discontinuities are common. The records document a complex geomorphological development, thus the application of established paleoclimatic proxies is not promising.
In order to understand the genesis of the studied LPS, a multi-method approach was developed that encompassed detailed investigations on various scales from the landscape to the microscope. One key innovation is the use of quantitative color measurements in high resolution to provide a standardized classification of profile units. Detailed micromorphological analyses were the main basis for reconstructing the interplay of aeolian sedimentation, pedogenesis, and slope processes.
Based on various geochronological tie points, stratigraphies of the investigated LPS were correlated; evidence for several profound geomorphic changes in the Krems region during the Pleistocence. The concept of climatophytomorphic soils combined with the chronological framework allowed for qualitative paleoclimatic conclusions: Strongly weathered soil horizons are polygenetic and do not indicate enhanced humidity during distinct phases of development. The continentality of the study region during warm periods has remained relatively constant during the last million years, partly with enhanced Mediterranean influences. A dominating influence of Atlantic moisture remained restricted to the regions west of the Bohemian Massif. The paleoclimates in the study region were to some extent comparable to the Pannonian Basin; though, the studied records do not indicate a considerable gradient of increasing aridity during the Middle Pleistocene. Interesting are numerous bleached horizons in the loess sediments, interpreted as remnants of tundra gley soils. As these are practically absent in the loess of the Pannonian Basin, a rather Central European character of the main cold stages in the studied time frame could be inferred.

Zusammenfassung

Diese Arbeit widmet sich detaillierten stratigraphischen und paläopedologischen Studien an Löss-Paläoboden Sequenzen (LPS) im kontinentalen Nordosten Österreichs, im Lee der Böhmischen Masse relativ zur Westwindzone. Neben methodischen Erkenntnissen ergeben sich allgemeine Schlussfolgerungen über die Klima- und Landschaftsentwicklung während der letzten Million Jahre.

Die untersuchten Aufschlüsse liegen in der Region um Krems (Krems-Schießstätte, Paudorf, Stiefern) und in Stillfried. Einige sind weithin bekannt als ehemalige Typuslokalitäten der Quartärstratigraphie, aber nach fundamentalen Revisionen in den 1970er Jahren schwand das Interesse an diesen merklich. Die LPS befinden sich in Hanglage, so sind polygenetische Einheiten und Erosionslücken üblich. Als Archive einer komplexen geomorphologischen Entwicklung sind sie nicht geeignet für die Anwendung üblicher paläoklimatischer Proxies. Um die Entstehung der untersuchten LPS zu verstehen, wurde ein multimethodischer Ansatz entwickelt, der detaillierte Untersuchungen von der Landschafts- bis auf die Mikroebene umfasst. Innovativ ist die Verwendung quantitativer Farbmessungen in hoher Auflösung zum Zwecke einer standardisierten Klassifikation von Profileinheiten. Detaillierte mikromorphologische Untersuchungen sind Basis für die Rekonstruktion des Wechselspiels aus äolischer Sedimentation, Pedogenese und Hangprozessen.

Die Korrelation der LPS basiert auf mehreren geochronologischen Ankerpunkten und ist zugleich Hinweis auf tiefgreifende morphologische Veränderungen in der Region Krems während des Pleistozäns. Im chronologischen Rahmen ergeben sich unter Anwendung des Konzepts der klimaphytomorphen Böden qualitative paläoklimatische Schlussfolgerungen: Kräftig verwitterte Bodenhorizonte sind polygenetisch und nicht das Resultat feuchterer Klimabedingungen während dezidierter Entwicklungsphasen. Die Kontinentalität des Untersuchungsgebiets blieb währenden der letzten Million Jahre weitgehend bestehen, teils mit erhöhtem mediterranem Einfluss. Eine Dominanz atlantischer Feuchte beschränkt(e) sich auf die Regionen westlich der Böhmischen Masse. Die Paläoklimate des Untersuchungsgebiets waren eher vergleichbar mit jenen des Pannonischen Beckens, obgleich die untersuchten Sequenzen keinen Hinweis auf den dort vermuteten Gradienten zunehmender Aridität zeigen. Interessant sind ferner zahlreiche gebleichte Horizonte innerhalb der Lösssedimente, die als Reste von Tundragleyen interpretiert werden. Diese sind im Löss des Pannonischen Becken nicht nachweisbar. Hieraus wird ein mitteleuropäischer Charakter kaltzeitlichen Klimas innerhalb des untersuchten Zeitrahmens gefolgert.

Inhaltsverzeichnis

1 Einleitung

Löss-Paläoboden Sequenzen (LPS) entstehen im sich gegenseitig überlagernden Wechselspiel von Mineralstaubsedimentation und (quasi-)pedogenen Prozessen und sind in der gemäßigten Zone weit verbreitet (Pécsi & Richter, 1996). LPS spiegeln die quartären Klimaschwankungen in einer zeitlichen Auflösung von 1 bis 100 ka (ka = 1 000 Jahre) wider, insbesondere die (quasi-)zyklischen Oszillationen zwischen Kalt- und Warmzeiten (Antoine et al., 2009b; Bronger, 1999). Änderungen globaler Durchschnittstemperaturen resultieren, bedingt durch nicht-lineare Verschiebungen der Wind- und Luftdruckgürtel sowie topographische Faktoren, in regional abweichenden klimatischen Veränderungen, wobei hinsichtlich der Abweichungen sowohl hygrische und thermische Größen als auch veränderte Saisonalitäten beachtet werden müssen. Auf der betrachteten Zeitskala reflektieren chronologisch fassbare Paläoböden die Ökosysteme ihrer Bildungszeit, woraus sich die Bedeutung von LPS für paläoklimatische Differenzierungen ableitet (Bronger et al., 1998a; Bronger, 2003; Marković et al., 2008; Sprafke et al., 2014). In dieser Arbeit werden LPS in Niederösterreich, die durch ihre Lage in Hangpositionen komplexen Entstehungsprozessen unterlagen, im Kontext der Landschaftsentwicklung untersucht und auf ihr Potential für Paläoumwelt- und Paläoklimarekonstruktionen geprüft.

1.1 Zeitlicher Rahmen

Vor dem Hintergrund natürlicher sowie anthropogen beeinflusster globaler Klimaveränderungen sind Informationen über die Funktionsweise des Klimasystems insgesamt (vgl. IPCC Working Group I, 2013) und regionale Ausprägungen diesbezüglicher Veränderungen (vgl. IPCC Working Group II, 2014) von großer Bedeutung. Kenntnisse über die Landschaftsveränderungen innerhalb der Basisoszillationen quartärer Klimaveränderungen sind eine wichtige Grundlage, um Auswirkungen außergewöhnlicher Einflüsse einordnen zu können. Aufgrund des Unterschieds zu den im Bereich menschlicher Erfahrung liegenden Zeitskalen, sind entsprechend weit zurück reichende Umweltarchive, insbesondere die komplexen subaerisch geprägten LPS trotz ihrer Lage in Räumen dichter Besiedlung unzureichend untersucht.

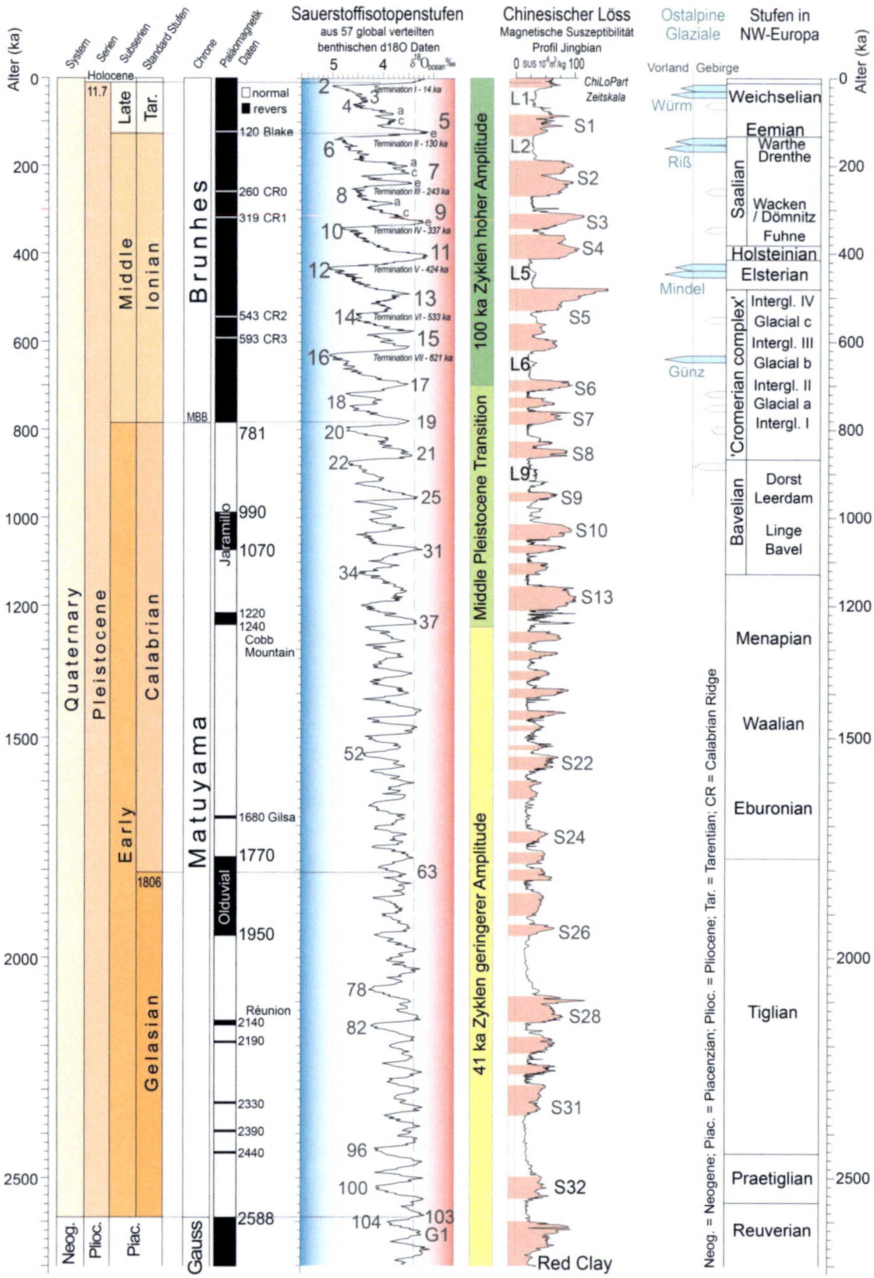

Abbildung 1: Quartärstratigraphie, geomagnetische Polarität, marine Sauerstoffisotopenstufen (Marine Isotope Stages [MIS]), Middle Pleistocene Transition, Magnetische Suszeptibilität der Chinesischen Löss-Paläoboden Sequenz Jingbian, Ostalpine Eisvorstöße und NW-europäische Quartärstufen. Zusammenstellung nach Clark et al. (2006); Cohen & Gibbard (2011); Piller et al. (2004). Litt et al. (2007) stellen das Holstein in MIS 9. LPS Mitteleuropas in Abbildung 100.

Sauerstoffisotopenverhältnisse aus Kalziten in Ozeanbodensedimenten (insbesondere in Foraminiferenschalen) belegen durchschnittliche Veränderungen des weltweiten Eisvolumens und indirekt globale Temperaturoszillationen während des Quartärs (Abbildung 1); die marinen Sauerstoffisotopenstufen (MIS = marine isotope stage) sind eine zentrale Referenz der Quartärforschung (Lisiecki & Raymo, 2007; Shackleton, 2006). Für die letzten sieben Kalt- und Warmzeitoszillationen ergeben sich zwar unterschiedliche Intensitäten, aber in Näherung eine 100 ka Zyklizität (Lisiecki & Raymo, 2005). Vor ~1250 ka dominierten global 41 ka Zyklen kleinerer Amplituden und mit insgesamt etwas geringeren Eisvolumina; die Periode zwischen 1250 und 700 ka wird als Middle Pleistocene transition (MPT) bezeichnet (Clark et al., 2002; Head & Gibbard, 2005; Lisiecki & Raymo, 2005). Der Umsprung von reverser Matuyama zur gegenwärtigen normalen Brunhes Polarität des Erdmagnetfeldes ereignete sich um 780 ka (in der Spätphase der MPT) und wird als Matuyama-Brunhes boundary (MBB) bezeichnet (Singer, 2014). Sie markiert als globale Referenz den Wechsel von Alt- zu Mittelpleistozän (Cohen & Gibbard, 2011; Head & Gibbard, 2005). Das Brunhes bildet mit seinen relativ regelmäßigen 100 ka-Zyklen den chronologischen Rahmen dieser Arbeit.

Die Grenzen von marinen Sauerstoffisotopenstufen sind mathematisch definiert und nicht im Detail mit den Übergängen terrestrischer Kalt- und Warmzeiten zu korrelieren (Shackleton et al., 2003), bieten aber in der betrachteten Zeitdimension einen kontinuierlichen, globalen stratigraphischen Rahmen und sind bei der Untersuchung von Löss-Paläoboden Sequenzen, die mehrere Glazial-Interglazial-Zyklen umfassen, eine hinreichend präzise Referenz (Bronger, 2003; Heller & Liu, 1982; Kukla, 1977; T.S. Liu et al., 1999; Marković et al., 2011).

1.2 Geographischer Kontext

Die Lösslandschaften Europas bilden einen Korridor vom Ärmelkanal bis ins kontinentale (Süd-)Osteuropa (Abbildung 2). Löss erreicht signifikante Mächtigkeit in Beckenlagen außerhalb jener Gebiete, die während des Pleistozäns glazialer Formung unterlagen, insbesondere in Windschattenpositionen zur Hauptwindrichtung. Die Nähe zu großen Flüssen begünstigt größere Lössmächtigkeiten; die Donau ist der bedeutendste „Löss-Fluss" Mittel- bis Südosteuropas (Smalley et al., 2009). Die Lösse des Mittleren (Pannonischen-, Karpaten-) und Unteren Donaubeckens weisen in Bereichen hoher Staubakkumulation teilweise einen plateauartigen, Charakter auf, d. h. ihre Bildung erfolgte weitgehend reliefunabhängig (Fitzsimmons et al., 2012; Marković et al., 2011).

Die rezenten Böden der Lösslandschaften differenzieren sich primär durch die nach Osten zunehmende Kontinentalität (Fink, 1979). Stark vereinfacht sind in den Lössgebieten West- bis Mitteleuropas Parabraunerden (Abbildung 4A) unter potentiell natürlicher Waldvegetation die vorherrschenden Böden, während in (Süd-)Osteuropa (Para)braunerde-Tschernoseme und Tschernoseme (Abbildung 4B) unter potentiell natürlicher (Wald-) Steppe dominieren (European Soils Bureau Network, 2005). Der grundsätzliche klimatische Gradient bestand auch in der letzten Warmzeit (Marković et al., 2008) und vermutlich auch in früheren Warmzeiten, was durch entsprechende interglaziale Paläoböden gezeigt wird (Fitzsimmons et al., 2012; Semmel & Fromm, 1976; Sprafke et al., 2014; Terhorst, 2007).

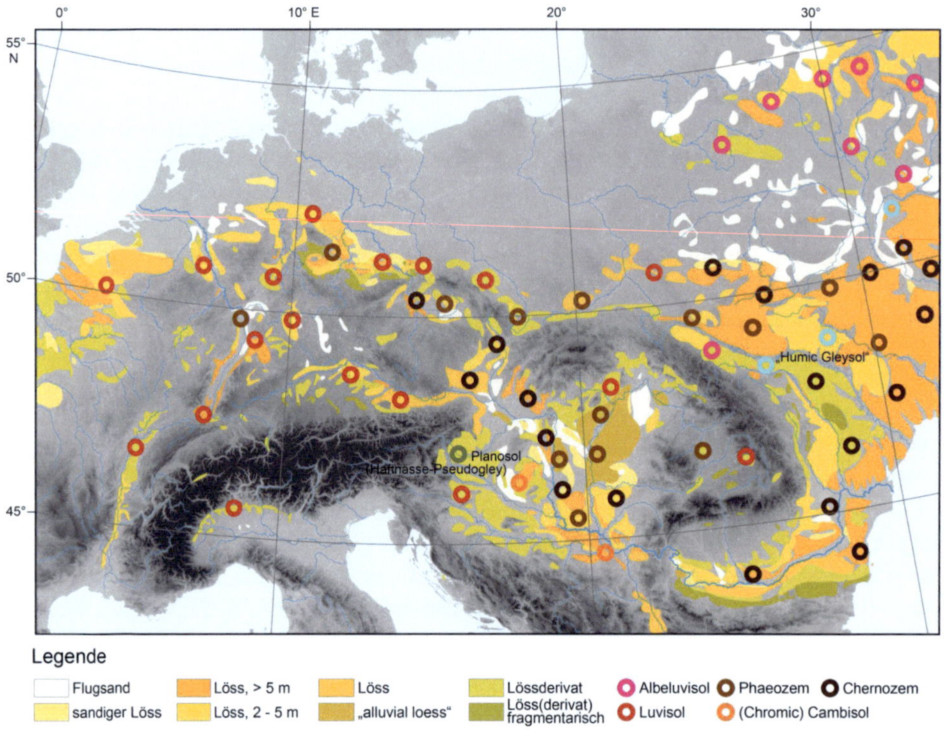

Abbildung 2: Der europäische Lössgürtel und typische holozäne Böden nach European Soils Bureau Network (2005). Albeluvisole (IUSS Working Group WRB, 2006) sind in der neuen Fassung der WRB nicht mehr enthalten (IUSS Working Group WRB, 2014). Lössverbreitung nach Haase et al. (2007), Legende der Lösstypen leicht modifiziert. Basiskarte basierend auf Shuttle Radar Topography Mission Daten des U.S. Geological Survey (USGS, 2012).

In diesem Kontext ist darauf hinzuweisen, dass in dieser Arbeit zumeist die Bodentypen der deutschen Klassifikation genannt werden (Ad-hoc-Arbeitsgruppe Boden, 2005). Dies erleichtert die Verwendung der deutschsprachigen Literatur über Löss, Paläoböden und Bodengenetik, da eine Übersetzung der deutschen Bodentypen in die internationale Bodenklassifikation (IUSS Working Group WRB, 2014) nicht ohne weiteres möglich ist. Ergänzend werden die in der Lössforschung verbreiteten Begriffe Tundragley und Braunlehm angewendet (vgl. Abschnitte 2.2 und 2.5).
Dagegen wird für die Klassifikation der ausgegliederten Profileinheiten zum Zweck der überregionalen Anwendbarkeit auf die Kurzbezeichnungen (A-, B-, C-Horizonte und ihre Suffixe) im Sinne der FAO (2006) zurückgegriffen, die im Kontext der internationalen Bodenklassifikation (World Reference Base for Soil Resources = WRB) verwendet werden (IUSS Working Group WRB, 2014).
Geographisch betrachtet beinhaltet Niederösterreich topographisch bedingt einen recht abrupten Übergang des eher ozeanisch geprägten Klimas West- bis Mitteleuropas zum Kontinentalklima (Süd-)Osteuropas; die Böhmische Masse repräsentiert die entsprechende Klimascheide (vgl. Fink, 1956). Zwischen Krems an der Donau und Stillfried an der March

bezeugen weit verbreitete und in der Regel als Steppenböden betrachtete Schwarzerden bzw. Tschernoseme (~Chernozem nach IUSS Working Group WRB, 2006) die relativ kontinentale Prägung der Region (Bronger, 1976; Fink, 1958b, 1960b, 1979), vergleichbar mit den inneren Bereichen der Pannonischen Tiefebene. Zumindest während der letzten beiden Kaltzeiten herrschten eher mitteleuropäische Verhältnisse, da die Lösse Niederösterreichs dieser Zeiträume im Gegensatz zu jenen des Pannonischen Beckens Tundrengleye beinhalten und das wiederholte Auftreten von Permafrost annehmen lassen (Marković et al., 2008; Sprafke et al., 2013; Terhorst et al., 2015).

Im südlichen Pannonischen Becken sehen diverse Studien für das Brunhes eine von alt nach jung im Durchschnitt abnehmende Verwitterungsintensität warmzeitlicher Paläoböden (Buggle et al., 2009, 2013, 2014; Fitzsimmons et al., 2012). Sie werden von Buggle et al. (2013) als Trend in Richtung zunehmender Kontinentalität gedeutet, die auf der Hebung umliegender Gebirge beruht. Für die Untersuchungsregion ergibt sich die Frage, ob für die dortigen Paläoböden eine vergleichbare Tendenz nachzuweisen ist. Bezüglich kaltzeitlicher Verhältnisse ist zu prüfen, ob es auch in älteren Lösssedimenten des Untersuchungsgebiets Hinweise auf Permafrost gibt. Wie groß sind ferner die zeitlichen Lücken innerhalb der betrachteten Paläoumweltarchive, welches sind ihre Ursachen und welchen Einfluss haben sie auf die Zuverlässigkeit genereller paläoklimatischer Aussagen?

1.3 Löss-Paläoboden Sequenzen als komplexe Paläoumweltarchive

Das Potential von LPS für paläoklimatische Rekonstruktionen liegt in ihrer weiten Verbreitung in den dicht besiedelten mittleren Breiten (Bronger, 2003; Pécsi & Richter, 1996). Die gegenseitige Überlagerung sedimentärer und pedogener Prozesse in einem dynamischen System führt zu komplexen Paläoumweltsignalen. Da außerhalb der weltweit seltenen Lössplateaus für paläoökologische Studien adäquate Lössmächtigkeiten häufig an Hangbereiche (Windschatten zur Hauptwindrichtung) gebunden sind, finden Erosions- und Umlagerungsprozesse statt, die in Diskontinuitäten und Polygenese resultieren. Dies erfordert robuste Datierungen und qualitative Studien zur Rekonstruktion der Bildungsbedingungen, bevor (semi-)quantitative Daten zur Paläoklimaveränderung (Proxies) definiert werden können (Sprafke et al., 2014).

An LPS, die durch quasi-kontinuierlichen Staubeintrag entstanden sind, können grundsätzlich quantitative Methoden, bei denen die Merkmalsausprägungen der Tiefenfunktion einer Veränderung pro Zeitintervall entsprechen, angewandt werden. Am teils über 300 m mächtigen Chinesischen Lössplateau wurden entsprechend zahlreiche potentielle paläoklimatische Proxies basierend auf Korngrößen, (Bio)Geochemie, magnetischer Suszeptibilität, (Ton)Mineralogie usw. definiert (Bai et al., 2009; Bronger & Heinkele, 1989; Ding et al., 2002; Heller & Liu, 1982; W.G. Liu & Huang, 2005; W.G. Liu et al., 2005; Maher & Thompson, 1994; Porter, 2013; Vandenberghe et al., 2004), deren Interpretation bei Anwendung in polygenetischen LPS jedoch schwierig ist.

Phasen ausbleibender beziehungsweise nicht signifikanter Sedimentation resultieren in Veränderungen der bestehenden Ablagerungen von der Oberfläche her in die Tiefe (Verwitterung,

kryogene Prozesse, Pedogenese). Es erscheint für LPS notwendig, Bereiche quasi-kontinuierlicher Sedimentation und diskrete Paläoböden mit jeweils spezifischen sedimentologischen bzw. bodenkundlichen Methoden zu untersuchen bzw. über diese Einheiten hinweggreifende Kurven von Messdaten entsprechend differenziert zu betrachten. Hinzu kommt der erwähnte Einfluss von Hangprozessen, der die Auswertung noch deutlich verkompliziert.
Löss kann als Grenzbereich zwischen Boden und Sediment gesehen werden, weshalb Definitionen vom Hintergrund des Bearbeiters abhängen (Smalley, 1971; Smalley et al., 2011). Löss ist mehr als äolisch akkumulierter Mineralstaub (Pécsi, 1990; Pécsi & Richter, 1996). In dieser Arbeit soll jedoch kein Versuch unternommen werden eine abschließende Definition von Löss zu geben (siehe hierzu: Sprafke & Obreht, 2016); er soll als äolisches, karbonathaltiges, schluffdominiertes Sediment, das quasi-pedogen aggregiert ist, betrachtet werden. Polygenetischer Löss weist eine lössartige Struktur, aber eine Einmischung nicht-äolischen (lokalen) Substrats auf.
Boden ist als Übergangsbereich zwischen Ökosystem und Geologie zu sehen und wird ebenfalls verschiedenartig definiert (Blume et al., 2010; Kuntze et al., 1994; Semmel, 1993). In LPS treffen mit Löss und Böden Grenzphänomene aufeinander, wobei in polygenetischen Abfolgen die Komplexität noch verstärkt wird, da hier weder typischer Löss (Koch & Neumeister, 2005; Pécsi & Richter, 1996; Pye & Sherwin, 1999) noch monogenetische Paläoböden (Bronger & Catt, 1989, 1998b; Retallack, 2001) zu erwarten sind.
Trotz definitorischer Schwierigkeiten soll im Rahmen dieser Arbeit gezeigt werden, dass auch von polygenetischen LPS mit üblichen Methoden der Sedimentologie, Pedologie und Geomorphologie umfassende paläoökologische und damit paläoklimatische Informationen extrahiert werden können, wenn die Bildungsprozesse der untersuchten Archive dezidiert untersucht werden.

1.4 Neue Methoden an klassischen Lokalitäten

Die Lösse Österreichs werden seit Jahrzehnten mit wechselnden Fragestellungen und Intensitäten untersucht (z.B. Einwögerer et al., 2006; Fink, 1954, 1956, 1976; Fink & Kukla, 1977; Götzinger, 1936; Haesarts et al., 1996; Terhorst et al., 2002; Thiel et al., 2011a; Zöller et al., 1994). Bezüglich der Rekonstruktion vergangener Paläoumwelten aus LPS existieren hier noch große Unsicherheiten. Das liegt vor allem daran, dass sich die mächtigsten Lössvorkommen am Ostrand der Böhmischen Masse in der Region um Krems in morphologisch aktiven Positionen befinden und komplexen Entstehungsprozessen unterlagen (Sprafke et al., 2014).
Diese Arbeit widmet sich der Entschlüsselung mehrerer polygenetischer Sequenzen, wobei Bereiche, die älter als die MBB sind, weitgehend ausgeklammert werden. Im Fokus stehen die klassischen Aufschlüsse der Schießstätte im Norden der Stadt Krems und Paudorf 7 km südlich von Krems. Zu Vergleichszwecken werden die Sequenzen Stiefern, ca. 20 km nördlich von Krems und ein neu angelegter Aufschluss in der Umgebung der Typuslokalität Stillfried, ca. 100 km östlich, untersucht. Aufbauend auf früheren Arbeiten des Verfassers an der LPS Paudorf (vgl. Sprafke et al., 2013) wurde ein Multi-Methoden-Ansatz mit der Absicht

entwickelt, die Vorzüge qualitativer und quantitativer Verfahren aus den Bereichen Pedologie, Sedimentologie und Geomorphologie zu vereinen. Ziel ist nicht eine direkte paläoökologische Interpretation quantifizierter Merkmalsausprägungen entlang der Profilvertikalen, wie es an morphologisch gering beeinflussten Sequenzen möglich erscheint, sondern die diesen komplexen Sequenzen zugrundeliegenden vielfältigen Entstehungsprozesse zu verstehen. Diese beginnen beim Studium des Landschaftskontexts und gehen bis auf die mikroskopische Ebene und werden um physikalische und chemische Laboranalysen ergänzt. Die rekonstruierten Prozessabfolgen und die darin enthaltenen zumeist qualitativen bis semi-quantitativen Informationen können anschließend je nach vorhandenen Datierungen in einen größeren Landschafts- bis hin zum paläoklimatischen Kontext eingebettet werden (Abbildung 3).

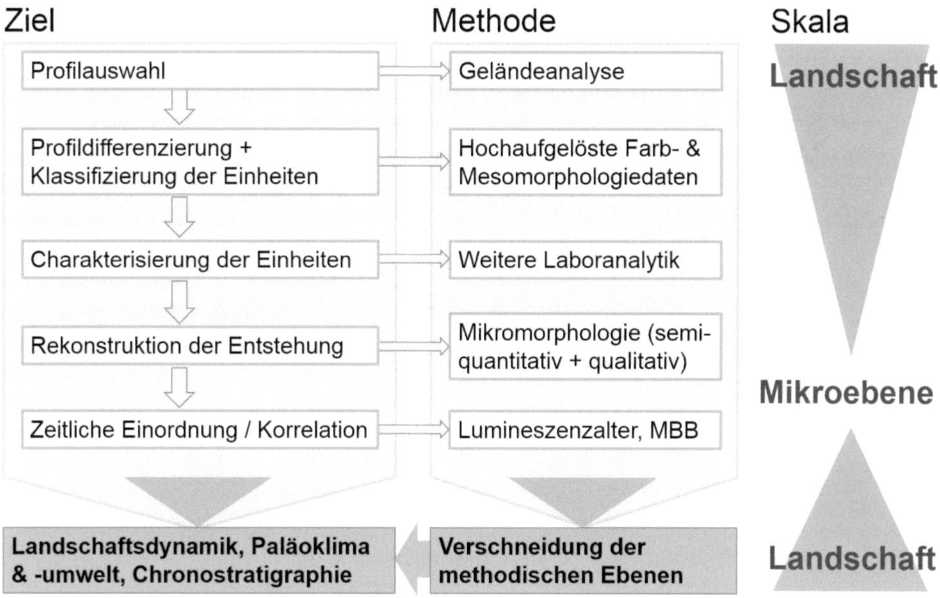

Abbildung 3: Methodischer Ansatz dieser Arbeit

Basierend auf umfassenden Geländearbeiten werden an repräsentativen Profilen in hoher Auflösung Proben entnommen. Mit Hilfe von Farbmessungen (spektrophotometrisch) und makromorphologischen Untersuchungen sollen auch an schwach differenzierten Aufschlussbereichen in der Vertikalen robuste und in der Horizontalen zusammenhängende Stratigraphien ausgewiesen werden. Zur genaueren Charakterisierung der Einheiten werden an definierten Horizonten Karbonatgehalte und Korngrößenverteilungen gemessen. Qualitative und semi-quantitative mikromorphologische Untersuchungen erlauben präzisere genetische Aussagen über einzelne Horizonte (Stoops, 2003). Da Intensitäten diverser Parameter abhängig von entsprechenden Bildungsprozessen signifikant vom Faktor Zeit abhängen und Korrelationen zwischen Sequenzen einer robusten Chronologie bedürfen, profitiert diese Arbeit neben publizierten Lumineszenzdatierungen (Sprafke et al., 2014; Thiel et al., 2011a, 2011b, 2011c) auch von einigen aktuellen Ergebnissen von Dr. Christine Thiel (NLL Aarhus University, Nutech DTU, Risø Campus & LIAG Hannover). In nicht datierten bzw. außerhalb der methodischen Reichweite liegenden Bereichen müssen dagegen weitgehend relativstratigraphische Verfahren angewendet werden.

Die Global-Change-Thematik bildet den übergeordneten Rahmen der Einleitung und betont den angewandten Aspekt dieser Arbeit. Die dezidiert paläoklimatische Auswertung von LPS, insbesondere wenn diese polygenetisch sind, ist eine recht junge Entwicklung innerhalb der Lössforschung, die entscheidend mit den Fortschritten der Geochronologie der letzten Jahrzehnte zusammenhängt. Sie kann daher kaum etablierten Konzepten folgen, da keine zusammenfassende Literatur über diese Thematik vorhanden ist: Das Standardwerk zu Löss (Pécsi & Richter, 1996) ist fast zwei Jahrzehnte alt, jenes zu Paläoböden (Retallack, 2001) ist wenig jünger, behandelt aber keine LPS. Diese Arbeit kann die konzeptionelle Lücke nicht alleine schließen, soll aber einen Ansatz für paläoklimatisch orientierte Lössforschung vorstellen, der auch das Potential komplexer LPS in diesem Kontext anerkennt.

Da gerade die paläopedologische Perspektive in den letzten Jahrzehnten innerhalb der internationalen Lössforschung ihre früher zentrale Funktion offensichtlich weitgehend verloren hat (primär aufgrund der weiten Verbreitung von äquidistanten Messungen, z.B. der magnetischen Suszeptibilität), sollen ihre wichtigsten Grundlagen und bestehende Potentiale im folgenden Abschnitt detaillierter behandelt werden. Anschließend folgt die Beschreibung des Untersuchungsgebiets mit einem Schwerpunkt auf den Lössen. Die verwendeten Methoden, die in Folge diskutiert werden, berücksichtigen die spezifischen Charakteristika der untersuchten LPS. Diese werden gemeinsam mit dem Forschungsstand und den eigenen Ergebnissen vorgestellt. Des Weiteren werden die Ausprägungen einzelner Parameter und ihre Schwankungen in korrelierenden Sequenzen diskutiert, bevor deren mögliche Entwicklung und Chronologie mit einem besonderen Fokus auf Entstehungsmodellen der Pedokomplexe erörtert wird. In Folge werden die Erkenntnisse in einen regionalen und überregionalen Kontext eingearbeitet, um erste paläoklimatische Schlussfolgerungen zu ziehen.

2 Paläoböden in Löss: Typen, Prozesse, Paläoökologie

Paläoböden repräsentieren die mittleren ökologischen Bedingungen stabiler Landoberflächen (Semmel, 1968), weshalb ihnen für die Rekonstruktion vergangener Umweltbedingungen eine wichtige Rolle zukommt (Bronger, 1976). Da in LPS unterschiedlicher Regionen weitgehend vergleichbare Ausgangsmaterialien und Reliefpositionen vorliegen, illustrieren unterschiedliche Paläoböden gleicher Bildungszeit direkt paläoklimatische Abweichungen. Hydrologie und Lebewelt sind den Faktoren Klima und Geologie untergeordnet, sorgen aber dafür, dass angenommene direkte Kausalzusammenhänge zwischen klimatischen Faktoren und Bodenbildungsintensitäten trotz offensichtlicher Koinzidenzen differenziert zu betrachten sind. Grundsätzlich kann jedoch im Rahmen der räumlichen und methodischen Skala das Konzept der klimaphytomorphen (zonalen) Böden beim Studium von LPS greifen (Bronger, 1976; Khormali & Kehl, 2011), wenn die Bildungsdauer bekannt ist. Bei polygenetischen Paläoböden sind einzelne Entwicklungsphasen voneinander getrennt und in Abhängigkeit vom angenommenen Ausgangsmaterial der jeweiligen Bodenbildungshase zu betrachten.

2.1 Pedogenese, Polygenese, Pedokomplexe

Jeder Boden ist prinzipiell polygenetisch, da verschiedene Prozesse zeitgleich ablaufen. Während der Entwicklung differenzierter Böden werden darüber hinaus verschiedene Bildungsphasen durchlaufen, in denen jeweils verschiedene Prozessgruppen dominieren, auch wenn sich die klimatischen Bedingungen nicht signifikant verändern. Eine intakte holozäne Parabraunerde auf Löss wäre als monogenetischer Interglazialboden anzusehen, da sie sich auf der hier betrachteten Zeitskala unter weitgehend konstanten klimatischen Bedingungen entwickelte (Catt, 1998). LPS, die sich bei einer geringen Sedimentationsrate bilden, enthalten, sofern zwischendurch keine Abtragung stattfand, **polygenetische Paläoböden**, d. h. Böden, die sich während unterschiedlicher Klimabedingungen entwickelten (Bronger & Catt, 1998a; Catt, 1991). Das Ausgangssubstrat für die Bodenentwicklung ist ein zuvor gebildeter Boden. LPS in Hangposition weisen häufig polygenetische Böden auf, bei denen das Ausgangsmaterial der letzten Bodenbildungsphase ein Bodensediment mit oder ohne signifikante Beimengung von weiteren Sedimenten ist; derartige Sedimente können Löss und/oder lokale Gesteinskomponenten sein (Sprafke et al., 2014).

Nach Catt (1998) und Bronger (2003) beschreibt der Begriff Pedokomplex zwei eng übereinander liegende, von unverändertem Sediment getrennte, oder durch einen klar definierten Bereich sekundären Karbonats differenzierbare Horizonte unterschiedlicher Entstehungsbedingungen. Pedokomplexe, als PK abgekürzt (PK I, II...), sind ein zentrales Gliederungselement der tschechischen Lössstratigraphie (Kukla et al., 1961; Smolíková, 1967; Smolíková et al., 2010). Ložek (2001) führt diesen Begriff auf Fink (1954, 1956) zurück, der darin die zeitliche Abfolge verschiedener, nahe beieinander liegender Bodenbildungen hervorhebt (z.B. Stillfrieder Komplex, Abbildung 4C). Polygenetische Paläoböden beschreiben zeitlich betrachtet das gleiche und werden in dieser Arbeit als Unterbegriff zu Pedokomplex verstanden. Die Bildungsphasen polygenetischer Böden sind aufgrund ausbleibender signifikanter Sedimentation innerhalb desselben Paläobodens zu finden, anstatt übereinander angeordnet.

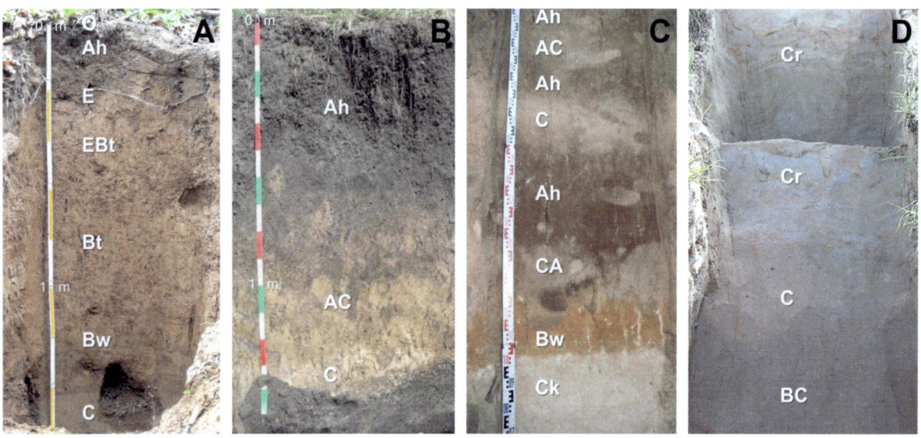

Abbildung 4: Charakteristische rezente und fossile Lössböden. A: Parabraunerde, Holzkirchen bei Würzburg; B: Tschernosem, nahe Kursk, Russland; C: Stillfrieder Komplex (MIS 5), Stillfried, Niederösterreich, vgl. Abbildung 13. D: Jungwürm Tundrengleye, darunter Lohner Boden (BC), Gunderding, Oberösterreich. Foto: J. Kraft.

In Pedokomplexen mit dünnen Sedimentzwischenlagen lassen sich mit Unterstützung adäquater Datierungsmethoden und basierend auf relativstratigraphischen Überlegungen Chronologien der Bildungsphasen rekonstruieren, z.B. für PKII/PKIII (~MIS 5) gestützt auf Lumineszenzdatierungen (Antoine et al., 2013; M. Fuchs et al., 2013). Dies ist bei polygenetischen Paläoböden nicht möglich. Die Bildungsphasen können nur indirekt, unter Korrelation mit gut aufgelösten Archiven gesicherter Chronologie zeitlich eingeordnet werden. Hierfür müssen zum einen eine Synchronität der pedogenen Phasen angenommen werden und zum anderen die Gesamtbildungsdauer des polygenetischen Paläobodens bekannt sein, beispielsweise durch Lumineszenzdatierung der ober- und unterhalb liegenden Sedimentkörper (Sprafke et al., 2014).

Neben der Polygenese besteht ein zentrales Problem der Paläopedologie in der Tatsache, dass viele Paläoböden nicht vollständig, sondern häufig erosiv gekappt (insbesondere humose Böden) und nach ihrer Fossilierung verändert sind (Retallack, 2001). Dies erschwert

die Anwendung von pedologischen Klassifikationssystemen, da diese, ob funktional oder genetisch orientiert, stets für rezente Böden entwickelt sind (Dahms & Holliday, 1998).
Die deutsche Bodenklassifikation ist eher genetisch orientiert, erfasst jedoch nur die rezent in Mitteleuropa vorkommenden Bodentypen (Ad-hoc-Arbeitsgruppe Boden, 2005). Die nicht rezent, aber in LPS derselben Region nachweisbaren Tundragleye oder viele (sub-) tropische bzw. durch sehr lange Verwitterungsdauer kräftig entwickelte Böden (z.B. Braunlehme) lassen sich so nicht einordnen (vgl. Kukla, 1977). Die internationale Bodenklassifikation, die World Reference Base for Soil Ressources (WRB) weist ein weitaus größeres Spektrum an Bodentypen auf (IUSS Working Group WRB, 2014), hat aber den Nachteil, dass viele der geforderten analytisch erfassbaren Eigenschaften (z.B. Basensättigung, Gehalt an organischem Kohlenstoff) durch die Fossilierung / Überprägung nicht mehr nachweisbar sind. Die stark auf funktionalen Gesichtspunkten gegliederte Soil Taxonomy unterschlägt genetische Fragestellungen weitgehend, obgleich diese entscheidend sind, um die Bildungsprozesse im Kontext der Umweltbedingungen zu verstehen (Dahms & Holliday, 1998). Andererseits zeigen sich gerade bei polygenetischen Paläoböden die Grenzen einer genetisch orientierten Klassifikation diskreter Horizonte.
Neben den etablierten Klassifikationssystemen für rezente Böden gibt es Abwandlungen derselben für die paläopedologische Anwendung (Krasilnikov & García Calderón, 2006; Mack et al., 1993; Retallack, 1998), die aufgrund ihrer Komplexität im Rahmen dieser Arbeit jedoch kaum sinnvoll erscheinen. In dieser Arbeit wird ein alternativer Weg vorgeschlagen, um zumindest innerhalb von LPS zu robusten Stratigraphien zu gelangen. Auf einer analytischen Differenzierung aufbauend werden diskrete Einheiten weiter genetisch untersucht. Bei Kenntnis des Zusammenhangs zwischen bodenbildenden Faktoren und Prozessen können die Bildungsbedingungen rekonstruiert werden. Wie in Folge gezeigt wird, unterliegt dieses Verfahrens noch einigen Unsicherheiten, die aber nicht das generelle Potential paläopedologisch begründeter Rekonstruktionen schmälern.

2.2 Tundrengleye

Ausgangssubtrat der Bodenbildung in LPS ist in der Regel ein karbonathaltiges, gut dränbares Lockersediment mit dominierender Schlufffraktion (Pécsi & Richter, 1996). Ein charakteristischer Bodentyp, der glaziale Lösssedimente differenziert, sind Tundrengleye (Abbildung 4D), häufig auch als Nassböden bezeichnet, die optisch durch Rostfleckung (durch Redoximorphose) und/oder mehr oder weniger durchgängige Reduktionsfarben in Erscheinung treten (Kukla, 1977; Schirmer, 2000). Der Prozess der Vergleyung scheint paradox in einem so gut dränbaren Substrat wie Löss, lässt sich aber durch einen ganzjährigen Wasserstau über Permafrost erklären; in der sommerlichen Auftauphase finden Reduktionsprozesse statt, die dem Substrat zumeist eine hellgraue Färbung verleihen (Antoine et al., 2009b; Terhorst et al., 2015). Häufig sind kältetolerante Columella-Faunen mit diesen Böden vergesellschaftet (Kukla, 1977). Antoine et al. (2009b) korrelieren Tundrengleye der LPS Nussloch mit in grönländischen Eisbohrkernen nachgewiesenen Interstadialen und weisen auf die näherungsweise zeitgleichen Minima der Staubgehalte in entsprechenden Eisschichten hin. Die Entstehung von Tundrengleyen wird von diesen Autoren auf längere Phasen ausbleibender Staubakkumulation beim Aufwachsen der LPS zurückgeführt, wobei dies mit etwas milderem Klima gleichgesetzt wird. Andere Autoren sehen durch Tundrengleye ebenfalls periglaziale Bedingungen repräsentiert, ordnen ihnen aber ein kälteres Klima zu, als das, welches für die Lössbildung angenommen wird (Haesaerts et al., 1996; Haesaerts et al., 2003). Diese Kontroverse beruht auch darauf, dass numerische Datierungsverfahren nicht ausreichend präzise sind, um robuste Korrelationen zu anderen paläoklimatischen Archiven zu ermöglichen.

Ferner gibt es zu rezenten Tundrengleyen auf lössartigem Ausgangssubstrat, nach WRB am ehesten als *Cryosol reductaquic siltic* zu bezeichnen (IUSS Working Group WRB, 2014; Kadereit et al., 2013), kaum systematische Untersuchungen, wenn der umfassende Sammelband *Cryosols* von Kimble (2004) als Referenz herangezogen wird. Die Morphologie rezenter Cryosole (vgl. Zech et al., 2014) lässt annehmen, dass Tundrengleye nur die unteren Abschnitte erosiv gekappter Tundrenböden sind, in deren Oberböden organikreiche Einheiten vorkommen. Durchgehend gebleichte Horizonte können als Cr-Horizont bezeichnet werden, für rostfleckige Horizonte ohne durchgehende Reduktionsfarben bietet sich eher das Kürzel Cg an (FAO 2006). Es existiert jedoch generell keine Konvention für die Anwendung der WRB für Löss-Paläoböden (IUSS Working Group WRB, 2014; Zech et al., 2014).

2.3 Bodenbildung auf Löss und die Rolle von Karbonat

In Abwesenheit von Bodeneis ist Löss ein gut dränbares Ausgangssubstrat für terrestrische Böden (Stahr et al., 2008). Bodenbildung beginnt bei morphologischer Stabilität, hier ausbleibender signifikanter Staubakkumulation, in der Regel mit der Besiedelung durch Lebewesen und bald darauf der Umsetzung von toter organischer Substanz (Humus) in den obersten Schichten, unterstützt durch wühlende Lebewesen (Bioturbation). Die Struktur des Lösses wird krümelig und die Farbe erhält durch den organischen Anteil eine graue Schattierung. Die zeitliche Dauer des Frühstadiums der Bodenbildung und die weitere Entwicklung sind abhängig von den klimatischen Bedingungen und der Zeitdauer der Entwicklung. Bodenentwicklungsreihen sind in entsprechenden Standardlehrbüchern ausführlich beschrieben (Blume et al., 2010; Kuntze et al., 1994; Stahr et al., 2008).

Karbonaten wird bei der Pedogenese eine entscheidende Rolle zugeordnet, da sie durch ihre gegenüber Silikaten relativ geringe Verwitterungsresistenz bei ausreichender Feuchte zu den ersten Zielen chemischer Verwitterung zählen und den pH-Wert der Bodenlösung maßgeblich beeinflussen (Blume et al., 2010).

Die Entkalkung kann durch die Entfernung der weißlichen Karbonate zu einer bräunlichen Schattierung der ursprünglichen Lössfarbe führen. Über die Menge an Karbonat, die bei Pedogenese in plateaufernen LPS durch Interflow abgeführt wird, gibt es keine gesicherten Angaben. In der Regel wird Entkalkung als deszendenter Prozess betrachtet, woraus mehr oder weniger scharf abgegrenzte Karbonatanreicherungshorizonte resultieren. Aszendente Karbonatdynamik, wie sie typisch für (semi-)aride Regionen ist, wird für mitteleuropäische LPS kaum diskutiert. Neben sichtbaren Sekundärkarbonaten (nahezu ausschließlich aus $CaCO_3$), die an Mittel- bis Grobporen bzw. ehemalige Wurzelgänge gebunden sind (z. B.

Pseudomycelien, Lösskindl) wird auch die Matrix über Feinporen mit Kalk angereichert und insgesamt heller und stärker verkittet als Löss.
Karbonate sind in LPS relativ mobil, daher können auch stark verwitterte Böden messbare Karbonatgehalte aufweisen, obgleich zu ihrer Entstehung theoretisch eine Entkalkung Voraussetzung ist. Dies kann bei polygenetischen Paläoböden der Fall sein, wenn sie im Zuge einer Umlagerung eine frische primäre Karbonatkomponente erthalten, welche in einer späteren Phase nicht mehr ausgewaschen wurden. Des Weiteren können Einwaschungen aus hangendem Löss vorkommen (Sekundärkarbonat). Die Anteile von primär-sedimentärem gegenüber sekundärem (pedogenem) Karbonat lassen sich nur durch mikromorphologische Studien, nicht aber durch konventionelle chemische oder mineralogische Laboranalytik bestimmen (Bronger & Heinkele, 1989; Bronger et al., 1998a; Bronger, 2003).
Für die Bodenentwicklung kommt dem erwähnten Karbonatpuffer eine entscheidende Rolle zu, da zumindest nach genereller Lehrbuchmeinung erst die Herabsetzung des pH-Wertes in den (schwach) sauren Bereich eine signifikante weitere chemische Verwitterung zulässt (Blume et al., 2010). Die Entstehung von Braunerden, d. h. verlehmten und verbraunten Böden insbesondere der feuchten Mittelbreiten, umfasst demnach die Neubildung von Tonmineralen bzw. deren Umbildung aus anderen Mineralen (v. a. Glimmer) durch Hydrolyse, beziehungsweise durch Oxidationsverwitterung die Bildung von gelblich bis bräunlich färbenden Eisen[hydr]oxiden (v. a. Goethit, Lepidokrokit) aus dem freigesetzten Eisenanteil der Minerale (vgl. Blume et al., 2010; Scheffer et al., 1966). Bei der Entkalkung werden mehrwertige Kationen (v. a. Ca^{2+} und Mg^{2+}) ausgewaschen, was die Peptisation von Ton begünstigt, welcher in Suspension in den Unterboden verlagert wird (Lessivierung).
Bodenentwicklungsreihen für kalkhaltige Lockersedimente (Löss, Geschiebemergel) sehen für lessivierte Böden eine Entwicklung vom Initialboden zur Pararendzina über ein Schwarzerde- oder Braunerdestadium vor (Blume et al., 2010; Kuntze et al., 1994). Die Entwicklung über die Schwarzerde reflektiert in der Regel die Annahme einer klimatischen Veränderung während des Holozäns, die Entwicklung über ein Braunerdestadium wird selten präzisiert. Stahr et al. (2008) zeigen den direkten Übergang von Pararendzinen in Parabraunerden, d. h. entkalkte, verlehmte, verbraunte und zugleich lessivierte Böden. Braunerden werden dagegen primär mit karbonatfreien Ausgangssubstraten in Verbindung gebracht, Braunlehme mit Karbonatgesteinen. Diese beiden Bodentypen werden im Zusammenhang mit Löss als Ausgangsmaterial in Abschnitt 2.5. näher erläutert.
Die zentrale Rolle des Karbonatpuffers wird von verschiedenen Autoren differenziert. Bronger (1976) weist darauf hin, dass im Löss in variabler Menge vorhandene Glimmer relativ leicht verwittern, weshalb Entkalkung und Verbraunung gleichzeitig ablaufen können. Der Zusammenhang zwischen der Verlehmung als primär hydrolytischem Prozess, der erst bei Abwesenheit des Karbonatpuffers im schwach sauren pH Bereich greift, erscheint plausibel, ist womöglich aber ebenfalls didaktisch verkürzt. Ferner lassen sich unter semi-ariden Klimabedingungen in Horizonten mit (schwach ausgeprägten) Toncutanen noch primäre (und sekundäre) Karbonate ausmachen (Khormali et al., 2012), was ein Hinweis auf Tonverlagerung in Anwesenheit von Karbonat wäre. Hier wäre die Frage nach dem Einfluss der klimatischen Faktoren (insbesondere Saisonalität der Feuchte) oder einer möglichen polygenetischen Entstehung zu klären.

2.4 Klimaphytomorphe Lössböden von der Laubwald- zur Steppenzone

In den feuchten Mittelbreiten kann die Entkalkungstiefe im Löss mehrere Meter betragen (Pécsi & Richter, 1996); unter Wald entwickeln sich verwitterte, lessivierte Böden (Parabraunerden; meist Luvisole nach IUSS Working Group WRB, 2014). Der Tschernosem gilt als der zonale Boden der trockenen Mittelbreiten und bildet sich unter kontinentalem Klima mit sommerlicher Trockenheit in Steppenökosystemen. Die Entkalkung ist gering und weitere Verwitterungsprozesse treten gegenüber der Humifizierung und Bioturbation kaum signifikant in Erscheinung. Degradierte Tschernoseme bzw. Tschernosem-[Para]braunerden (~Phaeozeme nach IUSS Working Group WRB, 2014), die als zonale Böden der Waldsteppenzone betrachtet werden, sind im Gegensatz zu typischen Tschernosemen stets entkalkt (Bronger, 2003) und zeigen häufig Anzeichen von chemischer Verwitterung und Tonverlagerung (Zech et al., 2014).

Zur Veranschaulichung des räumlichen Kontexts werden in Bodenkundelehrbüchern in der Regel Klimasequenzen vorgestellt, die in Anlehnung an die Pionierarbeiten von W. W. Dokutschajew näherungsweise einem Nord–Süd Schnitt durch Russland entsprechen, z. B. durch Kuntze et al. (1994). Ein West-Ost Transekt der rezenten Lössböden ist d. Verf. nicht bekannt.

Die Abfolge Parabraunerde – Parabraunerde-Tschernosem – Tschernosem würde eine typische Klimasequenz der Lössböden im Transekt von ozeanischem zu kontinentalem Klima innerhalb der Mittelbreiten beschreiben. Die jeweiligen zonalen Böden können prinzipiell Wald-, Waldsteppen- bzw. Steppenökosystemen zugeordnet werden. Trotz der starken didaktischen Verkürzung kann dieses Konzept im Rahmen der Fragestellung dieser Arbeit allgemein betrachtet für gültig erachtet werden; im Detail ist entscheidend zu differenzieren.

Bronger (1976) betont die Wichtigkeit genetisch orientierter Studien an klimaphytomorphen Böden auf Löss, welche die Abhängigkeit der bodenbildenden Prozesse im Kontext der klimatischen Faktoren und des entsprechenden Ökosystems klären. Im Detail sind innerhalb des Lösses abweichende Lithologien zu berücksichtigen (v. a. hinsichtlich von Korngröße und Mineralogie). Von Bronger (1976) angeregte und begonnene systematische Studien in dieser Richtung, mit dem Ziel, Löss Paläoböden direkt paläoökologisch / -klimatisch interpretieren zu können (Bronger, 1975, 1978; 1991, 1999; Bronger et al., 1994, 1998b) wurden von anderen Autoren nicht entscheidend weiter geführt, weshalb noch keine allgemein anwendbare Schlussfolgerungen gezogen werden können.

Aufbauend auf Studien an einigen rezenten Parabraunerden, Braunerden und Tschernosemen (sowie Übergangstypen) innerhalb des Karpatenbeckens diskutiert Bronger (1976) zentrale Aspekte der warmzeitlichen Pedogenese in Löss als Ausgangssubstrat. Hilfreich sind die detaillierten korngrößenabhängigen mineralogischen Untersuchungen, die er als Verwitterungsbilanzen verwendet, insbesondere um den Einfluss hydrolytischer und kryoklastischer Prozesse sowie lithologischer Faktoren bei der Tonbildung zu verstehen (Bronger et al., 1976; Bronger & Heinkele, 1990; Bronger et al., 1998b). Menge und Art eisenhaltiger Minerale (z.B. Biotit) spielen demnach eine wichtige Rolle bei der Begünstigung von Verlehmung und Verbraunung unter Anwesenheit von Karbonat (Bronger & Kalk, 1976).

Bronger (1976, 2003) sieht bei der genetischen Ansprache der Paläoböden in der Mikromorphologie ein zentrales Werkzeug. Die Differenzierung von Primär- und Sekundärkarbonat kann auf laboranalytischem Weg kaum erfolgen und erfordert deren morphologische Differenzierung unter dem Mikroskop. Humuszonen in LPS, die Primärkarbonat enthalten geben einen deutlichen Hinweis darauf, dass die Bodenfeuchte im Jahresgang begrenzt war (typische Schwarzerde), während deren Abwesenheit zur Identifikation degradierter Schwarzerden führt (Bronger, 2003).
Die Menge und der Charakter von Tonbelägen kann durch Mikromorphologie erfasst werden und ist entscheidend bei der Differenzierung von Braunerden und Parabraunerden bzw. Braunlehmen (Bronger, 1976, 2003). Ein Problem, welches bereits durch Bronger (1976) diskutiert wurde, ist die klimatische Interpretierbarkeit der interglazialen Braunerde auf Löss, deren Rolle als rezenter klimaphytomorpher Boden bisher kaum wahrgenommen wurde, obgleich er in LPS häufig vorkommt. Ähnliches gilt für die Braunlehme, die in der deutschen Klassifikation prinzipiell nur auf Kalkstein (Kalksteinverwitterungslehm; Terra fusca) vorkommen sollten (Ad-hoc-Arbeitsgruppe Boden, 2005; Blume et al., 2010).

2.5 Braunerden und Braunlehme

Semmel (1993) beschreibt die feuchten Mittelbreiten als Zone der Braunerde, was von ihrer zentralen Bedeutung als in Charakter und Häufigkeit repräsentativer Boden zeugt. In deutschen bodenkundlichen Lehrbüchern wird dieser Bodentyp stets ausführlich im Kontext mit kalkarmen Ausgangsgesteinen behandelt, während sowohl in Entwicklungsreihen auf Löss oder Geschiebemergel als auch in Klimasequenzen von ozeanischem zu kontinentalem Klima die Braunerde kaum Berücksichtigung findet (Blume et al., 2010; Stahr et al., 2008; Zech et al., 2014).
Die Braunerde ist prinzipiell ein verlehmter, verbraunter Boden. Neben den schwachen bis deutlichen Verbraunungszonen in den Lössen des Mittelwürms, die zumeist als arktische oder boreale Braunerden interpretiert werden (Antoine et al., 2009b; Kukla, 1977; Terhorst et al., 2015), finden sich in europäischen LPS zahlreiche Hinweise auf interglaziale Braunerden, z. B. der letztinterglaziale Bodenrest in weiten Teilen Niederösterreichs, die Göttweiger Verlehmungszone (vgl. Abschnitt 9.2) sowie zahlreiche mittelpleistozäne Paläoböden im Karpatenbecken (Bronger, 2003; Kovanda, 1995).
Die Grenze zu den Braunlehmen, die sich nur in alt- bis mittelpleistozänen LPS finden, ist nicht klar definiert. In der WRB werden sie gemeinsam mit dem gesamten Spektrum von Braunerden noch zu den Cambisolen gezählt (IUSS Working Group WRB, 2014). Braunlehme existieren nicht als holozäne Böden auf Löss, entsprechen morphologisch aber am ehesten einer Terra fusca, obgleich diese theoretisch nur auf Karbonat- oder Gipsgesteinen entsteht. Es handelt sich um tonreiche, plastische Böden überwiegend aus dem silikatischen Residuum, welches bei der Lösungsverwitterung entsteht (Blume et al., 2010). Bronger (1975) stellt fest, dass es sich um eine Weiterentwicklung der Braunerde handelt. Nach eigener Beobachtung in Niederösterreich handelt es sich bei fossilen interglazialen Braunerden aus Löss um mäßig verwitterte Paläoböden, die nahezu oder völlig frei von Tonbelägen sind und einen deutlichen Karbonatanreicherungshorizont aufweisen. Braunlehme

sind insgesamt stärker verwittert und dichter gepackt, aber ebenfalls frei von signifikanten Tonbelägen. Es ergibt sich die Frage, ob sie ein Produkt intensiverer Verwitterungsprozesse unter feuchteren / heißeren Klimaten oder Resultat einer längeren Verwitterungsdauer sind (vgl. Bronger, 1999). Da innerhalb der letzten Million Jahre global gesehen weder sehr lange, noch in der Amplitude stark abweichende Interglaziale stattfanden (Lisiecki & Raymo, 2005), wird als Arbeitshypothese angenommen, dass es sich bei Braunlehmen um polygenetische Bildungen handelt, in denen sich mehrere Braunerdestadien aufsummieren. Aus diesem Grund hat die Definition und Interpretation der Braunerde primäre Relevanz.
Der in Abschnitt 2.4 dargelegten typischen Klimasequenz von ozeanischem zu kontinentalem Klima liegt vermutlich die zentrale Ansicht zugrunde, dass mit der Entfernung der Karbonate (und damit der Ca^{2+}-Ionen) nicht nur Verbraunung und Verlehmung, sondern auch Ton(-Humus)verlagerung stattfinden. Dagegen lassen die Studien von (Bronger, 1976) das Transekt in Richtung zunehmender Kontinentalität mit der Abfolge Parabraunerde – Braunerde (mit oder ohne Primärkarbonat) – Braunerde-Tschernosem / Tschernosem möglich erscheinen. Bronger (1991) stellt in einer Klimasequenz osteuropäischer Lössböden zwar keine Braunerde, aber zumindest eine Tschernosem-Braunerde der Waldsteppe dar, welche sich zwischen den typischen Tschernosem der Langgrassteppe und (dunkel)grauen Waldboden mit einem deutlichen Bt-Horizont befindet.
Dies kann als Hinweis gelten, dass die Prozesse der Verbraunung und Verlehmung unabhängig von Karbonatgehalt und Tonverlagerung betrachtet werden müssten. Da die niederösterreichischen fossilen Braunerden und Braunlehme in der Regel deutliche Ck-Horizonte aufweisen, kann zumindest deren Entkalkung angenommen werden, weshalb nur der Grund der ausbleibenden Tonverlagerung in diversen verlehmten und verbraunten Horizonten zu klären wäre. Von zentralem Interesse in dieser Arbeit wären insbesondere die klimatischen Ursachen hierfür.
Bronger (1976) weist darauf hin, dass die weitere Verbreitung von Braunerden während vergangener Interglaziale vermutlich klimatisch bedingt ist; rezent nimmt die Verbreitung der Braunerde im Transekt vom ozeanischen zum kontinentalen Raum nur einen kleinen Saum zwischen Parabraunerden und Schwarzerden ein. Während vergangener Interglaziale, mit geographisch etwas verschobenen Klimazonen, sei die Braunerdezone großflächiger aufgetreten, wofür auch aktuelle Studien sprechen (Sprafke et al., 2014). Aufgrund des topographisch bedingt hohen Gradienten ozeanischen zu kontinentalen Klimas, müssten in Niederösterreich rezente monogenetische Braunerden auf Löss vorkommen. Da keine eigenen Studien zu klimaphytomorphen Böden vorliegen, diese aber von entscheidender Wichtigkeit für paläoklimatische Interpretationen sind, sollen die wichtigsten Aspekte in diesem Kontext umrissen werden.
Die Bodenkarte Niederösterreichs (Fink, 1958a, c) zeigt in den Lössgebieten des pannonischen Raums in Niederösterreich Braunerden überwiegend in den höheren Lagen des Weinviertels und am Ostrand der Böhmischen Masse (Abbildung 6). In der beiliegenden Tafel (Fink, 1958c) nimmt die Braunerde unter den holozänen Lössböden eine Zwischenposition zwischen entkalkten (teils verbraunten) Tschernosemen und Parabraunerden ein. Fink (1958b) weist darauf hin, dass die weite Verbreitung der Tschernoseme in den tieferen Lagen durch einen Jahrtausende langen anthropogenen Einfluss zu erklären wäre, allerdings erkennt er später ihre Existenz als echte Steppenschwarzerden an (Fink, 1979).

Auf der österreichischen Bodenkarte von 1979 (vgl. Abbildung 6) finden sich in den Lössgebieten des Weinviertels keine Braunerden mehr, aber im Bereich der Ausläufer der Böhmischen Masse Parabraunerden auf Löss (Fink & Nagl, 1979). Es handelt sich hierbei möglicherweise um Phäno-Parabraunerden in periglazialen Deckschichten mit großer äolischer Komponente. Pehamberger & Gerzabek (2009) sehen die sogenannte Carbonathaltige Braunerde der österreichischen Bodenklassifikation (Nestroy et al., 2011) in weiter Verbreitung. Bei dem in der Publikation angeführten Foto könnte es sich morphologisch um eine Ackerbraunerde handeln, d.h. eine gekappte Parabraunerde, die sekundär aufgekalkt ist. Zur Klärung der Frage, ob es tatsächlich monogenetische holozäne Braunerden auf Löss in Niederösterreich gibt, ggf. sogar mit primären Karbonaten, fehlen systematische mikromorphologische Untersuchungen.

Bronger (1976) untersucht mehrere rezente Braunerden auf Löss innerhalb des Karpatenbeckens, die sich im Detail durch den Sandanteil und die mineralogische Zusammensetzung unterscheiden: Eine kalkfreie Braunerde mit Tendenz zum Lessivé in sandigem Löss in Somogyvár, eine stark bioturbate Braunerde aus feinsandigem Löss, die Primärkarbonat enthält in Szölösgyörök (beide Westungarn, südlich des Balaton) und eine Braunerde in typischem Löss nahe Belgrad (Banovo Brdo), die deutlich bioturbat geprägt ist und gestörte Tonbeläge enthält. Die Glimmerverwitterung, die einen Großteil der Verbraunung und Verlehmung erzeugt, kann laut Bronger (1976) auch unter Anwesenheit von primären Karbonaten stattfinden. Die Humifizierung von Schwarzerden kann entsprechend den Effekt von Verlehmung und Verbraunung im Zuge der Glimmerverwitterung maskieren. Ferner fragt Bronger (1976), welchen Einfluss der Jahresgang der (verwitterungsrelevanten) Bodenfeuchte aufweisen könnte und diskutiert ausführlich die Lössbraunerde und ihre paläoklimatische Aussagekraft, was aufgrund der zahlreichen fossilen Braunerden in LPS der Region von zentraler Bedeutung ist.

Kubiëna (1956) erkennt innerhalb Europas eine baltische Bodenprovinz (klimatisch feucht gemäßigt), in welcher Braunerden sehr häufig, in Löss aber nur sehr selten, in trockenen Beckenlagen vorkommen; als Beispiel nennt er lediglich einen fossilen Boden im Rheingau. In der in Richtung SO-Europa liegenden pannonischen Bodenprovinz hat die Braunerde für den Autor eine eigene Stellung in feuchteren Bereichen der Steppengebiete bzw. in den Waldgebieten der Hügelländer (vgl. Bodenkarte von Fink, 1958a).

Pécsi & Richter (1996) halten die Braunerde auf Löss für einen Waldboden, da sie den Begriff brauner Waldboden gleichermaßen synonym zu Braunerden und Parabraunerden verwenden. Fink (1962) sieht in der rötlich-braunen fossilen Braunerde an der Basis des Stillfrieder Komplexes (MIS 5e), die einen deutlichen Ck-Horizont aufweist, eine starke sommerliche Trockenheit repräsentiert; Klimabedingungen wie sie dem heutigen Mediterranraum entsprächen. Tatsächlich liegen gemäß European Soils Bureau Network (2005) Braunerden auf Löss vor allem im eher mediterran beeinflussten hügeligen südwestlichen Randbereich des Pannonischen Beckens vor (vgl. Abbildung 2). Hier befinden sich auch die von Bronger (1976) untersuchten Braunerden.

Zusammenfassend ist aus den bisherigen Ausführungen anzunehmen, dass die Löss-Braunerde zwar keine dezidiert mediterrane Bildung ist, aber einen signifikanten mediterranen Einfluss belegt.

2.6 Grundannahmen zur Interpretation polygenetischer Paläoböden

Insgesamt existieren noch zahlreiche offene Fragen, die für eine eindeutige Interpretation der untersuchten Bodenbildungsphasen zu klären sind. Im Rahmen dieser Arbeit werden daher einige vereinfachende Grundannahmen getroffen:

- Karbonat puffert den pH-Wert im basischen Bereich, während Verlehmung, Verbraunung und Tonverlagerung erst im schwach sauren Milieu signifikant in Erscheinung treten
- Der Jahresgang der Bodenfeuchte hat einen besonderen Einfluss hinsichtlich der differenzierten Bevorzugung bestimmter pedogener Prozesse
- Der Nachweis von Charakteristika, die diagnostisch für bodenbildende Prozesse sind, erlaubt die Rekonstruktion von bestimmten Bodentypen
- Bei der Rekonstruktion von Bildungsphasen muss der Faktor Zeit durch unabhängige geochronologische Methoden unter Berücksichtigung der darin enthaltenen Fehlerspannen bestimmt werden, wobei relativstratigraphische Annahmen mit äußerster Vorsicht vorzunehmen sind
- Interglaziale Löss-Paläoböden sind grundsätzlich repräsentativ für bestimmte Ökosysteme und können qualitativ bis semi-quantitativ klimatisch interpretiert werden
- Bei der paläoklimatischen Interpretation sind lithologische Eigenschaften des Lösses z.B. Korngrößenverteilung, Karbonat-, Glimmeranteil zu berücksichtigen
- Bei polygenetischen Paläoböden muss die Einmischung lokalen Sediments und vorverwitterten Bodenmaterials bei der Entwicklung von Bildungsmodellen und Interpretationen von Verwitterungsintensitäten Berücksichtigung finden.

In dieser Arbeit soll trotz der zahlreichen vereinfachenden Grundannahmen das prinzipielle Potential von Paläoböden für paläoklimatische Rekonstruktionen exemplarisch dargestellt werden. Jenes liegt nicht in der Quantifizierbarkeit von potentiellen Klimaparametern, sondern in der direkten Repräsentation komplexer Ökosysteme. Paläoböden geben wichtige Informationen über die Klimabedingungen während signifikanter Sedimentationspausen. Die neben transformativer auch profildifferenzierende oder homogenisierende Wirkung diverser pedogener Prozesse (Verlagerungs-, bzw. Turbationsprozesse) wird bei der Anwendung sedimentologischer Methoden an LPS häufig unterschätzt. Bei der Anwendung quantitativer Methoden zum Zweck der Paläoumweltrekonstruktion ist das Erkennen und Interpretieren von Paläoböden eine wichtige Voraussetzung um Messdaten zu interpretieren.

3 Die österreichischen Donautiefländer und ihre Lössprofile

Knapp zwei Drittel Österreichs werden von den Alpen eingenommen. In den das Hochgebirge umgebenden flachen bis hügeligen Tiefländern liegen känozoische Sedimente, von denen die in variabler Mächtigkeit und Charakteristik auftretende pleistozäne Lössauflage von zentraler Relevanz für diese Arbeit ist. Für paläoklimatische Fragestellungen relevante Lössmächtigkeiten finden sich in bestimmten morphologischen Positionen entlang der Donau bzw. ihrer größeren Nebenflüsse.
Die Böhmische Masse trennt wie ein Keil von Norden kommend die österreichischen Lösslandschaften in den eher ozeanisch geprägten Westteil und den kontinentalen Ostteil (Fink, 1956). Der ausgeprägte W–E Gradient zunehmender Kontinentalität ist dabei durch diese topographische Barriere bedingt. Eine zentrale Fragestellung dieser Arbeit ist, ob die durch die Lee-Position innerhalb der Westwindzone bedingte relative Kontinentalität der Lösse in NO-Österreich durch das Mittelpleistozän hindurch bestand.
Die österreichischen Lösslandschaften haben eine lange Forschungstradition, die zum einen mit weltberühmten jungpaläolithischen Funden (1908: Venus von Willendorf, 1988: Venus vom Galgenberg, 2005: Säuglingsbestattung am Wachtberg), zum anderen mit dem Namen Julius Fink (*1918, †1981) verknüpft ist. Umfassende wissenschaftliche Arbeiten einerseits und internationale Vernetzung andererseits führten in den 1960er Jahren zur Etablierung niederösterreichischer LPS als Typuslokalitäten der Quartärgliederung (Fink, 1961b, 1965b). Die 1970er Jahre waren von bedeutenden Revisionen geprägt, die weitgehend das Ende der „klassischen" Arbeiten in Österreich bedeuteten (Fink, 1969, 1976, 1979). Nach fast drei Jahrzehnten deutlich reduzierter Forschungen (mit Ausnahme von archäologischen Untersuchungen) stehen die aktuellen Arbeiten für den Versuch, die noch aufgeschlossenen LPS des kontinentalen Raums für aktuelle paläoklimatische Fragestellungen zu nutzen (Sprafke et al., 2014).

3.1 Physische Geographie des Untersuchungsgebiets

Die Region um Krems an der Donau liegt relativ zentral innerhalb Niederösterreichs und ist ein Übergangsraum in vielfältiger Hinsicht: Im Westen erhebt sich das bergige Grundgebirgsmassiv der Böhmischen Masse, welches ein räumlich variables Mittelgebirgsklima aufweist und ozeanische (atlantische) Klimaeinflüsse signifikant abschirmt, im Osten liegen innerhalb des Alpenvorlands und des Wiener Beckens die Tief- und Hügelländer des Weinviertels, welches eine relativ kontinentale Prägung aufweist. Am östlichen Ausläufer dieses Naturraumes liegt Stillfried an der March, dem Grenzfluss zur Slowakei (Abbildung 5).

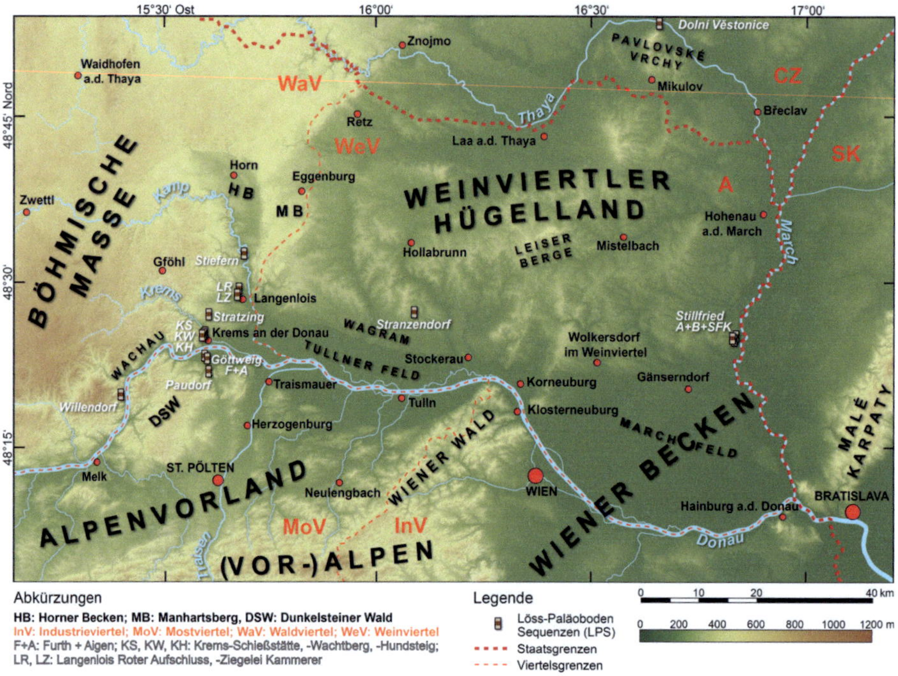

Abbildung 5: Topographie des Untersuchungsgebiets und Lage einiger LPS. Viertelsgrenzen nach Amt der NÖ Landesregierung (2010). Basiskarte (Höhen, Schummerung) basierend auf Shuttle Radar Topography Mission Daten des U.S. Geological Survey (USGS, 2014).

Es gibt keinen geographischen Begriff, der das Untersuchungsgebiet landschaftlich eindeutig benennt. Die weithin gebräuchliche Unterteilung Niederösterreichs in Viertel, basierend auf der Karte von Vischer aus dem Jahr 1697, ist für den Zweck dieser Arbeit nur begrenzt sinnvoll. Demzufolge lägen die LPS Krems und Stiefern im Waldviertel, Paudorf im Mostviertel und Stillfried im Weinviertel (Abbildung 5). Letztere LPS liegt in geologisch-tektonisch geprägten Naturraumgliederungen innerhalb des Wiener Beckens, während alle anderen Sequenzen am Ostrand der Böhmischen Masse liegen. Allen Sequenzen ist jedoch ihre Lage im Nordosten Österreichs gemeinsam: Sie liegen in den pannonisch geprägten Lössgebieten Niederösterreichs, d.h. im pannonischen Klimaraum (Fink, 1979) bzw. in der pannonischen Florenprovinz (Niklfeld, 1964; Schratt-Ehrendorfer, 2008).

3.1.1 Geologie und Topographie

Die topographische Differenzierung im Untersuchungsgebiet orientiert sich primär am geologischen Unterbau. Das Hochgebiet die Böhmischen Masse (~500–1000 m ü. A. [= über Adria]) ist der kristalline Rumpf des weitgehend abgetragenen paläozoischen variskischen Gebirges (Matura, 2006). Während der alpidischen Orogenese (Kreide–Tertiär) verblieb sie als Fels in der Brandung des Molassebeckens (~180–500 m ü. A.) nördlich des Alpenrandes; in ihren tieferen Bereichen bildete sie die Basis der känozoischen Sedimente. Das Wiener Becken (~140–300 m ü. A.) resultiert aus einem Einbruch innerhalb der an dieser Position stark gedehnten Alpen vor ~20 Ma; sukzessive wurden auch hier neogene bis quartäre Sedimente abgelagert (Wesseley, 2006b). Das Weinviertler Hügelland als naturräumliche Einheit umfasst die weniger stark ausgeräumten Bereiche des Wiener Beckens im tektonischen Sinn und dem nördlich des donaunahen Tullnerfelds liegenden Einheiten des Molassebeckens. Zwischen diesen Zonen wurden Faltenmolasse und Schuppen mesozoischer Einheiten stark verstellt. Die heutige Landschaft in dieser Region (z. B. Leiser Berge) zeigt ein lebhafteres Relief (~300–500 m ü. A.), bedingt durch die Herauspräparierung morphologisch härterer Gesteinseinheiten (v. A. Jurakalke). Nördlich der Alpen verlief die Donau in ihrer abwechslungsreichen Flussgeschichte überwiegend am Nordrand oder innerhalb des Molassebeckens (Fink, 1966). Das Durchbruchstal der Wachau zwischen Melk und Krems führt durch die SO-Spitze der Böhmischen Masse, die Wiener Pforte ist der Durchbruch durch alpidische Einheiten (Flysch / Faltenmolasse) in das Wiener Becken.

Einen detaillierten Überblick über die Geologie der Böhmischen Masse vermitteln G. Fuchs & Matura (1976) und Matura (2006). Zwischen großen Gebieten, in denen magmatische Intrusivgesteine dominieren (Thaya Pluton im E; Südböhmen Pluton im W) liegt die Waldviertler Mulde (metamorphe Gesteine). Ferner ist die Sutur zwischen dem höher metamorphen Moldanubikum und dem niedriger metamorphen Moravikum von Relevanz, letzteres baut den Manhartsberg auf. Die Nahtstelle wird im Horner Becken morphologisch besonders deutlich und verläuft nach Süden im Bereich des Kamptals. Von den zahlreichen Störungszonen, die insbesondere SW–NO verlaufen, ist die Diendorfer Störung hervorzuheben (sinistrale Blattverschiebung mit 25 km Versatz). Sie verläuft auf der Linie Melk–Krems und spiegelt sich ebenfalls teilweise in der Morphologie wider (Beginn der Wachau) bzw. beeinflusste diese (komplexe Terrassen im Raum Krems). Gegenüber der variablen Geologie der Böhmischen Masse im Bereich des Waldviertels ist der Bereich südlich der Diendorfer Störung im Dunkelsteiner Wald relativ einheitlich aus Granulit aufgebaut.

Die Alpen (vgl. Pfiffner, 2010) sind das Haupteinzugsgebiet der Donau im Bereich Österreichs. Neben kristallinen (v. a. Zentrale Ostalpen, Westalpen) und siliziklastischen Einheiten (v. a. Flysch, Grauwackenzone), sind die Kalkalpen hervorzuheben, da sie zum Großteil den pedogen relevanten Karbonatgehalt verantworten; untergeordnet spielt auch die Schwäbisch-Fränkische Alb in Süddeutschland eine Rolle als Karbonatlieferant.

Das Molassebecken ist charakterisiert durch den Wechsel mariner (Kalksteine, Mergel, Tonsteine), brackischer (Mergel, Tonsteine) und fluvialer (Sande, Kiese) Sedimente, wobei letztere Serien besonders stark die Geologie der Alpen widerspiegeln (Wesseley 2006a). Marine Sedimentation nahm insbesondere zum Ende des Neogens, mit dem endgültigen Rückzug der Paratethys in Richtung SO-Europa stetig ab. Im Wiener Becken konnte sich diese noch durch das Miozän hindurch halten (Wesseley, 2006b). Für das Spätmiozän bis Pliozän sind die Schotter der Hollabrunn-Mistelbach-Formation hervorzuheben, die den Verlauf der Ur-Donau nachzeichnen (Fink, 1966; W Wesseley, 2006a). Der mehrere Kilometer breite Schotterstrang verläuft deutlich weiter nördlich als der heutige Donauverlauf, von Krems aus Richtung Hollabrunn nach Mistelbach um dort in das Wiener Becken zu münden. Die Schotter sind als Höhenzug (~350 m ü. A.) innerhalb des Weinviertler Hügellandes herauspräpariert und zeigen damit eine eindrucksvolle Reliefumkehr (Fink & Piffl, 1975).

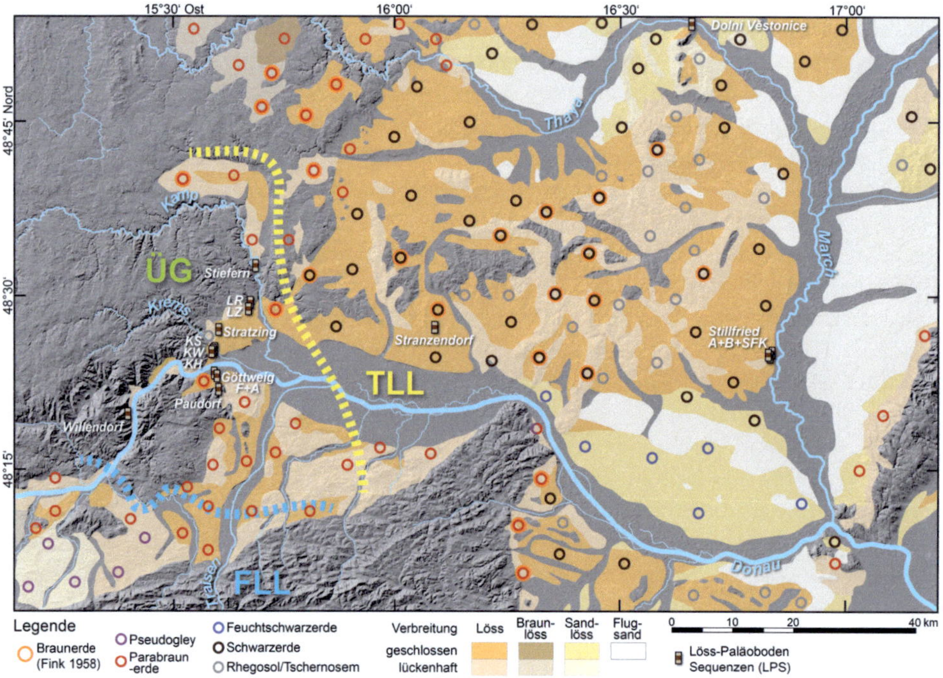

Abbildung 6: Äolische Sedimente (Fink & Nagl, 1979), rezente Böden aus Löss (Fink, 1958a; Fink et al., 1979), Grenzen der Lösslandschaften (Fink, 1965a) und Lage einiger LPS im Untersuchungsgebiet. FLL = Feuchte Lösslandschaft, TLL = Trockene Lösslandschaft, ÜG = Übergangsgebiet. Basiskarte (Schummerung) basierend auf Shuttle Radar Topography Mission Daten des U.S. Geological Survey (USGS, 2014).

Ende des Pliozäns bis in das Quartär hinein änderte die Donau im Bereich des Weinviertels zunehmend ihren Verlauf in Richtung Süden und räumte dabei über weite Strecken die känozoischen Serien zwischen Krems und Wiener Pforte, und im weiteren Verlauf im Bereich des Wiener Beckens aus (Wesseley & Draxler, 2006). Die in tertiärem Gestein angelegte und von Quartärsedimenten überdeckte Kante des Wagram (~200–250 m ü. A.) bezeugt die weitgehende Festlegung des Donaulaufs im Bereich des Tullner Feldes (~200 m ü. A. bei Krems, 180 m ü. A. bei Korneuburg). Zeugnis der überwiegend erosiven, teils aber auch akkumulativen Tätigkeit der Donau und ihrer Nebenflüsse sind zahlreiche Terrassen, von denen insbesondere jene im Bereich des Wiener Stadtgebietes und in der Region um Krems Gegenstand eingehender Forschungen waren (Fink & Majdan, 1954; Fink, 1957, 1973; Fink

& Piffl, 1975; Fink, 1976, 1977). Aufgrund der tektonischen Beeinflussung und der relativen Ferne zu den glazifluvial geprägten Gebieten näher an den alpinen Vereisungen, konnte gerade im Raum Krems keine verbindliche zeitliche Einordnung der Terrassen erreicht werden (Fink, 1979). Zeitgleich zur weitläufigen Abtragung im Bereich des Molassebeckens wurde die Böhmische Masse im Bereich der Donau durch relativ steile Täler zergliedert. Parallel zur fluvialen Formung kam es während des Quartärs in den östlichen Randgebieten der Böhmischen Masse (ost-exponierte Hänge, insbesondere auch im Bereich von Wachau, Kamptal, Fladnitztal und Kremstal) und den flachwelligen Beckenlandschaften verbreitet Lösse zur Ablagerung (Abbildung 6). In der morphologisch abwechslungsreichen Lössregion Krems sind häufig polygenetische LPS verschiedener Zeitspannen und Auflösung zu finden, die teils gemeinsam mit den Terrassen Gegenstand einer langen Forschungstradition sind (Fink, 1976, 1979).

3.1.2 Klima

Generell liegen die Jahresdurchschnittstemperaturen in den Lössgebieten Österreichs bei 8 bis 9°C (Abbildung 7). Dagegen ist die Niederschlagsverteilung im Jahresgang deutlich differenzierter. Das Hochgebiet der Böhmischen Masse bildet eine signifikante topographische Barriere für ozeanische Feuchtigkeit. Daraus resultiert ein deutlich kontinentaler Charakter der östlich liegenden Gebiete (Fink, 1979).

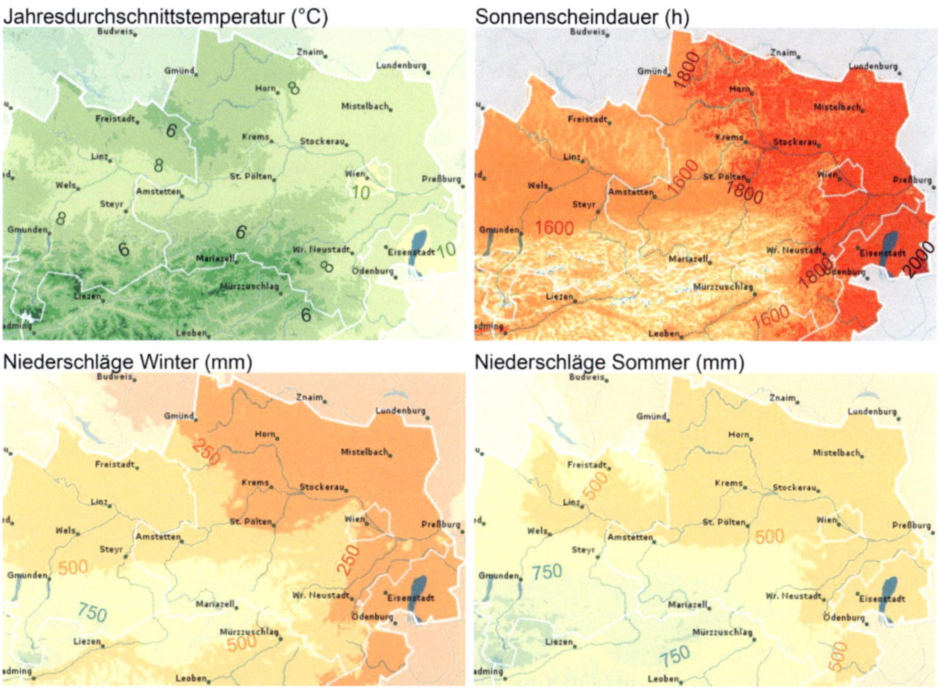

Abbildung 7: Die Donautiefländer, die angrenzenden Bergländer und einige Klimagrößen (ZAMG Österreich [Kart.]), bearbeitete Karten aus der Webanwendung

Abbildung 8: Niederschlagsverteilung 1970-2000 in der Untersuchungsregion (Hydro NÖ, 2005), neu gezeichnet. Basiskarte (Schummerung) basierend auf Shuttle Radar Topography Mission Daten des U.S. Geological Survey (USGS, 2014).

Liegen im Alpenvorland südwestlich der Böhmischen Masse die durchschnittlichen Jahresniederschlägen um 700–1000 mm, liegen sie östlich nur um 500–550 mm (ZAMG Österreich [Kart.]). Der Einfluss der Topographie auf die Verteilung der von Westen kommenden Feuchtigkeit wird deutlich durch die Tatsache, dass im Korridor zwischen Böhmischer Masse und Alpenrand nahe St. Pölten noch über 700 mm Jahresniederschlag erreicht werden (Abbildung 8).

Das Maximum der Niederschläge liegt in den Lösslandschaften in den Sommermonaten (ZAMG Österreich [Dat.]). Im kontinentalen Bereich Österreichs liegen die Sommerniederschläge signifikant und die Winterniederschläge deutlich unter denen des ozeanisch geprägten Raums. Insbesondere im Sommer ist die jährliche Sonnenscheindauer höher als im Westen, was die Verdunstung der ohnehin geringeren Niederschläge begünstigt (ZAMG Österreich [Kart.]). Da die sommerlichen Niederschläge überwiegend aus kurzen heftigen Niederschlagsereignissen resultieren, sind die Befeuchtung des Bodens und damit die effektive Durchfeuchtung im Sommer nicht tiefgreifend. Aus den relativ geringeren Winterniederschlägen wiederum resultiert eine geringe Schneedecke und folglich ein gegenüber den humideren Gebieten des Westens reduziertes Auffüllen der Bodenspeicher. Die für die russische Steppe charakteristisch Winterstarre wird aufgrund der geringeren thermischen Kontinentalität im Lössgebiet jedoch kaum erreicht; die sommerliche Trockenklemme macht sich jedoch bemerkbar (Fink, 1979).

Die Unterteilung Österreichs in Klimaregionen, begründet auf mehreren klimatologischen Faktoren, basiert auf der Karte von Bobek et al. (1971). Die Karte der Klimatypen verdeutlicht den klimatischen Gegensatz zwischen NW- und NO-Österreich. Nagl (1983) ergänzt diese grundlegende Bilanzierung um Faktoren der Strahlungseinflüsse und der Kontinentalität und berücksichtigt auch lokale und temporäre Wasserspeicher. Sie resultieren in einer klimatische Regionalisierung Österreichs, die neben den hoch variablen alpinen Klimaten und dem illyrischen Klimaraum im Südosten des Alpenkamms eine atlantische Klimaprovinz westlich der Böhmischen Masse und die pannonische Klimaprovinz in deren Osten differenziert (Fink, 1979).

3.1.3 Böden

Lässt man das Ausgangsmaterial als Faktor unberücksichtigt, wird die klimatische Differenzierung auch bodengeographisch deutlich (Abbildung 6). Bei weitgehend vergleichbaren thermischen Bedingungen unterscheidet sich die Bodenfeuchte sowohl absolut im Jahresgang als auch saisonal deutlich, so dass im Wechselspiel mit den entsprechenden Ökosystemen verschiedene Bodenentwicklungen ablaufen. Die ganzjährig gegebene Bodenfeuchte im Westen begünstigt auf Löss unter potentiellem Laubwald die Ausbildung tiefgehend entkalkter, verwitterter Böden mit Tonverlagerungstendenzen (Parabraunerde-Pseudogley-Gesellschaften).

Dem stehen in den Tieflagen der kontinentalen Lösslandschaft (200–250 m ü. A.) die gering verwitterten, humosen Böden unter potentiell natürlicher Steppenvegetation gegenüber (Fink, 1958b). Schratt-Ehrendorfer (2008) bemerkt, dass Steppen in Niederösterreich nicht klimatisch zu begründen sind (zu feucht, zu kühl), sondern Substratsteppen sind. Neben Fels-, Schotter-, und Sandsteppen fallen für die Autorin auch die Lösssteppen unter diese Kategorie. Wenn Löss als Norm-Untergrund betrachtet wird, ist die potentiell natürliche Vegetation der Lössgebiete des Weinviertels die Steppe. Kleinräumige Wechsel des geologischen Untergrundes würden eine Waldsteppe, aber vermutlich keinen geschlossenen Laubwald als potentiell natürliche Vegetation annehmen lassen. Fink (1979) weist auf die weite Verbreitung des Ziesels hin, der typisch für Tschernosemgebiete und einer der Verantwortlichen für die Ausbildung von Krotowinen ist.

Am Ostrand der Böhmischen Masse zeigt die Bodenkarte Niederösterreichs (Fink, 1958a, b) ein Mosaik von Braunerden und Schwarzerden (vgl. Abbildung 6), das sowohl substrat- als auch (insbesondere im lokalen Maßstab) expositionsbedingt ist. Das Vorkommen von Parabraunerden am Ostrand der Böhmischen Masse auf einer späteren Karte (Fink & Nagl, 1979) wurde bereits in Abschnitt 2.5 diskutiert. Die rezente Bodendecke unterscheidet sich bereichsweise signifikant, da gerade Lössböden einer intensiven anthropogenen Nutzung unterlagen. In den Weinbauregionen sind Rigolböden der dominierende Bodentyp (BFW Österreich).

3.1.4 Lösslandschaften

Fink (1956) hat auch für die fossilen Lössböden und Lösse eine deutliche geographische Differenzierung festgestellt. Er differenziert entsprechend die *Feuchte Lösslandschaft* westlich der Böhmischen Masse und die *Trockene Lösslandschaft* im Nordosten Österreichs. Die hügeligen Landschaften im Ostrand der Böhmischen Masse und die Wachau typisiert er als *Übergangsgebiet* (Abbildung 6). Trotz mittlerweile revidierter Chronologien innerhalb des Übergangsgebiets scheint die Differenzierung Österreichs in Lösslandschaften weitgehend gültig. Ložek (2001), der die Fortsetzung der Lösslandschaften nach Tschechien erkennt, gibt zwar an, dass das Übergangsgebiet (paläo)klimatisch und malakologisch mit der Trockenen Lösslandschaft vergleichbar ist, wofür auch aktuelle Klimadaten sprechen (ZAMG Österreich [Dat.]), wohl aber rechtfertigt die spezifische geomorphologische Prägung die Sonderstellung des Übergangsgebietes. Die mächtigsten LPS Österreichs befinden sich in dieser Region, als Sedimentfallen fungieren überwiegend ostexponierte Hänge. Einige gut zugängliche Aufschlüsse, gerade die bekannten ehemaligen Typuslokalitäten, repräsentieren verschiedene Zeitscheiben der Landschaftsentwicklung. Das Vorkommen der Mehrheit der LPS in Hangpositionen resultiert jedoch in Diskontinuitäten und Polygenese und entsprechenden Schwierigkeiten bei der Interpretation (Sprafke et al., 2014).

3.2 Löss-Paläoboden Sequenzen in Österreich

Signifikante Lössvorkommen in Mitteleuropa beschränken sich auf die im Pleistozän von Inlandsvereisungen verschonten Beckenlandschaften (Haase et al., 2007). Die Lösslandschaften Österreichs beinhalten das südliche Transekt von ozeanischen zu kontinentalen Klimaräumen (Sprafke et al., 2013); die Lössregionen Südpolens und der Westukraine sind der entsprechende nördliche Korridor (Jary & Ciszek, 2013). Relativ unabhängig von den beiden großen pleistozänen Vereisungszentren in Mitteleuropa liegen zwischen diesen Lössgürteln die Lössregionen Böhmens und Mährens.

Die österreichischen Lössgebiete liegen überwiegend im Korridor der Donaulösse zwischen dem Schwäbisch-Bayrischen Alpenvorland im Westen und den Lössgebieten des Kleinen Pannonischen Beckens im Südosten, an welches sich die teils sehr mächtigen Lösse des Mittleren Donaubeckens (Pannonisches Becken) anschließen (Haase et al., 2007). Östlich der Böhmischen Masse setzen sich die österreichischen Lösslandschaften nach N in die mährische Lössregion fort (Ložek, 2001). Smalley & Leach (1978) sehen die österreichischen Lösslandschaften als das westliche Ende des Donaubeckens. Das Material ist hier vor allem alpinen Ursprungs. Im Osten Niederösterreichs hat den Autoren zufolge auch die March einen wichtigen Einfluss auf die Lössherkunft, da durch sie Material der nordeuropäischen Vereisung nach Süden in den Donaubereich gebracht wurde. Tatsächlich sind die Karbonatgehalte im Bereich Krems (Paudorf: ~22 %; Fink, 1954; Sprafke et al., 2013) trotz Beimengung lokalen Substrats etwas erhöht gegenüber Stillfried (~15 %; Fink, 1954) und Dolní Věstonice in Südmähren (~11 %; Antoine et al., 2013).

Lössvorkommen variabler Mächtigkeit und unterschiedlicher Fazies sind in Österreich weitestgehend auf die Tiefländer nördlich und südwestlich der Alpen beschränkt (Fink, 1965a; Haase et al., 2007). In dieser Arbeit sollen die Staublehmlandschaften der Steiermark (Fink, 1959, 1961a, 1965a) nicht weiter betrachtet werden; im Vordergrund stehen hinsichtlich der paläoklimatischen Schlussfolgerungen die nahe der Donau liegenden Lössvorkommen der nördlichen Bundesländer und damit die klassischen österreichischen Lösslandschaften nach

Fink (1956). Dabei werden im Rahmen dieser Arbeit Sequenzen in der pannonischen Klimaregion untersucht; zu den Lössen des atlantischen Raums sind in jüngerer Zeit eine Reihe von Arbeiten publiziert worden (Ottner et al., 2013; Preusser & Fiebig, 2009; Sedov et al., 2013; Solleiro-Rebolledo et al., 2013; Terhorst et al., 2002, 2012; Terhorst, 2007, 2013).
Der breiteren Öffentlichkeit sind besonders die jüngsten Lössablagerungen in Niederösterreich aufgrund ihrer weltberühmten archäologischen Funde bekannt (Einwögerer et al., 2006; Haesaerts et al., 1996; Neugebauer-Maresch, 1993a, 2008; Nigst et al., 2008). Doch auch ältere Sequenzen, die den Zeitrahmen MIS 5 bis MBB umfassen und für diese Arbeit relevant sind, weisen bereits innerhalb der europäischen Quartärforschung eine wissenschaftshistorische Bedeutung auf.

3.2.1 Lage und Inventar der ehemaligen Typuslokalitäten

Krems, Göttweig und Paudorf erlangten Mitte des 20. Jahrhunderts als Typuslokalitäten für die Gliederung des Eiszeitalters große Bedeutung innerhalb der Quartärforschung und auch durch die tiefgreifenden Revisionen in den 1970er Jahren einige Bekanntheit. Die LPS befinden sich nur wenige Kilometer voneinander entfernt in der Region um Krems und sind noch heute zugänglich. Die Stadt selbst liegt direkt am Austritt der Donau aus der Böhmischen Masse (Wachau). Im Rahmen dieser Arbeit werden die Sequenzen Paudorf und Krems-Schießstätte im Detail behandelt, weshalb die beiden Lokalitäten in diesem Abschnitt nur kurz charakterisiert werden. Die Typuslokalitäten Stillfried A und B sowie die jungpleistozänen Profile der Feuchten Lösslandschaft (Typusregion Linz) wurden von Anfang an weitgehend korrekt eingeordnet.
Im Norden der Stadt Krems, auf dem Sporn zwischen dem Ausgang der Wachau (Donautal) und dem Kremstal befinden sich die mächtigsten Lössablagerungen Österreichs (bis zu 37 m). Hochauflösende LPS in letztglazialen Lösssedimenten mit sehr schwach entwickelten Paläoböden kennzeichnen die SO-exponierten Bereiche näher der Stadt (Hambach et al., 2008; Lomax et al., 2014; Terhorst et al., 2014). In diesen erhielten sich die bedeutenden jungpaläolithischen Fundplätze **Krems-Hundsteig** (mittlerweile bebaut; Neugebauer-Maresch, 2008) und **Krems-Wachtberg** (teils bebaut, jüngste Grabungsflächen durch eine Kellerkonstruktion noch bis 2016 zugänglich; Einwögerer et al., 2006, 2009, 2014; Händel et al., 2009, 2014). Wenige 100 m nördlich liegt im O-exponierten Hangbereich der imposante Aufschluss **Krems-Schießstätte** (Abbildung 9). An den bis zu 20 m hohen Lösswänden und durch Bohrungen konnten 16 Pedokomplexe nachgewiesen werden, die von oben nach unten als KR 1 (rezenter Boden) bis KR 16 bezeichnet wurden (Fink, 1976; Fink & Kukla, 1977). KR 2 und KR 3 sind sehr schwach ausgeprägt. Zwischen den von oben betrachtet ersten signifikanten Pedokomplexen KR 4 und KR 5 liegt bereits die MBB als oberster von vier magnetischen Polaritätswechseln innerhalb dieser LPS (Fink, 1976). KR 7 ist ein markanter, mehrere Dezimeter mächtiger rötlicher Lehm, der von Brandtner (1954) als Kremser Bodenbildung bezeichnet wurde und mit den unmittelbar darunter folgenden KR 8 und KR 9 den ca. 5 m mächtigen Kremser Komplex bildet (Fink, 1956, 1976). Böden unter KR 12 wurden mit Bohrungen erreicht (Fink, 1976, 1978).

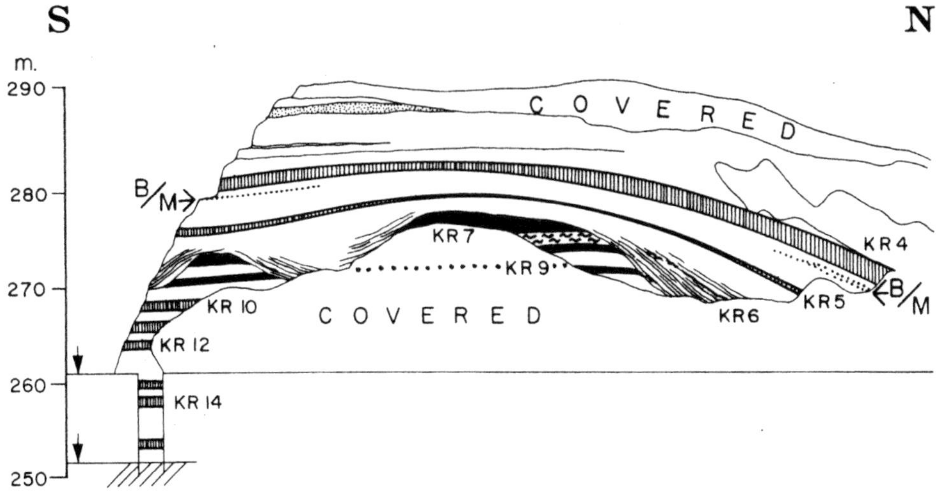

Abbildung 9: Skizze des Aufschlusses Krems-Schießstätte, Mittlere Wand aus Fink & Kukla (1977), in ähnlicher Form auch in zahlreichen anderen Publikationen. Vgl. hierzu Abbildung 37 und Abbildung 41.

Südlich der Donau befindet sich die LPS **Göttweig-Furth** (Abbildung 10, oben), aufgeschlossen in einem Lösshohlweg auf einer Donauterrasse unbekannten Alters. Das charakteristische Element ist ein einzelner, ca. 1 m mächtiger, relativ kräftig entwickelter Paläoboden, der teils in Lösssediment, teils in Schotter über mehrere Terrassenstufen hinweg verläuft und bereits von Bayer (1912) als *Göttweiger Verlehmungszone* bezeichnet wurde (Bayer, 1927; Fink, 1976; Götzinger, 1935, 1936). Mit einem Alter über 350 ka (Thiel et al., 2011b) repräsentiert diese mutmaßlich eine oder mehrere mittelpleistozäne Warmzeiten. Die Molluskenfauna scheint Ähnlichkeiten mit jener der letzten Warmzeit aufzuweisen; in Tschechien sind die malakologischen Befunde von PK III und V vergleichbar (Fink, 1976), d.h. MIS 5e und 9. Aufgrund der Lumineszenzdatierung käme am ehesten das global betrachtet mit MIS 5e und 9 vergleichbare MIS 11 in Frage.

Zwischen den weiter südlich befindlichen bergigen Ausläufern der Böhmischen Masse (Göttweiger Berg und Hals) und dem leicht nach W ansteigenden Plateau, in welchem der Zellergraben verläuft, ist die Fladnitz eingeschnitten, die hier entgegen ihres üblichen Süd-Nord Verlaufs von Westen nach Osten fließt. Der Aufschluss **Göttweig-Aigen** (Abbildung 10, unten) befindet sich im oberen Bereich der dort angeschnittenen Terrasse, unter der Miozän und darunter Kristallin aufgeschlossen sind (Fink, 1961b). Im oberen Bereich des Schotterkörpers und darüber ist ein Paläobodenrest sichtbar, welcher stratigraphisch der Göttweiger Verlehmungszone entsprechen könnte (Fink, 1976). Im nach Norden auf das Plateau und weiter zum Zellergraben führenden steil ansteigenden Hohlweg sind ca. 15 m mächtige Lössablagerungen aufgeschlossen, mit einem ca. 1 m mächtigen gefleckten Paläoboden im obersten Bereich (Fink, 1961b, 1976).

Wenige Kilometer südlich, innerhalb der bergigen Ausläufer der Böhmischen Masse liegt westlich der Süd-Nord verlaufenden Fladnitz, am südöstlichen Fuß des Waxenbergs die LPS **Paudorf** (Abbildung 11), die bereits Gegenstand zahlreicher Studien war (Brandtner, 1954;

Fink, 1954, 1956, 1976; Götzinger, 1935; Sprafke et al., 2013). Sie ist charakterisiert durch einen ca. 0,6–1 m mächtigen humosen, fleckigen, verlehmten Pedokomplex im oberen Profilbereich (Paudorfer Bodenbildung) und einen ca. 2 m mächtigen humosen Pedokomplex mit einem etwas stärker verwitterten Mittelteil im unteren Aufschlussbereich.

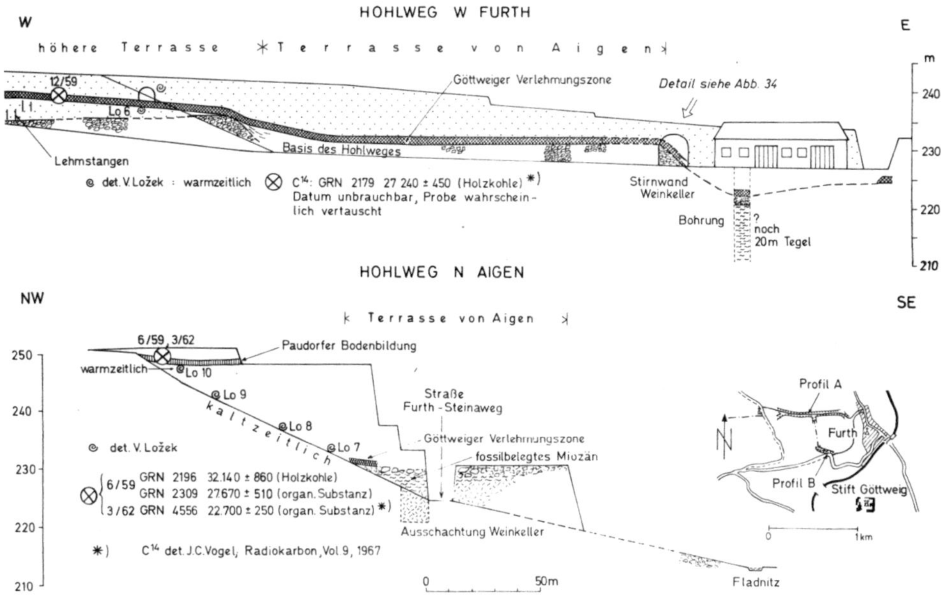

Abbildung 10: Die Aufschlüsse um Furth (Typuslokalität der Göttweiger Verlehmungszone) und Aigen bei Göttweig, aus Fink (1976)

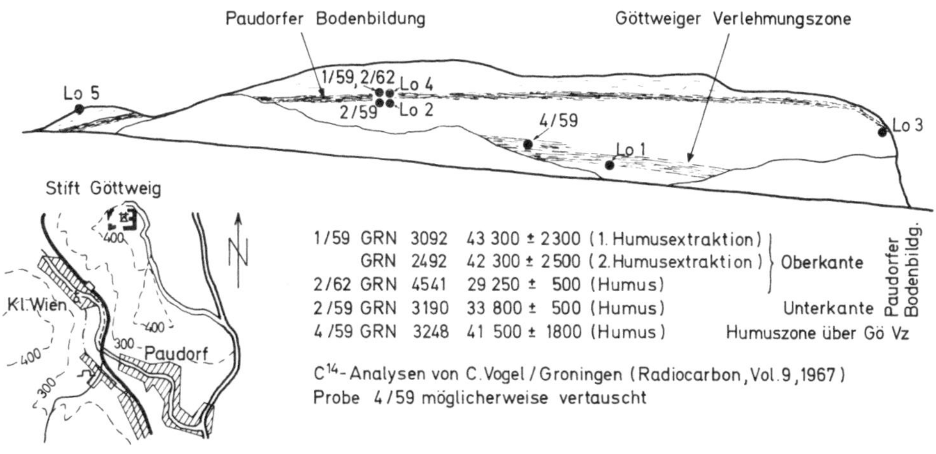

Abbildung 11: Die Löss-Paläoboden Sequenz Paudorf locus typicus und Radiokohlenstoffalter, aus Fink (1976). Vgl. hierzu Abbildung 20.

Dazwischen befinden sich gebleichte Horizonte und ein schwacher brauner Paläoboden. Sprafke et al. (2014) erkennen im Aufschluss Paudorf ein recht gut aufgelöstes Paläoumweltarchiv von MIS 10 bis MIS 5, wobei die erwähnten Pedokomplexe MIS 9 bzw. MIS 5 repräsentieren.
In früheren Arbeiten wurde der untere Pedokomplex in Paudorf häufig mit der Göttweiger Verlehmungszone und KR 4 korreliert (vgl. Abbildung 11), woraus die zeitliche Abfolge Krems – Göttweig – Paudorf, repräsentiert durch Paläoböden abnehmender Intensität abgeleitet wurde: Kremser Bodenbildung (KR 7) bzw. Kremser Komplex (KR 7–9) – Göttweiger Verlehmungszone (KR 4 bzw. Unterer Pedokomplex in Paudorf) – Paudorfer Bodenbildung (Brandtner, 1954, 1956; Fink, 1956, 1961b; Gross, 1962).
Die Typuslokalitäten Krems, Göttweig und Paudorf befinden sich im Übergangsgebiet der Lösslandschaften (Fink, 1956). Die basalen Verlehmungen des Stillfrieder Komplexes (Trockene Lösslandschaft) und des Linzer Komplexes (Feuchte Lösslandschaft) wurden als Korrelate zur Göttweiger Verlehmungszone betrachtet (Fink, 1961b).
Der Stillfrieder Komplex ist im zentralen Ortsbereich von Stillfried an der March (Abbildung 12) im Profil **Stillfried A** aufgeschlossen (Fink, 1954). Dieses liegt nordexponiert an einem Mittelhang, unmittelbar am Ausgang eines nach Osten zum Grenzfluss verlaufenden Seitentals. Der Pedokomplex (Abbildung 4C) besteht aus einem ca. 30 cm mächtigen verlehmten und verbraunten Horizont, über dem drei von Lösszwischenlagen getrennte 30–40 cm mächtige Humuszonen folgen (Brandtner, 1954; Fink, 1954, 1956).

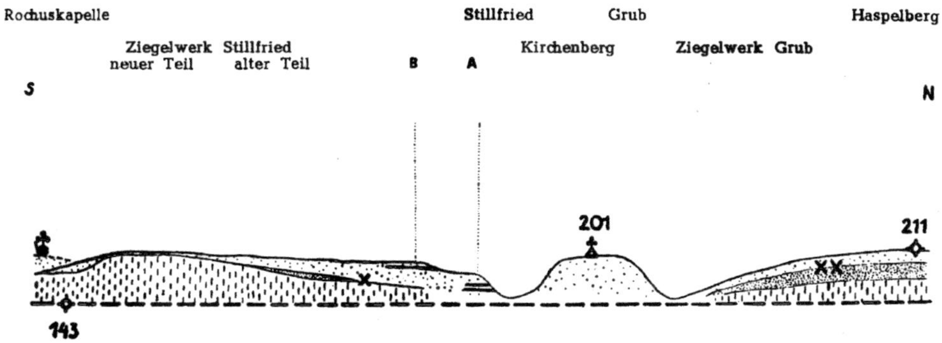

Abbildung 12: Stillfried an der March von Osten gesehen und Lage der Profile Stillfried A und B, aus Fink (1954). Vgl. hierzu Abbildung 81.

Die Vergleichbarkeit mit dem Standardprofil der Deutschen Lössstratigraphie (Bibus, 1974, 2002; Schönhals et al., 1964; Semmel, 1968) und der Sequenz Dolní Věstonice (Antoine et al., 2013; Frechen et al., 1999; Shi et al., 2003), sowie TL-Datierungen (Zöller et al., 1994) und Aminosäuren-Razemisierung an Mollusken (Oches & McCoy, 1995) machen eine Zuordnung zu MIS 5 sehr wahrscheinlich und zeigen die durch relativ hohe Staubakkumulation begründete relativ hohe Auflösung für diesen Zeitabschnitt.
Das wenige Meter südlich und weiter oberhalb liegende Profil **Stillfried B** ist mit Stillfried A nicht direkt verbunden (Fink, 1954; Riegler & Peticzka, 2004; Rögl & Summesberger, 1978). Die in mutmaßlich letztglazialen Lössedimenten enthaltene schwache Verbraunung

mit einem darüberliegendem schwach humosen Horizont wurde häufig mit dem Lohner Boden bzw. dem Braunen Verwitterungshorizont (Brunnacker, 1956; Schönhals et al., 1964; Semmel, 1968) und dem PK I der tschechischen Lössstratigraphie (Fink, 1964; Ložek, 2001) korreliert. Thermolumineszenzalter über dem Paläoboden (Zöller et al., 1994) und Radiokarbondatierungen an Holzkohlen oberhalb des verbraunten Horizonts (Fink, 1976; Haesaerts et al., 2007; Terhorst et al., 2011) weisen auf ein Mindestalter im späten MIS 3 hin und stützen die früheren Einordnungen weitgehend. Numerische Alter im Löss unterhalb der Verbraunung fehlen. Ein TL-Alter von 33 ± 3 ka innerhalb des Bodens von Wallner et al. (1990) sollte nur als sehr grobe Näherung betrachtet werden. Untersuchungen an Mollusken weisen darauf hin, dass es in der LPS Stillfried B keinen Hinweis auf eine signifikante Erwärmung gibt (Ložek, 2001; Oches & McCoy, 1995). Die genaue zeitliche Stellung und anscheinend komplexe Genese dieses Paläobodens ist Gegenstand anhaltender Diskussionen (Peticzka et al., 2010; Terhorst et al., 2015).
Abbildung 13 zeigt die von Fink (1965a) etablierte Korrelation der jungpleistozänen Standardsequenzen der Trockenen Lösslandschaft und des Übergangsgebiets mit der Abfolge der Feuchten Lösslandschaft, wenige Jahre vor der Revision der Lokalitäten des Kremser Raumes.

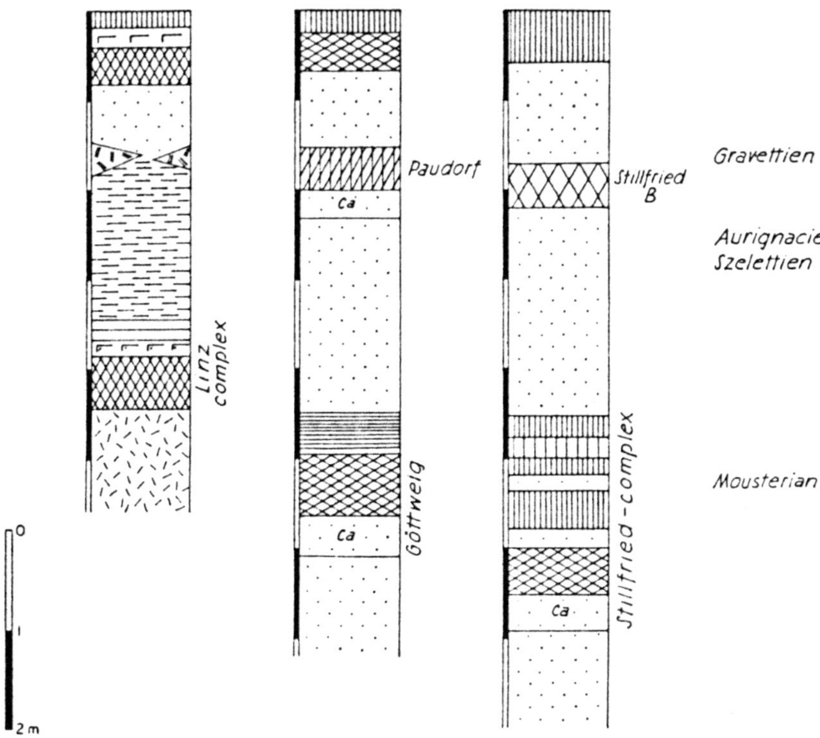

Abbildung 13: Gegenüberstellung der Standardprofile der Feuchten (links) und Trockenen (rechts) Lösslandschaft für das Jungpleistozän. Mittig die mittlerweile revidierte Standardsequenz des Übergangsgebiets. Aus: Fink (1965a, Ausschnitt).

Der gemäß Fink (1956, 1961b) mit dem Stillfrieder Komplex zeitlich gleichzusetzende Linzer Komplex beschreibt einen Bt-Horizont der von einer Fließerde überlagert ist. Das **Gebiet um Linz** gilt als Typusregion, beispielsweise durch die Profile Linz-Grabnerstraße und Feilendorf b. St. Pölten mit einem Bt-Horizont in vorletztglazialem Löss oder Weingartshof b. Linz und Altheim mit Bt-Horizonten in/über Schotter der Hochterrasse. Die im letztglazialen Lösssediment befindliche Gleyfleckenzone als Korrelat zu Stillfried B / Lohner Boden (Fink, 1956, 1961b, 1969) wird in den späten 1970er Jahren von der darunter befindlichen Verbraunung (eigentlich: Oberteil der Braunlösse) abgelöst (Fink, 1979), hat aber wie der Linzer Komplex keine definierte Typuslokalität. Im folgenden Abschnitt wird auf LPS Österreichs die den Zeitraum MIS 5 bis MBB umfassen eingegangen, dabei werden auch die Verhältnisse in der Feuchten Lösslandschaft detaillierter beschrieben.

3.2.2 LPS in Österreich von MIS 5 bis zur MBB

Terhorst (2013) stellt für die Feuchte Lösslandschaft ein stratigraphisches Konzept vor, welches die fluvioglazialen Terrassen und ihre Deckschichten in einen chronologischen Zusammenhang bringt (Abbildung 14). In der Trockenen Lösslandschaft und vor allem im Übergangsgebiet sind die Verhältnisse weniger geordnet und weniger gut untersucht.
Fink (1956, 1976) bemerkt, dass die jeweils oberen Paläoboden in den Aufschlüssen Stiefern am Kamp, Buchberg am Kamp und Göttweig Aigen typologisch vergleichbar mit der Paudorfer Bodenbildung sind (MIS 5 nach Sprafke et al., 2014; Thiel et al., 2011b; Zöller et al., 1994), was durch eigene Begehungen bestätigt werden konnte. Für Göttweig-Aigen liegen malakologische Befunde (Ložek in Fink, 1976) sowie Lumineszenzdatierungen ober- und unterhalb des Bodens vor (Thiel et al., 2011b; Zöller et al., 1994), die eine Korrelation mit der Paudorfer Bodenbildung an der Typuslokalität wahrscheinlich machen. Aus diesem Zusammenhang ergibt sich die Möglichkeit, dass sowohl in Buchberg als auch Stiefern überwiegend mindestens mittelpleistozäne LPS aufgeschlossen sind.
Die LPS Stiefern (vgl. Abbildung 30) ist mehr als 10 m mächtig und in einer aufgelassenen Lehmgrube am Unterhang des Kamptals nach Osten exponiert aufgeschlossen (Verginis, 1993a). Unterhalb des oberen Paläobodens sind überwiegend schwache Verbraunungen und Bleichzonen sichtbar, nur im unteren Teil ist kräftiger verwittertes Substrat aufgeschlossen. Die typologische Ähnlichkeit zur LPS Paudorf war Anlass dazu, dieses Profil zu Vergleichszwecken im Rahmen dieser Arbeit detailliert zu beschreiben und zu datieren.
Der Aufschluss der LPS Buchberg in ähnlicher morphologischer Lage wie die LPS Stiefern ist weniger mächtig, weist aber insgesamt drei Paläoböden bzw. Bodenkomplexe auf, deren Intensitäten mindestens mit dem oberen gefleckten Paläoboden vergleichbar sind (Vilim, 2004).
(Fink, 1976, 1978) erwähnt für die Hochterrasse der Traisen östlich St. Pölten das Vorkommen gefleckter Böden, was zur Annahme führen kann, dass die Paudorfer Bodenbildung nicht nur typologisch, sondern auch pedostratigraphisch von Bedeutung für die LPS am Ostrand der Böhmischen Masse ist (Sprafke et al., 2013).
Von verschiedenen LPS im Weinviertel liegen Beschreibungen vor, die eine Einstufung zwischen MIS 5 und MBB wahrscheinlich machen, z. B. Ebersbrunn (Fink et al., 1955)

und Ober-Fellabrunn (Brandtner, 1954). Zahlreiche Profile in dieser Region zeigen mit dem Stillfrieder Komplex vergleichbare Bodenkomplexe (Fink, 1956).
In den letzten drei Jahrzehnten wurden im Rahmen der geologischen Kartierung durch die Geologische Bundesanstalt in Wien am Ostrand der Böhmischen Masse bis ins nördliche Weinviertel zahlreiche Detailuntersuchungen in Kooperation mit dem Geologischen Dienst Tschechiens durchgeführt (Havlíček et al., 2010). Neben Geländebeschreibungen wurden auch mikromorphologische und teils malakologische Analysen durchgeführt und so zahlreiche Pedokomplexe verschiedenster Zeitstellung (MIS 5 bis Altpleistozän) untersucht (Smolíková, 1994, 1995, 1997, 1998; Smolíková et al., 2010). Systematische Datierungen sind bedauerlicherweise nicht durchgeführt worden, so dass vielen Befunden noch ein chronostratigraphischer Rahmen fehlt. Das gleiche gilt für die bis zu 20 m mächtigen LPS im Bereich der hügeligen Hochebene zwischen Langenlois und Krems (Kremsfeld).
Fink (1976) verweist auf das Vorkommen stark verwitterter Pedokomplexe am Südostrand der Böhmischen Masse, im Übergang zu den Lössgebieten. Die Hohlwege am Unterhangbereich nördlich von Langenlois und vor allem der Rote Aufschluss weiter hangaufwärts (Haslinger et al., 2009) zeigen immer wieder kräftig rotbraune Paläoböden, die vergleichbar mit denen der altpleistozänen LPS Stranzendorf (Fink, 1976; Kovanda et al., 1995; Rabeder & Verginis, 1987; Verginis, 1993b) nahe Stockerau sind. Trotz ihres hohen Alters sollen diese Beispiele der ältesten Lösse und Paläoböden auch aufgrund der vielen Forschungsarbeiten erwähnt werden. In der Ziegelei Hammerer im südöstlichen Ortsbereich von Langenlois findet sich unter einer jungpleistozänen gering differenzierten LPS eine fluviale Sequenz mit rötlich-braunen Bodensedimenten und Knochenfunden, die anhand von Lumineszenzdatierungen dem Mittelpleistozän zugeordnet wurden (Terhorst et al., 2011; Thiel et al., 2011c).
Stratzing befindet sich im südlichen Bereich des Kremsfelds. Die am Rand des Sportplatzes südlich von Stratzing aufgeschlossene ca. 7 m mächtige LPS befindet sich wenige Zehner Meter nordöstlich vom Fundort der Fanny vom Galgenberg (Neugebauer-Maresch, 1993a, b). Der überwiegende Teil der LPS Stratzing zeichnet sich durch den Wechsel von Löss und Bleichhorizonten aus, daneben sind drei Kulturschichten nachgewiesen, die aber nicht zweifelsfrei mit den Fundschichten im Bereich der archäologischen Grabung korreliert werden können (Thiel et al., 2011a). Von einer durch Grobmaterial gekennzeichneten und durch Datierungen bestätigten bemerkenswerten Diskordanz getrennt ist eine Verbraunungszone im unteren Profilabschnitt, die mit einem Alter von > 300 ka mindestens dem mittleren Mittelpleistozän zuzuordnen ist (Terhorst et al., 2011; Thiel et al., 2011a).
Die LPS Joching befindet sich am ostexponierten Mittelhang des in diesem Bereich S–N orientierten Donautals, wenige Kilometer nördlich von der berühmten LPS Willendorf. Sie ist insgesamt stark kolluvial geprägt und weist im mittleren Profilbereich einen auf ~MIS 5 datierten Pedokomplex auf (Terhorst et al., 2011; Thiel et al., 2011b).
Insgesamt sind die chronologischen und stratigraphischen Informationen aus der Trockenen Lösslandschaft und dem Übergangsgebiet sehr lückenhaft und bedürfen weiterer Forschungen, wobei die LPS der Typuslokalitäten zumindest als typologische Orientierung dienen können.
In der Feuchten Lösslandschaft, insbesondere im Innviertel und im Bereich der Traun-Enns-Platte erscheinen die morphologischen und stratigraphischen Verhältnisse deutlich geordneter. Hier befinden sich die meisten LPS auf glazifluvialen Terrassen, die mit dem

klassischen Schema nach Penck & Brückner (1909) eingeordnet werden können. Die Terrassen sind im Gegensatz zu denen am Ostrand der Böhmischen Masse kaum tektonisch gestört, die Reliefunterschiede insgesamt geringer, was bei der ungefähren zeitlichen Einordnung der Sequenzen hilfreich ist. Generell sind die LPS in dieser Region weniger fragmentiert und insgesamt vollständiger, bei variierender zeitlicher Auflösung. Stratigraphische Schemen und idealtypische Landschaften stellen Fink (1956, 1961b, 1976, 1979); Kohl (1981, 1986, 2000) und dem aktuellen Stand der Forschung entsprechend Terhorst (2013) dar (Abbildung 14).

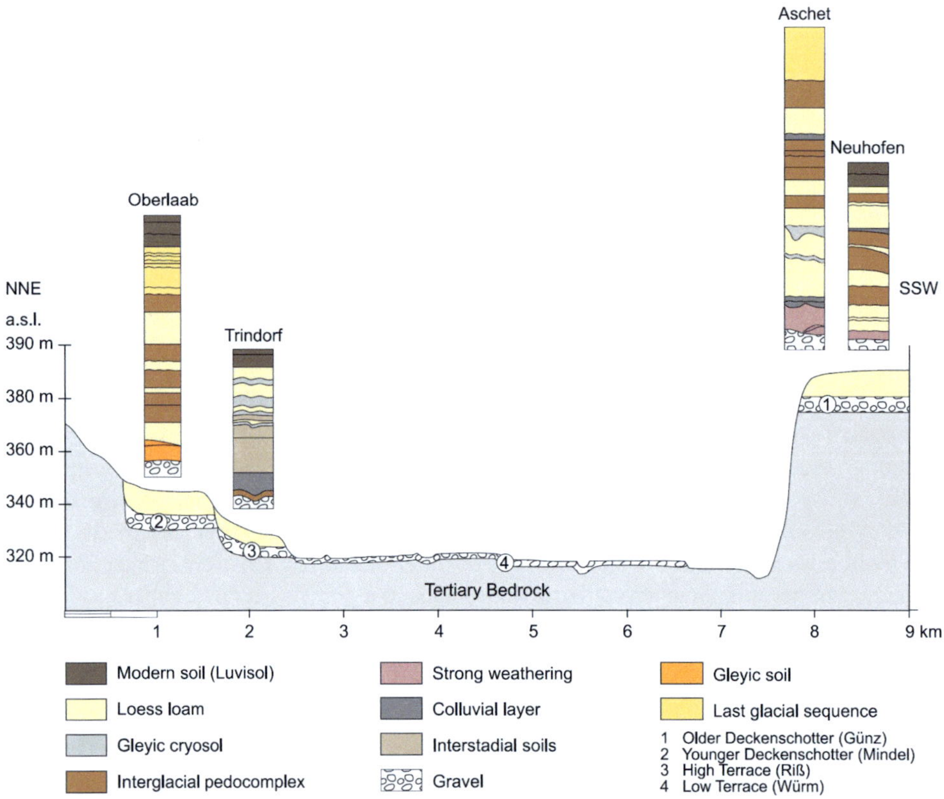

Abbildung 14: Die Deckschichtenprofile auf den fluvioglazialen Terrassen im Raum Linz (Terhorst, 2013).

Die Niederterrassenschotter bildeten sich letztglazial, daher besitzen sie keine Lössauflage, während in der Hochterrasse häufig eemzeitliche Bt-Horizonte erhalten sind (Pechschotter nach Fink, 1956). Darüber befinden sich Fließerden aus Boden-, Löss- und Schotterkomponenten (Altheimer Umlagerungszone sensu Terhorst et al., 2002).

Vollständige Würmlössabfolgen bestehen nach Fink (1956, 1961b) überwiegend aus plattig strukturiertem und entkaltem sogenanntem Braunlöss, der durch eine Gleyfleckenzone (Nassboden) vom hangenden, typischen, kalkhaltigen Löss getrennt ist. Der Nassboden wurde zunächst mit Stillfried B korreliert (Fink, 1961b), später wird das Korrelat zu Stillfried B / Lohner Boden (Schönhals et al., 1964) direkt unterhalb der Gleyfleckenzone eingeordnet (Fink, 1979). Terhorst et al. (2002) wenden an den LPS Gunderding, Altheim und Trindorf die Würmlössgliederung des Rhein-Neckar-Raums (Bibus, 2002) an und erkennen unter dem Lohner Boden-Äquivalent einen Nassboden, der diesen vom Böckinger Boden trennt. Es wird ferner festgestellt, dass die Altheimer Umlagerungszone bis in das Mittelwürm datieren kann (Terhorst et al., 2002).

Die Deckschichtenprofile auf den jüngeren Deckenschottern (Mindel) sind durch bis zu vier mehr oder weniger von Lösszwischenlagen getrennte Bt-Horizonte charakterisiert, die der älteren Deckenschotter (Günz) durch bis zu fünf, wobei der unterste stark verwittert ist (Terhorst, 2007, 2013). Pedostratigraphische Überlegungen führten zu einer Einordnung der Oberen Deckenschotter in MIS 16, des stark verwitterten Bt-Horizonts in MIS 13–15 und der jüngeren Deckenschotter in MIS 12 (Terhorst, 2007).

Diese Einordnung wird für Wels-Aschet von Preusser & Fiebig (2009) unter Berücksichtigung ihrer Lumineszenzdatierungen hinterfragt. Dagegen halten Scholger & Terhorst (2011, 2013) zahlreiche festgestellte paläomagnetische Exkursionen für überzeugende Belege bestehender Einordnungen. Damit würde eine Zuordnung der glazifluvialen Terrassen nach Penck & Brückner (1909) zu den Minimalwerten der marinen Sauerstoffisotopenkurve (Piler et al., 2004; Van Husen & Reitner, 2011) bestätigt.

4 Methoden

Die morphologische Position der Sequenzen des Kremser Raums zeigt direkt den potentiellen Einfluss von Hangprozessen bei der Entstehung der LPS. Der fast durchgehend vorhandene Grusanteil gibt einen messbaren Hinweis darauf, dass neben äolischen auch erosive und kolluviale Prozesse die Entstehung der Ablagerungen beeinflussten. Datierungen zeigen signifikante Erosionslücken; Paläoböden sind polygenetisch, gekappt oder fehlen gänzlich (Sprafke et al., 2014; Thiel et al., 2011b). Es ist daher anzunehmen, dass vertikale Differenzierungen, die mit verschiedenen Methoden quantitativ erfasst werden könnten, weder mit anderen Archiven korrelierbar noch direkt paläoklimatisch auswertbar sind.
Die methodischen Erfahrungen an der LPS Paudorf zeigen, dass eine detaillierte Stratigraphie und darauf aufbauende prozessorientierte Rekonstruktionen der Profilentstehung eine Voraussetzung für quantitativ orientierte Arbeiten sind (Sprafke, 2011; Sprafke et al., 2013). Ein Überblick über das methodische Prinzip wurde bereits einleitend gegeben (vgl. Abbildung 3).

4.1 Prospektion, Profilwahl, Geländeansprache

Bei der Rekonstruktion regionaler Umwelt- und Klimabedingungen sind mehrere räumlich verteilte Archive zu studieren um übergeordnete Einflussfaktoren von lokalen zu trennen. In Analogie dazu müssen an komplexen LPS mit variablen Schichtmächtigkeiten paläotopographische Differenzierungen von übergeordneten Einflüssen getrennt werden. Die untersuchten Sequenzen befinden sich nur im Gelände im Originalkontext und -zustand. Beim Anlegen eines Profils, der Entnahme von Proben und der Analyse mithilfe einer ausgewählten Labormethode entsteht jeweils ein signifikanter Verlust an Information. Eine sorgfältige Prospektion, Profilwahl und -ansprache sowie gut dokumentierte Probenentnahmen sind entscheidend, um einzelne Erkenntnisse in den Gesamtkontext zu überführen.
Aufgrund der morphologischen Disposition der untersuchten LPS ist das Erfassen der **Geländesituation** und der lateralen Variabilität an den Aufschlusswänden wichtig. Komplexe qualitative Informationen über die Entstehung der Sequenzen und Unterschiede innerhalb einzelner Profile lassen sich häufig nur aus dem Landschaftszusammenhang ableiten. Da gegenüber Plateau-Lössen die Topographie an Hanglössen häufig nicht-linearen Veränderungen unterliegt, ergibt sich hier zusätzlich zur Paläoökologie mit dem Paläorelief eine weitere Erkenntnisebene für die Paläoumweltrekonstruktion.

Vor und während der Studien an einzelnen Profilen wurden umfassende Erkundungen in der Umgebung des Aufschlusses durchgeführt um Expositionen, Hangneigungen und wenn möglich Schwankungen der Lössmächtigkeiten sowie die entsprechende Nähe zum Grundgestein (vertikal / horizontal) zu erfassen.
An den Profilwänden wurden differenzierbare Einheiten gesucht, die entlang des Aufschlusses zu verfolgen waren. Hierfür mussten zahlreiche Schürfe an der Wand und in den Versturz angelegt und unterscheidbare Einheiten qualitativ und semi-quantitativ charakterisiert werden.
Hierbei fanden **feldbodenkundliche Methoden** Anwendung. Zu den in Anlehnung an die deutsche bodenkundliche Kartieranleitung (Ad-hoc-Arbeitsgruppe Boden, 2005) erfassten semi-quantitativen Parametern zählen die Korngrößenzusammensetzung mit Fingerprobe, der Karbonatgehalt durch Salzsäuretest und die Farbe mit Munsell Farbtafeln. Die daraus gewonnenen Ergebnisse werden in dieser Arbeit nicht systematisch widergegeben, da labortechnisch gewonnene Daten mit höherer Objektivität und Genauigkeit vorliegen.
Die Erfassung des Gefüges ist eine wichtige Kenngröße bei der Feldansprache. Blockige Lössaggregate, plattige Froststrukturen, durch Bioturbation hervorgerufene Krümelstruktur, Subpolyeder und Polyeder, die teils mit Toncutanen belegt sind als Resultat von hydrolytischer Verwitterung, Quellen und Schrumpfen von Tonmineralen und Tonverlagerung, geben jeweils entscheidende Hinweise auf genetische Prozesse, die nicht direkt quantitativ erfasst werden können (Ad-hoc-Arbeitsgruppe Boden, 2005; Blume et al., 2011). Aufgrund der überwiegend ungestörten Probennahme ist die Vergleichbarkeit des Gefüges in hoher Auflösung unter Laborbedingungen gewährleistet. Die Beobachtungen fließen gemeinsam mit den Farbdaten direkt in die Horizontansprache ein.
Je nach Komplexität des Aufschlusses wurde die Anzahl der **Profile** gewählt. In Paudorf wird im NO der Profilwand gearbeitet, da hier die Mächtigkeit der Lösssedimente zwischen den zwei deutlich entwickelten Pedokomplexen am höchsten ist (Sprafke et al., 2013). In Stiefern am Kamp (SAK) verlaufen die Schichten entlang der untersuchten Aufschlusswand weitgehend horizontal und parallel. Das Profil SAK-A wurde in einem Bereich angelegt, in dem die maximale Mächtigkeit am günstigsten aufgeschlossen war, SAK-B ist ein Kleinprofil wenige Meter weiter links. Das Profil am Profilpunkt 17 von Rögl & Summesberger (1978) in Stillfried wurde von Schlaipfer (2012) im Rahmen ihrer Diplomarbeit untersucht und für diese Arbeiten tiefer gegraben (Profil SFK).
Krems-Schießstätte besteht aus mehreren zusammenhängenden, in verschiedene Himmelsrichtungen orientierten Aufschlusswänden von 10 bis 25 m Höhe mit jeweils unterschiedlicher Stratigraphie (vgl. Abbildung 42). Bei der Bearbeitung des Aufschlusses stand im Vordergrund, die Schichtverläufe der Brunhes-zeitlichen Einheiten klar zu fassen. Da die Mehrheit der Einheiten oberhalb des KR 4 Pedokomplexes an ungeputzten Wänden nicht sichtbar war, wurden mehrere Profile angelegt und weiterführend untersucht.
In der Regel sollten bei der Anlage der Profile rezente, aus einer langen Exposition der Lösswand kommende Einflüsse auf untersuchte Profile ausgeschlossen werden. So geben Antoine et al. (2013) an, am Profil in Dolní Věstonice (CZ) bereichsweise bis zu einen Meter Substrat entfernt zu haben. Derartige Eingriffe durften an den untersuchten Aufschlüssen nicht durchgeführt werden. Aus der unterschiedlichen Exposition der Profile ergeben sich differenzierte Alterationen von der Wandfläche in die Tiefe. Es ist mit geringen Unterschie-

den innerhalb der Messreihen zu rechnen, die auf der geringeren Profiltiefe beruhen, die aber stratigraphische Einordnungen nicht berühren.
Die **Profilzeichnungen** basieren auf einer einheitlichen Legende (Anhang 20), deren Klassen sich an den Horizontbezeichnungen nach FAO (2006) orientieren. Die Einordnungen beruhen primär auf der mesomorphologie- und farbgestützten Stratigraphie (Abschnitt 4.4). Aus den Korngrößenanalysen wurden drei Klassen der Sand- und eine der Grushäufigkeit gebildet, die als eigene Bildebene über der Stratigraphie liegen. Ebenso werden spezifische Beobachtungen, wie Mangan- oder Eisenkonkretionen, Steine, Holzkohle und Sekundärkarbonate als wichtige qualitative Informationsträger dargestellt.

4.2 Probennahme, Probenvorbereitung, Bestimmung des Grusanteils

Beprobungsstrategien an LPS richten sich an den Eigenschaften der untersuchten Sequenz aus, sind aber auch vom fachlichen Hintergrund des Bearbeiters und der Fragestellung abhängig. Kontinuierlich abgelagerte Sedimente enthalten in ihrer Tiefenfunktion Informationen, die im Kontext der zeitlichen Entwicklung stehen. Antoine et al. (2009b) wenden an hochauflösenden LPS das Verfahren des CCS (continuous column sampling) in 5 cm Auflösung (gestörte Proben) an, um die Sequenzen in ihrer Vollständigkeit zu erfassen. Demgegenüber beinhalten Paläoböden Veränderungen von der Oberfläche aus in die Tiefe, gepaart mit Durchmischungs- und Verlagerungsprozessen, was die Definition diskreter Horizonte erfordert. Die horizontweise Beprobung dient der Quantifizierung bestimmter Charakteristika einzelner pedogener Einheiten mittels labortechnischer Methoden. Bei gering differenzierten Sequenzen bzw. diffusen Horizontübergängen ist die Repräsentanz ausgegliederter Horizonte von der Erfahrung des Bearbeiters abhängig.
Im Rahmen der Diplomarbeit des Verfassers (Sprafke, 2011) wurde die LPS Paudorf in 10 cm Auflösung äquidistant gestört beprobt. Dabei wurde festgestellt, dass die Stratigraphie des Profils unter Abgleich mit labortechnisch gemessenen Farb- und Karbonatdaten deutlich robuster vorgenommen werden konnte als mit der ursprünglichen Geländeansprache. Dies liegt daran, dass gerade der Parameter Farbe im Gegensatz zu anderen eine Quantifizierung des optischen Eindrucks beinhaltet und zunächst keine abweichende Erkenntnisebene gegenüber der Feldansprache öffnet. Für die vorliegende Arbeit wurde die Auflösung meist verdoppelt sowie an vielen Profilen ungestört beprobt. Die höhere Auflösung ermöglicht differenziertere Stratigraphien. Sowohl qualitative als auch quantitative Merkmale konnten bei der Interpretation noch besser berücksichtigt werden, da die Farbdaten im Labor direkt mit repräsentativen Gefügeproben abgeglichen werden konnten (siehe Abschnitt 4.4).
Zur **äquidistanten Probennahme** wurden in 10 bis 15 cm horizontalem Abstand mit Sägeblättern in der Vertikalen zwei ca. 8–10 cm tiefe, V-förmige Schlitze in die Profile geritzt. Alle 5 cm von der Profiloberkante abwärts wurden horizontale Markierungen angezeichnet. Quaders normal zu den Grundflächen der Ober- und Unterseite waren. Bei der Beprobung von AK1B und in Stiefern wurde die Methodik optimiert, indem in 10 cm Auflösung orientiert beprobt wurde. Hierdurch wurde die Anzahl der anspruchsvollen und zeitaufwändi-

gen Sägevorgänge im Gelände halbiert. Die 10 cm mächtigen Blöcke wurden erst im Labor halbiert (Abbildung 15B); prinzipiell ist auch eine Drei- oder Vierteilung auf 3,3 bzw. 2,5 cm Auflösung möglich. Höhere Auflösungen sind aufgrund des Sägeverlustes aber nicht zu empfehlen. Die Profile AK1C, AK2B und NW4C wurden in 10 cm Auflösung äquidistant teil-gestört beprobt, d.h. es wurden zwei bis drei größere Aggregate aus der Probe entnommen und so eine geringfügig reduzierte Repräsentanz der übrigen Probenmenge zu Gunsten einer insgesamt höheren Probenanzahl in Kauf genommen.
Vor der Verarbeitung der ungestörten (bei AK2B, NW4C und SFK semigestörten) Proben wurde jeweils eine **Gefügeprobe** entnommen. Aus den 5 cm dicken Probenblöcken wurde parallel zur Vertikalen ein Gefügestück herausgebrochen und so zugeschnitzt (Abbildung 15C), dass die frische Bruchfläche unbeschädigt blieb und die Aggregate mit dieser nach oben zeigend in Sortierkästen gegeben werden konnten (Abbildung 15D; Abbildung 16). Die Maße der Aggregate umfassten den verfügbaren Sortierkästen entsprechend ca. 2*1*4 cm (l*b*h), so dass insgesamt ein Verlust von 1 cm der Probenhöhe in Kauf genommen werden musste.
Nach Entnahme der Gefügeproben wurde das übrige Probenmaterial auf 2 mm abgesiebt und regelmäßig die Wassergehalte durch Gewichtsverlust bei Ofentrocknung (105°C) einer ca. 10 g schweren Teilprobe bestimmt. Der bei der Absiebung des Grobbodens anfallende prozentuale **Grusanteil** berechnet sich aus dem ausgewogenen Anteil > 2 mm in Abhängigkeit vom Gesamtgewicht der Probe abzüglich des tatsächlichen oder interpolierten Wassergehalts. Die bestimmten Grusgehalte fließen in zwei Klassen in die Profilzeichnungen ein (Abschnitt 4.4, Anhang 20). Alle weiteren Analysen wurden an repräsentativen Teilproben des Feinbodens durchgeführt.
Horizontbezogene Proben wurden aus gleichen Teilproben benachbarter Proben der hochauflösenden Beprobung erzeugt, so dass die Analyseergebnisse für 10 cm mächtige Proben aus den entsprechenden Horizontmitten stehen.
Für die Mikromorphologie wurden mit einem Messer ungestörte orientierte Proben aus den entsprechenden Horizonten herausgeschnitzt (ca. 10*5*3 cm [*h*b*t]) und in beschriftete Tüten verpackt. Der Zusammenhalt der Proben war gut, so dass die Verwendung von Kubiëna-Boxen oder anderen Hilfsmitteln nicht nötig war um die Proben zu transportieren und zur weiteren Bearbeitung an das Dünnschlifflabor der UNAM Mexiko City (Dr. Sergey Sedov, Jaime Diaz) zu übergeben.
Für die Lumineszenzdatierung wurde an den entsprechenden Positionen ca. 30–50 cm Material von der Aufschlusswand entfernt, bevor 12 cm lange Stechzylinder mittels röhrenförmigem Eintreiber und Hammer in die Lösswand geschlagen wurden. Die Metallzylinder wurden ca. 10 cm tiefer eingetrieben als das Anfangsniveau der Profilwand. Beim Freigraben des Zylinders wurde aus der beprobten Schicht ca. 200 g Probenmaterial für die Bestimmung der Dosisleistung entnommen. Unmittelbar nach der Entnahme der Probe wurde sie lichtdicht verpackt. Zylinder und gestörte Probe wurden unverändert und zeitnah zur Analyse in das Lumineszenzlabor der DTU Risø Dr. Christine Thiel verschickt.

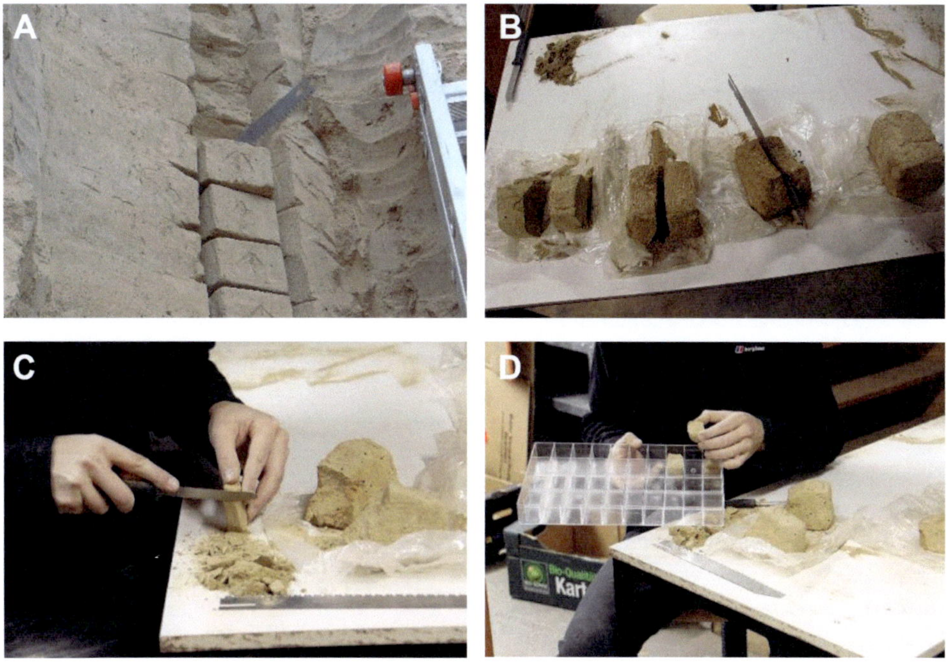

Abbildung 15: Vom Profil zur Gefügeprobe. A: Beprobung ungestörter Blöcke. B: Probenteilung. C: Entnahme der Gefügeprobe und D: Sortierung.

Abbildung 16: Gefügestücke 1-40 der Sequenz SAK-A-a im Sortierkasten (vgl. Probennummern in Abbildung 32)

4.3 Farbmessung

Farbvariationen in LPS sind von vielen Einflussgrößen wie verschiedenen Sedimentquellen und diversen postsedimentären Modifikationen abhängig. Zum einen erschwert die Multikausalität der Variationen von Farbe daher eine direkte klimaabhängige Interpretierbarkeit. Positiv ist dies jedoch insofern, da sie umso weniger einzelne Faktoren unterschlägt, welche die vertikale Differenzierung einer Sequenz insgesamt beeinflussen. Die Farbmessung ist eine Methode, die innerhalb der Lössforschung zunehmend Verbreitung findet. Da in dieser Arbeit ein neuartiger farbstratigraphischer Ansatz angewandt wird, sind die Ausführungen in Folge etwas detaillierter.

4.3.1 Hintergrund

Die hellgelbe Farbe von typischem Löss resultiert aus der Mischung von Quarz (dominierend, transparent-farblos), Feldspat (weiß, grau, rosa) und Kalzit (weiß), sowie untergeordnet andersfarbigen Mineralen und der Beimengung von Limonit (gelblich-braun). Die Farbe der einzelnen Minerale wird in der Regel spätestens mit dem Einbau in den Gefügeverband im Zuge der Lössifizierung weitgehend maskiert; Löss weist daher eine recht einheitliche grau-gelbliche Färbung auf (Pécsi & Richter, 1996).
Aufgrund signifikanter Unterschiede im Ausgangsmaterial oder durch post-sedimentäre (pedogene) Prozesse resultieren messbare Farbänderungen (Blume et al., 2010). Ent- bzw. Aufkalkung verursachen eine Abnahme bzw. Zunahme der Weißkomponente in Löss. Die Anreicherung organischer Substanz hat häufig eine Zunahme der Dunkelbraun- bis Schwarzkomponente zur Folge. Diverse Autoren beziehen sich hinsichtlich der spezifischen Farbe bestimmter Huminstoffe (Fulvosäuren, Huminsäuren, Humine) auf Stevenson (1982). Im Kontext chemischer Verwitterung ist die Oxidation besonders farbrelevant, und zwar primär in Bezug auf die Umwandlung von zwei- in dreiwertiges Eisen. Die in ihrer Bildung von der Verwitterungsintensität und Saisonalität der Bodenfeuchte abhängigen pedogenen Minerale Goethit und Hämatit wirken fein verteilt als starke Braun- bzw. Rotpigmente (Cornell & Schwertmann, 2003). Die Reduktion von Eisen und Mangan resultiert dagegen in einer hellblau-grauen bis hellgrünen Färbung des Substrats (Blume et al., 2010).
Besonders in der Bodenkunde ist die Verwendung von **Munsell Farbtafeln** ein etabliertes Mittel um die Farbbeschreibung zu objektivieren (vgl. Abbildung 17A). Verschiedene Feuchtezustände und Lichtbedingungen während der Feldansprache können durch standardisierte Farbklassifikationen im Labor unter definierten Zuständen und Lichtbedingungen umgangen werden. Die mögliche paläoklimatische Interpretierbarkeit von Bodenfarbe in terrestrischen Sequenzen ist seit Jahrzehnten bekannt (Schädel & Werner, 1963). Farbparameter, die auf dem semi-quantitativen Munsell System beruhen wurden bereits während der 1980er Jahre publiziert. Hierzu gehören der Rubefication Index (RI; aufgrund eines gleichnamigen Parameters in Folge RI*) sowie das Redness-Rating (RR), welche einer Abschätzung des Hämatitgehalts in Böden dienen, während der Melanization Index (MI) humose Substanzen detektiert (Buggle et al., 2014; Lukić et al., 2014).

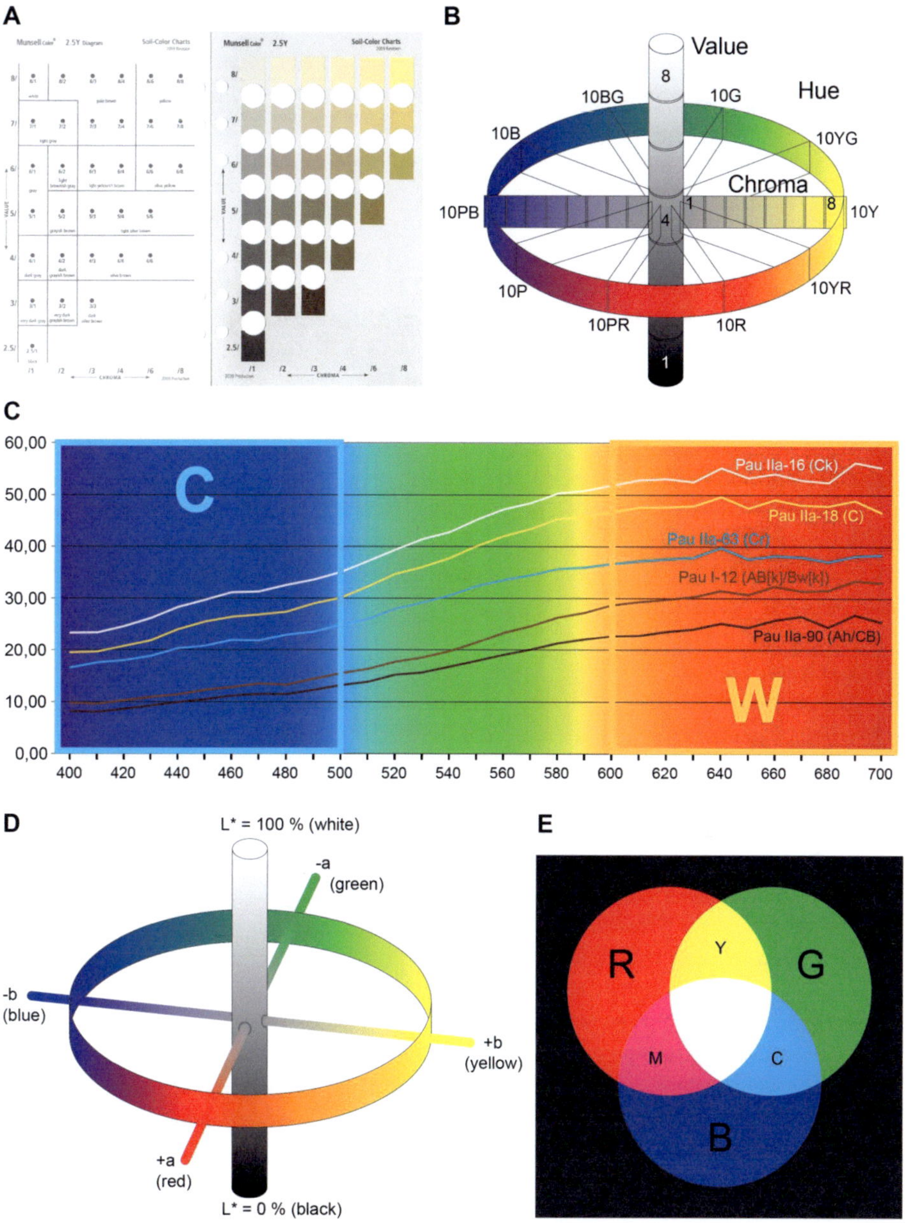

Abbildung 17: Farbsysteme. A: Munsell-Farbtafel 2,5Y (Foto), üblich für unverwitterten Löss. B: Munsell System schematisch: Soil Color Charts für terrestrische Böden aus dem gelben (Y) bis roten (R) Sektor des Farbkreises (Hue). Weitere Differenzierung nach Intensität (Chroma) und Sättigung (Value). C: Remissionsspektren von fünf Proben aus Paudorf mit pedologischer Klassifizierung und Lage warmer (W) und kalter (C) Farben. Erläuterungen im Text (Abschnitt 4.3.2.) D: L*a*b*-Farbraum schematisch. E: Grundfarben des additiven RGB-Systems (Rot-Grün-Blau). Cyan, Magenta und Yellow sind Grundfarben im subtraktiven CMYK-Farbraum der Drucktechnik (K = Schwarzanteil).

Die Munsell Soil Color Charts enthalten die relevanten Farben für die bodenkundliche Anwendung innerhalb des Munsell-Farbsystems (Abbildung 17B). Generell lässt sich Farbe, als durch elektromagnetische Strahlung im Bereich von ca. 380–780 nm an Photorezeptoren in der Netzhaut ausgelöste Sinneswahrnehmung, in verschiedenen dreidimensionalen Räumen beschreiben, deren Parameter innerhalb des Munsell-Farbsystems Farbton (Hue), Sättigung (Chroma) und Helligkeit (Value) sind.
Spektrophotometer können die von einer definierten Lichtquelle diffus reflektierte elektromagnetische Strahlung messen (Abbildung 17C) und die Information in diverse etablierte Farbräume (mit drei Einzelparametern) und Farbindizes umrechnen. Farbmessung gibt ein optisch wahrnehmbares Phänomen, dessen Differenzierung subjektiven Einflüssen unterliegt objektiv, präzise und quantifizierbar wider. Schwach differenzierte Sequenzen können mit spektrophotometrisch gemessenen Farben robuster unterteilt werden; es scheint vielversprechend diffuse Horizontgrenzen numerisch, z. B. als Mittelwert des Gradienten eines entscheidenden Farbparameters zu definieren. Spektrophotometermessungen können relativ schnell, weitgehend zerstörungsfrei und kostengünstig vorgenommen werden (Viscarra Rossel et al., 2006b) und sind in dieser Arbeit ein zentrales Werkzeug.
Viscara Rossel et al. (2006a) geben einen Überblick über verschiedene Farbräume und ihren Nutzen für bodenkundliche Fragestellungen. In Folge wird der Schwerpunkt auf den CIELAB bzw. **L*a*b*-Farbraum** gelegt, welcher sich seit Mitte der 1970er Jahren als Industriestandard etabliert hat (Abbildung 17D). Demnach beschreibt L* die Luminanz, d. h. die Helligkeit mit Werten von 0–100, a* die rot (positiv) / grün (negativ) und b* die gelb (positiv) / blau (negativ) Farbkoordinaten. Entsprechend den Löss- und Bodenfarben, die meist im Bereich gelb bis rot mit unterschiedlicher Helligkeit und Sättigung liegen (vgl. die häufig verwendeten Y bis R Munsell-Farbtafeln) sind die a*- und b*-Werte in der Regel im positiven Bereich.
Aufgrund der relativen Ähnlichkeit der Farben zueinander haben die Einzelparameter des additiven **RGB-Farbraums** (Abbildung 17E) für die Bodenkunde keine Anwendung, da deren Schwankungen überwiegend parallel verlaufen und primär von der Helligkeit des Materials abhängen. Die Umrechnung der spektrophotometrisch gemessenen Farben in den RGB-Farbraum dient lediglich ihrer Visualisierung in einem für Monitore üblichen Farbsystem. Das in dieser Arbeit angewandte Verfahren, die gemessene Farbe (RGB) im Hintergrund der L*a*b*-Kurven zu visualisieren ist ein innovatives Mittel, um LPS unter Abwägung von Summenfarbe und Einzelparametern zu differenzieren und klassifizieren. Die technische Umsetzung wurde in der BSc-Arbeit von Schäfer (2014) entwickelt. Für diese Arbeit wurden die ausgegebenen RGB Farben in einer Bilddatei gesammelt und zur besseren Visualisierung der Farbunterschiede gemeinsam kontrastoptimiert (Adobe® PhotoShop® CS6, Kontrast +100), weshalb sie untereinander vergleichbar sind.
An LPS wird die spektrophotometrische Farbmessung zunehmend angewandt, wobei L*, a* und b* in der Regel jeweils unabhängig voneinander interpretiert werden (Babek et al., 2011; Gocke et al., 2014; Lukić et al., 2014). Aus den gängigen Farbparametern und dem Remissionsspektrum werden ferner spezifische Farbparameter berechnet, aus denen direkte mineralogische bis hin zu paläoklimatische Aussagen abzuleiten wären (Buggle et al., 2014; Lukić et al., 2014). Ein auf dem L*a*b*-Farbraum basierender Redness Index (RI) soll ebenso der Quantifizierung von Hämatitgehalten dienen (Barron & Torrent, 1986; Viscarra

Rossel et al., 2006a), wie das Hm/(Hm+Gt) Verhältnis, welches über eine Regressionsformel aus spezifischen Bandverhältnissen des Remissionsspektrums abgeleitet wird (Buggle et al., 2014; Torrent et al., 2007).
Da Farbmessung nur eine der in dieser Arbeit verwendeten Methoden ist, die bisher publizierten Farbparameter aber noch Schwächen in der Anwendung zeigen und die untersuchten Sequenzen komplexen Enstehungsprozessen unterlagen, wird auf die Anwendung derartiger Parameter nur am Rande eingegangen. Die gemessene Farbe soll primär der manuellen Abgrenzung und Klassifikation diskreter Profileinheiten dienen.

4.3.2 Messgerät und Voruntersuchungen

Der in dieser Arbeit verwendete ColorLite Spektrophotometer sph850 wurde bereits in der Diplomarbeit des Verfassers am Physiogeographischen Labor des Instituts für Geographie und Regionalforschung, Universität Wien, ausprobiert (Sprafke, 2011). Im Rahmen der Forschungsarbeiten wurde dieses Gerät für über ein Jahr ausgeliehen. Es handelt sich um ein Handgerät, welches über ein Glasfaserkabel flexibel mit einem Messkopf verbunden ist (Abbildung 18A). Der runde Messbereich hat einen Durchmesser von 3,5 mm und erhält Licht von sechs LEDs. Die Normlichtart ist D65, der Normbeobachterwinkel 10°. Das erfasste Spektrum umfasst den Wellenlängenbereich von 400–700 nm mit 3,5 nm Abtastung (Ausgabeauflösung 10 nm). Bei einer Dreifachbestimmung können die Ergebnisse von insgesamt 100 Proben (inklusive Standard) im internen Speicher abgelegt werden. Mithilfe der mitgelieferten Software ColorDaTra 1.0.181.5912, welche die Verwaltung der Daten in einer Datenbank und die direkte Visualisierung von Einzelproben innerhalb diverser Farbräume ermöglicht, können die Messwerte als Excel-Datei exportiert werden. Spaltenweise können die Werte in der Reihenfolge der Messungen (zumeist entlang der Profilvertikalen) entsprechend verglichen und visualisiert werden. Das Remissionsspektrum kann auch in 3 und 5 nm Auflösung ausgegeben werden, daneben werden die Messwerte in verschiedenen Norm-Farbräumen und -indizes angegeben (X*Y*Z*, L*a*b*, L*u*v*, L*C*h*…; Abbildung 18D).
Sprafke (2011) nahm an ofengetrocknetem (105°C), leicht gemörsertem Feinboden in Porzellanschalen Dreifachmessungen vor und verwendete den Quotienten der zehn höchsten (600–700 nm) und zehn niedrigsten (400–500 nm) Werte des 10 nm auflösenden Remissionsspektrums (vgl. Abbildung 17C). Dabei wurden die Messwerte so normiert, dass ein Wert von 1,0 dem als durchschnittlich angesehenen Lösssediment in 2,25 m Profiltiefe entsprach. Somit zeigten höhere Werte eine Zunahme der Gelb-Rot Komponente (v. a. Oxidation) und geringere Werte eine Zunahme der Blau-Grün Komponente (v.a. Reduktion). Proben, die über das Gesamtspektrum mehr Licht reflektieren zeigen einen relativen Rückgang des Quotienten und umgekehrt; so zeigen hellere Abschnitte (z.B. Ck-Horizonte) geringere und dunklere Bereiche (z.B. A-Horizonte) höhere Werte (Abbildung 17C). Der Parameter wird in Folge nicht mehr auf 1,0 für Löss normiert und als **WCV** bezeichnet (warm/cold-value); er enspricht in etwa dem Q(7/4) von Debret et al. (2011). Für Sprafke et al. (2013) erschien das Verhältnis warmer zu kalter Farben als einzelner Parameter gegenüber publizierten Farbindizes sinnvoll, da in der polygenetischen LPS Paudorf eine direkte klimatische

Interpretierbarkeit von Beginn an ausgeschlossen wurde. Der Quotient sollte im Gelände intuitiv wahrgenommene Farbunterschiede möglichst einfach in eine messbare Relation setzen.

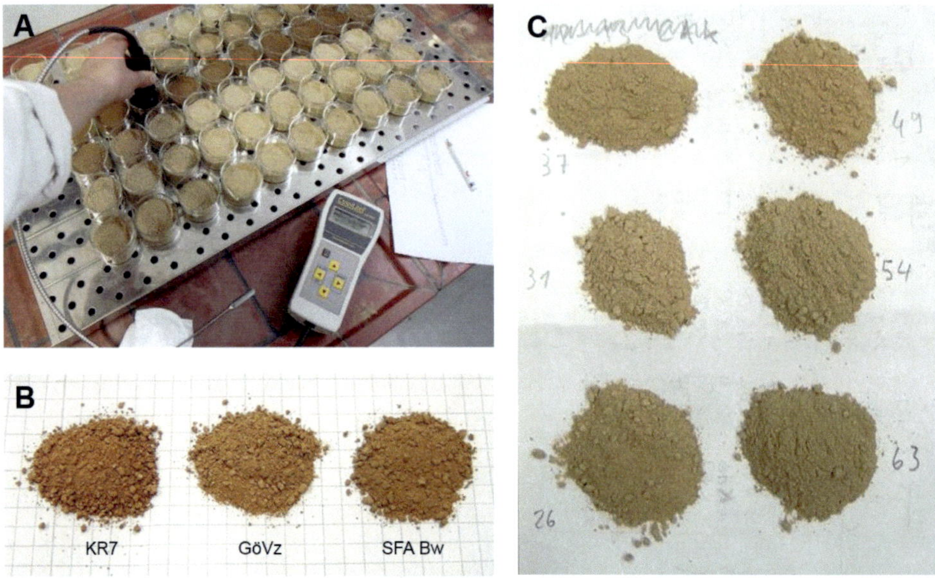

D

	A	B	C	D	E	F	G	H	I	J	K	L	M	N	O	P	Q	R	S	T	U	V	W
1		dE	X	Y	Z	L*	a*	b*	dL*	da*	db*	u*	v*	C*	h*	x	y	R457	YI	WI	400	410	42
2	PROBE2-1	48,14	13,364	12,814	7,874	42,482	8,138	17,106	-43,86	8,79	17,8	19,54	18,58	18,94	64,56	0,3925	0,3763	-0	65,08	-127,2	5,7	6,02	6,
3	PROBE2-2	47,02	14,988	14,312	8,434	44,677	8,815	18,951	-41,66	9,47	19,64	21,65	20,71	20,9	65,05	0,3972	0,3793	7,388	68,535	-134,5	6,24	6,51	6,
4	PROBE2-3	45,01	16,192	15,588	9,636	46,429	8,3163	18,082	-39,91	8,97	18,77	20,74	20,19	19,9	65,3	0,391	0,3764	7,893	64,114	-123,3	7,25	7,15	7,
5	PROBE2-4	37,86	23,662	23,158	14,932	55,235	7,7546	19,186	-31,11	8,41	19,88	21,37	22,75	20,69	67,99	0,3832	0,375	9,168	58,845	-107,2	11,41	10,95	11,
6	PROBE2-5	34,37	28,05	27,772	18,282	59,682	6,9514	19,621	-26,66	7,6	20,31	20,78	23,96	20,82	70,49	0,3785	0,3748	14,267	55,765	-98,47	13,1	13,21	13,
7	PROBE2-6	32,13	30,968	30,858	20,746	62,388	6,4643	19,513	-23,95	7,12	20,2	20,2	24,25	20,56	71,67	0,375	0,3737	17,782	53,316	-90,8	14,57	15,34	15,
8	PROBE2-7	29,51	34,802	34,958	24,05	65,716	5,7791	19,412	-20,62	6,43	20,1	19,35	24,62	20,25	73,42	0,371	0,3726	19,965	50,472	-81,64	16,77	17,18	18,
9	PROBE2-8	26,63	40,512	41,066	28,738	70,222	4,9524	19,752	-16,12	5,6	20,44	18,56	25,65	20,36	75,92	0,3672	0,3723	23,277	47,938	-71,87	20,19	20,63	21,
10	PROBE2-9	26,54	40,586	41,208	28,84	70,321	4,7537	19,771	-16,02	5,41	20,46	18,28	25,72	20,33	76,48	0,3668	0,3725	28,065	47,722	-71,79	19,53	20,92	21,
11	PROBE2-10	26,62	40,458	41,094	28,714	70,242	4,7006	19,822	-16,1	5,35	20,51	18,22	25,78	20,37	76,66	0,3669	0,3727	27,842	47,801	-72,31	20,08	20,26	21,
12	PROBE2-11	29,17	36,396	36,768	24,868	67,103	5,1865	20,441	-19,24	5,84	21,13	19,1	26,12	21,09	75,76	0,3713	0,3751	27,906	51,071	-84,16	17,51	17,44	18,
13	PROBE2-12	30,03	34,748	35,02	23,556	65,764	5,3857	20,333	-20,58	6,04	21,02	19,25	25,81	21,03	75,16	0,3723	0,3753	24,15	51,803	-87,09	16,49	16,72	17,
14	PROBE2-13	31,92	32,056	32,186	21,148	63,496	5,6715	20,682	-22,84	6,32	21,37	19,71	25,9	21,45	74,67	0,3754	0,3769	22,966	54,079	-95,23	14,67	15,03	15

Abbildung 18: Farbmessung. A: Messung mittels ColorLite sph850 (Leihgabe des Physiogeographischen Labors der Universität Wien). B: Feinboden des KR 7, der Göttweiger Verlehmungszone und der basalen Braunerde des Stillfrieder Komplexes, im Vergleich mit C: Proben aus Lösssedimenten aus Paudorf, die deutlich weniger stark aggregiert sind. D: Auszug aus den Rohdaten der Farbmessung (Screenshot):. Diverse Farbräume und –indizes sowie das Remissionsspektrum (angeschnitten).

4.3.3 Optimierung der Messmethodik

Bei den Messungen für diese Arbeit wurde das Potential der Messwerte des L*a*b*-Farbraums wahrgenommen. Statt ofentrockenem wurde luftgetrockneter Feinboden verwendet, um eine möglichst unveränderte Probe zu messen. Sowohl bei Wiederholungsmessungen als auch beim Vergleich benachbarter Profile traten jedoch in einzelnen Parametern geringfügige Variationen auf. Während a* relativ robust erscheint, sind b* und vor allem L* relativ hohen Schwankungen unterlegen.

Im Rahmen der BSc-Arbeit von Schäfer (2014) wurden Testmessungen in Abhängigkeit von verschiedenen Mörserungsgraden und Trocknungstemperaturen durchgeführt. Bei Analysen im Kontext der BSc-Arbeit von Köllisch (2014) wurde erkannt, dass der Aufpressdruck beim Aufsetzen des Messkopfes das Ergebnis beeinflusst.

Für die Entwicklung der Messroutine mussten a) eine geringe Probenveränderung, b) eine möglichst geringe Vorbereitungszeit, c) eine hohe Probenzahl und d) eine gute Wiederholpräzision gegeneinander abgewogen werden.

Bei der Siebung auf 2 mm (Feinboden) entsteht bei Lössproben meist genügend Feinmaterial um dem runden Messfeld (d = 3,5 mm) eine relativ homogene Messfläche ohne Schatten (durch vorhandene Aggregate) zu bieten. Problematisch ist bei Proben aus Paläoböden die stärkere Aggregierung, woraus eine höhere Neigung zu Schattenwurf innerhalb des Messfeldes resultiert (Abbildung 18B, C). Proben inhomogener Färbung sind bei einem kleinen Messfeld generell problematisch. Außerdem kann die Anwesenheit oder Abwesenheit größerer Einzelbestandteile innerhalb des Messfeldes (z.B. Grobsand, Sekundärkarbonate, Mangankonkretionen) Variationen innerhalb verschiedener Messdurchgänge hervorrufen. Um eine bessere Reproduzierbarkeit zu erhalten wurden drei Einzelmessungen vorgenommen, zwischen denen die Probe mit einem Spatel durchgerührt wurde. Bei einer Standardabweichung über 1,0 (wird im Messgerät nur kurz angezeigt und lässt sich nicht exportieren) wurde die Messung wiederholt. Die methodischen Unsicherheiten der Farbmessung werden durch ihre Interpretation gemeinsam mit den Gefügeproben umgangen.

4.4 Mesomorphologie- und farbgestützte Stratigraphie

Die überwiegend äquidistant entnommenen Gefügeproben der untersuchten LPS wurden qualitativ auf Farbe, Struktur (Aggregierung und Poren) und Verteilung sekundärer Karbonate, Eisen- und Mangankonkretionen sowie Toncutanen untersucht. Gemeinsam mit den gemessenen Farbwerten (RGB-Summenfarbe, L*a*b* als Einzelparameter) dienten sie der robusten Untergliederung des Profils in diskrete Einheiten, die wiederum nach dem internationalen Standard der WRB (IUSS Working Group WRB, 2014) bzw. den entsprechenden Richtlinien (FAO, 2006) klassifiziert wurden. Die Deutsche Klassifikation (Ad-hoc-Arbeitsgruppe Boden, 2005) ist wie die WRB nicht auf Paläoböden ausgelegt und weist aufgrund der nahezu ausschließlichen Beschränkung auf rezente Böden Deutschlands ein engeres Fenster von Bodentypen auf. Die Kennzeichnung von fossilen Horizonten (f…) und geologischen Schichtwechseln (II, III,…) entfällt zugunsten einer jeweils unabhängigen Ansprache der jeweiligen Horizonte.

Es wurde für sinnvoll erachtet ein eingängiges System zur Klassifikation von Horizonten in Lössprofilen anzuwenden, welches noch genügend Sensitivität zur Erfassung von unterschiedlichen pedogenen Intensitäten aufweist. Die Rekonstruktion genetischer Prozesse der jeweiligen Horizonte, insbesondere von Umlagerungsprozessen muss danach an den ausgegliederten Einheiten durchgeführt werden. Mikromorphologische Beobachtungen führten zu einer leichten Modifizierung einzelner vorgenommener Einstufungen, aber nur hinsichtlich der analytischen Klassifikation. Insgesamt sollte das System flexibel in der Anwendung und auch bodenkundlichen Laien nahezubringen sein, um in Zukunft die prinzipielle Ver-

gleichbarkeit von Profilen und Profildarstellungen, inklusive einer einheitlichen Legende (Anhang 20) zu ermöglichen:
Es fanden bei den untersuchten LPS nur die Hauptgruppen A (Oberboden), B (Unterboden) und C (Ausgangsmaterial) Verwendung. Bei Kombinationen von Bodenhauptgruppen im Sinne eines homogenen Übergangshorizonts entspricht der vorangestellte Großbuchstabe dem dominierenden Typ, beispielsweise ist gegenüber einem C- ein BC-Horizont stärker pedogen verändert als ein CB-Horizont. Bei klar getrennten Bestandteilen innerhalb eines Horizonts wird dieses durch einen Schrägstrich (/) zwischen den Symbolen verdeutlicht, wie beispielsweise AB/Bw im gefleckten Bereich der Paudorfer Bodenbildung (FAO, 2006). Löss als Ausgangsmaterial der Bodenbildung erhält den Buchstaben C. Schwach- bzw. stark gebleichter Löss (häufig als Tundrengley bezeichnet) erhält nachgestellt (r) bzw. r. Ein Anstieg der Luminanz sowie eine Abnahme von a* und b* sind bei gebleichten Proben deutlich sichtbar (weißliche Bleichzonen). Teilweise zeigen reduzierte Proben keine Aufhellung gegenüber Löss, sondern nur eine Abnahme der Farbwerte a* und b* (bläuliche Bleichzonen). Sichtbare Abweichungen in Schwarz- oder Braunkomponente gegenüber Löss (Abnahme von L*, Zunahme von a* und evtl. b*) führen zur Klassifikation AC bzw. BC. Wenn über mehr als zwei Proben hinweg Anstiege von a* und evtl. b* bzw. eine Abnahme der Luminanz auftreten, dies im Handstück aber visuell kaum erfassbar ist, handelt es sich um CB bzw. CA. Alle kräftiger entwickelten Bodenhorizonte werden entsprechend ihrer Ausprägung klassifiziert, wobei L*, a* und b* jeweils die Schwarz- bzw. Rot/Gelbkomponenten anzeigen und damit in Grenzfällen die Wahl von A oder B beeinflussten. Reine B-Horizonte kennzeichnen Braunlehme und damit Bereiche, die stärker verwittert sind als Bw-Horizonte (Bronger, 2008). Ein Bw-Horizont wird hier dem Bv-Horizont einer Braunerde gleichgesetzt. Der Buchstabe t bzw. (t) wurde bei Horizonten vergeben, in denen makro- oder mikromorphologisch Toncutane (in situ und gestört) nachgewiesen wurden. Der Buchstabe k bzw. (k) für sekundär karbonatangereicherte Horizonte wurde ebenfalls häufig aufgrund des makromorphologischen Befundes vergeben, da nur deutlich sichtbare Karbonatanreicherungshorizonte auch durchgehende Farbänderungen anzeigen.
Die in dieser Arbeit verwendete Legende für die Visualisierung der Profile (Anhang 20) ist in ihren pedologischen Klassen weitgehend an Bronger (2008) orientiert. Farbig dargestellte pedologisch klassifizierte Horizonte erleichtern gegenüber klassisch in Schwarz-Weiß gehaltenen Signaturen den intuitiven Zugang zu den Profilen. Publikationen werden zunehmend elektronisch aufgerufen weshalb eine farbige Legende die generelle technische Entwicklung widerspiegelt. Es ergeben sich weitere Zeichenebenen für Details sowie eine Signatur, welche die Sand- und Gruskomponenten darstellt. Damit sind die wichtigsten pedologischen und sedimentologischen Eigenschaften einer LPS in den Profilzeichnungen vereint. Die Farbgebung der Klassen wurde so gewählt, dass unterschiedliche Horizonte schwach differenzierter Sequenzen gut erkennbar sind. Aus diesem Grund wird davon abgesehen, die spektrophotometrisch gemessenen Farben über die Kalkulation ihrer RGB-Werte direkt in die Visualisierung der Profile eingehen zu lassen.

4.5 Karbonatbestimmung

Je nach Einzugsgebiet haben typische Lösse Karbonatgehalte zwischen 5–30 % (Pécsi & Richter, 1996). In der Region Krems liegen diese bei ca. 20 %, in Stillfried etwa 5 % darunter (Fink, 1954). Für Pécsi & Richter (1996) spielen die Karbonate für die Charakterisierung von Löss eine entscheidende Rolle. Bodenkundlich betrachtet sind sie relevant, da in ihrer Anwesenheit der pH-Wert der Bodenlösung im alkalischen Milieu gepuffert wird, wohingegen signifikante Verwitterung erst im sauren Bereich stattfinden kann (Blume et al., 2010; Stahr et al., 2008). Die Entkalkung ist einer der ersten Prozesse auf dem Weg zu einem verwitterten und differenzierten Boden, wenn die Bodenfeuchte ausreichend ist. In Löss können Schwankungen im Karbonatgehalt entlang der Vertikalen mit sedimentären Schwankungen erklärt werden, beispielsweise zeigen sandreichere Profilbereiche in Paudorf einen reduzierten Kalkanteil, da die äolische Komponente mit lokalem silikatischem Substrat verdünnt wurde.
Unabhängig von sedimentären Unterschieden sind Variationen im Karbonatgehalt das Resultat aus der Mobilisierung (Aus- bzw. Einwaschung) dieser Bestandteile. Bei dem Aufwachsen von LPS können sich die Ausprägungen dieser Prozesse überlagern. Die Variationen des Karbonatgehalts sollten immer relativ innerhalb eines spezifischen Profilabschnitts betrachtet werden.
Die Gegenüberstellung von hochauflösenden Farb- und Karbonatdaten wurde von Sprafke et al. (2013) als Methode zur Detektion schwacher Bodenbildung und zur Differenzierung von Boden und Bodensediment betrachtet. Hinsichtlich des Letzteren wäre eine Zunahme im Farbwärmeindex gemeinsam mit einem Abfall im Karbonatgehalt ein Hinweis auf Pedogenese, wenn darunter ein Abstieg im Karbonatgehalt feststellbar wäre.
Verwitterte Paläoböden können sekundär aufgekalkt sein. Bei einer Differenzierung nach Kalzit und Dolomit ist die Abwesenheit des Letzteren (z.B. röntgenographisch nachweisbar) ein Hinweis auf sekundären Kalzit, der in einem vollständig dekarbonatisierten Boden sekundär angereichert wurde. Mikromorphologische Untersuchungen helfen primäre und sekundäre Karbonate zu differenzieren, da dies labortechnisch kaum möglich ist (Bronger, 2003).
Die Bestimmung des Karbonatgehalts wurde gasvolumetrisch semi-quantitativ mittels Apparatur nach Scheibler durchgeführt. In Abhängigkeit von der Vorbestimmung wurden 1–3 g luftgetrockneter Feinboden bekannten Wassergehalts eingewogen, gemeinsam mit 10 ml 10%iger Salzsäure zur Reaktion gebracht. Aus dem entstandenen Volumen an CO_2, Umgebungstemperatur und -druck errechnet sich der Gewichtsanteil der Karbonate. Auf mögliche Fehlerquellen weisen Blume et al. (2011) hin.

4.6 Korngrößenanalysen

Generell ist Löss durch ein Korngrößenmaximum im Bereich des Grobschluffs charakterisiert. Die Messung der Korngrößenzusammensetzung ist ein zentraler Parameter der Sedimentologie, da sie grundsätzliche Informationen über die sedimentäre Dynamik (z. B. Milieu, Geschwindigkeit, Distanz) während der Untersuchung des entsprechenden Archivs bieten kann. Geomorphologisch betrachtet sind im Rahmen der Lössforschung vor allem die Abweichungen innerhalb der gröberen Korngrößen interessant, während von pedologischer Seite häufig die Veränderungen der feineren Anteile relevant sind. Aber auch gröbere Korngrößen können pedogenen Ursprungs sein (z.B. Karbonat-, Eisen[-Mangan]konkretionen). Generell reflektieren Korngrößenvariationen in LPS eine Vielzahl von Einflussfaktoren; bei polygenetischen LPS steigert sich die Komplexität noch.

Tabelle 1: Methoden der Korngrößenanalyse

	SIEBANALYSE					SCHLÄMMANALYSE				
Profil	**GB**	**EW (g)**	**Siebweiten (µm)**	**Dauer (min)**	**RS**	**M**	**EW**	**DM**	**DF**	**Ort**
Paudorf	TNS	~100 lutro	2000/630/ 200/63/40	30 (+MS)	verworfen	SG	10-14 g lutro FB	NPP	TS MF	PG-UWi
GN1	SGP	~15 lutro	630/200/63	~10 (MS)	für SG	SG	Rest aus Siebung	NPP	TS CH	PG-UWi
AK3	SGP	~15 lutro	630/200/63	~10 (MS)	für SG	SG	Rest aus Siebung	NPP	TS CH	PG-UWi
AK1	TNS	~100 atro	2000/630/ 200/63	45	verworfen	KP	12 g atro FB	NPP	IH TS	PG-UWi
NW2AB	TNS	~100 atro	2000/630/ 200/63	45	verworfen	KP	12 g atro FB	NPP	IH TS	PG-UWi
NW2C	TNS	~30 lutro	2000/630/ 200/63	30 (+MS)	verworfen	KP	~12,5 g lutro FB	NPP	MK TS	GB-UWü
MW2C	TNS	~40 lutro	2000/630/ 200 /63/40/ 20	~20 (+MS)	auf 300 ml reduziert	SG	Teilprobe aus RS	NHM	SK TS	CL-BWi
Stillfried	TNS	~10 lutro	2000/630/ 200/63/40	~10 (MS)	für SG	SG	Rest aus Siebung	NPP	SMH	PG-UWi

EW: Einwaage, RS: Restsuspension, M: Methode, DM: Dispergierungsmittel, GB: Grobbodenbestimmung, DF: Durchführung, TNS: Teil der Nasssiebung, SGP: Separat aus der Gesamtprobe

lutro: luftgetrocknet (< 45°C) + separate Wassergehaltsbestimmung

atro: getrocknet bei 105°C bis zur Gewichtskonstanz

MS: manuelle Siebung mit Wasser und Gummiwischer

SG: Sedigraph, KP: Köhn-Pipette, FB: Feinboden

NPP: Natriumpyrophosphat ($Na_4P_2O_7$), NHM: Natriumhexametaphosphat ($Na_6P_6O_{18}$)

PG-UWi: Physiogeographisches Labor Uni Wien;

GB-UWü: Geomorphologisch-Bodenkundliches Labor Uni Würzburg

CL-BWi: ClayLab BOKU Wien

TS: Tobias Sprafke, MF: Maxime Farin, CH: Christa Hermann, IH: Ingo Hofer, MK: Martin Krech, SK: Sebastian Knoll, SMH: Simon Meyer-Heintze

Diese Arbeit integriert Ergebnisse verschiedener horizontbezogener Korngrößenanalysen (siehe Tabelle 1), um zumindest eine überblicksmäßige Charakterisierung der wichtigsten Sequenzen zu ermöglichen. Die Ergebnisse aus Hofer (2010) wurden aufgrund eines falschen Bezugs innerhalb der Kalkulation neu berechnet. Insgesamt dürfen aufgrund der Methodenvielfalt die Ergebnisse nur relativ innerhalb eines Profils als absolut vergleichbar gelten. Die festgestellten Sand- und Grusfraktionen fließen innerhalb grober Häufigkeitsklassen in die Legende der Profilzeichnungen ein (Anhang 20).

4.7 Mikromorphologie

Mikromorphologie beschreibt die mikroskopische Untersuchung von Dünnschliffen aus im ungestörten Zustand mittels Kunstharz gehärteten Boden- und Sedimentblöcken. Mikromorphologische Studien an LPS werden bereits seit Jahrzehnten durchgeführt, um detaillierte Informationen über den Aufbau und die Verknüpfung der Bestandteile zu erhalten, die zum Verständnis der Entstehungsprozesse beitragen (Bronger, 1970, 1976; Bronger & Heinkele, 1989; Bronger et al., 1998a; Catt, 1990; Fedoroff et al., 2010; Kubiëna, 1956; Kühn et al., 2006).

4.7.1 Hintergrund

Historisch betrachtet standen bei der Entwicklung der Mikromorphologie (Micropedology) durch Kubiëna (1938) zunächst qualitative, genetische Betrachtungen und eine entsprechende Terminologie im Vordergrund.

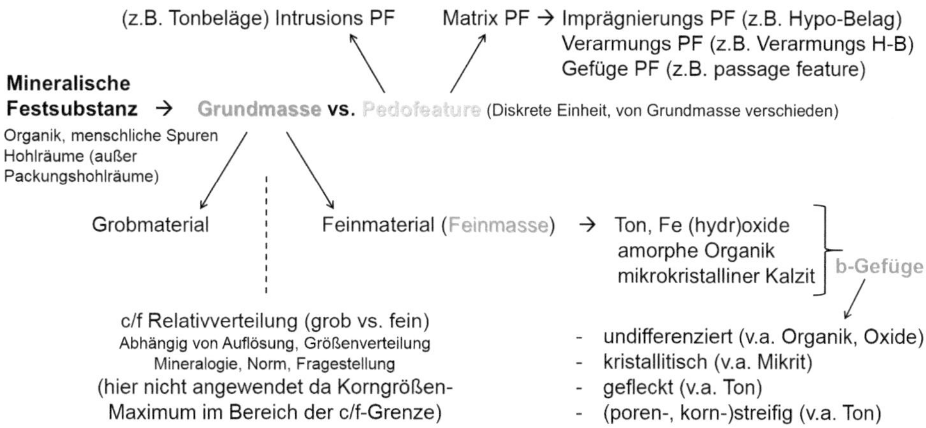

Abbildung 19: Grundprinzipien der mikromorphologischen Terminologie nach Stoops (2003), eigener Entwurf

Die von Bronger (1976) und Bronger et al. (1998a) mikromorphologisch untersuchten interglazialen Paläoböden des mittleren Donaubeckens und Zentralasiens sind auf der betrachteten Zeitskala überwiegend monogenetisch in situ, d. h. nicht signifikant von Umlagerungsprozessen beeinflusst und von glazialen Lösspaketen getrennt. Eine Ausnahme ist der F6 bzw. V-S5, welcher den MIS 13-15 zugeordnet wird (Bronger, 2003; Marković et al., 2011). Daraus folgt, dass bereits wenige Schliffe die Identifikation der Bildungsprozesse und damit des Bodentyps ermöglichen. Die Unterscheidung von primärem und sekundärem Karbonat sowie die Detektion von Toncutanen sind dabei die Hauptkriterien (Bronger, 2003).

Tabelle 2: Mikromorphologische Terminologie in deutscher Übersetzung nach Stoops (Working Draft) und Interpretationsansätze.

Englisch		**Deutsch**		
Category	**Parameter**	**Kategorie**	**Parameter**	**Interpretation**
voids	overall porosity	**Hohlräume**	Porosität insgesamt	pedogene Aggregierung, biogene Aktivität
	compound packing voids		Aggregatzwischenräume*	Bioturbation, Frosteinwirkung
	channels		Gänge	Bioturbation
	vughs		Kavernen	Kompaktierte Hohlräume
	planar voids		Planar-Risse	Quell-/Schrumpf Dynamik
aggregation	granular	**Aggregierung**	(massive) Krümel	Bioturbation, Frosteinwirkung
	subangular blocky		Subpolyeder	Verlehmung + Bioturbation
	apedal		ohne Gefüge	schnelle Sedimentation
coarse mineral components	gravel content	**grobe mineralische Komponente**	Grus	Umlagerung
	compound		mehrmineralisch	v. a. in der Sandfraktion, höhere Morphodynamik
	quartz + feldspars		Quarz + Feldspäte	Sedimentationsdynamik, Verwitterungsgrad
	micas		Glimmer	Verwitterungsgrad
	amphib. + pyroxenes		Amphibole und Pyroxene	Verwitterungsgrad
	carbonates		Karbonate	Entkalkung
	other minerals		andere Minerale	Materialherkunft
b-fabric	undifferentiated	**b-Gefüge****	undifferenziert	hier: Organikgehalt
	crystallitic		kristallitisch	Entkalkungsgrad
	speckled		gefleckt	Verwitterungsgrad
	striated		streifig	Pedoturbation (v. a. Bio-)
	porostriated		porenstreifig	Pedoturbation (Bio-, Kryo-)
	granostriated		kornstreifig	Umlagerung, Bioturbation
sparite	dense infillings	**Sparit**	dichte Füllungen	Kalzifizierte Wurzelzellen von Steppevegetation
	loose infillings		lockere Füllungen	gestörte kalzifizierte Wurzelzellen
	crystals / nodules		Kristalle / Nodule	u. a. kristallische Regenwurmausscheidungen

	infillings		Füllungen	v. a. Lublinit (faserige Kalzite)
micrite	hypocoatings	**Mikrit**	Hypo-Beläge	sekundäre Aufkalkung entlang von Leitbahnen
	impregnations		Imprägnierung	sekundäre Aufkalkung in der Matrix
	fragments		Fragmente	Umlagerung
clay coatings	disturbed	**Tonbeläge**	gestört	Kryo-, Bioturbation
	in situ undisturbed		in situ ungestört	Tonverlagerung
	dentritic Mn		dentritische Mn	Feuchtigkeit
nodules	typic / nucleic Mn	**Nodule**	typische Mn	Hydromorphie, Umlagerung
	Fe- /Mn-Fe		Fe- /Mn-Fe Nodule	Hydromorphie
	charcoal		Holzkohle	Umlagerung
Special	molluscs / m.frag-ments	**Sonstiges**	Mollusken(frag-mente)	Fauna
	further		Sonstiges	

*offiziell: zusammengesetzter Packungshohlraum

** auch: Doppelbrechungsgefüge

Sonstige Begriffe aus Stoops 2003:

Englisch	Deutsch
crumb	poröser Krümel
ped	Aggregat
plate	Platte
pedofeature	Pedofeature
groundmass	Grundmasse

Englisch	Deutsch
microstructure (MS)	Mikrogefüge (MG)
spongy MS	Schwamm MG
vughy MS	Kavernen MG
lenticular MS	Lentikular MG
paty MS	Platten MG

Basierend auf Bullock et al. (1985) stellt Stoops (2003) eine spezifische und umfassende Terminologie zur detaillierten Beschreibung von Boden- und Sedimentdünnschliffen unter dem Mikroskop vor. Die genaue Bezeichnung einzelner beschreibbarer Einheiten mit einer präzisen Terminologie, die weitgehend frei von genetischen Konnotationen ist, erlaubt die semi-quantitative Erfassung von Merkmalen verschiedenartiger Dünnschliffe. Abbildung 19 gibt einen Überblick über die Relation der wichtigsten Parameter im System von Stoops (2003).

Kubiëna (1956) drückte bereits treffend aus: „Der Löß erweist sich für mikroskopische Studien der Bodenentwicklung als ein außerordentlich günstiges Ausgangsmaterial. Der Rohlöß ist wie ein unbeschriebenes Blatt, auf dem sich die kleinsten Varianten der Umwelteinflüsse mit außerordentlicher Klarheit einzeichnen, und die Mannigfaltigkeit der Gefügebildung zeigt, daß die Möglichkeiten der Auswertung noch lange nicht erschöpft sind."

Löss ist relativ homogen, schluffig bis lehmig mit dem Korngrößenmaximum in einem Bereich der eine hohe Anzahl von zugleich noch grundsätzlich identifizierbaren Einzelkörnern enthält, woraus Veränderungen im mineralogischen Spektrum deutlich werden. Der primäre Karbonatanteil, teils in Form detritärer sparitischer Einzelkristalle, teils (vermutlich durch Lössifizierung) als mikritische Komponenten der Grundmasse (kristallitisches b-Gefüge) ist sensitiv für initiale Verwitterung. Die lockere Struktur gestattet das effektive Wirken kryo- und bioturbater Prozesse. Relative Tonanreicherung durch Verwitterung zeigt sich innerhalb der Grundmasse im b-Gefüge, sowie durch Toneinspülungen. Tabelle 2 gibt einen Überblick über die verwendeten Parameter der Terminologie nach Stoops (2003) in ihrer deutschen Übersetzung und mit einem kurzen Stichwort, in welchem Kontext das entsprechende Charakteristikum von zentraler Bedeutung ist. Die gewählten Parameter spiegeln die Erfahrung der letzten Jahre wider und wurden zum Großteil bereits durch Sprafke et al. (2014) angewandt.

Am hochaufgelöst beprobten mächtigen S1 Pedokomplex des Chinesischen Lössplateaus (~MIS 5) zeigen R. Kemp und Kollegen (Kemp, 1995; Kemp et al., 1995, 1997, 2001) das Potential einer semi-quantitativen Auswertung von mikromorphologischen Merkmalen mithilfe der Terminologie von Bullock et al. (1985). Aufgrund der teils großen Mächtigkeit des akkretionären Paläobodens (bis zu mehrere Meter) können dabei Merkmalsausprägungen in der Tiefenfunktion in eine zeitliche Reihung gebracht werden. Verschiedene Stabilitätsphasen während der Entstehung des Pedokomplexes werden identifiziert und mit klimatischen Veränderungen in Zusammenhang gebracht. Die Autoren erprobten den detaillierten semi-quantitativen Ansatz auch an weniger gut aufgelösten argentinischen Lössen (Zárate et al., 2009). Im Iran wenden Khormali & Kehl (2011) einen von Khormali et al. (2003) entwickelten Index zur Quantifizierung der Verwitterung von kalkhaltigen verwitterten Böden an, der u.a. auf dem Vorhandensein von Toncutanen und strukturellen Eigenschaften beruht.

Anhand charakteristischer Merkmalskombinationen identifizieren Kühn et al. (2006) mehrphasige Bodenbildungen. Einen konzeptioneller Überbau zur Anwendung von Mikromorphologie an Paläoböden geben Fedoroff et al. (2010). Das Ziel der mikromorphologischen Analysen in dieser Arbeit ist, die polygenetische Entwicklung der untersuchten Pedokomplexe zu verstehen um daraus Rückschlüsse auf ihre Bildungsfaktoren zu ermöglichen.

4.7.2 Durchführung

Die mikromorphologischen Analysen wurden an einem Polarisationsmikroskop (Leica DMRB) mit Kamera und PC-Anschluss am Institut für Geographie und Geologie der Universität Würzburg durchgeführt. Als Lichtquellen wurde einfach (plain polarized light = PPL) und gekreuzt polarisiertes Licht (crossed polarized light = XPL) verwendet. Für diese Arbeit wird eine Auswahl von Parametern nach Stoops (2003), die sich im Rahmen der Untersuchung der polygenetischen LPS in der Region Krems als hilfreich herausgestellt haben, angelehnt an den vom Autor vorgeschlagenen Häufigkeitsklassen semi-quantitativ erfasst. Gegenüber derartigen Analysen von Sprafke et al. (2014) wurden die Art der Visualisierung (abgestuft eingefärbte Flächen statt Sterne) und die verwendeten Kategorien etwas modifiziert.

Das Potential der mikromorphologischen Analysen zur Rekonstruktion der Entstehung polygenetischer Lösse und insbesondere der Paläoböden liegt aber in erster Linie in der funktionalen, qualitativen Analyse der Konstellation bestimmter Charakteristika, die eine Reihung der Entwicklungsprozesse gestatten. Die Ergebnisse daraus werden im Zusammenhang mit der fotografischen Dokumentation vorgestellt. Interpretative Elemente können nicht davon getrennt betrachtet werden, weshalb diese der eigentlichen Diskussion vorweg genommen werden.

4.8 Lumineszenzdatierung

Die Lumineszenzdatierung entwickelte sich während der letzten Jahrzehnte zu einer zentralen Methode der Lössforschung. Mittlerweile gibt es eine Reihe von Zusammenfassungen über das Grundprinzip dieser Methodik und ihrer Kategorien (Roberts, 2008), so dass sie nicht detailliert vorgestellt werden muss. Vereinfacht dargelegt, werden beim Verfahren der Optisch Stimulierten Lumineszenz Datierung (OSL) spezifische Minerale (z. B. Quarz, Feldspat) bestimmter Größe (z.B. Grobschluff, Feinsand) und Anzahl (Einzelkorn, Mehrkorn) über definierte Stimulation (z.B. Infrarotlicht bei Feldspäten [⇨IRSL]) angeregt. Dadurch werden Ladungsdefekte im Kristallgitter ausgeglichen, die sich im Lauf der Zeit unter Abschluss von Licht akkumulieren. Die Ladungsdefekte entstehen durch die einwirkende Strahlung im Sediment (α, β und γ) sowie die kosmische Strahlung (standortspezifisch); im Quarz weitgehend linear, in den Feldspäten anormal. Die Dosisleistung ist dabei die abgegebene Energie pro Zeiteinheit, abhängig von der Umgebungsstrahlung (Preusser, 2008). Aus der für den Ausgleich notwendigen Strahlungsdosis kann der letzte Zeitpunkt der Bestrahlung mit Sonnenlicht abgeleitet werden, der mit der Bedeckung durch Sedimentation endete. Da Löss in der Regel aus äolischem Sediment besteht, spielt er eine wichtige Rolle bei der Methodenentwicklung, wovon die Lössforschung selbst stark profitierte (Roberts, 2008). Das Verfahren ist in holozänen und jungpleistozänen Sedimenten weit verbreitet, während für das Mittelpleistozän noch einige Unsicherheiten bestehen. Eine der vielen entscheidenden Weiterentwicklungen der Messmethodik ist ein spezifisches post-IR IRSL Protokoll (Thiel et al., 2011a), später als pIRIR290 Protokoll bezeichnet (z.B. in Sprafke et al., 2014), welches das Problem des anomalen Ausheilens der Feldspäte reduziert und die Datierung älterer Proben ermöglicht. In Niederösterreich liegen die Maximalalter, die Thiel et al. (2011b, 2011b) und Sprafke et al. (2014) publizierten und deren methodische Details an entsprechender Stelle entnommen werden können, bei 300–350 ka und damit zumindest in der zweiten Hälfte des Brunhes-Chrons.
Die Lumineszenzdatierungen an den untersuchten Sequenzen wurden von Dr. C. Thiel am Nordic Laboratory for Luminescence Dating (NLL), Risø-Campus (Dänemark) sowie in Sektion 3, Geochronologie und Isotopenhydrologie am Leibniz-Institut für Angewandte Geophysik (LIAG) in Hannover durchgeführt.
Aufgrund technischer Probleme konnten nur für die Profile in Paudorf (Sprafke et al., 2014) sowie AK1 und NW2 in Krems-Schießstätte die Datierungen vollständig durchgeführt werden. Das methodische Vorgehen orientiert sich am in Paudorf etablierten Verfahren. Details über die zuvor unpublizierten Alter sind Teil einer in Vorbereitung befindli-

chen Publikation über die Neuevaluierung der Schießstätte Krems. Neben den endgültig vorliegenden numerischen Altern können die Interpretationen und Korrelationen auch von vorläufigen Altern aus Sektor GN1 und der Sequenz Stiefern profitieren. Hier wurde die noch nicht bestimmte Dosisleistung entsprechend der Erfahrung mit anderen Lössen der Region Krems auf 3 Gy/ka geschätzt.

5 Paudorf locus typicus

Die LPS Paudorf mit dem polygenetischen ehemaligen Typusboden Paudorfer Bodenbildung wurde im Rahmen der Diplomarbeit des Verfassers untersucht und in Folge als wichtiges Archiv der Landschaftsentwicklung im Kremser Raum während der letzten 300 ka identifiziert. Die methodischen Grundlagen für die Untersuchung von polygenetischen Sequenzen, wie sie im Übergangsgebiet vorkommen wurden hier entwickelt (Sprafke, 2011; Sprafke et al., 2013, 2014).
Im Rahmen dieser Arbeit wurden die Farben aus den äqudistant gestört entnommenen Proben (10 cm Auflösung) mit dem bei den anderen Sequenzen angewandten Verfahren neu gemessen und ausgewertet. Daraus resultiert eine modifizierte Untergliederung der Sequenz. Mikromorphologische Analysen befassen sich vor allem mit der Entstehung der beiden Pedokomplexe und sind bei Sprafke et al. (2014) publiziert. Sie werden hier überarbeitet und ergänzt widergegeben, um direkt mit den anderen Sequenzen vergleichbar zu sein.

5.1 Geographische Lage

Die LPS Paudorf locus typicus (15°36‘30“ E 48°21‘23“ N; GK M34 R -53639,1 H 357821,6) befindet sich auf ca. 265 m ü. A., im NW der Ortschaft (Rathaus: 255 m ü. A.) am Unterhang des 500 m hohen Waxenbergs (NÖ-Atlas). Das mehr als 12 m mächtige Lösspaket liegt an der nördlichen Flanke eines von W kommenden Nebentals der S–N fließenden Fladnitz (Abbildung 20). Der ca. 10 m hohe und 50 m breite SO-exponierte Aufschluss entstand laut Auskunft mehrerer älterer Bewohner Paudorfs am Anfang des 20. Jahrhunderts, als hier Lehm zum Zwecke der Ziegelherstellung abgebaut wurde.
Die umgebenden Höhen sind aus paläozoischem Granulit (Quarz, Feldspat, Granat, Biotit) mit vereinzelten Ultrabasit-Linsen aufgebaut, auf der Hochfläche südlich des Aufschlusses liegt Hollenburg-Karlstettener Konglomerat (GBA Österreich). Letzteres wurde im Mittelmiozän von Süden her durch die Ur-Traisen angeliefert (Wessely, 2006a). Im Bereich der Unterhänge liegt Löss variabler Mächtigkeit, im Bereich der Tiefenlinien befinden sich Auensedimente. Im Bereich der Höhen sind Ranker und Braunerden verbreitet; auch für den Löss sind überwiegend Braunerden kartiert, einzig im südexponierten Bereich im Osten von Paudorf kommen auch Schwarzerden vor (BFW Österreich).

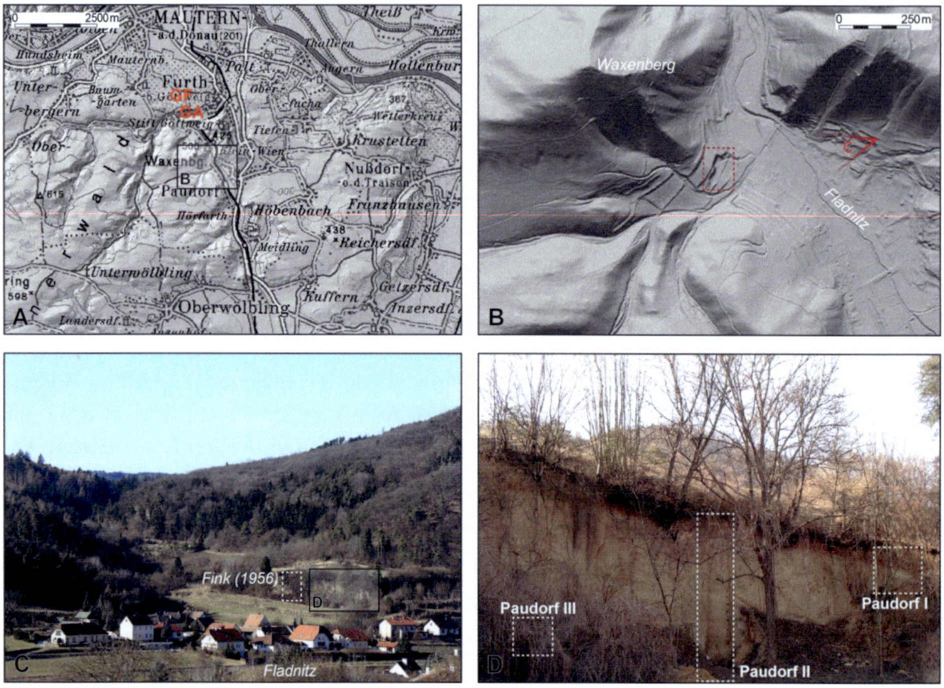

Abbildung 20: Lage und Überblick LPS Paudorf. A: Topographie des Umlands. GA = LPS Göttweig-Aigen, GF = LPS Göttweig-Furth im Zellergraben; B: Relief der Umgebung; C: Blick aus Osten (vgl. Position in B); D: Überblick über die nördliche Hälfte der Aufschlusswand mit Lage und Bezeichnung der Einzelprofile. A+B: © Land Niederösterreich (NÖ-Atlas), bearbeitet.

5.2 Stand der Forschung

Charakteristisches Merkmal der Sequenz sind die zwei deutlich entwickelten Paläoböden im oberen (Paudorfer Bodenbildung) und unteren (ehemals Göttweiger Verlehmungszone) Bereich des Aufschlusses (Fink, 1976). Dazwischen befindet sich Lösssediment, dessen Mächtigkeit von 3 m im SW der Aufschlusswand auf 7 m im NW zunimmt. Bereits von weitem lassen sich mehrere gebleichte Horizonte (vgl. Fink, 1954) und ein schwach brauner Horizont erkennen. Das überwiegend hellgelbe, wandstabile, karbonathaltige Substrat ist typisch für Löss. Untypisch für Löss scheint, dass über die gesamte Sequenz hinweg Grus in den Ablagerungen eingelagert ist; in beiden Pedokomplexen befinden sich hangparallel eingeregelte Steine. In einigen Profilabschnitten sind hohe Sandgehalte nachgewiesen. Insgesamt wurde festgestellt, dass neben äolischer Akkumulation und in situ Veränderung (Lössifizierung / Verwitterung / Pedogenese) auch Hangprozesse verschiedener Art, resultierend in der Einmischung lokalen Materials, Erosion oder Umlagerung zur Entwicklung dieser Sequenz beigetragen haben müssen (Sprafke et al., 2013).

Einen Überblick über bisherige Forschungen im Aufschluss Paudorf geben Sprafke et al. (2013). Auf Untersuchungen im nordöstlichen Bereich des Aufschlusses folgend unterteilen sie die Sequenz in acht Haupteinheiten, wobei P1 (oben) und P8 (basal) jeweils nicht weiter differenzierte Lösssedimente sind. P2 ist die bis zu 1 m mächtige Paudorfer Bodenbildung (Fink, 1954, 1956; Götzinger, 1935) mit ihrer charakteristischen Fleckung im Mittelteil (P2c). Der untere Pedokomplex (P7), ehemals als Göttweiger Verlehmungszone bezeichnet (Fink, 1976), ist über 2 m mächtig und umfasst überwiegend entkalkte, humose Horizonte mit einem stärker verwitterten mittleren Abschnitt (P7c–e), der diskontinuierliche Toncutane zeigt. Hinweise auf Lessivierung im unteren Pedokomplex wurden bereits durch mikromorphologische Studien von L. Smolíková (Kovanda et al., 1995) erkannt. Die Einheiten zwischen den Pedokomplexen sind im oberen Abschnitt (P3) am ähnlichsten zu typischem Löss, wobei der oberste Teil während der Bildung von P2 stark sekundär aufgekalkt wurde. P4 ist in dunklere und hellere teils deutlich streifige Bereiche differenziert (P4). Deutlicher gebleichte Bänder liegen in P5 vor. Charakteristisch für den relativ sandigen Profilabschnitt P6 ist ein brauner Paläobodenrest (P6b). Lumineszenzdatierungen von Zöller et al. (1994) und Thiel et al. (2011b) bestätigen die Einordnung von P2 in das letzte Interglazial (~MIS 5) und der unterlagernden Lösssedimente in MIS 6. Neuere Lumineszenzdatierungen und detaillierte mikromorphologische Untersuchungen zeigen, dass die LPS Paudorf locus typicus ein wichtiges Archiv quartärer Landschaftsentwicklung zwischen MIS 10 und MIS 4 ist (Sprafke et al., 2014).

5.3 Neugliederung

Die untersuchte LPS an der Typuslokalität Paudorf befindet sich im NO des Aufschlussbereichs; hier ist die Sequenz zwischen den beiden kräftigen Pedokomplexen am mächtigsten. Die von Sprafke et al. (2013) in acht Haupteinheiten (P1, P2…) und Untereinheiten (a, b, …) untergliederte Abfolge wird aufgrund der neuen Untersuchungen verfeinert. Hier werden in Folge neben dem rezenten Boden (I) zehn weitere Einheiten (II–XI) unterschieden, die entsprechend mit a, b, … untergliedert sind (Abbildung 21). Die Revisionen umfassen vor allem die untere Hälfte der Sequenz zwischen den beiden Pedokomplexen und beruhen neben den neuen Farbmessungen vor allem auf den geochronologischen Ergebnissen und damit verbundenen stratigraphischen Überlegungen.

Einheit II ist der Löss zwischen dem rezenten Boden und der charakteristisch gefleckten Paudorfer Bodenbildung (III). Darunter liegen schwach differenzierte Lösssedimente vor (IV), die im oberen Teil durch die darüber liegende Bodenbildung sekundär aufgekalkt sind. Die Lösssedimente darunter sind stärker differenziert und weisen höhere Grusgehalte auf; Einheit VI zeigt im Gegensatz zu V deutlich gebleichte Abschnitte. Das Charakteristikum der Lösssedimente in Abschnitt VII ist der blau-gräuliche Tundragley im mittleren Bereich. Einheit VIII beinhaltet einen schwach grau-braunen Paläoboden(rest), dessen sandiges Ausgangsmaterial in Einheit IX weitgehend frei von pedogener Überprägung ist. Der mehr als 2 m mächtige untere humose Pedokomplex (X) mit einem stärker verwitterten mittleren Abschnitt wird nach unten von sekundär aufgekalktem Lösssediment begrenzt (XI). Abbildung 22 gibt einen Überblick über die Sequenz in neuer Gliederung und die Positionen der Proben.

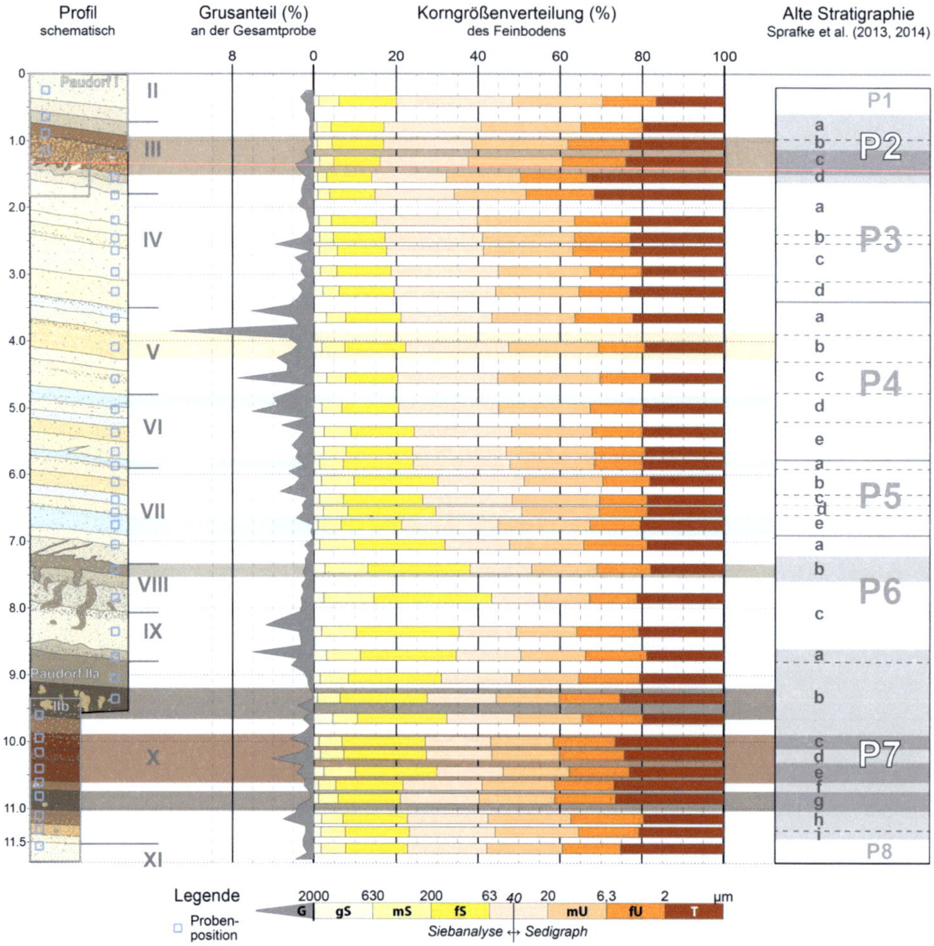

Abbildung 21: Neue Stratigraphie der LPS Paudorf (vgl. Abbildung 22) im Vergleich mit der alten Unterteilung und Korngrößendaten aus Sprafke et al. (2013) sowie unpublizierte Daten der Grusbestimmung (Anhang 9) von Sprafke (2011)

---

gegenüberliegende Seite:

Abbildung 22: Das Profil Paudorf (Synthese) im Überblick. Positionen der äquidistanten (blaue Rahmen), mikromorphologischen (gelbe Rechtecke) und Datierungsproben (rote Kreise).

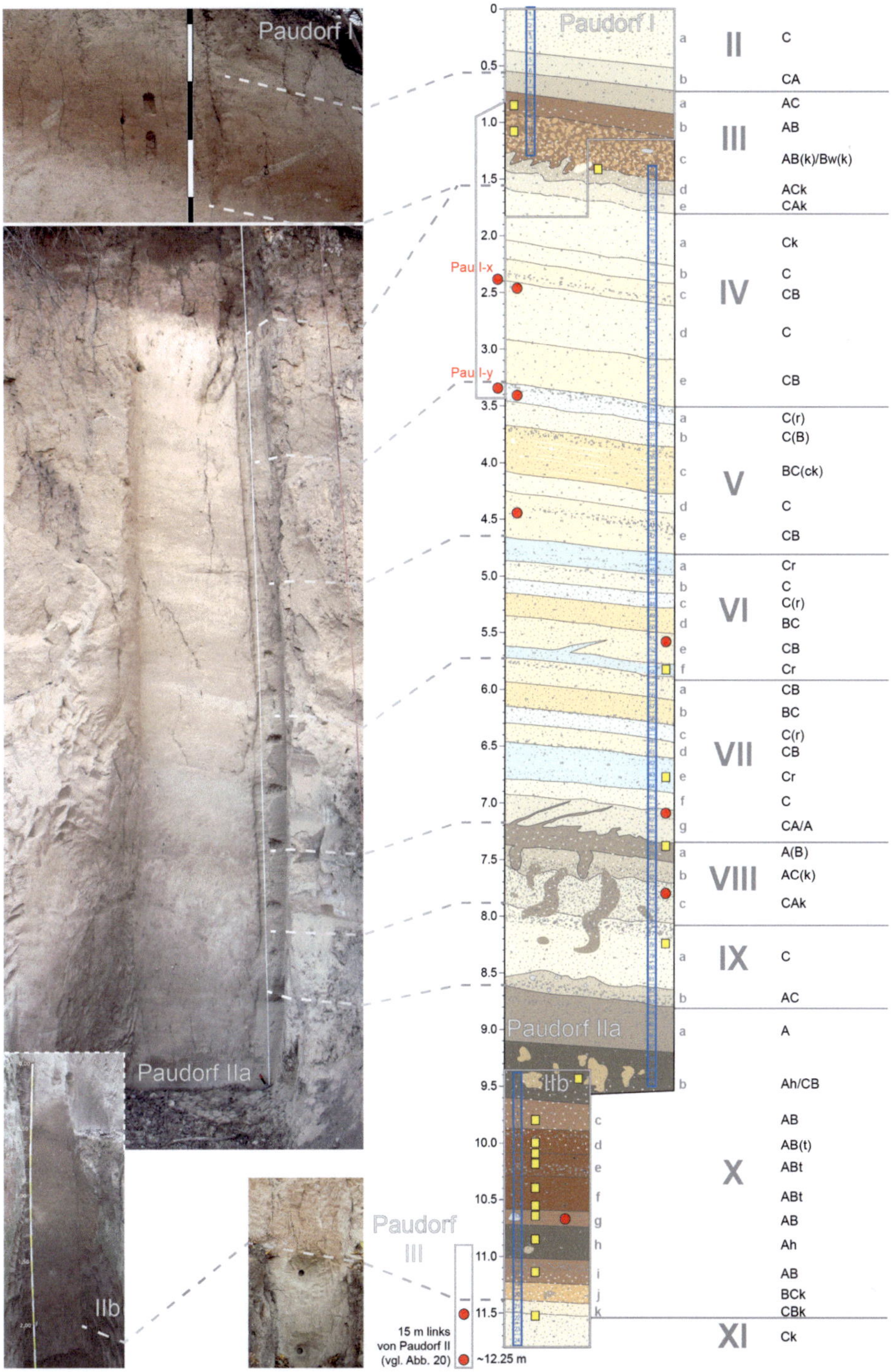
Paudorf I
Paudorf IIa
IIb
Paudorf III
0
0.5
1.0
1.5
2.0
2.5
3.0
3.5
4.0
4.5
5.0
5.5
6.0
6.5
7.0
7.5
8.0
8.5
9.0
9.5
10.0
10.5
11.0
11.5
Paul-x
Paul-y
II a C
b CA
III a AC
b AB
c AB(k)/Bw(k)
d ACk
e CAk
IV a Ck
b C
c CB
d C
e CB
V a C(r)
b C(B)
c BC(ck)
d C
e CB
VI a Cr
b C
c C(r)
d BC
e CB
f Cr
VII a CB
b BC
c C(r)
d CB
e Cr
f C
g CA/A
VIII a A(B)
b AC(k)
c CAk
IX a C
b AC
a A
b Ah/CB
X c AB
d AB(t)
e ABt
f ABt
g AB
h Ah
i AB
j BCk
k CBk
XI Ck
15 m links
von Paudorf II
(vgl. Abb. 20)
~12.25 m

5.4 Farbe

Die Verläufe der Farbparameter und die mithilfe der Ergebnisse aus den Farbmessungen modifizierte Stratigraphie finden sich in Abbildung 23. Die dazugehörigen Messergebnisse finden sich in Anhang 9 und werden hier überblicksmäßig erläutert:

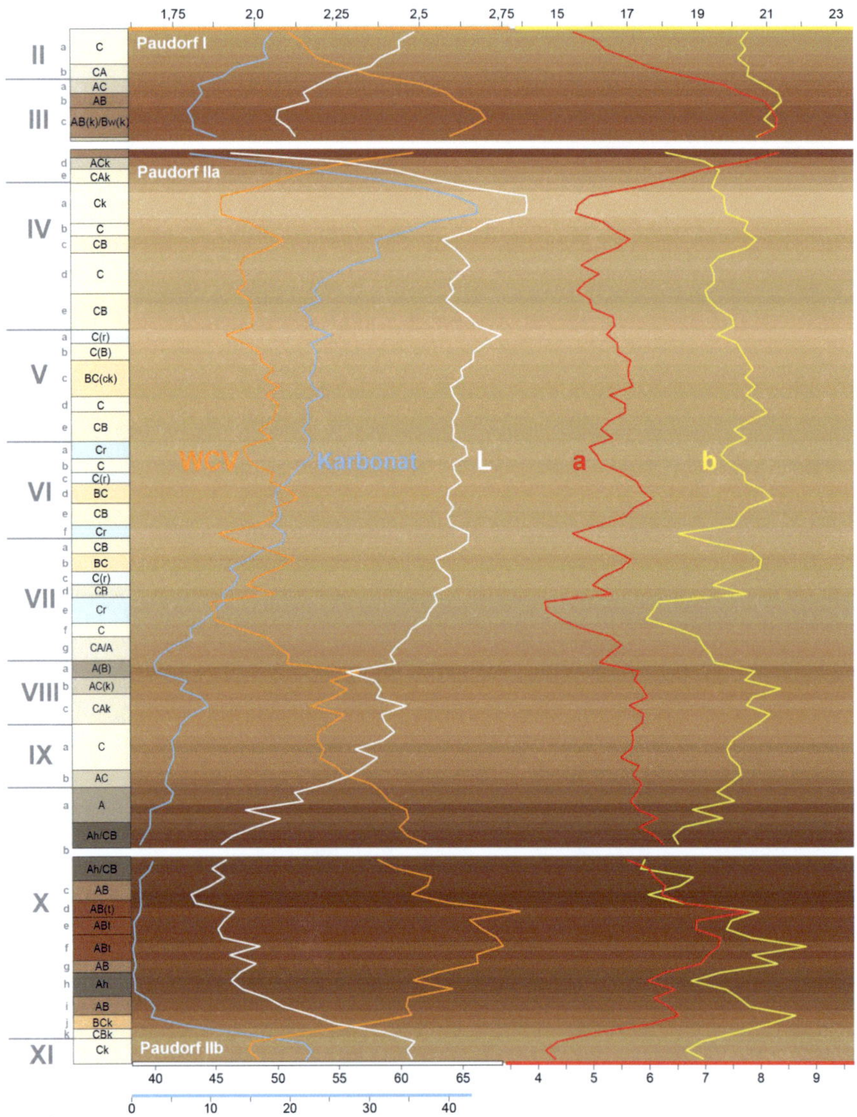

Abbildung 23: Stratigraphie von Paudorf locus typicus basierend auf den Ergebnissen der neu durchgeführten hochauflösenden quantitativen Farbmessungen (L*, a*, b*, WCV sowie RGB-Farben [kontrastoptimiert]) und den durch Sprafke et al. (2013) publizierten Karbonatanalysen (vgl. Anhang 9).

Generell liegen niedrige L*-Werte im Bereich der Pedokomplexe und höhere in den Lösssedimenten, insbesondere oberhalb von Einheit VII. Das Maximum liegt im Ck-Horizont (IVa) unter der Paudorfer Bodenbildung, weitere Maxima befinden sich im Bereich der Bleichzonen (in Folge als Cr-Horizonte angesprochen). Sie korrelieren mit schwachen Anstiegen im Karbonatgehalt. Der blau-graue untere Cr-Horizont (VIIe) zeigt dagegen keine Auffälligkeit hinsichtlich der Luminanz und im Karbonatgehalt. Die niedrigsten L*-Werte liegen im unteren Pedokomplex, v. a. im AB-Horizont (Xc) knapp oberhalb der am kräftigsten verwitterten ABt-Horizonte, aber auch in deren Mittelteil (Xe) sowie in den humosen Horizonten, die bereits im Gelände erkannt wurden (Xb, Xh). Die relativen Minima der Luminanz im Bereich IV–VII liegen vornehmlich in den CB- und BC-Horizonten, die durch Anstiege von a* und b* gekennzeichnet sind. Der Abfall von L* im Bereich VIII wurde als etwas deutlicher erachtet als der Anstieg von a* und b*, was unter Abgleich mit dem Probenmaterial zur Einordnung als CA- bis A-Horizont führte.
Der generelle Trend der a*-Werte ist in vielen Bereichen gegenläufig zum L*-Wert. Sie weisen Minima in den Ck- und Cr-Horizonten und ein Maximum im oberen Pedokomplex auf. Die mittleren Horizonte des unteren Pedokomplexes (v.a. Xd und Xf) haben eine deutlichere Rotkomponente als die humosen Abschnitte oberhalb und unterhalb. Innerhalb der Lösssedimente liegen charakteristische Maxima vor, weshalb die Horizonte als BC-(Feinboden mit bereits sichtbarer Tendenz ins rötlichbraune) bzw. CB-Horizonten klassifiziert werden.
Die b*-Werte korrelieren vor allem im Bereich der Lösssedimente in ihrem relativen Verlauf weitgehend mit a*. Generell sind die Unterschiede von b* zwischen Löss und Pedokomplexen deutlich geringer. In stark humosen Horizonten liegen eher Minima, in stark verwitterten Abschnitten Maxima, womit der Parameter teils unabhängig von a* verläuft. Die b*-Werte zwischen den Profilen Paudorf I und II und zu einem gewissen Grad auch die L*-Werte passen nicht gut zusammen.
Der WCV zeigt die Unterschiede zwischen Löss und Pedokomplexen sowie deren Untereinheiten sehr deutlich, da neben den kräftiger verwitterten Bereichen auch die humosen Horizonte höhere Werte als die Lösssedimente aufweisen.

5.5 Mikromorphologie

Ergebnisse der mikromorphologischen Analysen sind bereits durch Sprafke et al. (2014) publiziert. Aufgrund einiger neuer Erkenntnisse beim vergleichenden Studium der anderen Sequenzen innerhalb dieser Arbeit wurden einige Parameter angepasst und einzelne Kategorien neu bewertet. Krümelige Aggregate wurden zuvor nur quantifiziert, wenn zwischen den Aggregaten auch gut sichtbare Packungshohlräume vorlagen. Innerhalb von hohlraumfreien Bereichen lassen sich aber granulare Elemente eindeutig identifizieren, die nun stärker gewichtet sind. Die Verdichtung ist vermutlich postpedogen im Zuge der Fossilierung entstanden. Die bisherige Interpretation ist von diesen Anpassungen unberührt. In Folge werden kurz die zentralen Trends der semi-quantitativen Auswertung der Dünnschliffe dargelegt (Abbildung 24). Anschließend werden die nur qualitativ erfassbaren Besonderheiten dargelegt und fotografisch dokumentiert.

5.5.1 Trends der semi-quantitativen Auswertung

Generell zeigen die lössähnlichsten Proben (VI f, VII e, IX a, X k) die geringste Porosität (in Form von Gängen und Kavernen) und kaum Aggregierung (am ehesten krümelig). Die Paudorfer Bodenbildung weist die meisten Hohlräume auf, insbesondere in Form von Gängen und Packungshohlräumen, letztere vor allem im Kontext der krümeligen Struktur. Auch der schwache Paläoboden in Einheit VIII zeigt diese Eigenschaften besonders deutlich. Dagegen überwiegen im unteren Pedokomplex Gänge und Kavernen, im stärker verwitterten Mittelteil sind größere Aggregate und Planar-Risse auszumachen.
Grus und Mineralaggregate der (Grob-)sandfraktion sind typisch für alle untersuchten Proben. Quarz und Feldspäte sind innerhalb der identifizierbaren Minerale bei weitem dominierend, nur außerhalb der Paläoböden treten diese zugunsten von Glimmer und vor allem primären Karbonaten etwas zurück. Im oberen Pedokomplex sind letztere vorhanden, während im unteren Pedokomplex nur der oberste und unterste Abschnitt diese aufweisen. Als mineralogische Besonderheit können die relativ häufig vorhandenen Granate, teils im Verband mit Quarz und Feldspat (Granulit-Fragmente) gelten. Bisweilen zeigen diese Verbände sowie die Granate eine charakteristische chemische Verwitterung zu Ton entlang von Schwächezonen (vgl. Abbildung 27D). Innerhalb der Feinmasse ist regellos verteilter doppelbrechender Ton (fleckiges b-Gefüge) im Bereich der Pedokomplexe häufig bis dominierend. Dies gilt vor allem für den Mittelteil des unteren; hier ist bereichsweise eine Orientierung zu beobachten (streifiges b-Gefüge). Häufig ist in den Pedokomplexen auch eine Einregelung um größere Mineral- und Gesteinsfragmente auszumachen; letztere ist ferner besonders deutlich im schwachen Paläoboden(rest) (VIIIa). Undifferenziertes b-Gefüge ist aufgrund der hohen Ton- bzw Karbonatgehalte schwierig nachzuweisen, scheint aber insbesondere in den oberen humosen Abschnitten der beiden Pedokomplexe vorzukommen und mit einer schwärzlichen Farbkomponente im Hellfeld in Einklang zu stehen. Umgekehrt zum Tongehalt ist der Karbonatanteil in den Lössproben dominant und sichtbar durch das charakteristische kristallitische b-Gefüge.
Neben Hypo-Belägen sind besonders die zahlreichen dichten Sparitfüllungen in der Paudorfer Bodenbildung für deren Gesamtkarbonatgehalt verantwortlich. Durch Bioturbation sind sie teils gelockert oder in die Grundmasse eingearbeitet, so dass sie schwierig von den vorhandenen Primärkarbonaten zu unterscheiden sind (vgl. Abbildung 25F). Bei den mikritischen Füllungen handelt es sich vor allem um den faserigen Lublinit (vgl. Abbildung 25G). Dichte Sparitfüllungen kommen ansonsten nur im Bereich der beiden Bleichzonen und in den beiden tiefsten Proben vor. Lockere Füllungen und diskrete sekundäre Kalzitkristalle sind ebenfalls in diesen Proben vorhanden, ebenso auch im oberen Bereich des unteren Pedokomplexes. Die einzige Karbonatvarietät, die sich durch fast den gesamten unteren Pedokomplex zieht, ist Mikrit, der sich in Poren findet (kein Lublinit).
Umgekehrt zu den karbonatischen Pedofeatures sind Tonbeläge verteilt. Sie sind meist fragmentarisch oder zumindest gestört im unteren Pedokomplex zu finden, nur in dessen unteren Mittelteil auch vereinzelt ungestört (vgl. Abbildung 28D).
Geringe Aussagekraft scheinen die durchweg vorhandenen dentritischen Mangannodule zu besitzen. Dagegen sind typische Mangannodule vor allem auf die oberen Bereiche der Pedokomplexe beschränkt. Eisenhaltige Nodule sind von den Tundragleyen bis in den Mittelteil

des unteren Pedokomplexes zu finden. Interessant erscheint die Tatsache, dass nahezu jede Probe mindestens ein Bruchstück Holzkohle enthält. Molluskenfragmente konnten in den karbonatreichen Proben identifiziert werden, sie befinden sich aber auch im oberen Pedokomplex. Eine Besonderheit sind die ziegelartigen Konkretionen in dessen unterem Bereich, die einen relativ hohen Eisen- und Tongehalt aufweisen, aber auch Quarze die in Größe, Form und Verteilung vergleichbar mit jenen des Lösses sind (siehe Beschreibung von Schliff IIIc-d im folgenden Abschnitt).

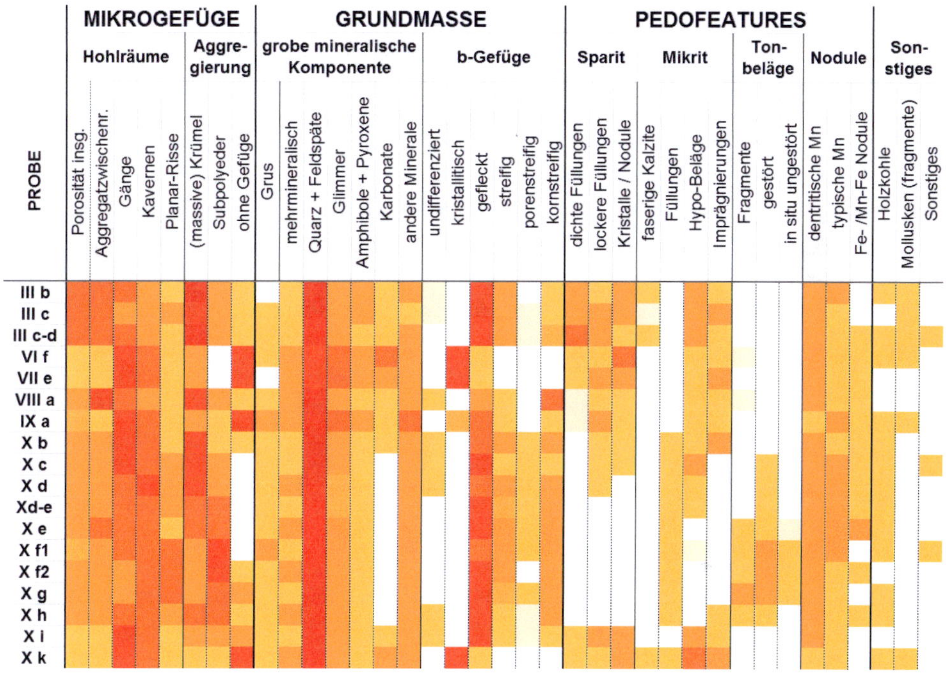

Abbildung 24: Mikromorphologische Charakteristika der LPS Paudorf

5.5.2 Besondere qualitative Merkmale

IIIb – AB, oberer Bereich der Paudorfer Bodenbildung

Insgesamt erscheint die Probe sehr inhomogen und stark bioturbat geprägt. Selten, aber hervorzuheben, sind in Teilen scharf abgegrenzte Bereiche dominierender karbonatfreier Feinmasse mit geflecktem b-Gefüge, teils in direkter Nachbarschaft zu deutlich schluffreicheren primärkarbonathaltigen Bereichen (Abbildung 25A). Diese werden als Fragment eines umgelagerten Bw-Horizonts interpretiert. Karbonate in Schluffgröße sind vermutlich teilweise sekundär aus kalzifizierten Wurzelzellen (KWZ) durch Bioturbation mit der Grundmasse vermengt. Als eine besondere Form von Sekundärkarbonat ist eine mikritische Füllung mit einer außergewöhnlichen netzartigen Morphologie zu erwähnen, die mit nadelfaserigen Kalziten (vgl. Abbildung 25G) in genetischer Verbindung stehen könnte (Abbildung 25B).

Da die feine Morphologie erhalten ist muss es sich um ein spät- bis post-pedogenes Phänomen handeln. Das Vorhandensein von mikritisch imprägnierter Holzkohle zeigt, dass die Hypo-Beläge hier post-bioturbat entstanden sind (Abbildung 25C).

IIIc – AB/Bw, mittlerer gefleckter Bereich der Paudorfer Bodenbildung

Die Probe ist weitgehend vergleichbar mit jener aus IIIb. Fragmente von Bw Material kommen in diesem Schliff nicht vor. Deutlich in Erscheinung treten jedoch Bereiche mit geflecktem bis (poren-)streifigem b-Gefüge mit diffusen Grenzen zur schwächer gefleckten, teils granulär strukturierten Grundmasse, die als Beispiele für die in der Regel innige bioturbate Vermischung des Bw Materials mit der eher gering verwitterten übrigen Grundmasse stehen (Abbildung 25D).

Eine wichtige funktionale Information liefern mikritisch imprägnierte granuläre Aggregate in einem Gang, der frei von mikritischen Hypo-Belägen ist (Abbildung 25E). Dies belegt, dass derartige sekundären Karbonate zumindest teilweise prä- oder syn-bioturbat gebildet wurden, d. h. mindestens zeitgleich zur Bodenbildung. Damit ist das Maximalalter, welches sich aus Abbildung 25C ergibt, um ein Minimalalter ergänzt.

IIIc–d – AB/ACk, unterer Bereich der Paudorfer Bodenbildung

Die Probe ist insgesamt vergleichbar mit den beiden anderen aus diesem Pedokomplex. Weitere Aspekte, die das zeitliche Verhältnis von Karbonatdynamik und Bioturbation zeigen, lassen sich hier instruktiv beobachten: Dichte sparitische Füllungen und einzelne sparitische Kristalle in den Poren (v.a. Gänge und Packungshohlräume) und verteilt innerhalb der Grundmasse weisen darauf hin, dass Bioturbationsvorgänge und die Entstehung von KWZ mindestens zeitgleich abliefen (Abbildung 25F). Dies verdeutlicht auch den Prozess, der verantwortlich dafür ist, dass schluffgroße KWZ-Fragmente, die leicht mit detritären primären Karbonaten verwechselt werden können, in die Grundmasse eingearbeitet werden. In Schliff IIIc und IIIc–d kommen ferner ungestörte, nadelfaserige Kalzite (Lublinit) innerhalb krümeligen Mikrogefüges vor (Abbildung 25G). Hinsichtlich der Genese nadelfaseriger Kalzite in der Paudorfer Bodenbildung und anderen in dieser Arbeit untersuchten Pedokomplexen steht eine eindeutige genetische Interpretation noch aus. Becze-Deák et al. (1997) vermuten, dass sie im Zuge des Abbaus organischer Substanz in humosen Unterböden entstehen. Da die Lublinite durch ihre mikromorphologische Position klar post-pedogen sind und der Humus der Paudorfer Bodenbildung teilweise fleckig abgebaut ist, wäre eine derartige Erklärung schlüssig.

Erwähnenswert sind noch mikromorphologische Beobachtungen zu den makroskopisch identifizierten ziegelartigen Konkretionen. Es handelt sich im Schliff um scharf begrenzte Zonen intensiv rötlich-orangen fleckigen b-Gefüges wechselnder Intensität (Abbildung 25H). Die Vergleichbarkeit der Quantität, Verteilung, Größe und Form der Quarze innerhalb und außerhalb derselben kann als Hinweis auf eine in situ Entstehung dieser Konkretionen gelten. Der hohe Tonanteil, teils in Form dünner Beläge und die rötliche Färbung sind Hinweise auf intensive Alterierungsprozesse. Die Seltenheit und scharfe Begrenzung dieser Fragmente weisen auf eine sedimentäre Einmischung hin.

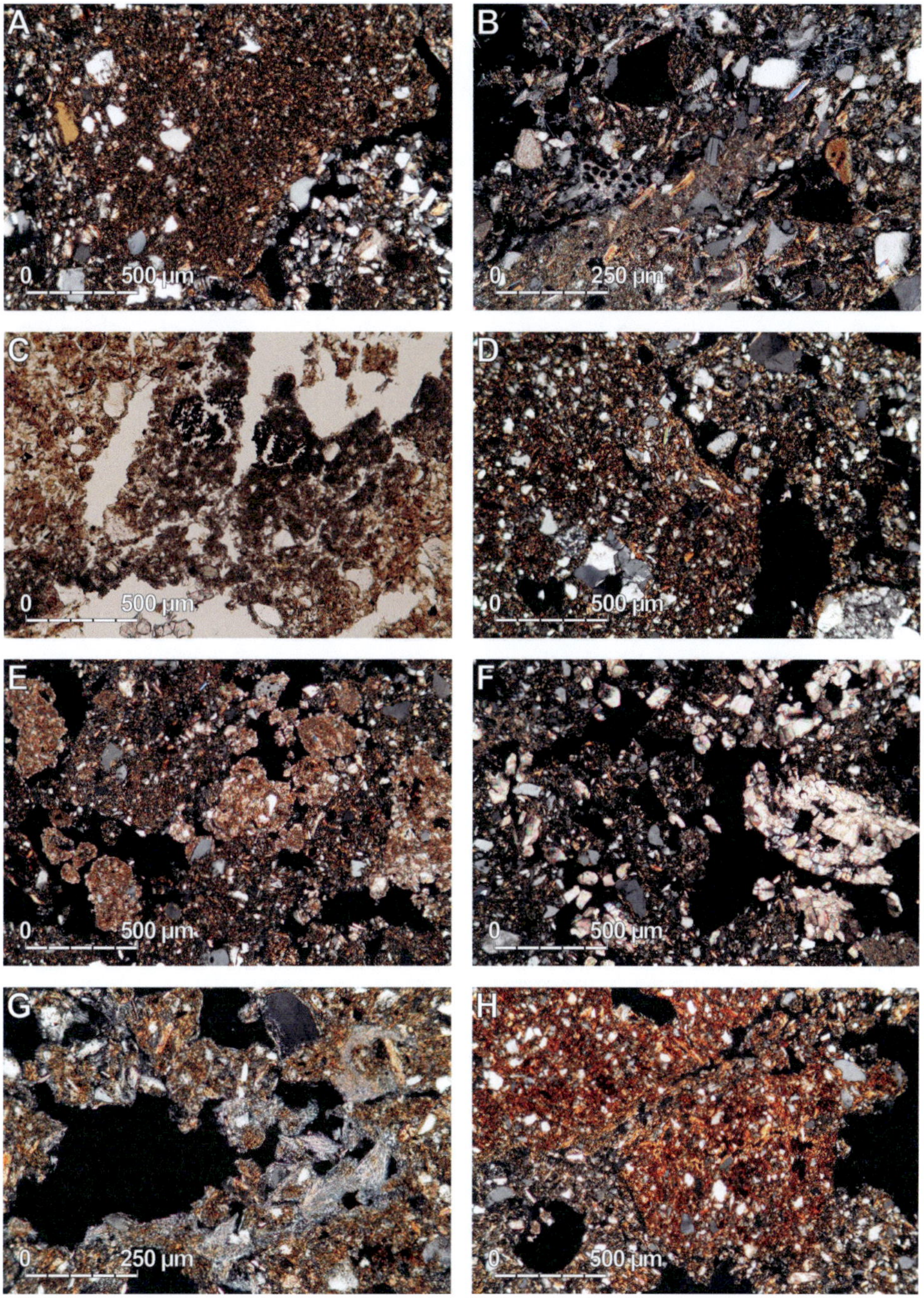

Abbildung 25: Mikromorphologie der Paudorfer Bodenbildung. A: Bw Fragment, schluffdominierter Bereich unten rechts (IIIb, XPL). B: Netzartiges Sekundärkarbonat links (IIIb, XPL). C: Mikritisch imprägnierte Holzkohle (IIIb, PPL). D: Tonreicher Bereich der Grundmasse (IIIc, PPL). E: Bioturbat transportierte mikritisch imprägnierte Aggregate in Gängen (IIIc, XPL). F: Bioturbat gestörte KWZ (IIIc–d, XPL). G: Nadelfaserige Kalzite in krümeliger Grundmasse (IIIc–d). H: Ziegelartige Konkretion (IIIc–d, XPL)

VIf – Cr, heller Tundrengley

Insgesamt erscheint die Probe homogener als jene des oberen Pedokomplexes. Das schwach krümelig bis unstrukturierte Mikrogefüge ist typisch für Löss und zeigt trotz der makroskopischen Ansprache als Tundragley keine deutlichen Frosteinflüsse. Das Gefüge ist eher bioturbat, worauf auch Regenwurmkalzite hinweisen. Unter verschiedenen Karbonatvarietäten sind sparitische Füllungen bzw. Kristalle (keine Hohlräume sichtbar) zu erwähnen, die unter XPL ähnlich KWZ erscheinen, aber morphologisch von diesen deutlich verschieden sind (Abbildung 26A+B). Daher muss eine abweichende Genese angenommen werden.

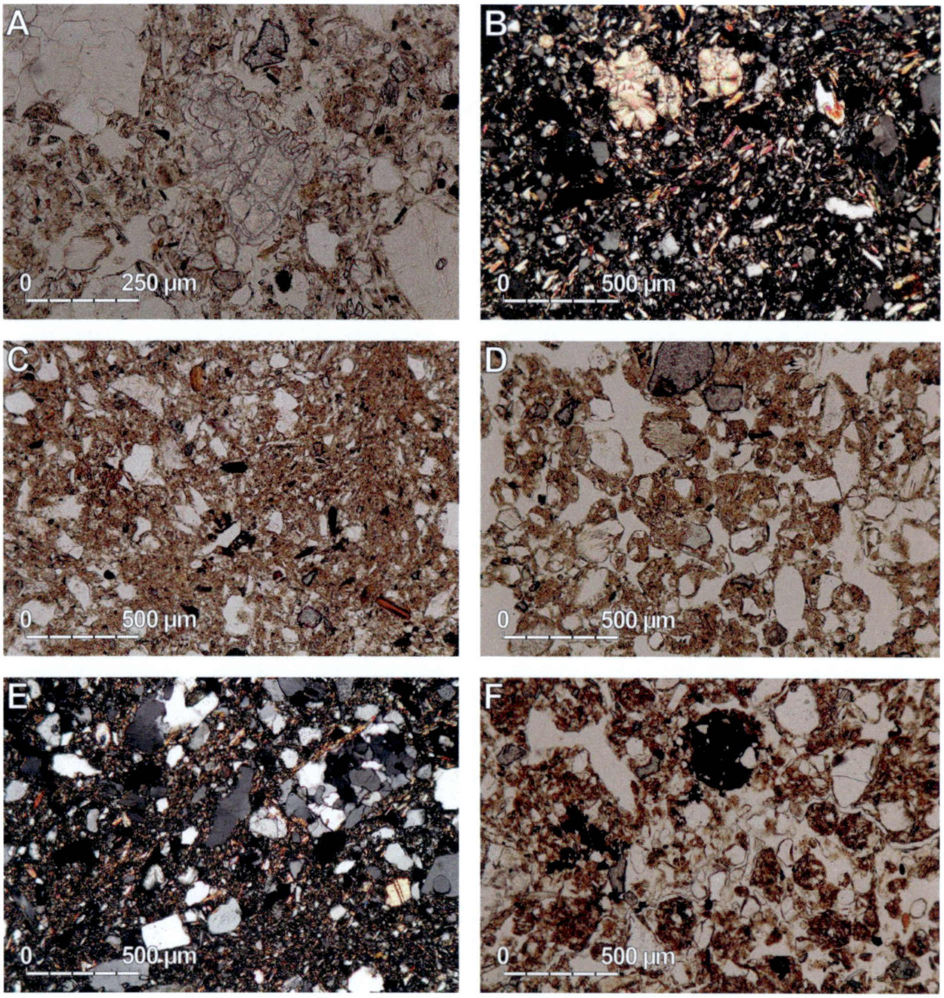

Abbildung 26: Mikromorphologie LPS Paudorf. A: Sparitische Füllung/Kristall (≠ KWZ) umgeben von größeren Granulitfragmenten (VIf, PPL). B: Sparitische Füllungen/Kristalle (≠ KWZ) in Grundmasse mit teils orientierten Mineralen (VIIe, XPL). C: Schwach strukturierte Grundmasse (VIIIa, PPL). D: Deutlich krümelig strukturierte Grundmasse (VIIIa, PPL). E: Sandreiche Grundmasse und Feinmasse mit geflecktem bis (korn)streifigem b-Gefüge (IXa, XPL). F: Typische Mangannodule in krümeliger Grundmasse (Xb, PPL)

VIIe - Cr, grauer Tundrengley

Auch die Probe aus dem anderen Tundrengley ist relativ homogen, mit schwach entwickeltem Gefüge. Wie in allen im Rahmen dieser Arbeit untersuchten Bleichzonen ist auch hier kein lentikuläres Mikrogefüge ausgebildet. Es ist lediglich eine leichte Waagerechtorientierung länglicher Minerale festzustellen. Auch in diesem Schliff liegen Kristalle vor, die ähnlich KWZ aussehen. Auffällig sind die entgegen KWZ deutlich unterschiedlichen Größen der einzelnen Kristalle und die unregelmäßigen Begrenzungen derartiger Ansammlungen. (Abbildung 26A+B).

VIIIa - (A)B, Paläoboden(rest)

Die Probe ist inhomogen und bereichsweise gering aggregiert (Abbildung 26C). Häufig ist das Mikrogefüge jedoch deutlich krümelig strukturiert (Abbildung 26D). Es wurde durch Sprafke et al. (2014) als biogen interpretiert, kann aber auch als Hinweis auf Umlagerung unter Frosteinfluss gedeutet werden (Van Vliet-Lanoë, 2010).

IXa - C, sandiger Löss

Der hohe Sandgehalt des Lösssediments macht sich auch im Dünnschliff bemerkbar. Die Feinmasse hat ein geflecktes und teilweise kornstreifiges b-Gefüge, was mit Entkalkung und geringer in situ Verwitterung und einer möglichen Umlagerung erklärt werden kann (Abbildung 26E).

Xb - Ah, humoser Oberboden des unteren Pedokomplexes

Die inhomogenere Probe Xb zeigt eine krümelige Struktur und typische scharf begrenzte Mangannodule. Neben Humifizierung und Bioturbation kann auch hier eine frostbeeinflusste Umlagerung angenommen werden (Abbildung 26F).

Xc - AB, Übergang zum stärker verwitterten Abschnitt

Die Probe ist ebenfalls inhomogen und weist grobe Minerale und Gesteinsfragmente innerhalb einer recht gering strukturierten Matrix auf. In der Feinmasse zeigt geflecktes und kornstreifiges b-Gefüge den etwas höheren Verwitterungsgrad (Abbildung 27A), wobei die Orientierung des Tons um Grobkomponenten ein Hinweis auf Umlagerung sein kann.

Xd - AB(t), am stärksten verwitterter Abschnitt des unteren Pedokomplexes

Der höhere Verwitterungsgrad dieser Probe zeigt sich in höheren Tongehalten, die nicht nur matrixgebunden sind (geflecktes und kornstreifiges b-Gefüge), sondern die Grundmasse bereits ansatzweise verlassen haben (Abbildung 27B). Sie sind aber durchgehend gestört, vermutlich durch Bioturbation. Das Ausgangsmaterial ist wahrscheinlich ein vorverwittertes Bodensediment, worauf abgerollte Tonbeläge hinweisen (Abbildung 27C).

Eine nicht pedogene Tonquelle, die quantitativ vermutlich nicht signifikant ist, sind an möglichen mineralischen / lithologischen Schwächezonen hydrothermal vorverwitterte Granulite, insbesondere deren Granate (Abbildung 27D) und Glimmer. Sekundäre Karbonate sind innerhalb des mittleren Abschnitts des Pedokomplexes nur in größeren Poren zu finden und postpedogen eingewaschen (vgl. Xd–e; Abbildung 27E).

Abbildung 27: Mikromorphologie LPS Paudorf (forts.). A: Mineral-/Gesteinsfragmente; fleckiges bis kornstreifiges b-Gefüge (Xc, XPL). B: Tonreiche Grundmasse und wenige, gestörte Tonbeläge (Xd, XPL). C: Abgerollter Tonbelag (rechts) in tonreicher Grundmasse (Xd, XPL). D: Granulitfragment mit verwitterten (isotropen) Granaten (Xd, XPL). E: Mit Manganoxid und Mikrit gefüllte Pore (Xd–e, XPL). F: Holzkohlefragment mittig, darunter Eisenkonkretion (Xd–e, XPL). G: Eisenkonkretion mit toniger Umrandung (Xd–e, XPL). H: Einzelne Tonbelagsfragmente (Xe, XPL)

Xd–e – ABt, am stärksten verwitterter Abschnitt des unteren Pedokomplexes
Insgesamt ist die Probe strukturell und im Verwitterungsgrad vergleichbar mit Xd (Abbildung 27F). Durch hydromorphe Prozesse entstandene Eisenkonkretionen lassen sich mit dem hohen Tongehalt des mittleren Abschnitts des Pedokomplexes erklären. Sie sind aber nur teilweise in situ (Abbildung 27F). Teilweise erscheinen sie bei scharfer Begrenzung und dem Vorhandensein einer Kornstreifigkeit auch verlagert (Abbildung 27G).

Xe – ABt, am stärksten verwitterter Abschnitt des unteren Pedokomplexes
Auch Probe Xe zeigt deutliche Verwitterungsspuren und neben geflecktem und (korn-) streifigem b-Gefüge auch in Ansätzen eine Porenstreifigkeit. Teils dicke Fragmente von Tonbelägen gegenüber nur sehr dünnen, überwiegend gestörten Belägen an Porenwänden (Abbildung 27H) weisen darauf hin, dass die Hauptverwitterung vor einer Phase kleinräumiger (evtl. solifluidaler) Umlagerung stattfand, und folgende bodenbildende Prozesse vor allem strukturell, durch die kleinräumige Remobilisierung von Ton und hydromorphe Prozesse in Erscheinung traten.

Xf1 – ABt, am stärksten verwitterter Abschnitt des unteren Pedokomplexes
Der Schliff ist vergleichbar mit jenem aus Xe, mit dem Unterschied, dass hier eine deutlich größere Zahl, in Ausnahmefällen relativ mächtiger Fragmente von Tonbelägen (bis 250 µm dick) regellos in der Matrix verteilt vorkommt (Abbildung 28A). Bioturbation spielt dabei teilweise eine Rolle, zum Teil scheint diese nicht als Erklärung zu genügen. Bereichweise wäre das Mikrogefüge besser durch eine (vermutlich solifluidale) Umlagerung des Bodens zu erklären.

Xf2 – ABt, am stärksten verwitterter Abschnitt des unteren Pedokomplexes
Gegenüber dem Schliff aus dem oberen Bereich dieses Horizonts erscheint eine etwas größere Zahl von Tonbelägen (die teils gehäuft auftreten) noch ansatzweise in situ zu sein (Abbildung 28B). Ihre starke Störung wäre durch Bioturbation und Frostprozesse gleichermaßen zu erklären.

Xg – AB, Übergangshorizont
Die Verwitterung in Xg ist etwas geringer als in den darüber liegenden Horizonten. Ein Charakteristikum sind diskontinuierliche bis fragmentarische, unterschiedlich stark gestörte Tonbeläge (Abbildung 28C), die teils abgerollt sind. Die mächtigsten und am geringsten gestörten Tonbeläge der gesamten Sequenz finden sich in diesem Schliff (Abbildung 28D), obgleich ihre Zahl gering ist. Für die Bildung von mächtigen Toncutanen müsste über einen langen Zeitraum ungestörte Toneinwaschung stattgefunden haben, andererseits sind die Beläge hier nicht geschichtet. Es könnte sich um Ton handeln, der nach Umlagerung von Bodenmaterial schnell remobilisiert wurde.

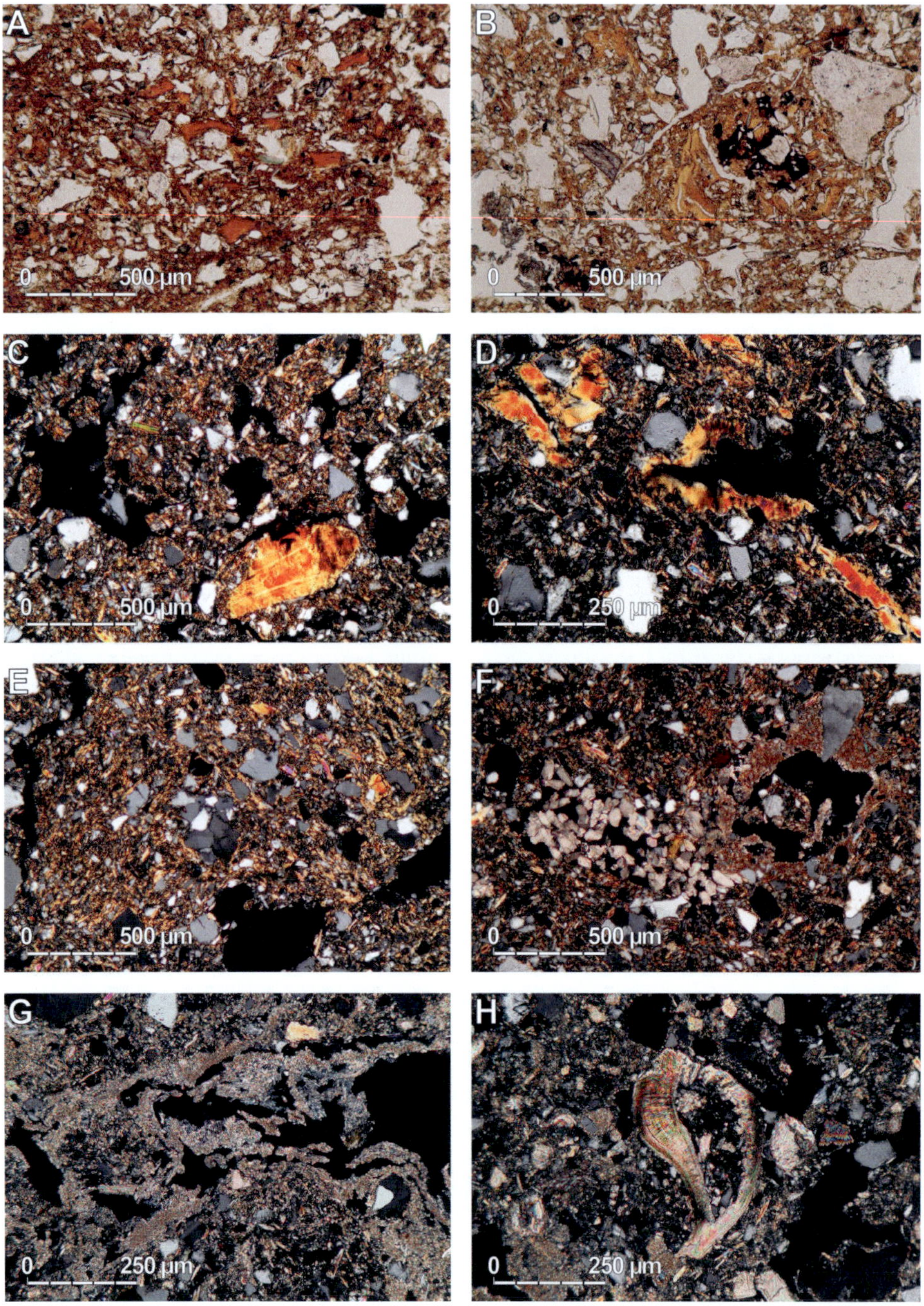

Abbildung 28: Mikromorphologie LPS Paudorf (forts.) A: Fragmente von Tonbelägen in Matrix verteilt (Xf1, PPL). B: Stark gestörte Tonbeläge, links unten Mikrit (Xf2, PPL). C: Geschichtetes, relativ mächtiges Fragment eines Tonbelags (Xg, XPL). D: Relativ mächtige, ungeschichtete Tonbeläge (Xg, XPL). E: Tonreicheres Bodenfragment (Xh, XPL). F: Gestörte KWZ und mikritischer Hypo-Belag (Xi, XPL). G: Mikrit und nadelfaseriger Kalzit (Xk, XPL). H: Molluskenfragment (Xk, XPL)

Xi – AB, Unterboden des humosen Horizonts
Der Schliff aus Abschnitt Xi ist nur mäßig verwittert und bioturbat beeinflusst, was auch die vorhandenen KWZ betrifft und diese als synpedogen klassifizieren lässt. Die mikritischen Hypo-Beläge scheinen ebenfalls synchron zur Bodenbildung entstanden zu sein, da innerhalb einer mit Feinstkarbonat ausgekleideten Pore karbonatfreies Material auftritt (Abbildung 28F).

Xk – CBk, Unterkante des unteren Pedokomplexes
Die Probe aus Horizont Xk weist in weiten Teilen eine biogene Struktur auf und eine Vielzahl an Sekundärkarbonaten unterschiedlicher Morphologie, von denen nadelfaseriger Kalzit (Abbildung 28G) und zahlreiche Molluskenfragmente (Abbildung 28H) erwähnenswert sind.

5.6 Datierungen

Die Lumineszenzalter aus Paudorf und die entsprechenden methodischen Details sind bereits durch Sprafke et al. (2014) publiziert und werden nur aus Vergleichsgründen in Tabelle 3 und Abbildung 29 wiedergegeben und kurz erläutert.
Die Dosisleistungen liegen bei allen Proben um 3 Gy/ka, was typisch für den niederösterreichischen Löss ist (Sprafke et al., 2014; Thiel et al., 2011a, 2011b, 2011c; Zöller et al., 1994). Für die vorläufige Alterseinschätzung von Proben anderer Profile ist diese Beobachtung wichtig.

Tabelle 3: Lumineszenz-Alter in Paudorf (Sprafke et al., 2014).

Name	Labornr.	n	Dosis (Gy)		Staw.	Dosisleistung (Gy/ka)		Staw.	Alter
Pau I-x	123040	6	424	±	13	3,03	±	0,25	140 ± 12
Pau I-y	123041	6	458	±	8	3,00	±	0,24	153 ± 13
IVc (P3c)	123042	6	418	±	10	3,04	±	0,25	138 ± 12
Va (P4a)	123043	6	386	±	8	3,15	±	0,25	123 ± 10
Ve (P4c)	123044	6	438	±	12	3,25	±	0,27	135 ± 12
VId (P4e)	123045	6	537	±	24	3,05	±	0,26	176 ± 17
VIIg (P6a)	123046	6	614	±	18	3,25	±	0,26	189 ± 16
VIIIc (P6c1)	123047	6	731	±	29	2,71	±	0,22	270 ± 24
Xg (P7f)	123048	6	905	±	20	3,10	±	0,20	292 ± 20
XIa (P8-1)	123049	6	895	±	14	2,83	±	0,23	316 ± 27
XIb (P8-2)	123050	6	933	±	54	3,09	±	0,25	302 ± 31

Staw. = Standardabweichung

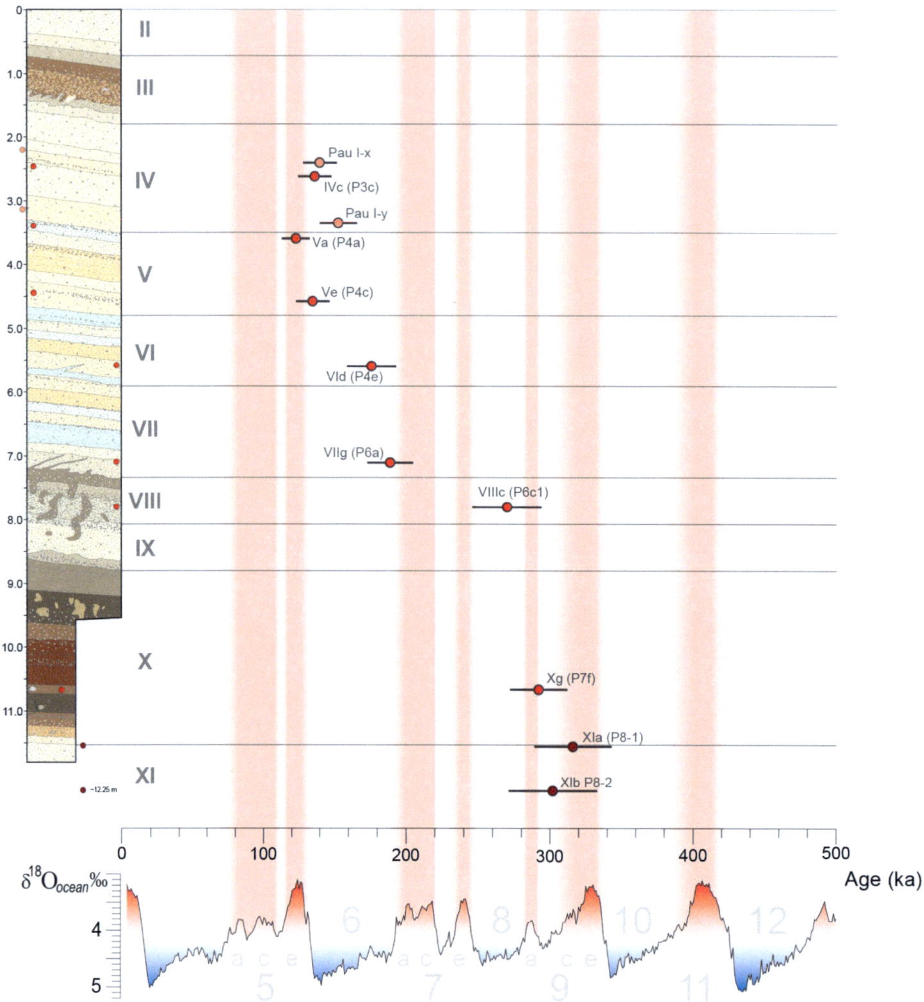

Abbildung 29: Numerische Alter der Lumineszenzdatierung in Paudorf (Sprafke et al., 2014) in Gegenüberstellung zur Stratigraphie und Sauerstoffisotopenkurve (Lisiecki & Raymo, 2005)

Die Dosis pendelt in den Lösssedimenten unter dem Paudorfer Boden (IV–V) um etwas mehr als 400 Gy, woraus sich Alter im späten MIS 6 ergeben. Im Bereich der Wechselfolge aus bräunlichen und gebleichten Lösssedimenten darunter liegt die Dosis signifikant höher und lässt Alter im frühen MIS 6 wahrscheinlich erscheinen. Unterhalb des Bodenrests liegt in der stark sandhaltigen Einheit VIII ein Alter im Bereich MIS 8 vor. Alle weiteren Proben weisen eine Dosis um ~900 Gy auf und befinden sich nahe der Sättigung. Die resultierenden Alter liegen innerhalb des MIS 9. Eine aus stratigraphischen Gründen logisch erscheinende Zuordnung der basalen Lösssedimente mit den beiden ältesten Proben in MIS 10 wird durch Sprafke et al. (2014) diskutiert.

6 Stiefern am Kamp

Die LPS Stiefern im Kamptal ist bezüglich morphologischer Position und Charakteristik relativ ähnlich zur LPS Paudorf. Gemeinsam mit jener und den jüngeren Abschnitten von Krems-Schießstätte bildet sie eine wichtige Ergänzung zum Verständnis der Landschaftsdynamik des Übergangsgebiets während der letzten Glazial-Interglazial-Zyklen.
Um das generelle Potential als Paläoumweltarchiv zu prüfen, beschränken sich die Untersuchungen auf die durch Farbmessungen und Mesomorphologie gestützte Stratigraphie (äquidistant ungestörte Probennahme, überwiegend 5 cm Auflösung), die Grusgehalte, Lumineszenzdatierungen und die Mikromorphologie des oberen Pedokomplexes, der makroskopisch weitgehend vergleichbar mit der Paudorfer Bodenbildung ist. Die horizontbezogenen Karbonatmessungen (Anhang 1) und bereits publizierte Karbonat- und Korngrößenanalysen aus einem anderen Profil innerhalb des Aufschlusses (Verginis, 1993a) unterstützen die eigenen Daten (vgl. Anhang 10).

6.1 Geographische Lage

Die LPS Stiefern (15°41'19" E, 48°32'20,5" N; GK M34 R -47517,9 H 378077,5) befindet sich auf ca. 247 m ü. A. (NÖ-Atlas) im N der Ortschaft Stiefern nach O exponiert gegenüber dem Haus Kellergasse 14. Hinter dem Haus Nr. 14 fließt, getrennt durch einen relativ steilen Abfall, der Fluss Kamp auf ca. 219 m ü. A. von N nach S und nagt an seinem ehemaligen Gleithang (Abbildung 30). Das Lösspaket befindet sich im Übergangsbereich zwischen dem steileren Abfall zum Kamp und einem flacheren Anstieg nach W auf über 350 m ü. A. (NÖ-Atlas). Die morphologische Situation ist im Allgemeinen mit der in Paudorf vergleichbar; die Sequenz befindet sich ebenfalls im unteren Talbereich eines meridional verlaufenden Flussabschnitts innerhalb des bergigen Ostrandes der Böhmischen Masse. Es handelt sich den Aussagen mehrerer älterer Passanten zufolge um eine alte Ziegeleigrube; ein einzelnes Häuschen (Kellergasse 15) im nördlichen Bereich der ca. 50 m langen Aufschlusswand gibt davon Zeugnis.
Es gibt keine geologische Detailkartierung der Gegend um Stiefern. Generell werden die Höhen von Paragneisen und Amphiboliten der Gföhl-Einheit aufgebaut; erstere dominieren den Hang, an dem die LPS Stiefern liegt (GBA Österreich). Die Terrassensedimente innerhalb des Kamptaleinschnitts sind nicht weiter differenziert. An ostexponierten Gleithängen dominieren Lössablagerungen, in den Tälern Auesedimente. Laut der Bodenkarte

von Fink (1958a) sind im Kamptal Braunerden auf Löss bzw. lösshaltigem Ausgangsmaterial verbreitet anzutreffen, während die Gegend auf der Karte von Fink & Nagl (1979) sogar eine Parabraunerdesignatur aufweist. Letzteres dürfte aufgrund des eher kontinentalen Klimas wenig wahrscheinlich sein; es könnte sich um Phäno-Parabraunerden im Sinne von Semmel (1993) handeln. Auf jüngeren Kartierungen werden im Bereich der Ortschaft Stiefern Braunerden und Schwarzerden (v. a. bei Südexposition) auf Löss ausgewiesen (BFW Österreich).

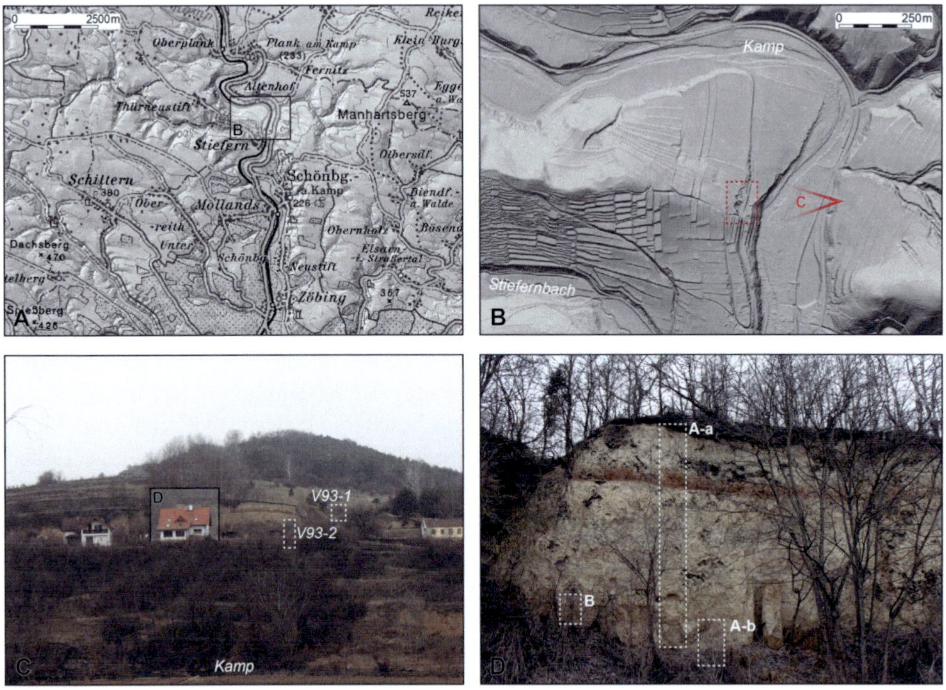

Abbildung 30: Lage und Überblick LPS Stiefern. A: Topographie des Umlands. B: Relief der Umgebung; C: Blick aus Osten (vgl. Position in B) und ungefähre Lage der beiden von Verginis (1993a) untersuchten Profile; D: Überblick über die südliche Hälfte der Aufschlusswand mit Lage und Bezeichnung der Einzelprofile. A+B: © Land Niederösterreich (NÖ-Atlas), bearbeitet

6.2 Stand der Forschung

Neben deutlichen Parallelen zur LPS Paudorf, insbesondere hinsichtlich der allgemeinen Charakteristik der Lösssedimente, Paläoböden und ihrer Abfolge, weist die Sequenz in den einzelnen Ausprägungen deutliche Unterschiede auf.

Wie in Paudorf zeigt auch Stiefern einen deutlich entwickelten gefleckten Paläoboden unterhalb eines ca. 1 m mächtigen Lösspakets. Darunter befinden sich mehrere Meter Lösssediment, in dem sich bräunliche und helle Horizonte abwechseln. Im unteren Profilbereich verläuft eine Verlehmung, die eine variable Charakteristik und Mächtigkeit aufweist und nur geringe Übereinstimmung mit dem unteren Pedokomplex von Paudorf aufzuweisen scheint. Unterhalb der liegenden Lösssedimente wurde nicht weiter gegraben. Ein Anfang der 1990er Jahre im nördlichen Aufschlussbereich bestehender, ca. 3 m von der Profilunterkante in die Tiefe reichende Schnitt ist nicht mehr vorhanden. Die Arbeiten von Verginis (1993a) geben einen Einblick in den prinzipiellen Aufbau der ältesten bisher untersuchten Bereiche der Sequenz (Abbildung 31).

Fink (1956) erwähnt bereits eine völlige Gleichheit der oberen gefleckten Paläoböden von Paudorf, Buchberg und Stiefern. Die Paudorfer Bodenbildung gelte daher typologisch als Begriff, stratigraphisch wäre er zu bezweifeln. Wenn die Gleichheit dieser Böden auch chronostratigraphisch gilt, wäre die Sequenz mit einem MIS 5-Pedokomplex (vgl. Sprafke et al., 2014) im oberen Bereich überwiegend mittelpleistozänen Alters. Die erste Beschreibung des Aufschlusses ergab sich im Rahmen einer Untersuchung des Instituts für Ur- und Frühgeschichte der Universität Wien 1986; weitere Forschungen waren Gegenstand der Diplomarbeit von S. Rehberger von 1988, die von Verginis (1993a, 1993b) wiederholt zitiert wird, aber in Wien leider nicht aufgefunden werden konnte.

Im März 2014 von R. Peticzka (Wien) aus alten Unterlagen bereitgestellte Fotos zeigen, dass die früheren Profilaufnahmen (von denen keine Lage- und Tiefenangaben publiziert sind) am nördlichen Profilabschnitt durchgeführt wurden (Abbildung 30C). Das obere Profil ist ca. 1,8 m mächtig und umfasst den gefleckten Paläoboden (Bo I); es entspricht den Proben 1–13, die vermutlich äquidistant, in 15 cm Auflösung genommen wurden. Das untere Profil ist über 8 m mächtig und ca. 2 m oberhalb des unteren Paläoboden (Bo II) beginnend in die Tiefe gegraben; es dürfte äquidistant in 30 cm Abständen beprobt worden sein (Proben 14–44). Innerhalb des Tiefschnitts sind zwei Verlehmungen (Ve I & II) und zwei Paläoböden (Bo III & IV) dokumentiert (Verginis, 1993a, b).

Das im Rahmen dieser Arbeit gegrabene Profil befindet sich ca. 20 m weiter südlich am Aufschluss, direkt gegenüber von Kellergasse 14. Hier ist die momentan größte Mächtigkeit der LPS aufgeschlossen. Generell sind die sichtbaren Schichtmächtigkeiten über den Aufschluss hinweg weitgehend vergleichbar. Aus den eigenen Aufnahmen ist daher zu folgern, dass zwischen den beiden alten Profilen ca. 2–2,5 m nicht untersuchtes Lösssediment liegen. Die näherungsweise mögliche Zuordnung der publizierten Daten (Verginis, 1993a) erlaubt einige allgemeine Aussagen über Textur, Karbonatgehalt und magnetische Suszeptibilität der in dieser Arbeit untersuchten Sequenz (Abbildung 31).

Schluff ist dominierend (40–60 %), die Sandgehalte liegen meist zwischen 15–25 %, nehmen nach unten zu und erreichen häufig 30–40 %. Die Tongehalte schwanken um 20 %, erreichen in den beiden Paläoböden und im Karbonatanreicherungshorizont des oberen Paläobodens über 30 %. Letzterer weist Karbonatgehalte über 30 % auf. Alle Horizonte enthalten mindestens 10–20 % Karbonat, mit Ausnahme des oberen Paläobodens und dem mittleren Teil des unteren Paläobodens (4–10 %). Insgesamt korreliert die magnetische Suszeptibilität weitgehend mit dem Ton/Schluff-Verhältnis mit Maxima in den beiden untersuchten Paläoböden (Verginis, 1993a).

Im unteren Lösspaket und in der hier nicht bearbeiteten Sequenz darunter kommen Sand und Schluff mindestens zu gleichen Teilen vor, häufig überwiegt der Sandanteil. Gleichzeitig nehmen die Karbonatgehalte deutlich ab; unterhalb von Bo III ist die magnetische Suszeptibilität insgesamt am höchsten. Die unterste Probe ist die einzige des ganzen Profils, die frei von Karbonat ist (Verginis, 1993a).

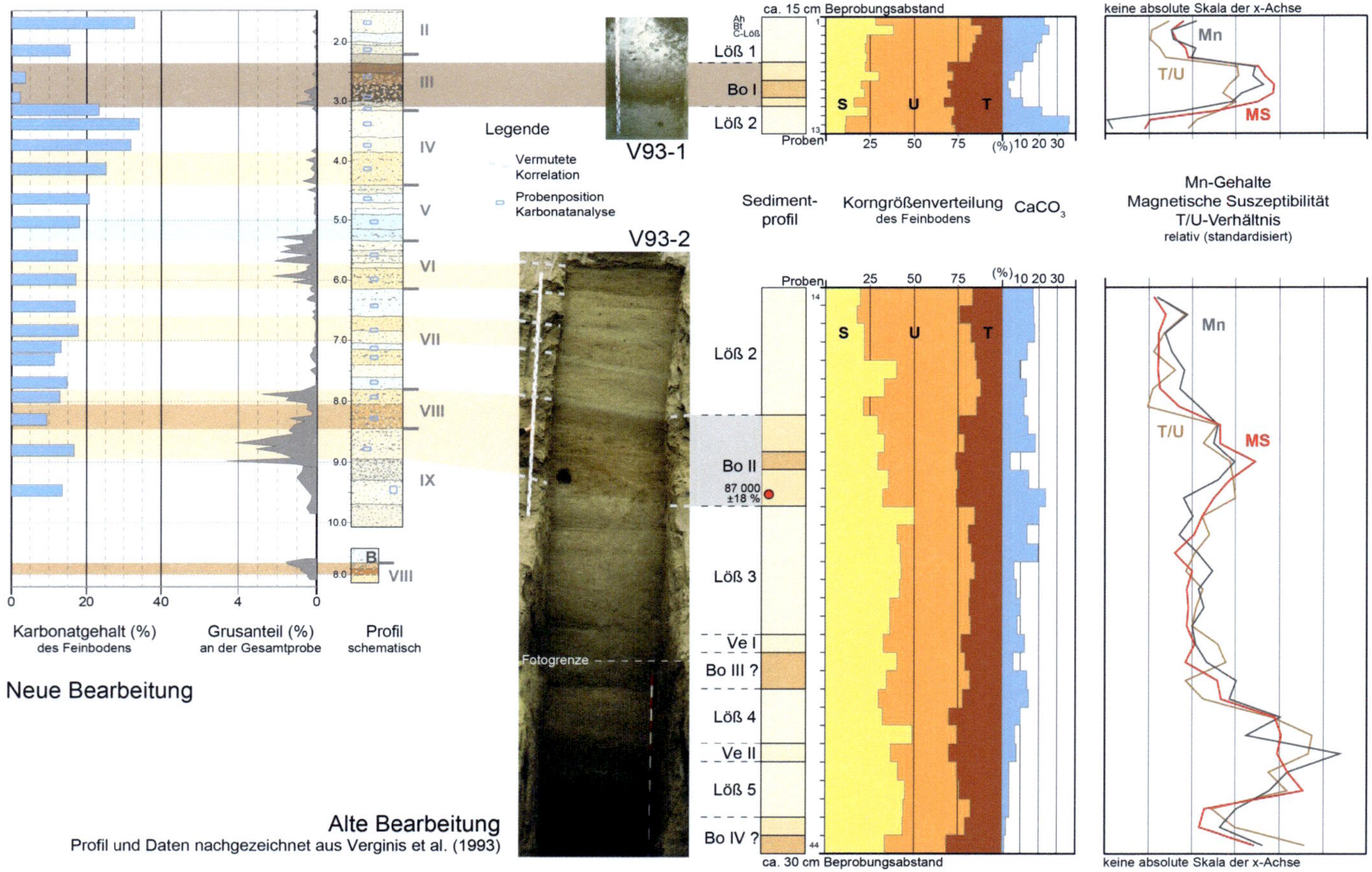

Abbildung 31: Stratigraphie, Grus- und Karbonatgehalt der LPS Stiefern basierend auf der Neuaufnahme und Gegenüberstellung zu den Profilaufnahmen und Analysen von Verginis (1993a)

Die früheren Bearbeiter halten die Sequenz für überwiegend jungpleistozänen Alters; gestützt wird diese Ansicht durch ein Thermolumineszenzalter einer Diplomarbeit von F. Weninger aus dem Jahr 1991. Die Datierung unterhalb von Bo II ergab ein Alter von 87 000 a ± 18 % und führt zur Einordnung des datierten Profilabschnitts in das Riss/Würm-Interglazial und Frühwürm (Verginis, 1993a).

6.3 Stratigraphie

Die LPS Stiefern (Abbildung 32) weist wie die Sequenz in Paudorf einen charakteristisch gefleckten, humosen, verlehmten Pedokomplex im oberen Aufschlussbereich auf, darunter befinden sich im Wechsel schwach bräunliche und hellere Lösssedimente. Im unteren Teil des aufgeschlossenen Bereichs verläuft ein teils kräftig verlehmter und verbraunter Paläoboden, dessen Charakteristika entlang des Aufschlusses variieren. Zwei bis drei weitere Paläoböden liegen vermutlich unterhalb der untersuchten Abfolge (Verginis, 1993a). Bei der Beschreibung der Karbonat- und Grusgehalte wird – sofern nicht anders angegeben – auf eigene Messungen zurückgegriffen. Angaben zur Korngröße sollten als näherungsweise gelten. Sie basieren den früheren Untersuchungen von Verginis (1993a).
Das hier untersuchte Profil lässt sich in neun Einheiten gliedern, die wiederum eine variable Anzahl von Unterabschnitten aufweisen. Dabei beinhaltet Einheit I den rezenten Boden, eine humose Braunerde aus feinsandigem Löss. Ein Bt-Horizont wie in Verginis (1993a) dargestellt konnte in keinem Bereich des Aufschlusses nachgewiesen werden. Der Löss ist in Einheit II weitgehend frei von pedogener Überprägung zu studieren. Die Karbonatgehalte sinken von über 30 % unterhalb des rezenten Bodens auf unter 20 % oberhalb des Paläobodens. Im Löß 1 von Verginis (1993a) liegen die Sandgehalte bei bis zu 25 %, die Tongehalte bei 15–20 %. Der Übergang in den gefleckten Paläoboden (III) ist graduell. Im Unterschied zum Paudorfer Boden sind im unteren Bereich des Pedokomplexes die Flecken deutlich stärker sichtbar, was an der dunkleren Färbung des Substrats außerhalb der rötlich-braunen Flecken liegt. Hier lassen sich Grusgehalte um 1 % nachweisen. Insbesondere im unteren Teil der weitgehend karbonatarmen Einheit III (5–8 %) sind ferner Pseudomycelien sichtbar: nach unten steigen die Karbonatgehalte insgesamt deutlich an. Den Daten aus Bo I folgend liegen die Tongehalte über 25 %, während die Sandgehalte gegenüber dem Löss leicht zurücktreten (~15–20 %). Die Lösssedimente in Einheit IV lassen sich grob zweiteilen. Unmittelbar unterhalb des Pedokomplexes (III) liegt stark aufgekalkter (bis 35 % Karbonat) grusfreier Löss mit Sandgehalten um 12–15 % vor. Darunter befindet sich schwach verbrauntes Lösssediment mit Karbonatgehalten um 25 % mit etwas höheren Sandanteilen und Grusgehalten um 0,5 %. Einheit V ist innerhalb der untersuchten Sequenz am deutlichsten gebleicht. Die Karbonatgehalte liegen um 20 % oder darunter. Die Grusgehalte sind gering, stiegen im unteren Teil jedoch deutlich auf bis zu 2 %. Innerhalb der Lösssedimente zwischen den deutlich sichtbaren Paläoböden weist Einheit VI die höchsten Grusgehalte auf (1–2 %), bei relativ konstanten Karbonatgehalten um 17–18 %. Sie ist durch eine leichte Verbraunung im unteren Teil gekennzeichnet. Die Sandgehalte liegen um 20 %. Einheit VII ist charakterisiert durch einen Wechsel gebleichter und bräunlicher Abschnitte mit geringen Grusgehalten. Im mittleren Bereich erreichen die Sandgehalte

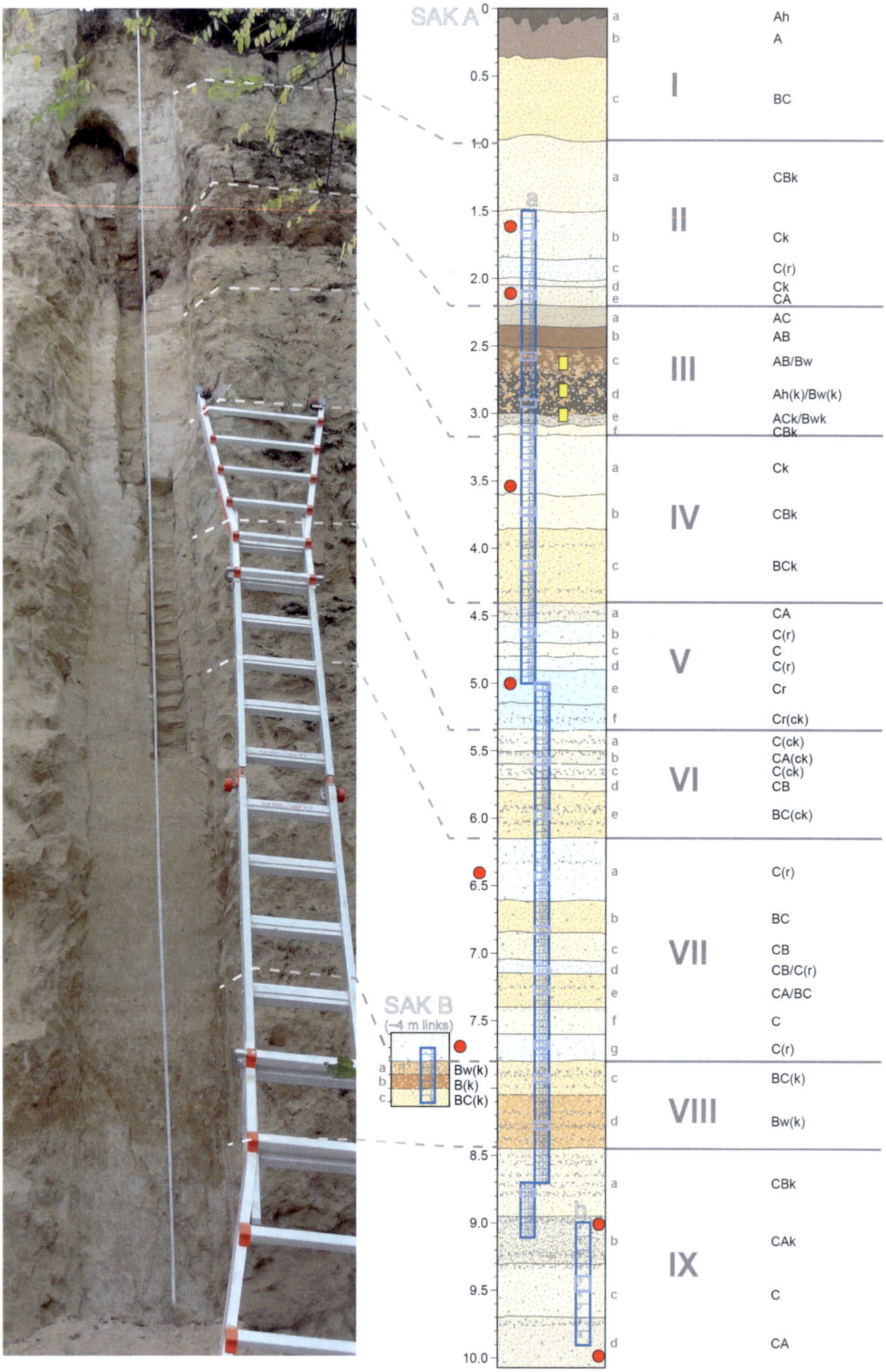

Abbildung 32: Die LPS Stiefern im Überblick mit den Positionen der äquidistanten (blaue Rahmen), mikromorphologischen (gelbe Rechtecke) und Datierungsproben (rote Kreise)

teils über 30 %, die Tongehalte liegen um 15 %. Gleichzeitig sinkt in diesem Bereich der Karbonatanteil auf wenig über 10 %. Sehr deutlich sichtbar ist der Übergang zwischen dem basalen, leicht gebleichten und schluffreichen Horizont in Einheit VII zu VIII, welche deutlich verbraunt ist und teilweise Tongehalte bis 25 % aufweist.
Grusgehalte liegen um 1–2 %, nur in VIIId werden diese Werte unterschritten; hier liegt auch das Minimum an Karbonat mit knapp unter 10 %. Die Sandgehalte liegen über 25 %. Links des Profils liegt unterhalb von Einheit VII ein geringmächtiger, stärker verlehmter Boden bzw. ein Bodensediment vor, das nach rechts auskeilt (VIIIa+b). Das genaue stratigraphische Verhältnis dieser beiden Einheiten zueinander konnte nicht zweifelsfrei geklärt werden. Unterhalb von Einheit VIII befinden sich Lösssedimente, die im oberen Bereich noch leicht bräunliche Farbkomponenten sowie relativ hohe Grus- und Karbonatgehalte aufweisen (IX). Die Sandgehalte in Einheit IX liegen teilweise deutlich über 35 %.

6.4 Farbe

Die Daten der Farbmessung finden sich in Anhang 10 und sie sind in Abbildung 33 gemeinsam mit der auf Farbdaten und Aggregatstudien beruhenden Feinstratigraphie visualisiert. Die Proben beginnen 1,5 m unterhalb der Profiloberkante von SAK A-a in Horizont IIb. Sowohl der obere Paläoboden (Einheit III) als auch die Sequenz darunter sind im Charakter vergleichbar mit der Typuslokalität, zeigen aber einige deutliche Unterschiede.
Auch hier liegen niedrige L*-Werte in den deutlich ausgeprägten Paläoböden vor und höhere Werte in den Lösssedimenten. In letzteren sind die Schwankungen geringer als in Paudorf. Mit deutlichen Maxima setzten sich der Ck-Horizont (IV) und die einzige signifikante Bleichzone (V) ab, während andere schwach reduzierte Lösse eher durch geringe a*- und b*- als hohe L*-Werte identifizierbar sind. Umgekehrt weisen schwach oxidiert scheinende Lösssedimente deutliche a*- und b* Peaks auf, aber nur selten einen deutlichen Rückgang von L*. Erwähnenswert ist das absolute Minimum von L* im unteren Abschnitt von Einheit III.
Die in Paudorf häufig zu beobachtende Gegenläufigkeit von L* und a* ist in Stiefern nicht immer gegeben. In Einheit III liegt das absolute a* Maximum im mittleren, stark gefleckten Abschnitt und damit oberhalb des Bereichs des L* Minimums, der eine geringere Fleckungshäufigkeit aufweist. Der höchste a*-Wert in Einheit VIII wird im Bk-Horizont des kleinen Profils SAK B erreicht.
Mit Ausnahme von Einheit III laufen a* und b* über weite Profilabschnitte nahezu parallel und oszillieren im Bereich VI–VII relativ regelmäßig. Minima liegen in der stark gebleichten Einheit V und Maxima darüber (IV); sie sinken im Ck-Horizont kaum. Im dunklen Horizont IIId fallen die b*- deutlich gegenüber den a*-Werten ab und erreichen auch darüber kein nennenswertes Maximum. Der humose Charakter des oberen Paläobodens zeigt sich somit auch in den Farbwerten als deutlich verschieden von den B(w)-Horizonten (VIII).
Der WCV hat in Einheit VIII von SAK B etwas höhere Werte als in Einheit III und weist in letzterer auch den humosen unteren Abschnitt durch einen Peak aus. Er reagiert mit Minima sensitiv auf die Bleichzonen und den Ck-Horizont und zeigt die schwach oxidierten (BC)Horizonte ebenfalls durch relative Maxima. Der Bereich IV zeigt, dass der WCV nicht

nur eine Summe aus a* und b* ist (IVb: rel. WCV Maximum bei hohen a* und b*), sondern auch auf L* reagiert (IVc: gleichbleibendes WCV Maximum durch Abfall von L*).

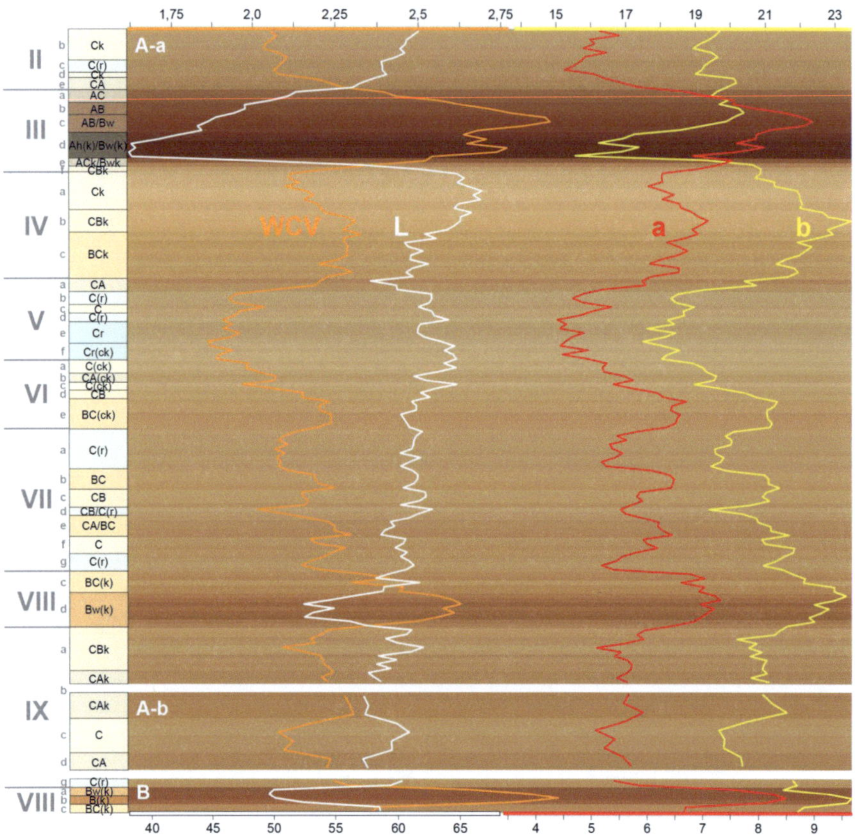

Abbildung 33: Stratigraphie der untersuchten Profile in Stiefern, basierend auf dem Abgleich der Aggregate und den Ergebnissen der hochauflösenden quantitativen Farbmessungen (L*, a*, b*, WCV sowie RGB-Farben [kontrastoptimiert])

6.5 Mikromorphologie des oberen Paläobodens („Paudorfer Bodenbildung")

Die Daten aus der semi-quantitativen Auswertung der Mikromorphologie der drei Proben aus dem oberen Paläoboden der LPS Stiefern findet sich in Folge (Abbildung 34). Diese sowie die Ergebnisse der qualitativen Untersuchung zeigen, dass viele Gemeinsamkeiten mit dem Paläoboden der Typuslokalität Paudorf bestehen.

6.5.1 Trends der semi-quantitativen Auswertung

Gegenüber der Paudorfer Bodenbildung ist die Porosität etwas geringer, die Typologie der Hohlräume, mit dominierenden Aggregatzwischenräumen und Gängen ist aber vergleichbar. Der untere Bereich des Pedokomplexes ist etwas dichter. Im Gegensatz zu den Proben aus dem Typusboden sind die untersuchten Schliffe nahezu frei von Grus, unter den identifizierbaren Mineralen dominieren die Quarze und Feldspäte, untergeordnet kommen andere Silikate insbesondere Glimmer vor sowie primäre Karbonate.
Die Probe IIId–e reicht in den Ck-Horizont; hier ist bereichsweise ein kristiallitisches b-Gefüge nachweisbar. Ansonsten dominiert Ton deutlich vor amorpher organischer Substanz, was sich durch das fleckige, teils streifige b-Gefüge bemerkbar macht. Poren- oder Kornstreifigkeit ist nur in den oberen beiden Proben nachweisbar. Wie im Paudorfer Boden der Typuslokalität sind diverse sekundäre Karbonate vorhanden, jedoch in signifikant geringerer Quantität. Dichte Sparitfüllungen und Hypobeläge sind eher die Ausnahme als die Regel. Wie in Paudorf sind auch in Stiefern keine Tonbeläge im gefleckten Paläoboden identifizierbar. Holzkohle befindet sich nur im oberen Dünnschliff.

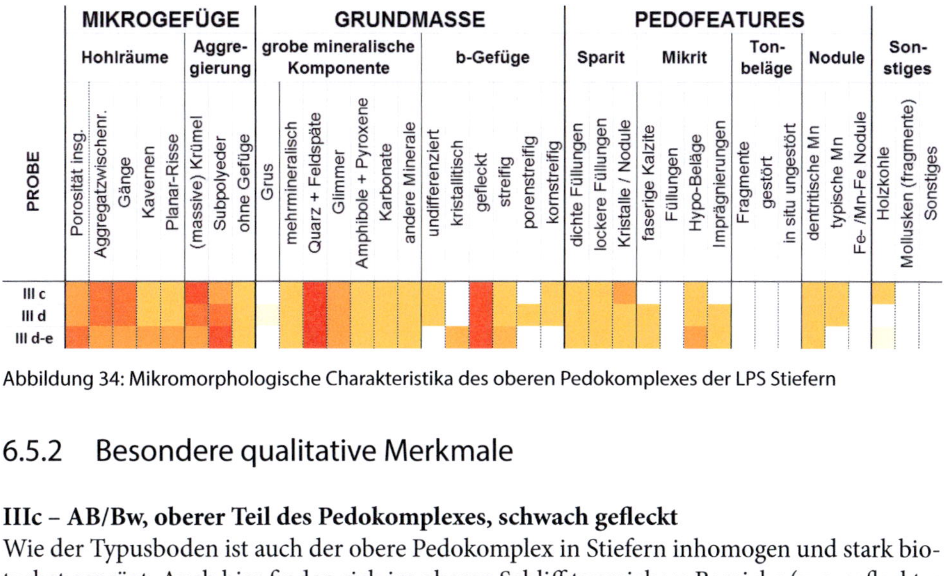

Abbildung 34: Mikromorphologische Charakteristika des oberen Pedokomplexes der LPS Stiefern

6.5.2 Besondere qualitative Merkmale

IIIc – AB/Bw, oberer Teil des Pedokomplexes, schwach gefleckt
Wie der Typusboden ist auch der obere Pedokomplex in Stiefern inhomogen und stark bioturbat geprägt. Auch hier finden sich im oberen Schliff tonreichere Bereiche (v. a. geflecktes b-Gefüge; Abbildung 35A), während in anderen Abschnitten höhere Schluffgehalte vorhanden sind, in denen sich auch Primärkarbonat findet. Diese möglichen Fragmente aus Bw Material sind ungleichmäßig verteilt und kleiner.

IIId – Ah/Bw, mittlerer Teil des Pedokomplexes, deutlich gefleckt
Der mittlere Teil des Pedokomplexes ist etwas dichter strukturiert. Im Schliff lassen sich keine Tonbeläge ausmachen, aber Bereiche stark erhöhter Tongehalte innerhalb der Grundmasse (Abbildung 35B). Im gesamten Pedokomplex sind dichte sparitische Füllungen in Form von KWZ (synpedogen) seltener als im Paudorfer Boden und häufig gestört.

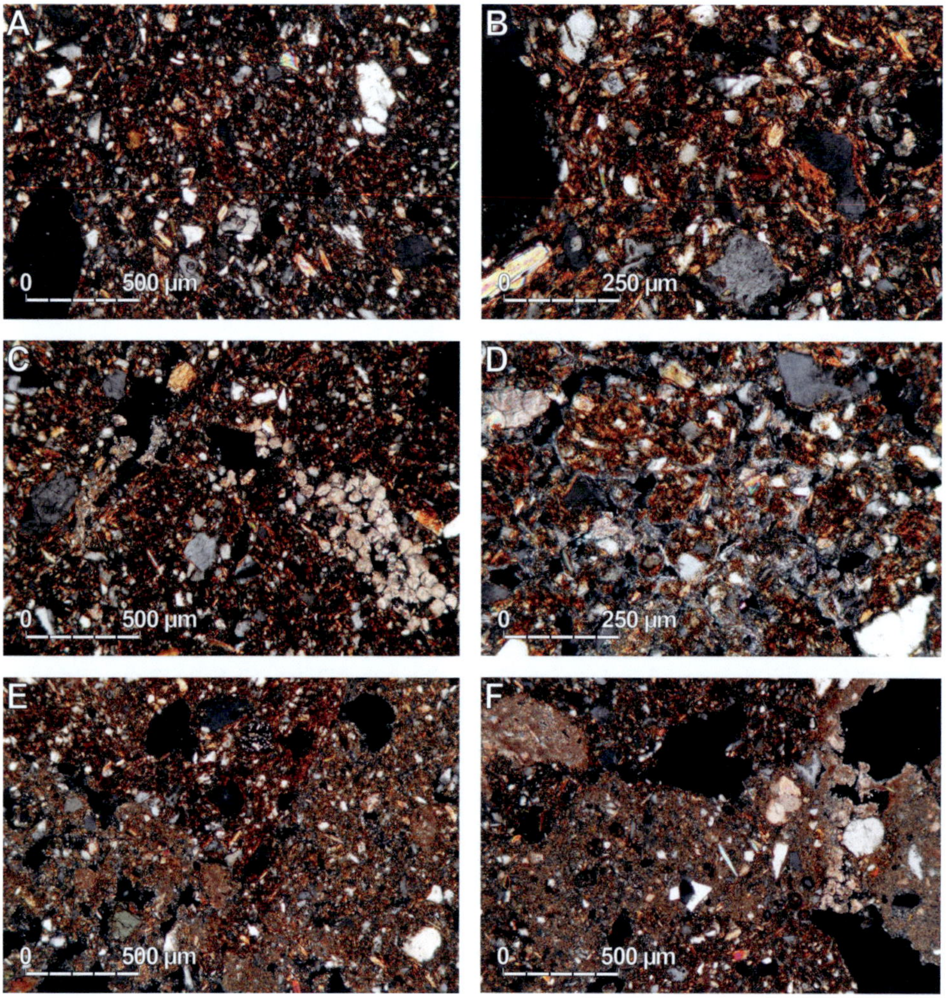

Abbildung 35: Mikromorphologie des oberen Pedokomplexes der LPS Stiefern. A: Dichterer Bereich mit tonreicheren Zonen, z. B. mittig und rechts (IIIc, XPL). B: Geflecktes b-Gefüge und maximale Tonkonzentration um Feinsandpartikel im rechten Bereich (IIId, XPL). C: Lockere mikritische Füllung links und gestörte KWZ rechts (IIId, XPL) D: Nadelfaseriger Kalzit zwischen Aggregaten (IIId, XPL). E: Scharf begrenztes Bw-Fragment oben im Bereich kristallitisch/gefleckten b-Gefüges (IIId–e, XPL). F: Bereiche mit geflecktem und kritallitischem b-Gefüge. Mikritfragment links oben und Sparite (Regenwurmkalzit, KWZ) rechts (IIId–e, XPL)

Bisweilen finden sich lockere mikritische Füllungen, die vermutlich sekundär postpedogen eingewaschen sind (Abbildung 35C). Die nachweisbare Verwitterung im oberen Pedokomplex in Stiefern widerspricht pedologisch prinzipiell der Anwesenheit von karbonatischen Einzelkristallen. Es ist schwierig zu unterscheiden, ob es sich um Fragmente von KWZ oder um eine allochtone Komponente handelt, die bioturbat bzw. durch Umlagerung in die

Grundmasse eingearbeitet wurde. Wie in Paudorf befindet sich auch hier in situ gebildeter nadelfaseriger Kalzit als spät- bis postpedogene Bildung von Sekundärkarbonat zwischen krümeligen Aggregaten (Abbildung 35D).

IIId–e – ACk/Bwk, Übergang zum Karbonatanreicherungshorizont
Der untere Schliff innerhalb des Pedokomplex liegt bereits im Übergang zum Ck-Horizont. Hier finden sich Bereiche mit geflecktem, kristallitischem oder kombiniertem b-Gefüge unterschiedlicher Intensität. Die Zonen sind stellenweise scharf und unregelmäßig begrenzt (Abbildung 35E), so dass eher morphodynamische Prozesse als Bioturbation für deren Vermischung angenommen werden müssen. Teilweise liegen deutlich begrenzte stark mikritische Aggregate, vermutlich Fragmente aus Ck-Horizonten vor, neben eher diffus in situ imprägnierten Abschnitten (Abbildung 35F). Kristallitische Bereiche sind reicher an Primärkarbonat. Ferner liegen sekundäre Sparite in Form von Regenwurmkalzit und dichten sparitischen Füllungen vor (Abbildung 35F).

6.6 Datierungen

Bei den Lumineszenzaltern aus Stiefern handelt es sich nur um vorläufige Angaben von Dr. C. Thiel (schriftliche Mitteilung am 8. April 2015). Die gemessene Dosis geht vorbehaltlich signifikanter Änderungen der Ergebnisse mit einer angenommenen Dosisleistung von 3 Gy/ka (Sprafke et al., 2014) in die Berechnung der möglichen Alter ein (vgl. Abschnitt 4.8). Sie werden daher ohne Standardabweichung als grobe Einschätzung in Tabelle 4 wiedergegeben und in Abbildung 36 visualisiert.

Tabelle 4: Bisherige Ergebnisse und vorläufige Alter aus der LPS in Stiefern.

Name	Labornr.	n	Dosis (Gy)		Staw.	Dosisleistung (Gy/ka)	**Alter**
IIb	133037	6	222	±	5	3	~ 75 ka
IIe	133038	6	220	±	4	3	~ 75 ka
IVa	133039	6	402	±	13	3	~ 135 ka
Ve	133040	6	424	±	37	3	~ 140 ka
VIIa	133041	6	470	±	12	3	~ 160 ka
VIIg	133042	6	453	±	23	3	~ 150 ka
IXb	133043	6	824	±	15	3	~ 280 ka
IXd	133044	6	954	±	43	3	~ 300 ka (oder älter)

Staw. = Standardabweichung

Mit einer Dosis um 220 Gy ergeben sich demnach für die beiden Proben im oberen Lösspaket (Einheit II) Alter im Bereich MIS 4. Die Einheiten IV und V sind Lösssedimente, die sich vermutlich im späteren MIS 6 ablagerten. Aus dieser Einschätzung ergibt sich für den dazwischen liegenden Bodenkomplex das erwartete Alter im MIS 5. Entgegen der Abfolge in Paudorf ist die (schwächer ausgeprägte) Wechselfolge aus bräunlichen und gebleichten

Lösssedimenten eher ins mittlere MIS 6 einzuordnen. Die Abfolge unterhalb der kräftigen Verlehmung (VIII) ergibt ambivalente Alter, die entweder ins MIS 8 (Probe IXb) oder MIS 9 oder noch älter (Probe IXd) eingeordnet werden können.

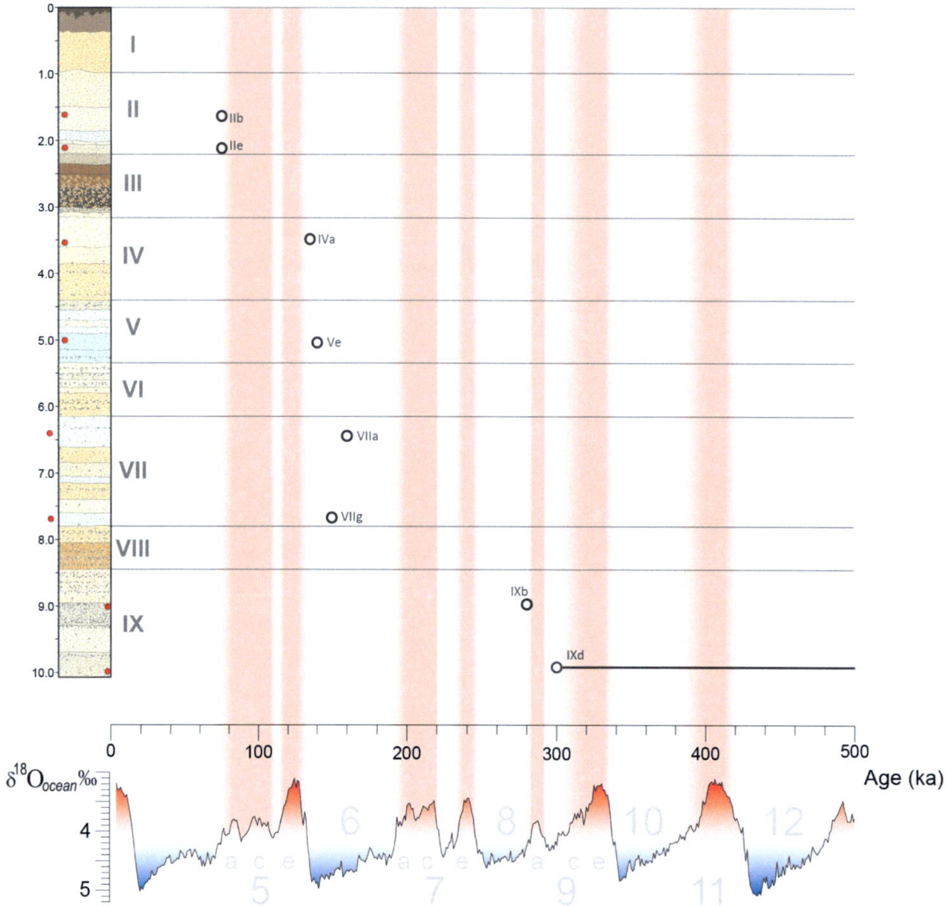

Abbildung 36: Vorläufige Alterseinschätzungen durch die Lumineszenzdatierung an der LPS in Stiefern in Gegenüberstellung zur Stratigraphie und Sauerstoffisotopenkurve (Lisiecki & Raymo, 2005)

7 Krems-Schießstätte

Die LPS Krems-Schießstätte ist einer der mächtigsten Lössaufschlüsse Mitteleuropas; der Nachweis der MBB im oberen Drittel der Abfolge führt dazu, dass diese LPS als eine der ältesten in Europa Bekanntheit erlangte (Pécsi & Richter, 1996). Im Rahmen dieser Arbeiten wurde entgegen aller bisherigen Veröffentlichungen (vgl. Abschnitt 7.2) ein Schwerpunkt auf die brunheszeitliche Abfolge gelegt. Die in verschiedene Raumrichtungen orientierten Profilabschnitte dieses weitläufigen Aufschlusses geben weitreichende Erkenntnisse über die quartäre Reliefentwicklung im Raum Krems.
Im Eingangsbereich der Schießstätte und im Bereich des Pfeilers (Südecke der Mittleren Wand) scheinen die von der Aufschlussoberkante aus untersuchten Profile durch das Vorhandensein deutlicher Bleichzonen innerhalb der Lösssedimente grundsätzlich mit jenen in Paudorf und Stiefern vergleichbar. Allerdings sind oberhalb dieser Serie statt eines deutlich entwickelten Pedokomplexes (vgl. Paudorfer Boden) bisher nur zwei schwache Paläoböden (KR 2 + KR 3) nachgewiesen (Fink & Kukla, 1977; Fitzsimmons et al., 2012; Pécsi, 1990). Der charakteristische Pedokomplex unterhalb der differenzierten Lösssedimente wird als KR 4 bezeichnet; direkt im Löss darunter befindet sich bereits die MBB (Fink, 1976). Nach Norden hin schalten sich mächtige, weniger differenzierte Lösssedimente zwischen die charakteristischen Bleichzonen und den KR 4 Bodenkomplex.

7.1 Geographische Lage

Krems a. d. Donau (Innenstadt: 203 m ü. A.) liegt am Südhang eines nach Osten zeigenden Kristallinsporns zwischen der Donau (194 m ü.A.) und dem Fluss Krems (Abbildung 37). Die Lösssedimente liegen auf dem nach Osten exponierten, mäßig ansteigenden Hangbereich oberhalb des steilen Einschnitts in das Kremstal. Auf einer mit verwitterten Schottern bedeckten altpleistozänen Erosionsterrassen der Krems (250–253 m ü. A.) befindet sich die ca. 37 m mächtige LPS, von der die oberen 20–25 m im Bereich der Schießstätte aufgeschlossen sind; der höchste Punkt der LPS liegt bei ca. 290 m ü. A (Fink, 1976; Fink & Kukla, 1977). Insgesamt bildet der Aufschluss in der Schießstätte näherungsweise ein L mit Schenkeln nach S und O. Im Bereich der Ecke wurde nach N hin weiter abgebaut; der Bereich diente lange Zeit als Kugelfang des ansässigen Schützenvereins. Die ostexponierte Aufschlusswand wird durch zwei Tälchen geteilt. Der in Richtung W eingeschnittene Gaisgraben ist eine verwilderte Schlucht. Der Arme Sündergraben führt mit einem asphaltierten Weg in Richtung

SW und später W auf die Anhöhe. Die Aufschlusswand zwischen Kugelfang und Gaisgraben ist die Mittlere Wand, an der nahezu ausschließlich geforscht wurde und deren Skizze in zahlreichen Publikationen mit nur geringen Veränderungen widergegeben ist (Kovanda et al., 1995; Kukla, 1977; Smalley et al., 2001). Der spitzwinklige Vorsprung am Eck zwischen Gaisgraben und Mittlerer Wand wird als Pfeiler bezeichnet (Abbildung 41).
Der Aufschluss entstand im Rahmen der Lössgewinnung für die Ziegelherstellung und ist möglicherweise seit Beginn des 20. Jahrhunderts (Kovanda et al., 1995), mindestens aber seit den 1930er Jahren im Allgemeinen unverändert, was durch eine Skizze von L. Adametz in Götzinger (1936) belegbar ist (Abbildung 38). Der Versturz hat seither jedoch um mindestens einen Meter an Mächtigkeit zugenommen, gleichzeitig entstand auf diesem ein Wald, welcher den freien Blick auf die Wände stark behindert.

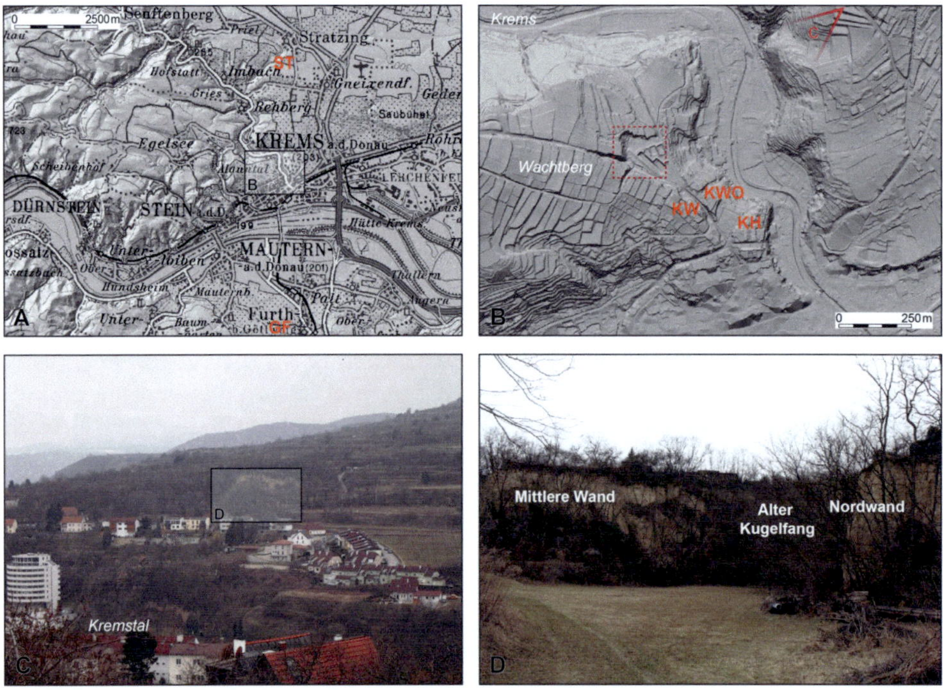

Abbildung 37: Lage und Überblick LPS Krems-Schießstätte. A: Topographie des Umlands. B: Relief der Umgebung. KW(O) = Krems-Wachtberg (Ost), KH = Krems-Hundsteig; C: Blick aus Nordosten (vgl. Position in B); D: Einblick in den Aufschluss (von Osten) vom Eingang an der Schießstattgasse mit Bezeichnung der Hauptwände. A+B: © Land Niederösterreich (NÖ-Atlas), bearbeitet. C: Foto von J. Krieg, 2013

Unterhalb der quartären Abfolgen liegen überwiegend Paragneise mit Einschaltungen von Quarzit, Kalksilikatgneis, Marmor und Amphibolit vor. Als eigene Einheit durchschlägt der Rehberger Amphibolit diese Folge oberhalb und unterhalb der Schießstätte. Im Oberhangbereich werden geringmächtigere Syenit-, Diorit- und Augengneise auskartiert (GBA Österreich). Im Bereich der Schwarzalm liegen Ablagerungen des Unterbadens (Tonmergel, Sand, Schotter) und wenig oberhalb Gerölle des Hollabrunner Schotterkegels. Erwähnenswert sind *Schotter der Terrasse N Hochstraßberg* an dem der Schießstätte östlich gegenüberliegenden Hang des Kamptals (ca. 250 m ü. A.); diese werden in das Günz eingeordnet (GBA Österreich). Auf einer Verebnung etwas unterhalb nordöstlich der Schießstätte sind wie am gesamten Hangbereich Lösssedimente kartiert, wobei in diesem Bereich die Höhenlage mit dem Niveau der Günzschotter gegenüber vergleichbar ist (NÖ-Atlas). Hinsichtlich der Bodendifferenzierung lassen sich keine Aussagen über den natürlichen Boden auf Löss treffen, da die Landschaft seit Jahrhunderten intensiv landwirtschaftlich (v.a. Weinbau) genutzt wird (Rigolböden), bzw. durch die wachsende städtische Verdichtung zunehmend versiegelt wird. In der weiteren Umgebung werden überwiegend Schwarzerden auf Löss kartiert (BFW Österreich).

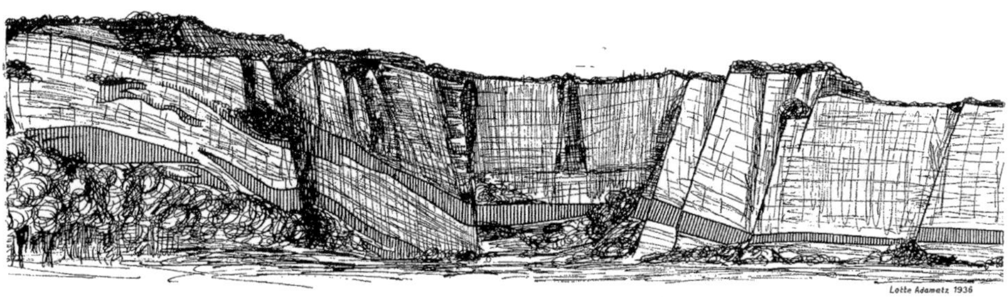

b) Aufschluß in der aufgelassenen Ziegelei nördlich vom Hundssteig in Krems a. d. Donau. Zeichnung von Lotte Adametz. Gliederung nach J. Bayer.

links unten: Löß „I" mit Resten seiner verlehmten Oberfläche
darüber: Löß „II" mit von O nach W ansteigender Oberfläche
eng schraffiert: Verlehmungszone
zu oberst (im Osten mächtiger): Löß „III"

Abbildung 38: Skizze des Aufschlusses mit Blickrichtung nach Norden von L. Adametz und Erläuterungen aus Götzinger (1936). Links die Mittlere Wand, mittig der alte Kugelfang, rechts die Nordwand.

7.2 Stand der Forschung

Von den 16 Pedokomplexen, die innerhalb der Schießstätte nachgewiesen sind (KR 1 bis KR 16), liegen nur die oberen vier oberhalb der MBB. Dabei ist KR 1 der rezente Boden, KR 2 und KR 3 treten nur als sehr schwache Böden in Erscheinung. KR 4 repräsentiert den einzigen signifikant entwickelten Pedokomplex der Brunhes Sequenz. Im südexponierten Schenkel des Aufschlusses verläuft er in den unteren Profilabschnitten und ist teilweise durch Versturz unterbrochen. Der stratigraphische Zusammenhang des in den verschiedenen Bereichen teils mit abweichendem Aufbau auftretenden Pedokomplexes wird jedoch aus der Skizze in Götzinger (1936) ersichtlich.
Mitte des letzten Jahrhunderts wurde dieser charakteristische Bodenkomplex häufig mit der Göttweiger Verlehmungszone korreliert; der an der mittleren Wand unterhalb liegende, mehrere Meter mächtige Komplex kräftig verwitterter Böden (KR 7–9 nach Fink, 1976) führte durch seine beeindruckende Charakteristik dazu, dass Krems eine Typuslokalität wurde (Brandtner, 1954, 1956; Fink, 1956, 1960a, 1961b; Götzinger, 1936). Fink (1961b) verwendete für dieses Paket den Begriff Kremser Komplex und grenzte sich damit von Brandtner (1956) ab, welcher nur den weniger als 1 m mächtigen obersten, am stärksten

verwitterten Teil des Komplexes als Kremser Bodenbildung bezeichnete. Detaillierte Untersuchungen aus dieser Zeit ließen sich bei der Literaturrecherche nicht nachweisen.
Während der späten 1960er Jahre wurde die Schießstätte durch J. Fink in Kooperation mit tschechischen Kollegen neu aufgenommen, wobei die dort entwickelte innovative Verbindung aus malakologischen und paläomagnetischen Verfahren angewandt wurde. Der Nachweis einer biharischen Molluskenfauna an der Unterkante von KR 4 im Eingangsbereich der Schießstätte (Fink, 1976; Fink & Kukla, 1977; Kukla, 1977) ist der einzige publizierte Befund innerhalb der südexponierten Bereiche bis zur Diplomarbeit von Hofer (2010).
Die in den ostexponierten Abschnitten aufgeschlossene LPS mit den Paläoböden KR 1 bis KR 12 ist zentraler Fokus bisheriger Studien. Die Pedokomplexe KR 13 bis KR 15/16 wurden vor dem Pfeiler erbohrt. Momentan sind KR 11 und KR 12 von Versturz bedeckt.
Charakteristisches Merkmal der häufig in Publikationen widergegeben Skizze der mittleren Wand ist der nahezu horizontale Verlauf der ältesten Paläoböden bis KR 7. Das Paket wird von mehreren Rinnen unterbrochen und führt zu einer deutlichen Erosionsdiskordanz (Fink, 1976). In den darüber liegenden Ablagerungen entwickelte sich KR 6.
Die LPS darüber passte sich an die veränderten Reliefbedingungen an. Die Paläoböden KR 5 und KR 4 zeigen lateral unterschiedliche Ausprägungen, die in der Skizze von Fink (1978) zumindest angedeutet werden. Im Bereich des Pfeilers ist KR 5 normal entwickelt mit einen deutlich verwitterten Basalbereich, während er weiter nördlich schwächer ausgeprägt und einheitlich braun ist. KR 4 ist im Bereich des Pfeilers relativ gering differenziert, dagegen weiter nördlich stark untergliedert. In ihrer maximalen Auflösung werden die beiden Komplexe auch im Sammelprofil von Fink & Kukla (1977) wiedergeben (Abbildung 39).
Die paläopedologischen Ausführungen von Fink (1976) sparen bedauerlicherweise viele Details aus, da auch Daten zur Malakologie und Paläontologie sowie insbesondere zur Paläomagnetik präsentiert werden. Von der Auswertung dreier Stichproben aus (Fink, 1976), führen weitergehende malakologische Analysen durch V. Ložek in paläoökologische Einschätzungen, die im Sammelprofil der Folgepublikationen (Abbildung 39) dargestellt werden (Fink & Kukla, 1977; Fink, 1978). Sie werden gemeinsam mit den Kleinsäugeranalysen von G. Rabeder (Fink, 1976; Rabeder, 1981; Rabeder & Verginis, 1987), die nur die Sequenz KR 7 und älter umfassen, ausführlich durch Kovanda et al. (1995) diskutiert. Diese Autoren befassen sich auch mit den (teils widersprüchlichen) Angaben zur Lage der paläomagnetischen Umkehrungen (Kovanda et al., 1995). In sämtlichen Publikationen ist die Lage der MBB zwischen KR 4 und KR 5 angegeben (z.B. Fink, 1976), während für das normal orientierte Jaramillo-Event entweder eine Lage in KR 6 und dem darunter liegenden Sediment (Abb. 38 in FINK, 1976) oder in KR7 und direkt darüber (Fig. 3 in Fink & Kukla, 1977) angegeben wird (Kovanda et al., 1995). Aufgrund eines erneuten Polaritätswechsels im Löss unterhalb des KR 13 wird darunter das Olduvai Event vermutet (Fink & Kukla, 1977).
Generell wurde die Sequenz über der MBB für stratigraphisch nicht signifikant gehalten (Fink, 1976), ganz im Gegensatz zu Červený Kopec bei Brünn (Tschechien), welches mit seinen zahlreichen kräftigen Paläoböden oberhalb der MBB als eine der vollständigsten Brunhes-Abfolgen Europas betrachtet wurde. Fink & Kukla (1977) kann als eine der bekanntesten Veröffentlichungen der europäischen Lössforschung bezeichnet werden; die maßgeblich von tschechischen Forschern um G. Kukla entwickelte Vereinigung eines mala-

kologischen und paläomagnetischen Ansatzes beim Versuch der Korrelation von LPS mit MIS wird gegenwärtig als Beginn moderner Lössforschung eingeordnet (Fitzsimmons et al., 2012; Marković et al., 2011). Der Nachweis von mindestens 17 terrestrischen Warmzeiten seit dem Olduvai Event durch die zusammengesetzte Sequenz aus Krems-Schießstätte und Červený Kopec durch Fink & Kukla (1977) ließ immer mehr Zweifel an der klassischen Eiszeitgliederung von Penck & Brückner (1909) zu. Gleichzeitig verdeutlichten die generellen Revisionen an den österreichischen Typuslokalitäten des Übergangsgebiets die Grenzen der Pedostratigraphie bei der Erforschung von LPS.

In den 1980er Jahren begannen die systematischen Forschungen an LPS am Chinesischen Lössplateau (Heller & Liu, 1982). Bis in die Gegenwart werden die Arbeiten aus den 1970er Jahren zitiert, wenn Krems-Schießstätte (Abbildung 40) als eines der wichtigsten europäischen Lössprofile des Altpleistozäns erwähnt wird (Fitzsimmons et al., 2012; Kukla & Cílek, 1996; Marković et al., 2011; Pécsi & Richter, 1996; Smalley et al., 2001). Kovanda et al. (1995) stellen neben der etablierten Ansicht, die Schießstätte reiche zurück bis Olduvai, eine auf paläontologischen Befunden beruhende stark abweichende Einschätzung vor: Demnach verbliebe zwar die Sequenz KR 1–3 im Bereich des Jungpleistozäns und KR 4-6 an der Grenze von Mittel- zu Altpleistozän. Für die Abfolge ab KR 7 und älter scheinen jedoch Annahmen zu bestehen, dass sie von Gauss ins Olduvai reicht und demzufolge mit Stranzendorf korreliert (der Hiatus nach KR 7 wäre um einiges größer). Diese Ansicht kann im Rahmen dieser Arbeit nicht weiter bewertet werden.

Kovanda et al. (1995) geben einen umfassenden Überblick über die relevanten Arbeiten an der Gesamtsequenz. Daher können sich weitere Ausführungen auf den in dieser Arbeit untersuchten Abschnitt im Bereich der MBB und darüber beschränken. Nach den sehr aktiven späten 1960er und 1970er Jahren sind für die 1980er Jahre lediglich punktuelle Arbeiten durch G. Rabeder zu erwähnen. Erwähnenswert ist die Einstufung von KR 4 und allen Paläoböden der darunter liegenden Sequenz als Braunlehme, mit Ausnahme von KR 7, 12 und 15/16, die als Rotlehme eingeordnet werden (Rabeder, 1981). Die Bearbeitung der Schießstätte mit S. Verginis (Rabeder & Verginis, 1987) liefert einige Daten über Textur und Munsell-Farbvariationen. Es handelt sich jedoch lediglich um jeweils eine Probe pro Paläoboden und Lösspaket von KR 4 aus abwärts.

Die Überblicksarbeit von Kovanda et al. (1995) liefert einige paläontologische Daten aus einem Aufschluss, der sich beim Anlegen eines neuen Schießstands während der 1990er Jahre ergab. Die Sequenz liegt jedoch außerhalb des untersuchten zeitlichen Rahmens, ebenso wie mehrere mikromorphologische Beschreibungen durch L. Smolíková in derselben Arbeit. Erwähnt werden sollen ihre Analysen an drei Proben des KR 4 Bodens (22: Ca [=Ck-]Horizont; 21: B- oder Bt-Horizont; 20: A-Horizont). Demnach handelt es sich bei dem Komplex um einen Braunlehm der vererdete, woraus sich ein humoser A-Horizont entwickelte; sie weist ferner auf Zeichen redoximorpher und frostdynamischer Prozesse sowie die Zufuhr einer allochtonen Komponente und Rekalzifizierung hin (Kovanda et al., 1995).

Nach einer längeren Phase ausbleibender Forschungen zeigt die zumindest online verfügbare Diplomarbeit von Hofer (2010) die erste frei zugängliche Dokumentation von drei Profilen aus dem Bereich der Nordwand. Die Ergebnisse werden in dieser Arbeit aufgegriffen und weitergeführt und an entsprechender Stelle erwähnt.

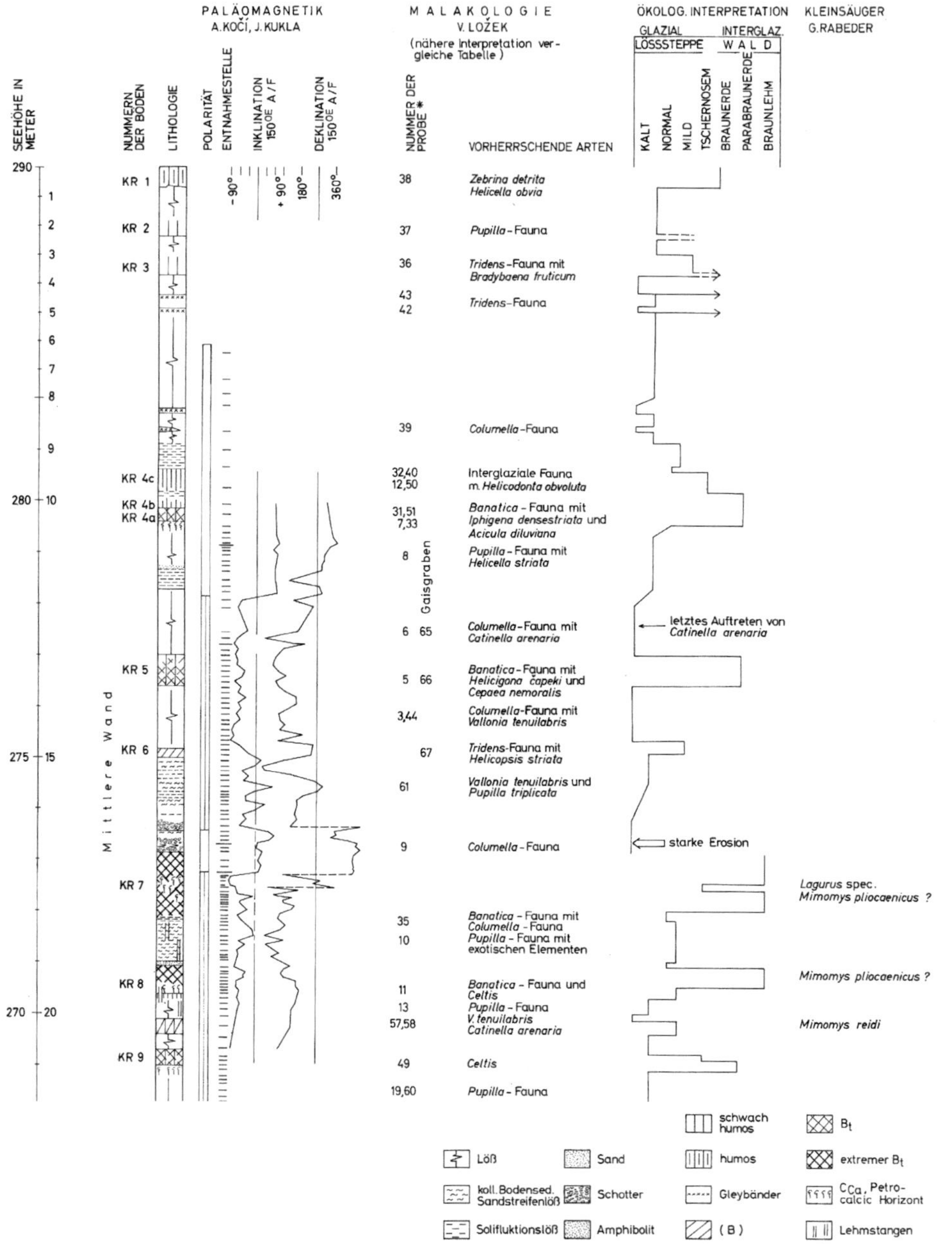

Abbildung 39: Ausschnitt aus Tafel III von Fink (1978), welche die deutsche Version der international publizierten Standardstratigraphie ist (Fink & Kukla, 1977). Sie zeigt die paläomagnetischen Daten und die ökologische Interpretation anhand der malakologischen Untersuchungen.

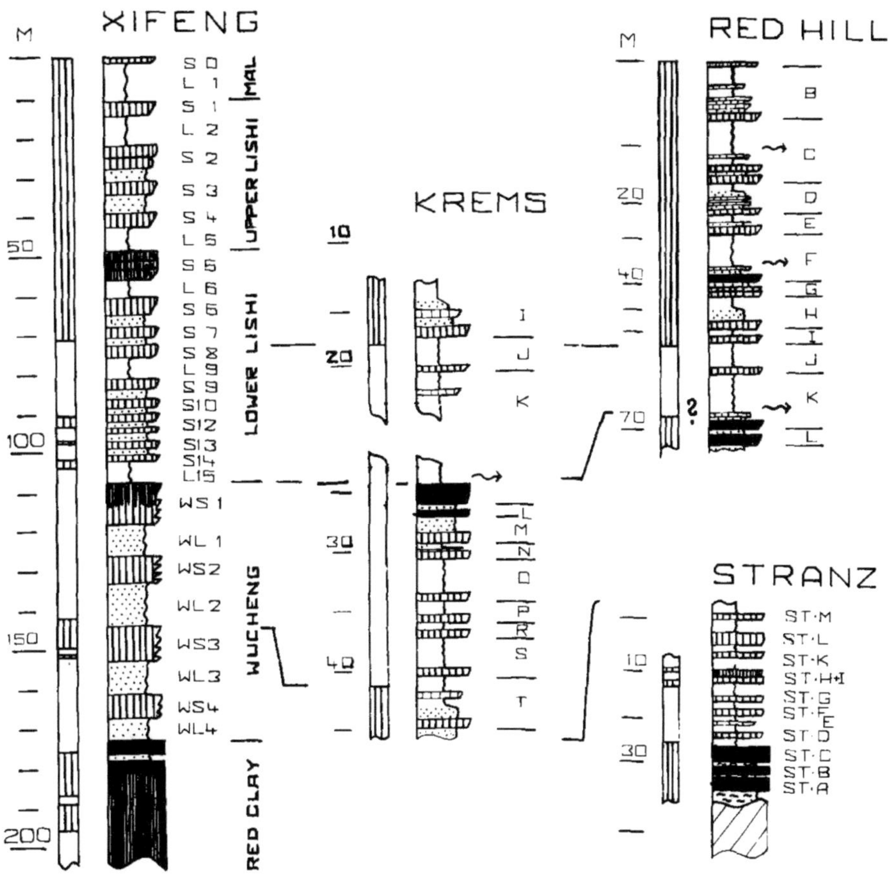

Abbildung 40: Die Stellung von Krems-Schießstätte in kontinentalen Korrelationsschemen aus Kukla & Cílek (1996), ergänzt. Zyklus I entspricht dem KR 4 und den darüber liegenden Lösssedimenten, die darunter folgenden Komplexe werden entsprechend den älteren Zyklen zugeordnet.

7.3 Überblick

Um den Aufschluss in seiner Komplexität zu erfassen wurde er im Rahmen dieser Arbeit in Sektoren gegliedert, die in nummerierte Abschnitte unterteilt wurden (Abbildung 41). Um Profile an verschiedenen Aufschlusswänden stratigraphisch grob einzuordnen wurden ferner Buchstaben vergeben:

- A: Profile von der Geländeoberkante ab
- B: Profile in Lösssedimenten über dem ersten kräftigen Paläoboden (KR 4), die nicht an der Geländeoberkante beginnen
- C: Profile, die KR 4 umfassen
- D: Lösssedimente zwischen KR 4 und 5
- E: Profil, das KR 5 umfasst

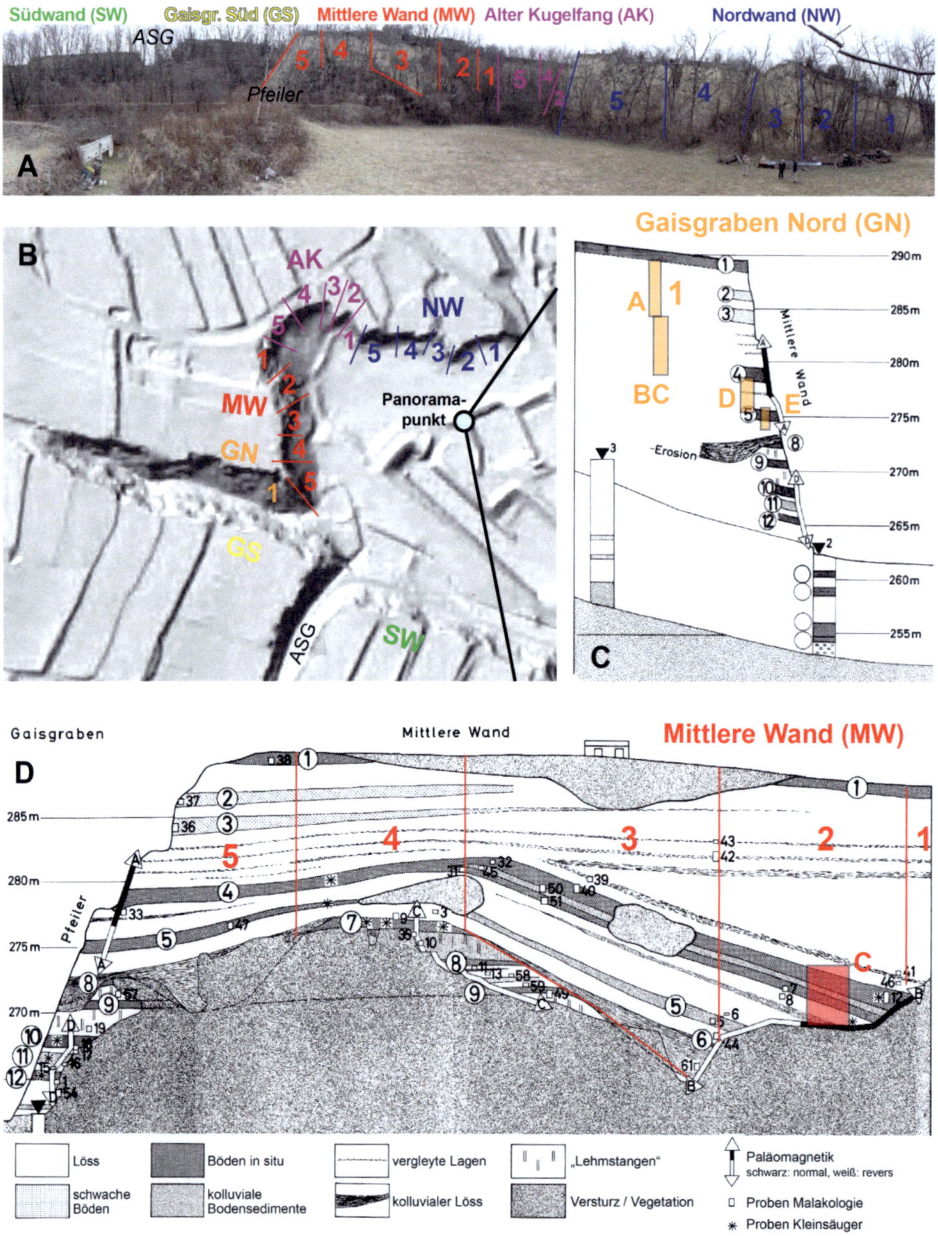

Abbildung 41: Überblick Krems-Schießstätte. A: Panoramafoto mit Sektoren. Den nicht einsehbaren Bereich im Alten Kugelfang mit Profilen zeigt Abbildung 43, die Profile der Nordwand sind in Abbildung 44 verortet. B: Schummerungskarte mit Sektoren. © Land Niederösterreich (NÖ-Atlas). C: GN1 aus Fink (1978) mit Lage der Profile (orangene Bearbeitung). D: MW aus Fink (1978), verändert, mit Unterteilung und Lage von MW2C (rote Bearbeitung)

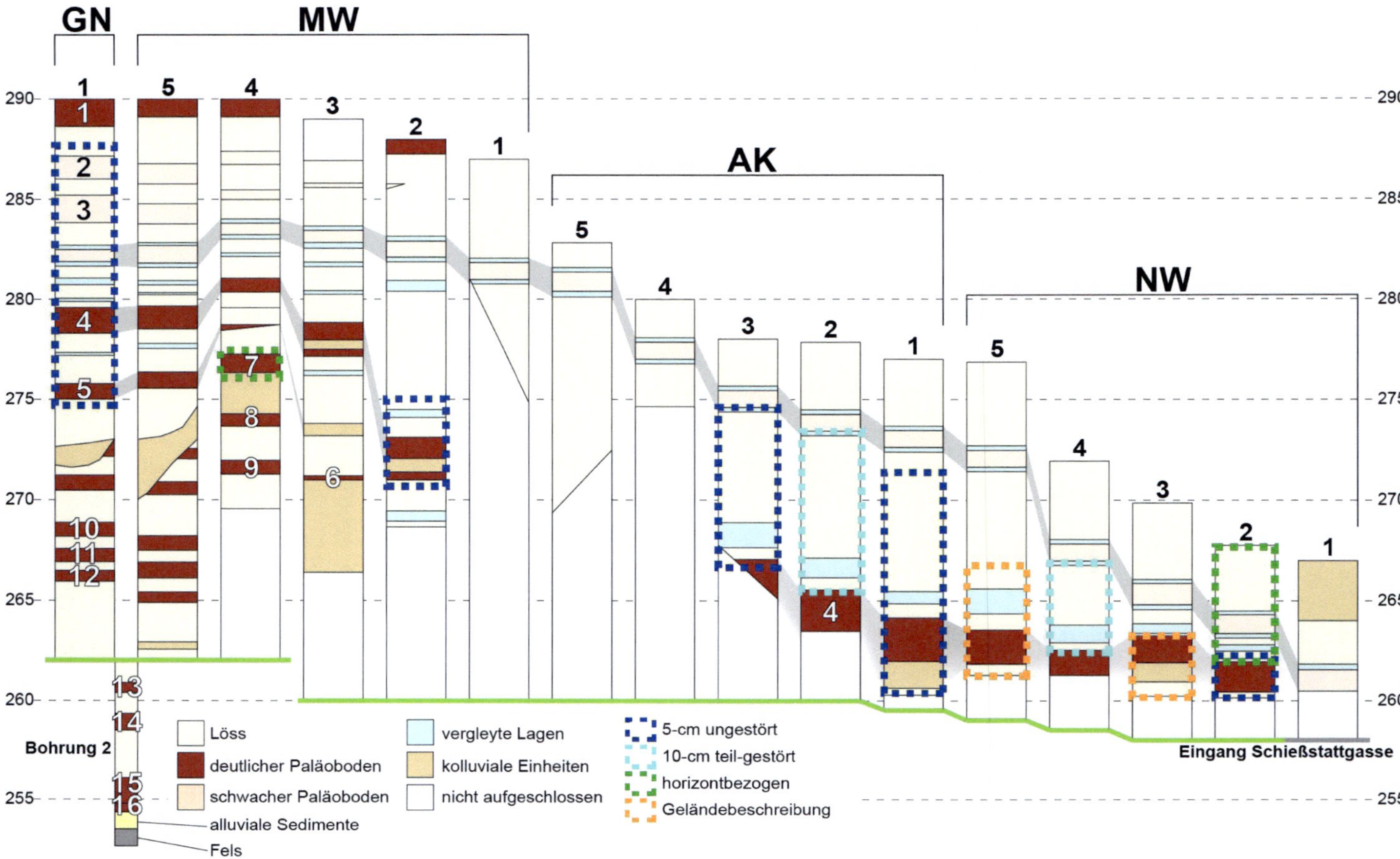

Abbildung 42: Überblick über Höhen und generelle Stratigraphien der einzelnen Sektoren nach Tafel II von Fink (1978) und eigenen Erhebungen und Beprobungsstrategie

Großbuchtstaben werden kombiniert, wenn mehr als eines der Elemente vorkommt. Die Nummerierung bezieht sich nur auf den in dieser Arbeit untersuchten Teil der Sequenz, der oberhalb oder im Bereich der Brunhes-Matuyama Grenze liegt (zwischen KR 4 und 5). Die LPS Krems-Schießstätte lässt sich aufgrund relativ dichten Bewuchses kaum durchgehend beschreiben. Dies gilt besonders im unteren Bereich der Mittleren Wand und im Alten Kugelfang. Hier ist auch der bewachsene Versturz am mächtigsten. Die Aufschlusswände selbst sind relativ senkrecht, aber über weite Strecken mit Flechten und Moosen bedeckt sowie an Vorsprüngen mit Kräutern und kleineren Sträuchern bewachsen. Wandparallele Risse erschweren in vielen Bereichen die Bearbeitung der Wände. In der Mittleren Wand, am stratigraphisch sehr interessanten Bereich oberhalb des KR 7, war im Rahmen dieser Arbeit eine detaillierte Untersuchung aufgrund großer Staffelbrüche und der schwierigen Erreichbarkeit nicht möglich. Hier wird weitgehend auf die relativ umfassende Zeichnung von Fink (1978) zurückgegriffen.

Der Schwerpunkt der eigenen Arbeiten in der Schießstätte sind damit überwiegend die bisher nicht beschriebenen Wandabschnitte. Nach oben hin ist hier die Reichweite der Arbeiten durch die Erreichbarkeit mit Leitern begrenzt. Für diese erste Inventarisierung des Aufschlusses sollte den Besitzern der Gärten direkt oberhalb der teils brüchigen Wände keine unnötige Beeinträchtigung zugemutet werden. Die generelle Stratigraphie der einzelnen Sektoren und die Beprobungsstrategien gibt Abbildung 42 wider. Die genaue Lage der Profile im Bereich des Pfeilers und der Mittleren Wand zeigt Abbildung 41 (C & D), die Positionen der Profile im Alten Kugelfang und an der Nordwand sind aus Abbildung 43 und Abbildung 44 zu entnehmen. Obgleich die Korrelation der untersuchten Profile am Ende der Arbeiten stand und auch bereits vorläufige Lumineszenzdatierungen mit einbezog, soll hier bereits ein kurzer Überblick über den Gesamtaufbau der studierten Bereiche und die wichtigsten Einheiten gegeben werden, da darauf auch die Benennung der einzelnen Profilabschnitte aufbaut (vgl. Abbildung 99).

Der KR 5 (XV) im Bereich des Pfeilers (Ecke GN1/MW5) ist der älteste detailliert untersuchte Pedokomplex. Dessen Verwitterungsgrad steigt nach unten hin stetig an bis zum deutlich abgegrenzten Karbonatanreicherungshorizont im liegenden Löss (XVI). Der hangende Löss (XIV) wird von einer vermutlich überwiegend umgelagerten Einheit (XIII) nach oben begrenzt, die hier von Fink (1976, 1978) als KR 4 bezeichnet wird. Ein ähnlicher Horizont am Eck NW2/3, an dessen Unterkannte eine biharische Molluskenfauna nachgewiesen wurde (Fink, 1976), wird ebenfalls als Einheit XIII bezeichnet, da beide Abschnitte als Korrelat zueinander gesehen werden. Aufgrund eines Alters im Bereich MIS 6 oberhalb des KR 4 am Pfeiler (in Einheit VII) muss in diesem Aufschlussbereich ein großer Hiatus vorliegen. Im Eck NW2/3 sind die kolluvialen Horizonte (XIII) der untere Teil des ca. 2 m mächtigen KR 4 (XII). Dieser zieht sich durch den gesamten untersten Bereich der Nordwand und des Alten Kugelfangs und geht in den differenzierten KR 4 der Mittleren Wand über. Typisch ist der basale Bt-Horizont, ein braunerde- bis braunlehmartiger Mittelteil und ein eher humoser Oberteil. Letzterer fehlt im Bereich der Nordwand; im Bereich AK1 ist der Aufbau des KR 4 differenzierter. Oberhalb des nach N einfallenden KR 4 liegen im Bereich des Alten Kugelfangs mächtige Lösssedimente, in denen entweder gebleichte (XI), bräunliche (X, VIII) oder kaum veränderte (IX) Abschnitte dominieren. Nach oben schließen diese Profile meist mit dem deutlich gebleichten unteren Horizont von Einheit VI ab. Letztere besteht aus zwei charakteristischen Bleichzonen mit dominierender Feinsubstanz und einem ca. 1 m mächtigen bräunlichen Bereich mit höherem Grobmaterialanteil dazwischen. Sie zieht sich gut erkennbar durch den ganzen Aufschluss und ist wichtig für die Korrelation der Lösssedimente oberhalb von KR 4. Im Bereich des Pfeilers sollen sich in der über den Bleichzonen liegenden Abfolge von Lösssedimenten die schwachen Paläoböden KR 3 und KR 2 befinden. Im Bereich NW2 wurde dieser Abschnitt ebenfalls untersucht. Dort ist auch ein holozäner Boden(rest) vorhanden (I).

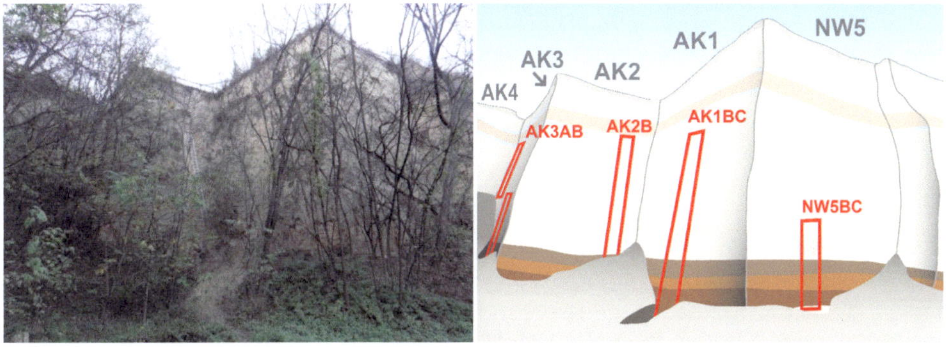

Abbildung 43: Die Profile im Bereich NW5 bis AK4

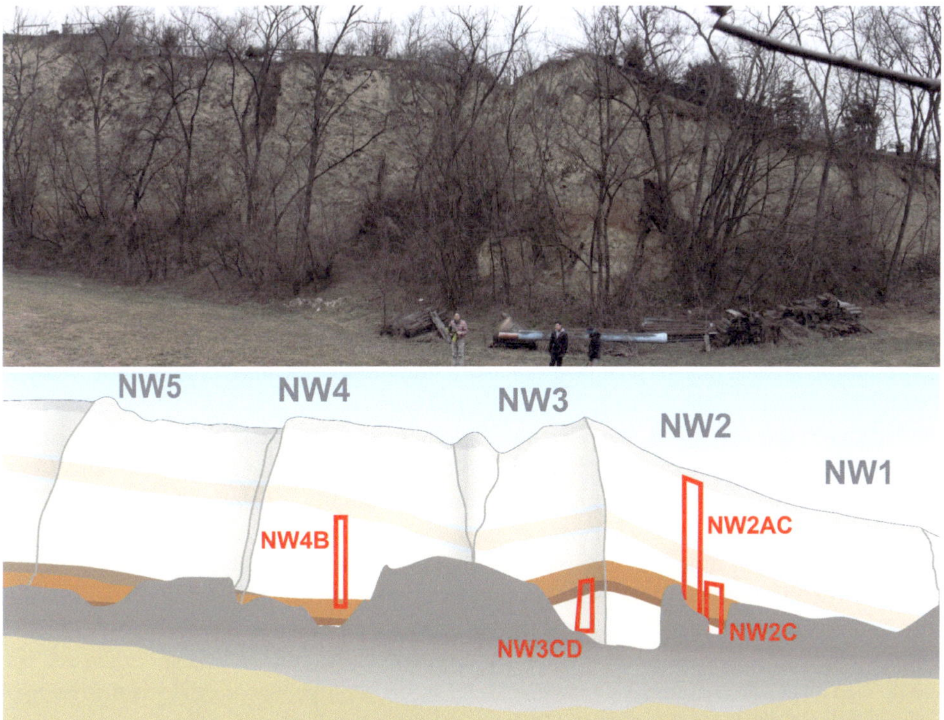

Abbildung 44: Die Profile im Bereich NW1 bis NW4

7.4 Sektor GN1

Am Eingang des Gaisgrabens ist in vier sich ergänzenden Profilen auf einer Breite von ca. 10 m die Sequenz von (vermutlich) KR 1 bis KR 5 aufgeschlossen. Die Lage der Profile zueinander ist in Abbildung 41C ersichtlich. Im Höhenniveau der Paläoböden KR 2 und KR 3 liegen in Profil GN1A (4 m mächtig) kaum sichtbare, leicht humose Bereiche. Gebleichte, schluffige Horizonte in GN1BC (~5 m mächtig) entsprechen den vier vergleyten Lagen in der detaillierten Zeichnung von Fink (1978). Im unteren Profilteil liegt KR 4 in seiner geringsten Mächtigkeit und Differenzierung innerhalb der Schießstätte vor.
Das ca. 3 m mächtige Profil GN1D schließt die Lösssedimente zwischen KR 4 und KR 5 auf, in deren Mittelteil von Fink (1976) die MBB nachgewiesen wurde. GN1E ist ein gut 1 m mächtiges Profil, welches KR 5 umfasst und der älteste der detailliert untersuchten Abschnitte des Aufschlusses ist.

7.4.1 Stratigraphie

Das Profil GN1A (Abbildung 45) lässt sich in vier Abschnitte untergliedern. Einheit I ist deutlich schluffdominiert, zeigt eine sichtbare bräunliche Farbkomponente und weist einen relativ hohen Kalkgehalt auf. Sie ist nach unten deutlich von Einheit II getrennt, welche Löss mit mehreren schwach humosen Horizonten umfasst, von denen IId und IIl am deutlichsten sichtbar sind. Einheit III ist ebenfalls durch dunkler schattierte Abschnitte charakterisiert und weist einen etwas höheren Sandgehalt auf; bisweilen ist auch Grus vorhanden. Das Gefüge ist in diesem Abschnitt bereichsweise sehr krümelig, was auf Bio- oder Kryoturbation hinweisen könnte. Im Übergangsbereich zu Profil GN1BC (Abbildung 45) ist sehr kalkreiches, grushaltiges Lösssediment nachzuweisen (Einheit IV); der Bereich darunter ist schwach bräunlich (Einheit V). Für den gesamten Aufschluss der Schießstätte ist Einheit VI charakteristisch und daher überall mit dieser Bezeichnung versehen. Es handelt sich um zwei 10–20 cm mächtige überwiegend schluffige, gebleichte Bereiche, zwischen denen eine ca. 0,6 bis 1 m mächtige Zone liegt, die bräunlich und reicher an Grobkomponenten ist. Der darunter liegende Bereich bis zur Oberkante des KR 4 ist überwiegend grobmaterialhaltiges Lösssediment mit helleren und dunkleren Abschnitten (Einheit VII). Deutlich setzt sich davon der deutlich feinere und homogenere gräuliche Mittelteil ab. Einheit XIII umfasst den KR 4, der hier nur als grobmaterialhaltiger, hellbrauner Horizont in Erscheinung tritt. Die untere Hälfte ist etwas stärker krümelig strukturiert und weist einen etwas höheren Tongehalt auf. Der Paläoboden geht bei abnehmender Farbintensität stetig in den unterlagernden Ck-Horizont über. Dieser ist hellgelb und enthält zentimetergroße Karbonatkonkretionen. In GN1D (Abbildung 46) unterscheidet sich der Übergang vom KR 4 (XIII) in den unterlagernden Löss (XIV). Hier sind diskrete hellgelbe kalkreiche und bräunliche kalkarme Bestandteile unregelmäßig miteinander vermischt. Der Löss in GN1D weist bereichsweise eine leichte Bleichung und fast keine Grobkomponente auf. Im mittleren Abschnitt befindet sich unterhalb eines deutlich gebleichten Horizonts ein geringmächtiger gräulicher Horizont.

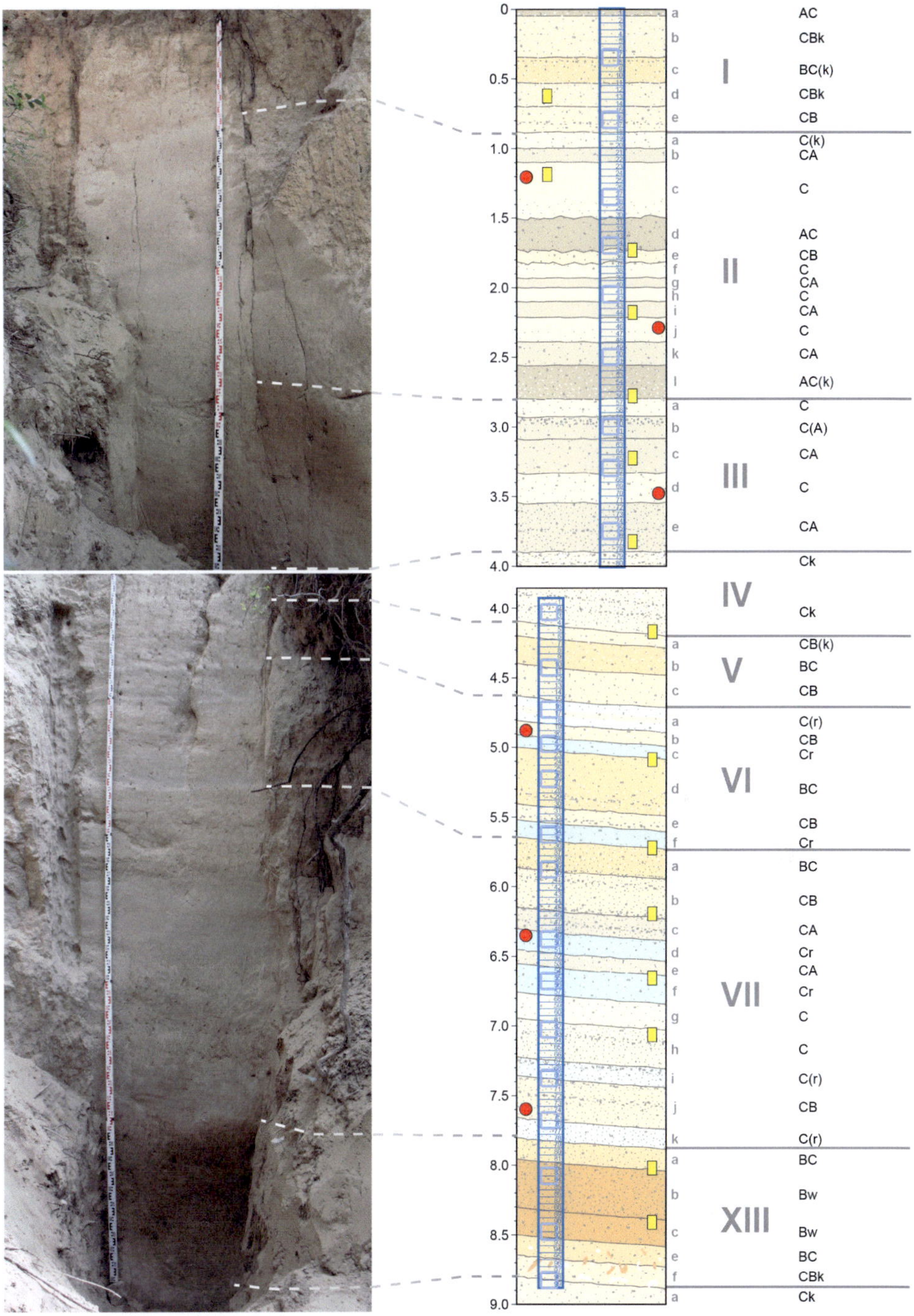

Abbildung 45: Die Profile GN1A und GN1BC im Überblick. Positionen der äquidistanten (blaue Rahmen), mikromorphologischen (gelbe Rechtecke) und Datierungsproben (rote Kreise).

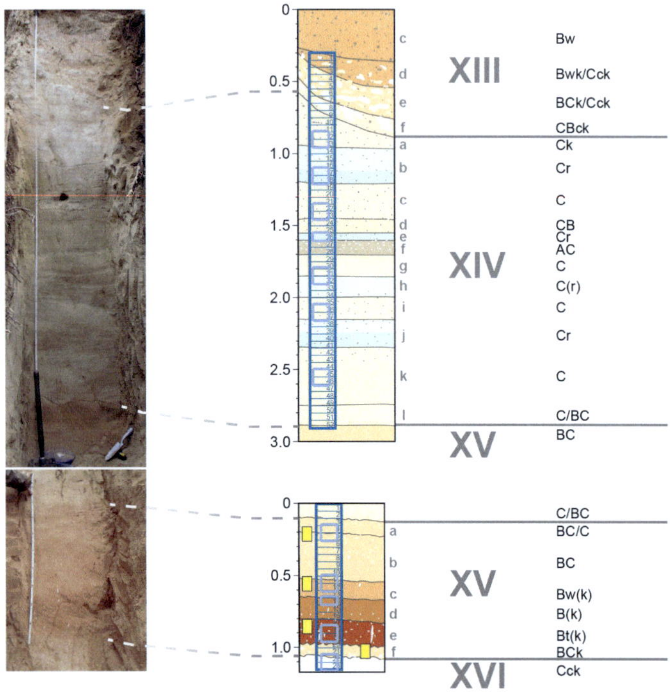

Abbildung 46: Die Profile GN1D und GN1E im Überblick. Positionen der äquidistanten (blaue Rahmen) und mikromorphologischen (gelbe Rechtecke) Probenentnahmen.

Die Grenze der Einheiten XIV zu XV ist in GN1D und E (Abbildung 46) in vergleichbarer Deutlichkeit ausgeprägt. Im Grenzbereich befinden sich wurmartige Einmischungen des jeweils benachbarten Horizonts. Der KR 5 Boden (XV) ist im oberen Bereich schwach rötlichbraun gefärbt, nach unten hin nimmt die Farbintensität bei abnehmenden Karbonatgehalten deutlich zu. Im basalen Bereich des Bodens sind schwache Tonanflüge auf den Oberflächen der überwiegend subpolyedrischen Aggregate zu finden. Die Struktur des Bodens ist nicht gut zu erkennen, da das Material insgesamt sehr kompakt ist. Mehrere millimeterdicke Karbonatadern durchziehen den unteren Bereich des Pedokomplexes. Der Übergang in den Karbonatanreicherungshorizont in Einheit XVI ist relativ deutlich.

7.4.2 Farbe

Hier sollen die generellen Trends der Farbparameter (Anhang 11) dargestellt werden ohne detailliert auf absolute Werte einzugehen. Diese sind den Tabellen im Anhang zu entnehmen und in Abbildung 47 gemeinsam mit der Feinstratigraphie dargestellt. Die maximalen L*-Werte liegen in der karbonatreichen Einheit IV und auch die gebleichten Bänder, die Abschnitt VI charakterisieren, haben eine hohe Luminanz. Der vergleyte Mittelabschnitt von Einheit VII zeigt keine Auffälligkeit von L*, die Lösssedimente darunter haben vergleichbare

Werte. Relative Minima in diesem Bereich werden einer humosen Färbung zugeschrieben (VIIc und VIIe). Leichte Minima innerhalb von Einheit II (vor allem die AC-Horizonte IId und IIl, aber auch die CA-Horizonte IIg und IIi) zeichnen ebenfalls humos erscheinende Horizonte nach. XIVf wurde auch makroskopisch durch seine graue Färbung als AC-Horizont identifiziert. Die absoluten Minima des L*-Werts liegen in den beiden Pedokomplexen KR 4 und KR 5, insbesondere in dessen Basalbereich vor.
In vielen Bereichen verlaufen die a*-Werte umgekehrt; sie erreichen die Maximalwerte im am stärksten verwitterten basalen Horizont von KR 5 sowie in den Horizonten darüber und KR 4. Die Bleichzonen von Einheit VI mit deutlichen Minima der Rotkomponente werden von Horizonten umgeben, in denen diese Werte relative Maxima bilden. Die leicht bräunliche Einheit I zeigt diese Charakteristik auch anhand eines relativ hohen a*-Wertes. Minima in a* zeigen die Lösssedimente in II, VII und XIV. Reduzierte Horizonte wie VIc, VIf und VIIf, sind generell durch niedrige a*-Werte erkennbar, wobei nur bereichsweise zugleich hohe L*-Werte auftreten. Es lassen sich hier deutlich helle (weißliche) von bläulichen Reduktionshorizonten trennen.
Niedrige b*-Werte kommen ebenfalls in diesen Horizonten vor und scheinen diese teils noch deutlicher zu belegen (z.B. VIId und VIIf). In weiten Teilen verläuft b* ähnlich wie a*, bereichsweise gibt es signifikante Unterschiede. Der obere Abschnitt des KR 4 (XIIIb) zeigt bei hohen a*- relativ niedrigere b*-Werte. Einheit VI zeigt in der Gelbkomponente ein relatives Minimum, was für die Rotkomponente kaum festzustellen ist. Generell scheint in einigen humosen Horizonten b* relativ niedriger als a* zu sein, z.B. in IIl. In IId ist dies aber nicht nachweisbar, was an einer leichten Verbraunung dieses Horizonts liegen kann. Der b*-Wert unterstützt den a*-Wert generell in verbraunten Bereichen. Er reagiert mit Minima sensitiv auf vermutete Reduktionsbereiche, die hinsichtlich der a*- und L*-Werte weniger auffällig sind. Insgesamt sind Unterschiede zwischen braunen und Löss-dominierten Horizonten in den b*-Werten deutlich geringer als beim a*-Wert.
Der WCV scheint den Ausschlägen von a* und b* weitgehend zu folgen und in seinem relativen Verlauf eine Art Mittelweg zu vertreten. Er reagiert gleichermaßen sensitiv auf die Extrema in der Rot- und Gelbkomponente. Er zeigt sehr deutliche Maxima in den Bodenhorizonten und klare Minima in den Bleichzonen und den Ck-Horizonten.

7.4.3 Karbonat

Die Ergebnisse der Karbonatanalysen finden sich in Anhang 11 und Anhang 2, getrennt nach hochauflösend (GN1A, GN1BC) und horizontweise (GN1D, GN1E) gemessenen Proben und visualisiert in Abbildung 48. Die in hoher Auflösung gemessenen Karbonate sind auch im Vergleich mit den Farbwerten zu beachten (Abbildung 47).
Hier sollen zunächst die allgemeinen Trends beschrieben werden. Über alle Proben hinweg zeigt sich eine große Variabilität der Karbonatgehalte von 2 bis über 40 %. Die markantesten beiden Maxima liegen im obersten Abschnitt (I), aber auch die Bleichzonen in VI und VII zeigen diskrete Peaks mit 5–10 % höheren Werten als das jeweils umgebende Substrat. Generell liegen in Abschnitt II die Karbonatgehalte etwas über denen der etwas sandigeren Einheit III. Im grusigen Bereich IV wurden Werte um 30 % gemessen. Von Einheit V zu VII ist ein Rückgang der Karbonate auf unter 20 % zu verzeichnen, wobei oberhalb des

KR 4 20 % wieder deutlich überschritten werden. KR 4 ist nur 5–10 % ärmer an Karbonat. Nach unten steigen die Gehalte auf über 30 % an und belegen den Ck-Horizont. In den feinen Lössen unterhalb oszillieren die Werte um 20 % mit relativen Maxima in den helleren Bereichen. Innerhalb des KR 5 nehmen die Werte nach unten hin stark ab, um im darunter liegenden Horizont extrem anzusteigen.

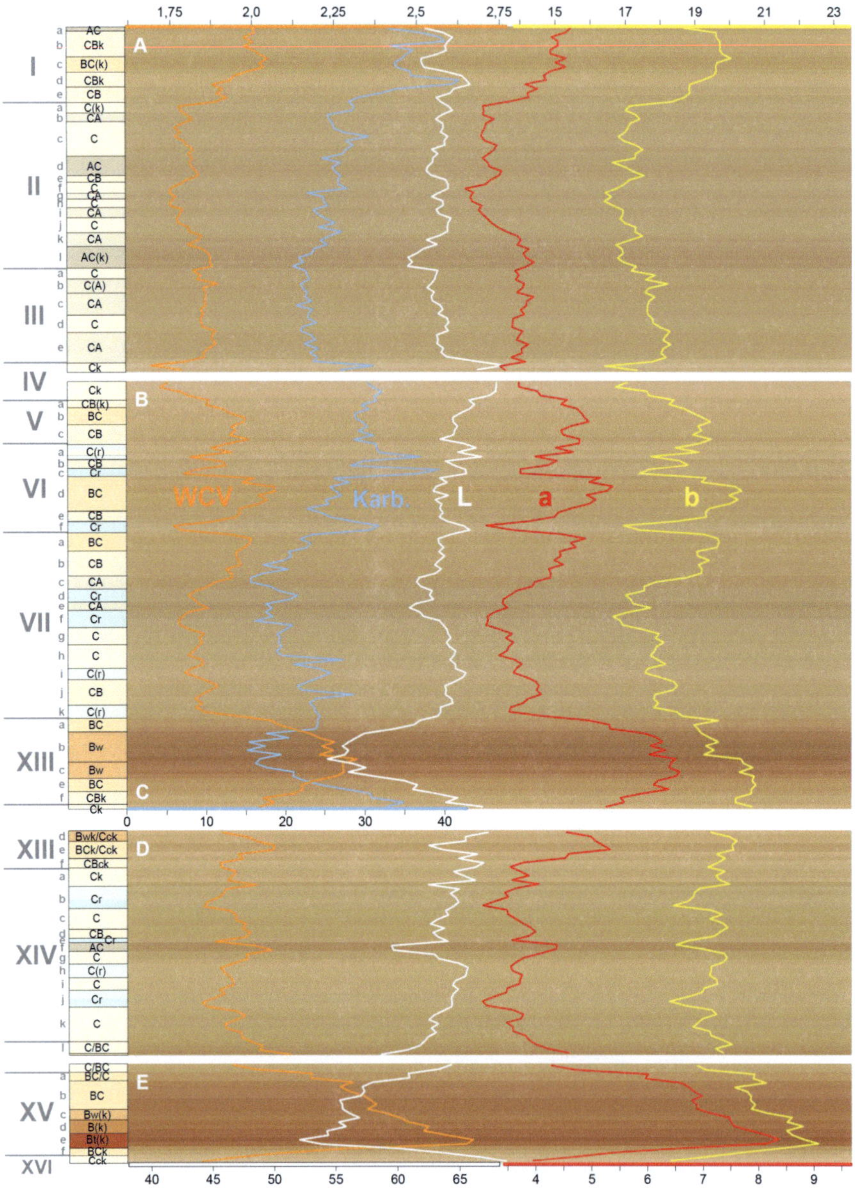

Abbildung 47: Stratigraphie der Profile in GN1, basierend auf dem Abgleich der Aggregate und den Ergebnissen der hochauflösenden quantitativen Farbmessungen (L*, a*, b*, WCV sowie RGB-Farben [kontrastoptimiert]) und Karbonatanalysen (nur GN1A und GN1BC in hoher Auflösung)

Ein gewisser Zusammenhang besteht mit den L*-Werten, wobei dessen Schwankungen außerhalb der Bodenkomplexe deutlich geringer sind als die des Karbonatgehalts. Einige charakteristische Peaks von L* und Karbonatgehalt fallen zusammen. Hierzu gehören der Ck-Horizont (Einheit IV) und die hellen Tundrengleye in Einheit VI. Der übergeordnete Trend abnehmenden Karbonats innerhalb dieses Bereichs nach unten ist aber nicht farblich wirksam. Da bereichsweise b* und besonders a* umgekehrt zu L* verlaufen, sind sie häufig auch umgekehrt zum Karbonatgehalt, insbesondere im KR 4 Pedokomplex (XIII). Einheit I weicht ab, da hohe Karbonatanteile mit höheren Rot- und Gelbwerten korrelieren, während L* nur die spezifischen Maxima widerspiegelt.

7.4.4 Korngrößen

Die im Sektor GN1 auf ihre Korngrößenzusammensetzung analysierten Proben kommen aus dem insgesamt am stärksten differenzierten Profil innerhalb der brunheszeitlichen LPS der Schießstätte. Die Ergebnisse finden sich tabellarisch in Anhang 2 und visualisiert in Abbildung 48.
Auffällig ist, dass unterhalb des Fink'schen KR 4 Bodens (XIII) kaum mehr Grus nachzuweisen ist. Auch Teile der jüngsten Lösse (II) sind praktisch grusfrei. Eine Ausnahme wären der etwas sandreichere, schwach humose Horizont (IId–e). Auch die Bleichzonen und der mächtige Reduktionsbereich in Einheit VII weisen nur sehr geringe oder keine Grusanteile auf. Der KR 4 und alle übrigen, teils bräunlich gefärbten Lösssedimente enthalten Gruseinmischungen. Die große Anzahl an Grusbändern unterhalb von Einheit II wird von der geringen Auflösung der Proben nicht erfasst. Hervorzuheben ist das Maximum an Grus im relativ karbonatreichen Bereich VI. Auch der obere Abschnitt (I) zeigt erhöhte Grus- und Sandgehalte.
Mit ~5–6 % hat KR 5 (XV) die mit Abstand geringsten Sandanteile, in den Lössen darüber liegen sie um 10 %. Es sind überwiegend Feinsande, die hier enthalten sind. Dies gilt auch für die sandärmeren Lösssedimente in Einheit II und den Reduktionsbereichen. Der schwach erhöhte Sandanteil in den humosen Horizonten in Einheit II ist hervorzuheben. Innerhalb des KR 4 Bodens und den übrigen Lösssedimenten schwanken die Sandanteile zwischen 15 und 25 %, wobei die höchsten Werte im oberen und unteren Teil von Einheit VII (mit dem mächtigen Reduktionsbereich) liegen. Die Veränderungen der Anteile des Grob- und Mittelsandes verlaufen stark bzw. teilweise entsprechend den Grusanteilen.
Die Lösssedimente weisen in den sandreicheren Bereichen entsprechend niedrigere Schluffanteile auf (50–60 %), ansonsten werden häufig über 70 % gemessen. Im sandarmen KR 5 ist der Rückgang des Schluffs dagegen nur auf den Anstieg des Tons zurückzuführen. Innerhalb des KR 4 sind geringere Schluffanteile im oberen Teil überwiegend auf eine Sandzunahme, im unteren Abschnitt eher auf eine Tonzunahme zurückzuführen. Die Grobfraktion innerhalb der Schluffe dominiert stark und bestimmt die beschriebenen Veränderungen. Mittelschluff ist in seinen Schwankungen vor allem am Grobschluff orientiert, Feinschluff (~10 %) dagegen eher am Ton. Dies trifft nicht auf die bräunlichen Lösssedimente zu, in denen Feinschluff im Gegensatz zu Ton keinen Anstieg zeigt.

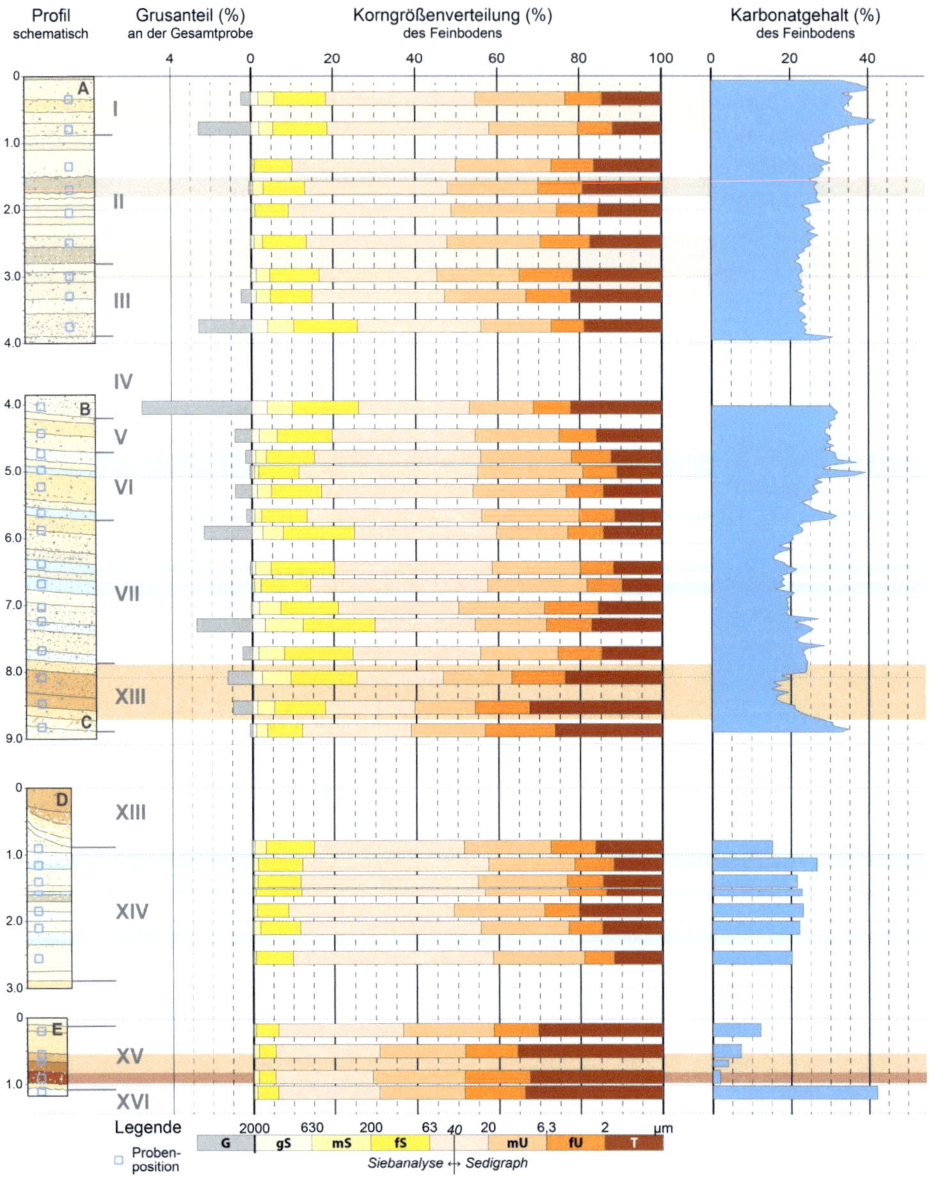

Abbildung 48: Ergebnisse der horizontweisen Korngrößen- (inkl. Grus) und horizontweisen/hochauflösenden Karbonatanalysen der Profile in GN1. Die Methode der Korngrößenbestimmung ist am unteren Bildrand ersichtlich. Die Position der Einzelproben ist in der Profilskizze angegeben.

Die Tongehalte der Lösssedimente schwanken zumeist im Bereich von 10 bis 20 % mit niedrigen Werten im Bereich der Bleichzonen. Die humosen Horizonte in Einheit II sind etwas tonreicher als der Löss. Auch die Proben aus Einheit III haben einen leichten Anstieg zu verzeichnen (teils > 20 %). Im unteren Bereich von KR 4 und in KR 5 steigen die Werte auf über 30 %. Der als Bt angesprochene Horizont in KR 5 ist den Ergebnissen zufolge nicht toniger als die umgebenden Horizonte. Im grus- und sandarmen Löss zwischen den kräftigen Paläoböden liegen die Tongehalte zwischen 10–15 %, ein Anstieg um ca. 5 % unterhalb des grauen Horizonts ließ sich in der Fingerprobe nicht nachweisen, weshalb der Grund für diesen Messwert unklar ist.

7.4.5 Mikromorphologie

Im Gegensatz zu anderen Sektoren wurden im Bereich GN1 auch mikromorphologische Untersuchungen der Lösssedimente durchgeführt. Die Daten der semi-quantitativen Auswertung sind aus Abbildung 49 zu entnehmen und im Folgenden erläutert. Die Dokumentation qualitativer Beobachtungen befindet sich im daran anschließenden Abschnitt.

7.4.5.1 Trends der semi-quantitativen Auswertung

Die Lösssedimente weisen eine etwas geringe Porosität gegenüber den Pedokomplexen auf, die Struktur ist geringer ausgeprägt. Eine Ausnahme ist die schon im Gelände als stark frostbeeinflusst identifizierte Probe IIIc, die dichtere Fragmente in lockerer Packung mit loser Zwischenraumfüllung umfasst. Horizont IIIe weist ebenfalls eine leichte Aggregierung auf, die nicht pedogen induziert wirkt. Oberhalb dieser Proben dominieren innerhalb der krümeligen bis gefügefreien Grundmasse Gänge, im unteren Bereich sind krümelige Elemente etwas seltener und Kavernen häufiger. Aggregatzwischenräume finden sich in den pedogen beeinflussten Proben (IId–e; XIIIa–b). Dies gilt nicht für die Proben aus KR 5, hier sind Planar-Risse vorhanden; die Krümel (v.a. in XVc) und Subpolyeder sind dicht gepackt.
Viele Proben oberhalb von KR 4 enthalten innerhalb der Dünnschliffe mindestens ein Gruskorn. Die Mineralogie innerhalb der einzelnen Proben ist weitgehend vergleichbar, in den Paläoböden ist eine relative Zunahme von Quarz und Feldspat zu Ungunsten von primären Karbonaten festzustellen. Hinsichtlich letzterer sind innerhalb der Lösssedimente und schwachen Paläoböden Schwankungen feststellbar. In XVe sind primäre Karbonate nicht zu finden und auch der primäre Silikatanteil ist reduziert.
Ein undifferenziertes b-Gefüge ist in den Lössen schwierig nachzuweisen; es scheint im Bereich GN1A und den oberen Bereichen der Bodenkomplexe vorhanden und mit etwas höheren Gehalten organischer Substanz assoziiert. Entsprechend der im Löss vorhandenen karbonatischen Feinmasse ist das b-Gefüge überwiegend kristiallitisch, mit leichten Schwankungen je nach Grad der (geringen) pedogenen Überprägung. Nur in KR 5 sind die feinsten Karbonate komplett verschwunden.
Die Maxima kristallitischen b Gefüges liegen im Bereich der obersten Probe und im Ck-Horizont zwischen GN1A und B; sie könnten hier auch als Pedofeature (Imprägnierung/Hypo-Belag) gelten. In KR 5 überwiegt ein fleckiges b-Gefüge, das zum Teil auch (korn-)streifig ist. Ähnliches gilt für KR 4. In den Lösssedimenten ist meist auch etwas Ton enthalten, in den Lössen von GN1A geringfügig mehr. Hier sind auch kalzifizierte Wurzelzellen vorhanden, die ansonsten nur noch in VIf zu finden sind. Lockere sparitische Füllungen sind etwas

häufiger. Einzelkristalle befinden sich fast in der gesamten Sequenz. In Ck-Horizonten sind Hypo-Beläge und Imprägnierungen typische Charakteristika, sie kommen aber auch in vielen Bereichen der Lösssedimente sowie in KR 5 vor, mit Ausnahme von XVe. In letzterer Probe befinden sich die einzigen in situ vorhandenen (sehr geringmächtigen) Tonbeläge; gestört sieht man sie auch in der darüber liegenden Probe. Fragmente von Tonbelägen liegen stellenweise in den bräunlichen Lösssedimenten vor.
Die Verteilung dentritischen Mangans zeigt, dass nur KR 5 Zeichen signifikanter, vermutlich postpedogener hydromorpher Überprägung aufweist, die obersten Lösssedimente sind dagegen fast frei von derartigen Spuren. Interessant ist das Vorkommen von Eisen- und Mangannodulen in einem schwachen Paläoboden (III). Dieser Horizont enthält auch Holzkohlefragmente und Molluskenreste sowie ein Knochenfragment.

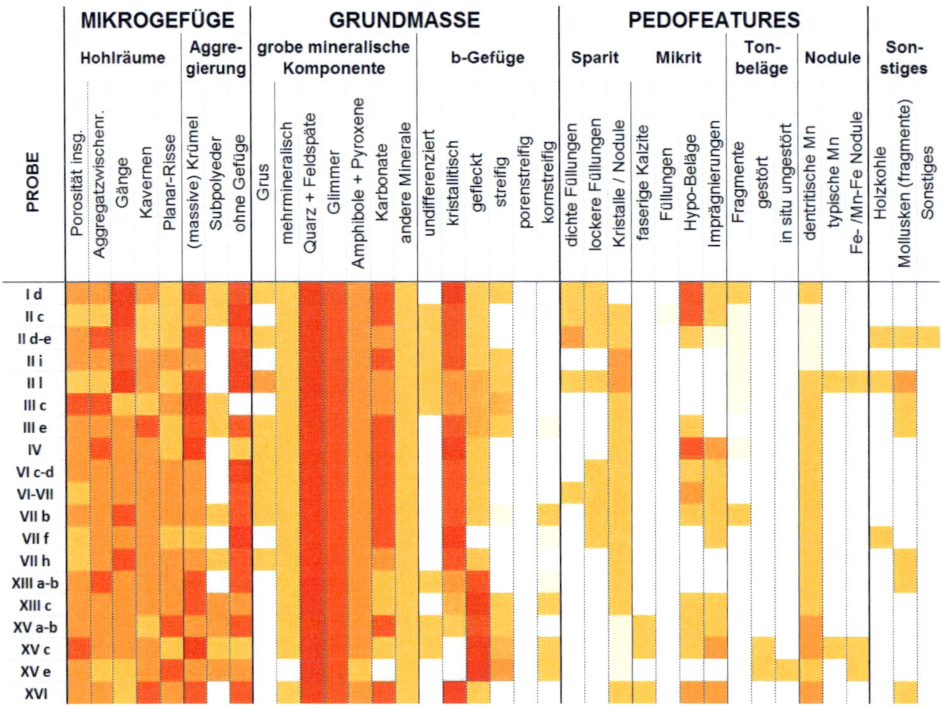

Abbildung 49: Mikromorphologische Charakteristika von GN1

7.4.5.2 Besondere qualitative Merkmale

Ic – C(k), bräunlicher Löss (KR 1?)

Die gering bis krümelig strukturierte, schluffdominierte, karbonatreiche Grundmasse mit kristallitischem b-Gefüge zeigt, dass es sich um bioturbat geprägten, aufgekalkten Löss handelt. Die generelle Inhomogenität der Grundmasse könnte als Hinweis auf solifluidale

Umlagerung gedeutet werden, bevor Belege für ungestörte Faunenaktivität, wie die exkrementhaltige Füllung eines Ganges, entstanden sind. Dichte sparitische Füllungen in Gängen (KWZ) gegenüber Verarmungs Hypo-Belägen an den Porenwänden werden in dieser Kombination als Queras bezeichnet (Abbildung 50A). Sie entstehen durch Karbonataufnahme der Pflanzenwurzeln und sind typisch für kalkhaltigen Böden in semi-ariden Räumen (DURAND et al., 2010). Sie können ebenfalls als Zeiger relativer Stabilität während der Entstehung dieses Horizonts gelten.

IIc – C, Löss
Die Probe aus Horizont IIc zeigt vergleichbar mit jener aus Ic bioturbaten Löss mit Queras sowie Sparit-Konkretionen, die morphologisch allgemein mit KWZ vergleichbar scheinen, aber vermutlich einer abweichenden Entstehung unterlagen (vgl. Abbildung 50B; Mikromorphologie der Paudorfer Tundrengleye in Abschnitt 5.5.2).

IId–e – AC, schwach humoser Paläoboden
Die Probe ist stellenweise etwas dichter strukturiert und inhomogener, erscheint aber mikroskopisch ebenfalls wie bioturbat geprägter Löss, mit bereichsweise etwas geringerem Karbonatgehalt. Charakteristisch sind neben Queras Molluskenfragmente und Sekundärkarbonate verschiedener Morphologien, wie Sparitverbände unklarer Genese und Regenwurmkalzite (Abbildung 50B). Letztere werden als Hinweis auf aktives Bodenleben bei ausreichender Feuchte gesehen (Becze-Deák et al., 1997). Eine Besonderheit ist ein verwittertes Knochenfragment (Abbildung 50C). Unter gekreuzten Polarisatoren scheint es nicht völlig isotrop zu sein, sondern gering doppelbrechende Fasern aufzuweisen, was typisch für Alteration durch Verbrennung oder Verwitterung ist (Macphail & Goldberg, 2010). Aufgrund der durchgehend einheitlichen Färbung des Fragments und Verwitterungsspuren im Hellfeld kann eine Verbrennung weitgehend ausgeschlossen werden.

IIi – C, Löss
Probe IIi ist ebenfalls schwach krümelig strukturiertes Substrat mit hohem Karbonatgehalt. Der bioturbate Löss enthält exkrementhaltige Füllungen und Sparitverbände.

IIl – CA, schwach humoser Löss
Die Probe ist etwas dichter und inhomogener, erscheint aber ebenfalls wie bioturbater Löss. Bereichsweise weist die schluff- bis tondominierte Grundmasse eine zirkuläre Orientierung insbesondere länglicher Elemente auf, die als passage feature angesprochen werden (Stoops, 2003) und als Hinweis auf Bioturbation zu interpretieren wären (Abbildung 50D).

IIIc – C, stark krümeliger Löss
Der makroskopisch äußerst krümelige und sehr schwach gebundene primär bioturbate Löss zeigt eine deutliche Differenzierung in dichtere subpolyedrische bis granuläre Aggregate in einer unstrukturierten lockeren Matrix (Abbildung 50E). Diese Struktur entspricht vermutlich einem conglomeric porphyric fabric und lässt sich mit intensiven Frostprozessen und solifluidaler Umlagerung des Lösses erklären (Terhorst et al., 2015).

IIIe – C, umgelagerter Löss

Das Substrat in Probe IIIe ist etwas dichter aber insgesamt für Löss relativ inhomogen. Auch hier zeigt eine feinkrümelige Struktur eine biogene Beeinflussung, während die Inhomogenität vermutlich auf (solifluidalen) Umlagerungsprozessen beruht. Bereichsweise finden sich Hypo-Beläge, die aus sekundärer Aufkalkung resultieren (Abbildung 50F).

IV – Ck, karbonatangereicherter grushaltiger Löss

Horizont IV ist krümelig strukturiert (bioturbat) und stark aufgekalkt. Er ist vermutlich durch Umlagerungsprozesse etwas inhomogen; es finden sich scharf begrenzte Mikrit-Fragmente. Insgesamt hat keine ungestörte Karbonateinwaschung stattgefunden, es finden sich aber Bereiche mit weitgehend in situ erscheinenden Hypo-Belägen (Abbildung 50G).

VIc–d – Cr/BC, Übergang oberste Bleichzone zu bräunlichem Lösssediment

Der gebleichte obere Abschnitt ist homogener, schwach krümeliger Löss, während das Substrat im unteren Bereich mikritärmer ist, eine gröbere Komponente aufweist und inhomogener erscheint. Eine (solifluidale) Umlagerung des bräunlichen Lösssediments ist wahrscheinlich. Es zeigt aber keiner der beiden gegensätzlichen Teilbereiche innerhalb des Schliffs eine eindeutige Froststruktur.

VI–VII – Cr, BC, Übergang mittlere Bleichzone zu bräunlichem Lösssediment

Die Verhältnisse im Übergangsbereich von Einheit VI zu VII decken sich weitgehend mit jenen aus dem zuvor beschriebenen Dünnschliff. Der einzige Unterschied ist das Vorhandensein von vereinzelten KWZ im bräunlichen Horizont.

VIIb – CB, bräunliches grobmaterialhaltiges Lösssediment

Die Probe aus dem bräunlichen Lössediments in Horizont VIIb ist inhomogen mit einzelnen Fragmenten von Bodenmaterial und Tonbelägen neben größeren Einzelmineralen (Quarz, Biotit; Abbildung 50H). Es handelt sich um Löss, der bei Umlagerung mit Bodenmaterial und lokalem Substrat vermischt wurde und anschließend Karbonatdynamik unterlag.

VIIf – Cr, mächtiger grauer Bleichhorizont

Der Bleichhorizont besteht aus stark schluffdominiertem, karbonathaltigem, insgesamt feinmaterialarmem Substrat, welches mit seiner schwach krümeligen Struktur eher bioturbatem Löss als einem Tundrengley zu entsprechen scheint. Eine klare Froststruktur ist nicht zu erkennen. Bemerkenswert ist ein sparitischer Kristall unklarer Genese (Abbildung 51A).

VIIh – C, Lösssediment

Das Substrat entspricht bioturbat geprägtem Löss, der etwas dichter und inhomogener ist und bereichsweise orientierte Minerale aufweist.

XIIIa–b – BC, Oberkante KR 4

Die Probe ist gegenüber der vorherigen etwas geringer aggregiert und enthält mehr Karbonat (Mikrit). Gleichzeitig ist auch der Tongehalt etwas erhöht, so dass von einem umgelagerten Boden, vermischt mit Lössmaterial ausgegangen werden kann.

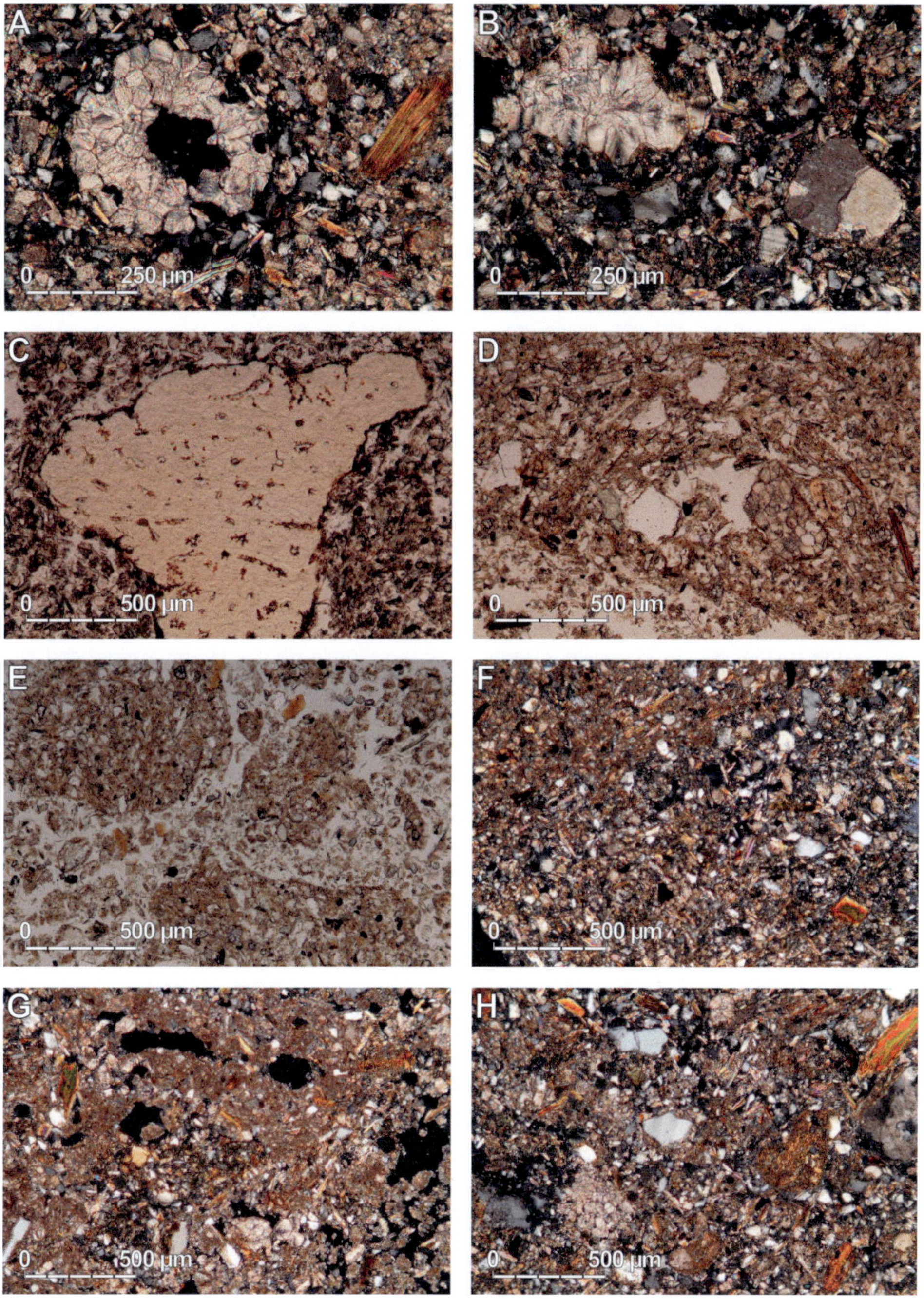

Abbildung 50: Mikromorphologie von GN1. A: KWZ und Verarmungs Hypo-Belag (Quera) in karbonatreicher Grundmasse (Ic, XPL). B: Sparitverband (≠ KWZ) links und Regenwurmkalzit rechts (IId–e, XPL). C: Verwittertes Knochenfragment (IId–e, PPL). D: Passage feature (III, PPL). E: Conglomeric porphyric fabric (IIIc, PPL). F: Variable Dichte der Grundmasse und Mikritanteile (IIIe, XPL). G: Sekundär aufgekalkter bioturbater Löss (IV, XPL). H: Heterogenes Lösssediment mit tonigem Aggregat rechts, Sparitverbänden und größeren Einzelmineralen (VIIb, XPL)

XIIIc – Bw, KR 4 in Pfeilerfazies
Der KR 4 Boden ist deutlich bioturbat strukturiert, aber nur schwach verwittert. Dichtere und tonreichere, stärker verwitterte Aggregate (Abbildung 51B) sowie Mikritfragmente (Abbildung 51C) innerhalb der krümelig strukturierten, karbonatarmen Grundmasse weisen auf Umlagerungsprozesse während der Entstehung des Paläobodens hin.

XVa–b – BC, Oberkante KR 5
Auch die Proben aus KR 5 zeigen eine gewisse Inhomogenität und durch das Vorhandensein von Fragmenten stärker verwitterten Materials eine polygenetische Bodenentwicklung an. In der oberen Probe lässt sich ein rötlich-braunes tonigeres Aggregat ausmachen, das als B(w) Fragment zu interpretieren wäre (Abbildung 51D). Die starken strukturellen Wechsel können als Hinweis auf Frostprozesse gedeutet werden (Abbildung 51E).

XVc – Bw, KR 5 Mitte
KR 5 zeigt zwar insgesamt eine bioturbate Überprägung, aber die diskreten Aggregate können nicht alleine durch diese Prozesse erklärt werden. Gerade die Fragmente aus stark aufgekalkten Horizonten (scharf begrenzte Mikrite; Abbildung 51F+G) sind vermutlich zu stark verkittet, um von Lebewesen aufgewühlt zu werden. Für deren Mobilisierung und Verlagerung kommen eher morphologische Prozesse in Frage. Die im mittleren Abschnitt von KR 5 vorhandenen gestörten Tonbeläge zeigen aber, dass die Verlagerung nur geringe Distanzen umfasste. Ob eine Remobilisierung von Ton nach der Umlagerung (und anschließend eine bioturbate Störung) bei gleichzeitiger Verbreitung von Karbonat möglich sind bleibt fraglich. Ebenso unkar ist, ob typische Eisennodule (mit scharfer Begrenzung) mit dentritischen Armen als umgelagert und anschließend pedogen weitergebildet gedeutet werden können (Abbildung 51H).

XVe – Bt(k) im Basisbereich von KR 5
Der am stärksten verwitterte Basisbereich des KR 5 ist insgesamt dichter strukturiert als die Horizonte darüber. Es finden sich aber auch hier zahlreiche Belege für eine mehrphasige Entwicklung. Stärker verwitterte ungleichmäßig begrenzte Aggregate, die teilweise gestörte Tonbeläge aufweisen (Abbildung 52A), lassen sich vermutlich nicht nur durch Bioturbation erklären, sondern erfordern wahrscheinlich Umlagerungsprozesse, vermutlich im gefrorenen Zustand. Insgesamt ist das Substrat relativ stark verwittert, aber es gibt nur wenige Bereiche in denen ungestörte Tonbeläge vorkommen (Abbildung 52B).

XVI – Ck, Oberkante des Karbonatanreicherungshorizonts von KR 5
Der makroskopisch bereits deutliche, enge Verzahnungsbereich zwischen Bt(k)- und Ck-Horizont zeigt sich auch im Dünnschliff durch die direkte Nachbarschaft von Bereichen mit kristallitischem b-Gefüge und mikritischen Hypo-Belägen und Fragmenten von stärker verwittertem Material, teils mit sehr unregelmäßig begrenzten Außenkanten (Abbildung 52C). Wie in vielen anderen untersuchten Paläoböden finden sich auch im KR 5 nadelfaserige Kalzite, so auch im Übergang zum Ck-Horizont (Abbildung 52D).

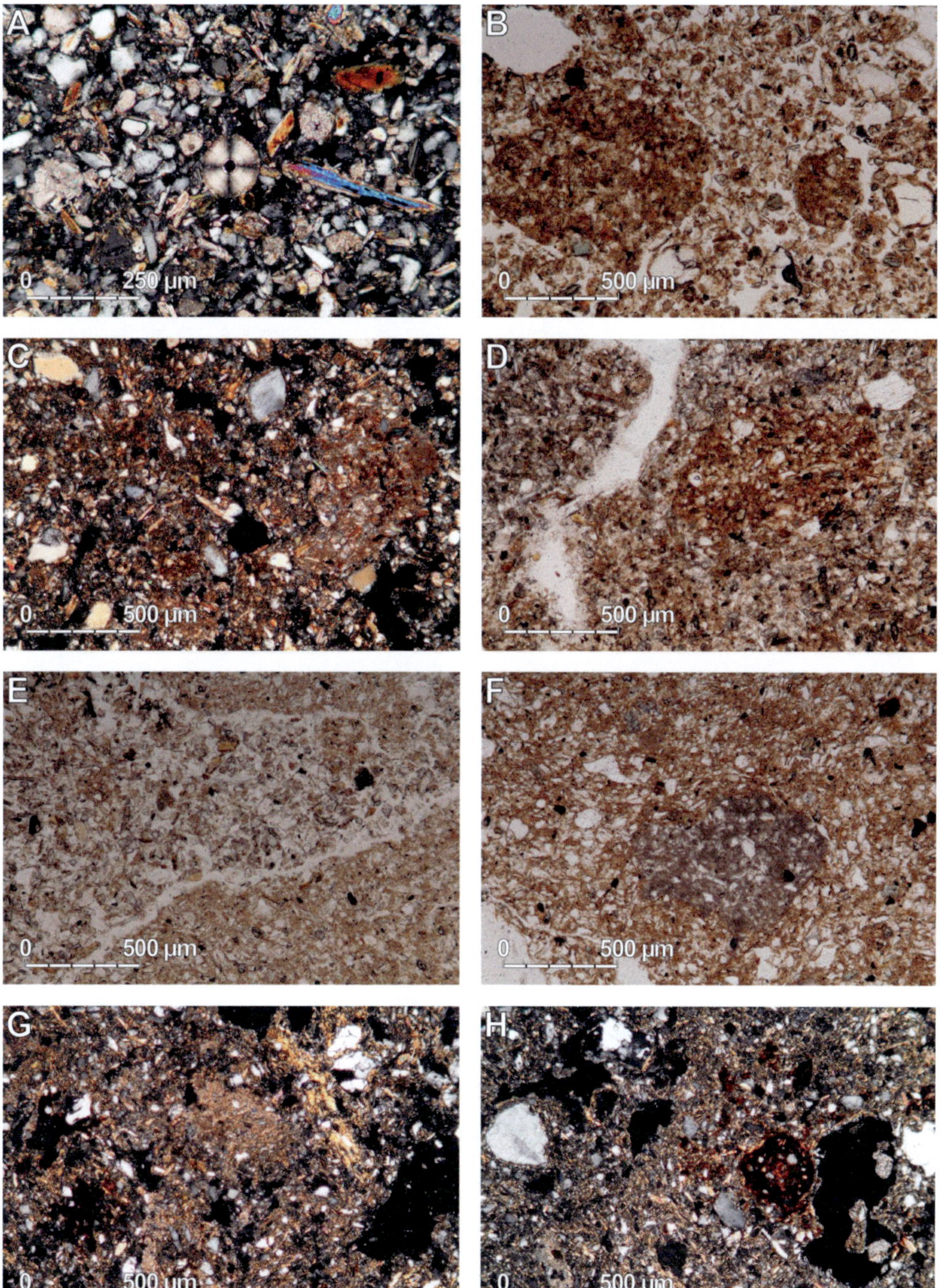

Abbildung 51: Mikromorphologie von GN1 (forts.). A: Runder Sparit in relativ feinsubstratarmem Lösssediment (VIIf, XPL). B: Bw Fragmente in krümelig strukturierter Grundmasse (XIIIc, PPL). C: Mikritisches Fragment (rechts) in inhomogener Grundmasse (XIIIc, XPL). D: B(w) Fragment (XVa–b, PPL). E: Strukturell verschiedene Bereiche der Grundmasse (XVa–b, PPL). F: Mikritfragment in verwitterter Grundmasse (XVc, PPL). G: Mikritfragment (mittig) und gestörter Tonbelag rechts (XVc, XPL). H: Typisches bis dentritisches Eisennodul (XVc, XPL)

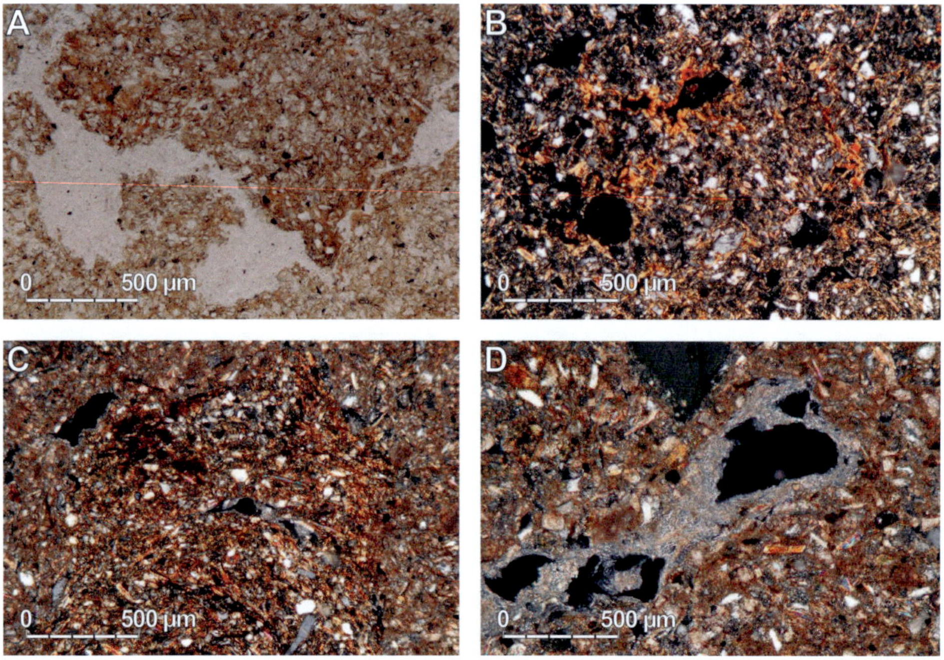

Abbildung 52: Mikromorphologie von GN1 (forts.). A: Deutlich unterschiedlich stark verwitterte Bereiche (XVe, PPL). B: Kaum gestörte Tonbeläge (XVe, XPL). C: Unregelmäßig begrenztes stark verwittertes Fragment in mikritischer Grundmasse (XVI, XPL). D: Nadelfaseriger Kalzit (XVI, XPL)

7.4.6 Datierungen

Auch die Lumineszenzalter aus den Profilen im Sektor GN1 sind nur vorläufige Angaben von Dr. C. Thiel (schriftliche Mitteilung am 8. April 2015). Alterseinschätzungen ergeben sich aus der gemessenen Dosis und einer angenommenen Dosisleistung von 3 Gy/ka (vgl. Abschnitt 4.8 und Sprafke et al., 2014). Die Alter werden als näherungsweise Einordnung in Tabelle 5 wiedergegeben und in Abbildung 53 gemeinsam mit der Stratigraphie dargestellt.

Tabelle 5: Bisherige Ergebnisse und vorläufige Alter im Bereich GN1

Name	Labornr.	n	Dosis (Gy)		Staw.	Dosisleistung (Gy/ka)	**Alter**
IIc	133001	6	129	±	4	3	~ 40 ka
IIj	133002	6	138	±	5	3	~ 45 ka
VIb	133003	6	507	±	9	3	~ 170 ka
VIId	133004	6	564	±	14	3	~ 190 ka
VIIj	133005	6	577	±	18	3	~ 190 ka

Staw. = Standardabweichung

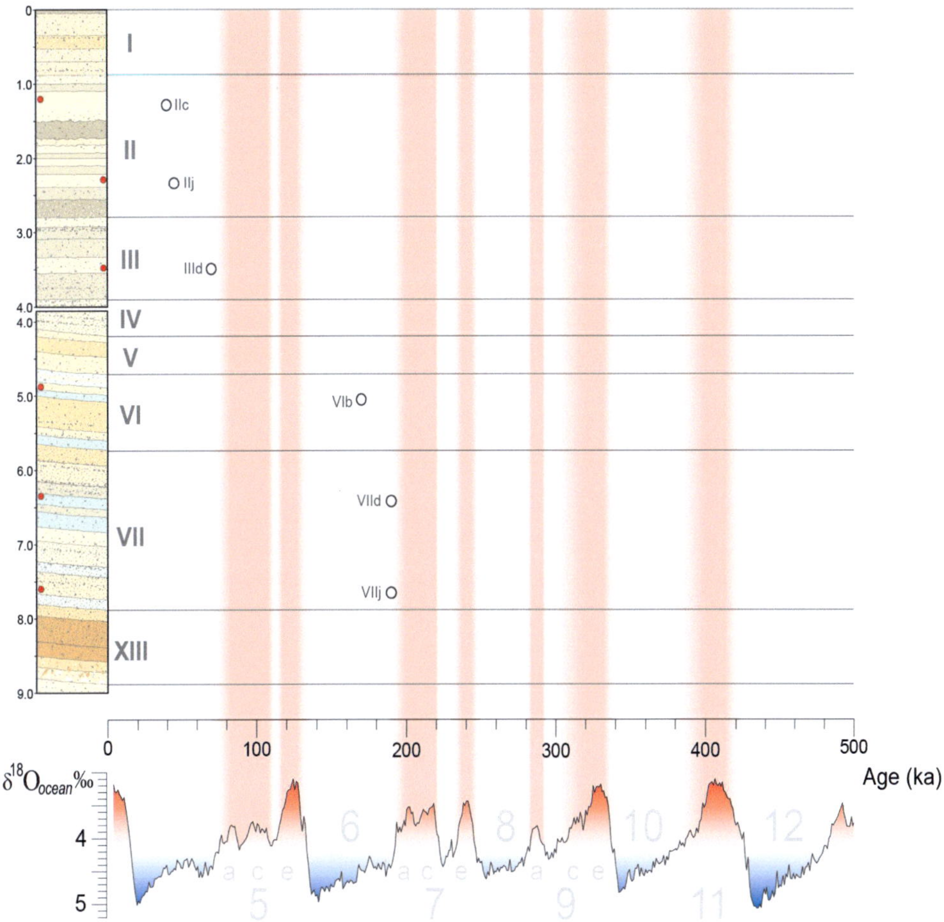

Abbildung 53: Vorläufige Alterseinschätzungen durch die Lumineszenzdatierung im Bereich GN1 in Gegenüberstellung zur Stratigraphie und Sauerstoffisotopenkurve (Lisiecki & Raymo, 2005)

In den oberen beiden Proben in Abschnitt II liegt die Dosis nur um ~135 Gy, was bei einer Dosisleistung von 3 Gy/ka einem Alter in MIS 3 entspräche. Aus den laufenden Messungen ergab eine vorsichtige mündliche Mitteilung von Dr. C. Thiel, dass die Probe aus Horizont IIId wohl eher in Richtung MIS 4 tendiert. Mit Altern im früheren MIS 6 für die weiteren Proben im Profil GN1B ergibt sich ein signifikanter Hiatus, der auch MIS 5 vollständig einschließt. Die Alter in den typologisch gut übereinstimmenden Einheiten VI–VII in Paudorf und Krems wären entsprechend vergleichbar. Eine Probe aus dem Löss unterhalb des KR 4 im Bereich GN1 scheint bereits außerhalb des Datierungsrahmens zu sein (mündliche Mitteilung C. Thiel), was mit dem Geländebefund gut übereinstimmt. Innerhalb dieses Lösspakets liegt bereits die MBB (FINK, 1976), der untere Teil des KR 4 ist in diesem Bereich wahrscheinlich in situ. Damit zeigt sich im Bereich des Paläobodens oder knapp darüber ein zweiter, noch größerer Hiatus innerhalb dieses Sektors.

7.5 Profil MW2C

MW2C ist das einzige an der Mittleren Wand untersuchte Profil und befindet sich in ihrem nördlichsten Bereich. Auf 4 m in der Vertikalen schließt es den KR 4 Boden in maximaler Auflösung auf (dessen besonderen Aufbau in AK1 nicht beachtet). Die Abfolge eines basalen Bt-Horizonts mit darüber liegenden verlehmten Bereichen und humosen Abschnitten im oberen Bereich, lässt sich weitgehend mit der auf der publizierten Standardstratigraphie (Fink & Kukla, 1977; Fink, 1978) parallelisieren. Zum Zwecke einer detaillierten Ansprache wurden ungestörte Proben in 5 cm Auflösung entnommen.

7.5.1 Stratigraphie

Das Profil MW2C (Abbildung 54) umfasst KR 4, der in differenzierter Abfolge in der Schießstätte als Einheit XII bezeichnet wird. Die Profiloberkante liegt in den darüber liegenden Lösssedimenten und wird daher mit Einheit XI bezeichnet. Die oberen Dezimeter sind etwas bräunlicher als Löss, aber vermutlich durch rezente Prozesse alteriert. Ein deutlicher Bleichhorizont mit unregelmäßig vorkommenden, horizontal verlaufenden Adern von Sekundärkarbonat und kleinen Rostflecken ist dagegen fossil (XIb). Die Lösssedimente darunter gehen graduell in den humosen Oberteil des KR 4 Pedokomplexes über. Im Übergangsbereich kommen vereinzelt Krotowinen vor.

Unter dem bereits sichtbar humosen Horizont XIIa liegt in XIIb ein erstes Maximum der Bodenbildungsintensität vor. Der dunkle, ca. 30 cm mächtige AB-Horizont mit einem fühlbaren Sandanteil ist relativ dicht gelagert und weist einen deutlichen Tongehalt auf. Durch einen schwächer verwitterten Bereich getrennt ist ein weitgehend mit XIIb vergleichbarer AB-Horizont, der aber weniger Sand enthält und mit Pseudomycel angereichert ist (XIId). Jener geht graduell in einen ebenso stark verwitterten, schwach rötlicher wirkenden B(k)-Horizont, in dem auch Holzkohlefragmente zu finden sind, über. Von einem wiederum geringer verwitterten Bereich mit Sekundärkarbonat getrennt ist der basale, am stärksten verwitterte Bereich des Pedokomplexes (XIIg). Der (rötlich-)braune subpolyedrisch bis polyedrisch strukturierte Bt(k)-Horizont weist eine geringe Gruskomponente und wenig Sekundärkarbonat, teils in mehreren millimeterdicken Konkretionen auf. Der Übergang in den stark sekundär aufgekalkten Ck-Horizont im Löss (XIV) ist wellig und relativ deutlich, aber von dem nach unten hin in seiner Quantität stark ansteigendem Sekundärkarbonat überdeckt. Dieses liegt überwiegend in Form von Konkretionen und Pseudomycelien vor. Ferner ist ein geringer Grusgehalt in diesem Bereich nachweisbar.

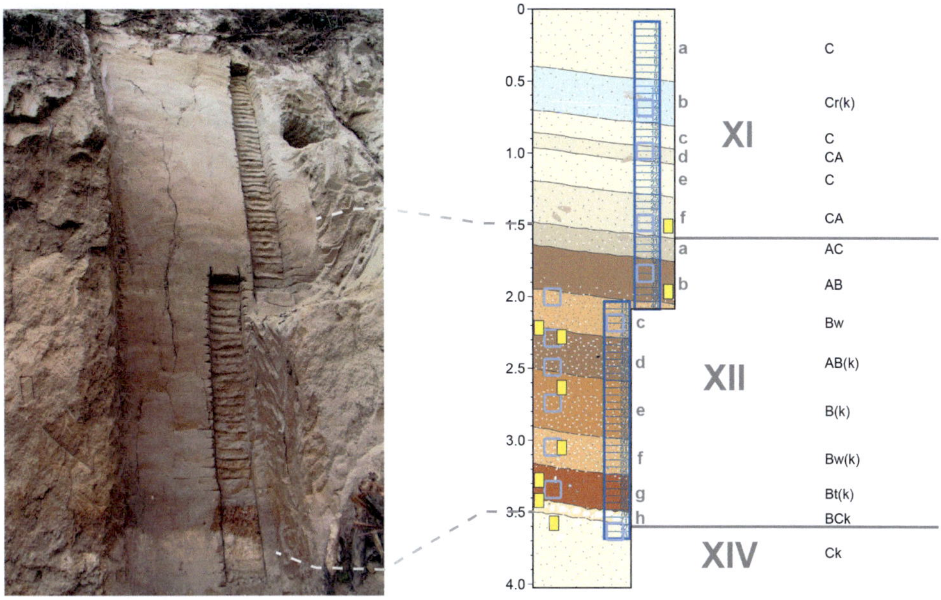

Abbildung 54: Das Profil MW2C im Überblick. Positionen der äquidistanten (blaue Rahmen) und mikromorphologischen (gelbe Rechtecke) Proben.

7.5.2 Farbe

Die Daten der Farbmessung sind in Abbildung 55 graphisch dargestellt. Eine Zusammenstellung der Messdaten findet sich Anhang 12. Die starken Schwankungen der Farbwerte im Bereich XIId–f sind vor allem mit der Störung des Messsignals durch kleine Körner von Sekundärkarbonat zu erklären.

Wie in den bisher dargestellten Profilen gilt auch hier, dass die L*-Werte im Pedokomplex deutlich geringer als im Löss sind. Sie sind ein sehr brauchbares Hilfsmittel um den Komplex robust zu gliedern, da die etwas geringer verwitterten Bereiche (XIIc und XIIf) etwas höhere L*-Werte aufweisen. Besonders deutlich zeichnen sich die am kräftigsten verwitterten Bereiche (von Schwankungen durch Sekundärkarbonat abgesehen) und die humosen Abschnitte in Form von Minima aus. Innerhalb der Lösssedimente zeigen der Bleichhorizont und der basale Ck-Horizont gleichermaßen Maxima der Luminanz. Der Gradient vom Pedokomplex in den überlagernden Löss hat zwei deutliche Einschnitte.

Nur im oberen dieser kleinen Minima ist auch der a*-Wert auffällig. Ansonsten zeigt a* deutlich den unterschiedlichen Charakter der Einheiten, wobei der Ck-Horizont deutlich höhere a*-Werte (und das absolute b* Maximum) hat als der Löss oberhalb des Pedokomplexes. Der gebleichte Horizont (XIb) weist das absolute Minimum in a* und ein relatives Minimum in b* auf. Innerhalb des KR 4 besitzen der basale Bt(k)- und der B(k)-Horizont im mittleren Abschnitt deutliche a* Maxima, die auch mit den sekundären b* Maxima korrelieren. Die AB-Horizonte XIIb und XIId zeigen gegenüber den schwächer verwitterten Einheiten nur leicht erhöhte Rotkomponenten, aber einen deutlichen Rückgang der Gelbkomponente. Generell verdeutlichen a* und b* in diesem Profil durch ihre teils geringe Parallelität (im Gegensatz zu gering differenzierten Lösssedimenten) deutlich ihr Potential als sich ergänzende Parameter bei der bodenkundlichen Klassifikation gut entwickelter Bodenhorizonte.

Der WCV ist in diesem Profil gut geeignet, die wichtigsten Horizonte zu differenzieren. Er zeigt die am stärksten verwitterten ebenso wie die gebleichten und karbonatangereicherten Bereiche. Er differenziert ferner die Horizonte XIIb (höher) und XIId (niedriger), die im relativen Kurvenverlauf bei jedem der L*a*b* Parameter vergleichbar reagieren (relative Minima/Maxima).

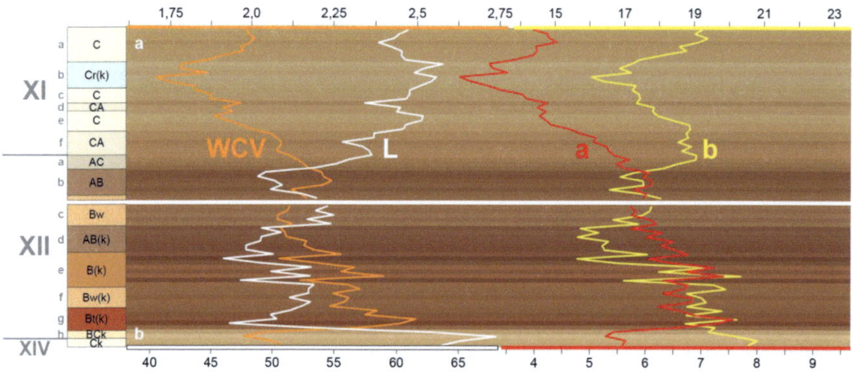

Abbildung 55: Stratigraphie von MW2C, basierend auf dem Abgleich der Aggregate und den Ergebnissen der hochauflösenden quantitativen Farbmessungen (L*, a*, b*, WCV sowie RGB-Farben [kontrastoptimiert])

7.5.3 Karbonat

Die Ergebnisse der Karbonatmessungen sind in Abbildung 56 visualisiert und in Anhang 3 zu finden. Neben dem Ck-Horizont liegen die höchsten Karbonatanteile im Bleichhorizont vor (ca. 13 %), darunter nehmen diese kontinuierlich ab. Innerhalb des Pedokomplexes liegen die Werte von (meist sekundärem) Karbonat um 5 %, mit den geringsten Mengen im oberen AB, dem stärker verwitterten Mittelteil und dem basalen Bt-Horizont. Werte von knapp 10 % im Bereich XIIc–d sind hervorzuheben. Obgleich die Proben horizontweise entnommen wurden, lassen sich generelle Trends im Vergleich zu den hochauflösend gemessenen Farben ableiten.

Eine gewisse Korrelation besteht zwischen L* und Karbonat. Die deutliche Kalkzunahme im Ck-Horizont geht nur mit einer etwas höheren Luminanz verglichen mit der des Bleichhorizonts einher. Die L* Minima und WCV Maxima korrelieren mit Karbonatminima. Die Probe am Übergang XIIc–d folgt diesen Trends nicht, da sie etwas dunkler ist aber ein relatives Maximum an (Sekundär-)Karbonat aufweist.

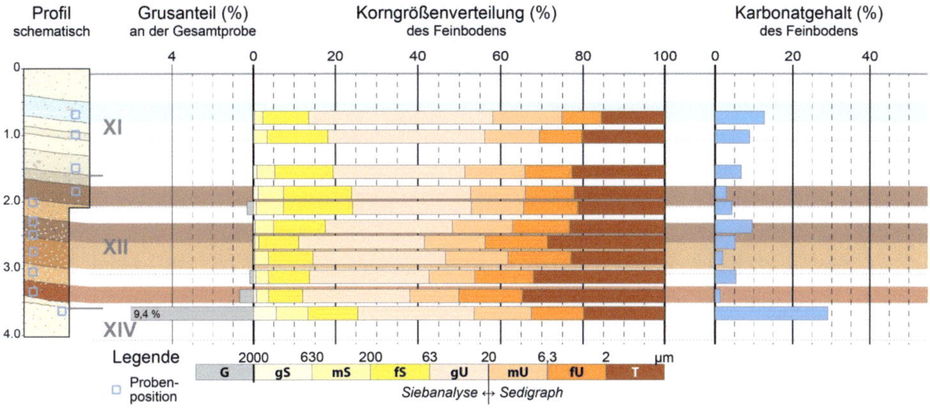

Abbildung 56: Ergebnisse der Korngrößen- und Karbonatanalysen repräsentativer Proben aus MW2C. Die Methode der Korngrößenanalyse ist am unteren Bildrand ersichtlich. Die Position der Einzelproben ist in der Profilskizze angegeben.

7.5.4 Korngrößen

Die Ergebnisse der Korngrößenanalysen sind in Anhang 3 aufgeführt. Abbildung 56 stellt sie gemeinsam mit den Karbonatgehalten dem schematisch wiedergegebenen Profil gegenüber.

Der liegende, sekundär aufgekalkte Löss hat die mit Abstand höchsten Grusanteile, die aber überwiegend von sekundären Karbonaten dieser Größenfraktion herrühren. Die detritären Grusanteile dürften bei ~1 % liegen und sind mit denen des basalen Bt-Horizonts vergleichbar. In den Proben aus dem übrigen Pedokomplex wurde Grobboden nur in den weniger stark pedogen geprägten Einheiten nachgewiesen.

In den oberen Abschnitten des KR 4 sowie im Löss direkt darüber ist ein deutlich erhöhter Sandanteil bis teils über 20 % messbar. Der stärker verwitterte Mittelteil und der basale Bt-Horizont haben bei höheren Tongehalten mit knapp über 10 % auch die geringsten Sandgehalte. Generell schwanken diese vor allem durch Änderungen innerhalb des dominierenden Feinsands. Die Variationen im Anteil des Grobsands sind etwas stärker an denen des Gruses orientiert.

Die Schluffanteile sind gleichermaßen durch die Änderungen im Sand- und Tongehalt beeinflusst. Die Minima um 55 % liegen im tonreichen basalen Bereich sowie im zugleich sand- und tonreicheren oberen Bereich des Pedokomplexes. Darüber sowie im mittleren Abschnitt des KR 4 wurden über 60 % Schluff gemessen. Der Tundragley besteht zu 45 % aus Grobschluff, darunter sinken die Werte ab. Innerhalb des KR 4 oszilliert diese Fraktion entsprechend den beschriebenen Schwankungen des Gesamtschluffs um 30 %. Mittelschluff und Feinschluff machen 10–15 % des Feinbodens aus, wobei relative Veränderungen bei ersterem eher am Grobschluff, bei zweiterem am Ton orientiert sind. Im Pedokomplex sind die Tongehalte höher als in den umgebenden Lösssedimenten (15–20 %). Der basale Bt- (35 %) und der darüber befindliche Horizont bilden mit über 30 % Ton die Maxima, Werte die vom

Peak im Mittelteil des Pedokomplex nicht ganz erreicht werden. Der sandigere AB-Horizont im oberen Teil zeigt keine deutliche Zunahme.

7.5.5 Mikromorphologie

Die mikromorphologische Untersuchung des klassischen KR 4 in maximaler Auflösung gibt deutliche Hinweise auf eine Vielzahl an pedogenen, morphologischen und sedimentologischen Entstehungsprozessen, die in der qualitativen Beschreibung erläutert werden. Zuvor wird die semi-quantitative Auswertung der mikromorphologischen Merkmale erläutert, die in Abbildung 57 zusammengefasst wird.

7.5.5.1 Trends der semi-quantitativen Auswertung

Bei vergleichbarer Porosität der Proben des Pedokomplexes, zeigen sich sichtbare Unterschiede der Hohlraum- und Gefügetypen. Die oberen Horizonte (XIIb–d) sind eher krümelig aggregiert, wobei Aggregatzwischenräume kaum vorhanden sind; Hohlräume sind häufiger in Form von Gängen anzutreffen als in den darunter liegenden Proben; primäre Karbonate sind nachweisbar, wobei dies für XIIb unsicher ist. Im mittleren bis unteren Teil des Pedokomplexes liegen dagegen eher Subpolyeder vor. Hier ist auch Grus zu finden sowie eine relative Zunahme von Quarz und Feldspat zuungunsten anderer Silikate und primärer Karbonate. Probe XIIg aus dem im Feld als Bt-Horizont angesprochenen Bereich zeigt dies am deutlichsten.

Feinstkarbonat (kristallitisches b-Gefüge) findet sich nur von der Unterkante des KR 4 abwärts. Ansonsten dominiert ein fleckiges, bisweilen (korn)streifiges b-Gefüge innerhalb des Komplexes; letzteres ist im oberen AB-Horizont (XIIb) typisch neben dem Vorkommen lockerer Sparitfüllungen. Einzelne Kalzite befinden sich auch in den Bereichen darunter. Der innerhalb des Schliffs XIIh liegende enge Grenzbereich vom Bt- zum Ck-Horizont zeigt kalzifizierte Wurzelzellen, die teils bioturbat gestört sind. Mikritische Füllungen, häufig in Form von Lublinit, ziehen sich dagegen fast durch den gesamten Pedokomplex. Hypo-Beläge und Imprägnierungen sind im basalen Ck-Horizont naturgemäß am häufigsten, kommen aber auch in Horizonten darüber vor und lassen sich bereits im Feld als Pseudomycelien identifizieren.

Der Bt-Horizont (XIIg) zeigt im Dünnschliff eine räumlich variable Verwitterungsintensität und Tonbeläge, die meistens gestört sind oder nur fragmentarisch vorkommen. Tonbeläge reichen bis in den Ck-Horizont, wo sie unmittelbar an mikritische Hypo-Beläge angrenzen (Abbildung 59D). Dentritisches Mangan zeigt keine signifikanten Schwankungen, typische Mangannodule sind ebenfalls fast durchgehend vorhanden. Eisenhaltige Nodule dagegen befinden sich nur im Bereich höchster Tongehalte. Holzkohlen beschränken sich auf diesen Bereich und XIIe.

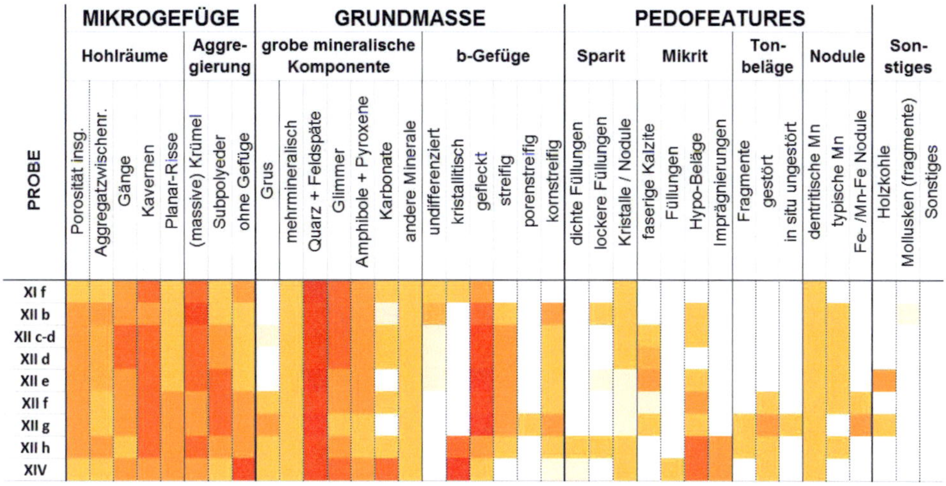

Abbildung 57: Mikromorphologische Charakteristika von MW2C

7.5.5.2 Besondere qualitative Merkmale

XIf - CA, Übergang in den hangenden Löss

Mikroskopisch erscheint die Probe aus dem obersten Bereich des Pedokomplexes wie teils entkalkter bioturbater Löss. Sichtbare Minerale erscheinen in verschiedene Raumrichtungen orientiert.

XIIb - AB, humoser Oberteil des KR 4

Die Probe aus Horizont XIIb ist völlig entkalkt und bioturbat geprägt. Auch im Schliff zeigt sich die erhöhte Sandkomponente, teilweise in mehrmineralischen Verbänden in Grobsandgröße (Abbildung 58A). Die Feinmasse ist mäßig tonig mit geflecktem bis kornstreifigem b-Gefüge. Es handelt sich um einen verbraunten, humosen Boden. Trotz kalkfreien Substrats finden sich KWZ (Abbildung 58A), die sich vermutlich in der Spätphase der Bodenbildung unter bereits beginnendem äolischem (karbonathaltigem) Eintrag gebildet haben.

XIIc-d - Bw-AB(k), Übergangsbereich

Das Substrat erscheint relativ gleichmäßig verwittert, während ein teils krümelig strukturiertes Mikrogefüge biogenen Einfluss zeigt; auch hier finden sich nadelfaserige Kalzite. Abbildung 58B zeigt, wie diese von einem vermutlich zoogenen Gang geschnitten werden, woraus eine synpedogene Entstehung des Sekundärkarbonats abzuleiten wäre. Anzunehmen wäre eine Bildung der Charakteristika während der Entwicklung des oberen AB-Horizonts.

XIId - AB(k), kräftig verwitterter Mittelteil des KR 4

Auch der AB(k)-Horizont im Mittelteil des Profils ist sowohl verwittert als auch biogen geprägt. Teils finden sich (möglicherweise primäre) Karbonate in Schluffgröße innerhalb der krümeligen bis subpolyedrisch strukturierten Grundmasse. In einem Bereich des Schliffs finden sich begrenzte Zonen gefleckten bis streifigen b-Gefüges mit deutlich erhöhten Tongehalten, stellenweise in Form von (teils abgerollten) Tonbelägen; ferner finden sich in diesen Aggregaten Mikritfragmente (Abbildung 58C). Vermutlich handelt es sich dabei um umgelagertes Bodenmaterial.

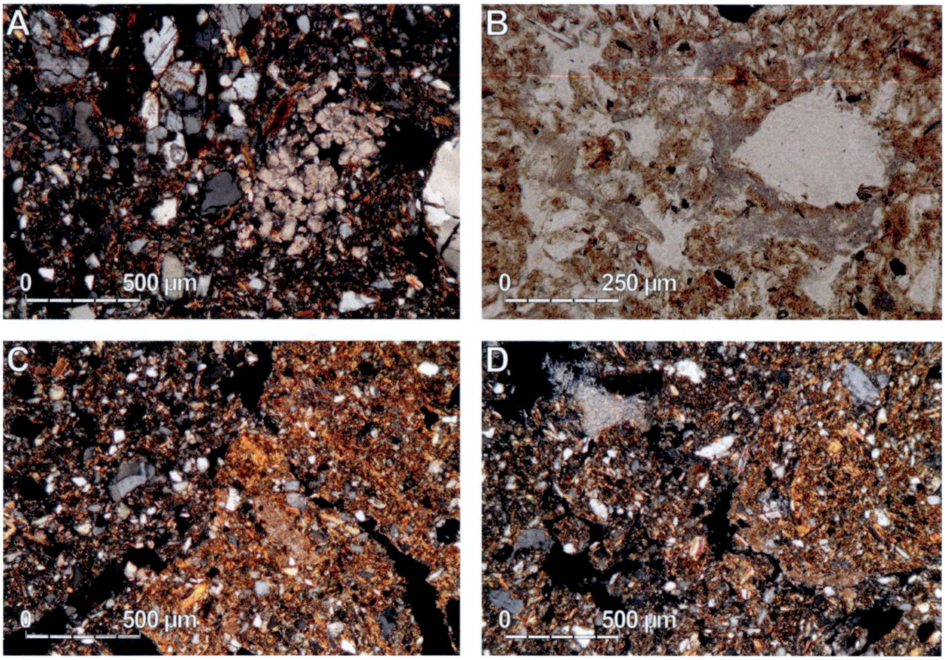

Abbildung 58: Mikromorphologie von MW2C. A: Sandhaltige mäßig verwitterte Grundmasse mit gestörter KWZ (XIIb, XPL). B: Nadelfaseriger Kalzit, nicht im Bereich des Gangs (XIIc–d, PPL). C: Stark verwittertes Fragment mit mikritischem Einschluss (XIId, XPL). D: Stark verwittertes Fragment (rechts) mit mikritischem Belag, ferner nadelfaseriger Kalzit oben links (XIIf, XPL)

XIIe – B(k), kräftig verwitterter Mittelteil des KR 4

Der Dünnschliff zeigt einen relativ gleichmäßig und stark verwitterten Paläoboden ohne Tonbeläge, der bei seiner Entstehung etwas geringeren aber noch deutlichen biogenen Einflüssen unterlag.

XIIf – Bw(k), Übergangsbereich

Auch in diesem Schliff finden sich stärker verwitterte Bodenfragmente mit gestörten Tonbelägen, die ihrem Aussehen nach aus dem basalen Bt-Horizont stammen könnten. In Abbildung 58D ist zu sehen, dass um das Aggregat ein mikritischer Saum liegt. Ansonsten ist das Material schwach bis mäßig verwittert (teils karbonathaltig) mit granulärer bis subpolyedrischer Mikrostruktur. Vermutlich handelt es sich bei dem Horizont um (solifluidal) umgelagertes Bodenmaterial, welches mit weniger stark verwittertem Material und/oder Löss vermischt wurde und pedogen überprägt wurde. Auch in diesem Horizont findet sich nadelfaseriger Kalzit (Abbildung 58D), der vermutlich während der Bildung des darüber liegenden AB-Horizonts entstanden ist.

XIIg – Bt(k), am stärksten verwitterter Basisbereich von KR 4

Der starke Verwitterungsgrad des Horizonts XIIg ist auch mikroskopisch klar sichtbar, wobei die vorhandenen Gerüstsilikate nicht verwittert sind. Insgesamt erscheint die Probe aber inhomogen, umgelagert und etwas bioturbat beeinflusst. Ferner ergeben sich Hinweise auf eine Quell-Schrumpfungs-Dynamik.

Letztere Annahme begründet sich durch eine stellenweise relativ massive, karbonatfreie Grundmasse mit geflecktem bis (korn-)streifigem b-Gefüge, im Bereich der weiteren Planar-Risse auch teilweise porenstreifig; Bereiche mit hohen Tonkonzentrationen (häufig etwas gestörte Tonbeläge) sind von dünnen Planar-Rissen durchzogen (Abbildung 59A). Als Porentypen sind innerhalb des überwiegend dichten Substrats Planar-Risse häufig. Biogene Aktivität leitet sich aus Bereichen zirkulär orientierter Elemente ab, die als passage features gedeutet werden (Abbildung 59B). Diese würde auch das Vorhandensein von Mikritfragmenten erklären. Ein Umlagerungsereignis während der Bodenentwicklung lässt sich durch das Vorhandensein von Gruskörnern mit Tonbelägen innerhalb einer Grundmasse mit deformierten Tonbelägen rekonstruieren (Abbildung 59C).

XIIh – BCk, Übergangsbereich

Innerhalb des Dünnschliffes befinden sich im oberen Abschnitt eher tonige, im unteren karbonatreiche Bereiche. Die enge Verzahnung der Horizonte wird durch die Vermischung von Mikrit-Aggregaten und Bodenfragmenten deutlich. Bemerkenswert ist das Vorkommen scharf begrenzter Mikritbereiche im direkten Kontakt mit deformierten Tonbelägen innerhalb eines dünnen Planar-Risses, während die umgebenden Poren frei von Tonbelägen sind (Abbildung 59D). Dies könnte eine direkte Nachbarschaft von Karbonat- und Toneinwaschungsdynamik aufgrund stark saisonalen Klimas bezeugen. Es könnte sich aber auch um eine Verzahnung durch Bioturbation handeln, bei der Fragmente des wenig tiefer liegenden Ck-Horizonts in den Bt-Horizont eingearbeitet wurden. Morphodynamische Prozesse wären auch nicht auszuschließen. Eine bioturbat gestörte KWZ (Abbildung 59E) belegt zumindest die Phase ungestörter Bodenentwicklung vor der Fossilierung. Da nur wenige Tonbeläge in situ sind, kann sie aber nicht von langer Dauer gewesen sein, bzw. ist in den Profilbereichen oberhalb des Ck-Horizonts die Bioturbation/Morphodynamik zu aktiv gewesen.

XIV – Ck, Karbonatanreicherungshorizont

Der Karbonatanreicherungshorizont unter dem Pedokomplex KR 4 ist insgesamt relativ gleichmäßig mikritisch imprägniert. Stellenweise finden sich auch hier Tonbeläge, die jedoch deutlich fragmentiert sind. Möglicherweise muss von einer Mehrphasigkeit bzw. Gleichzeitigkeit von Verwitterung/Tonverlagerung gegenüber Umlagerung/Bioturbation bei der Entwicklung des basalen Bt-Horizonts und dem entsprechenden Ck-Horizont ausgegangen werden.

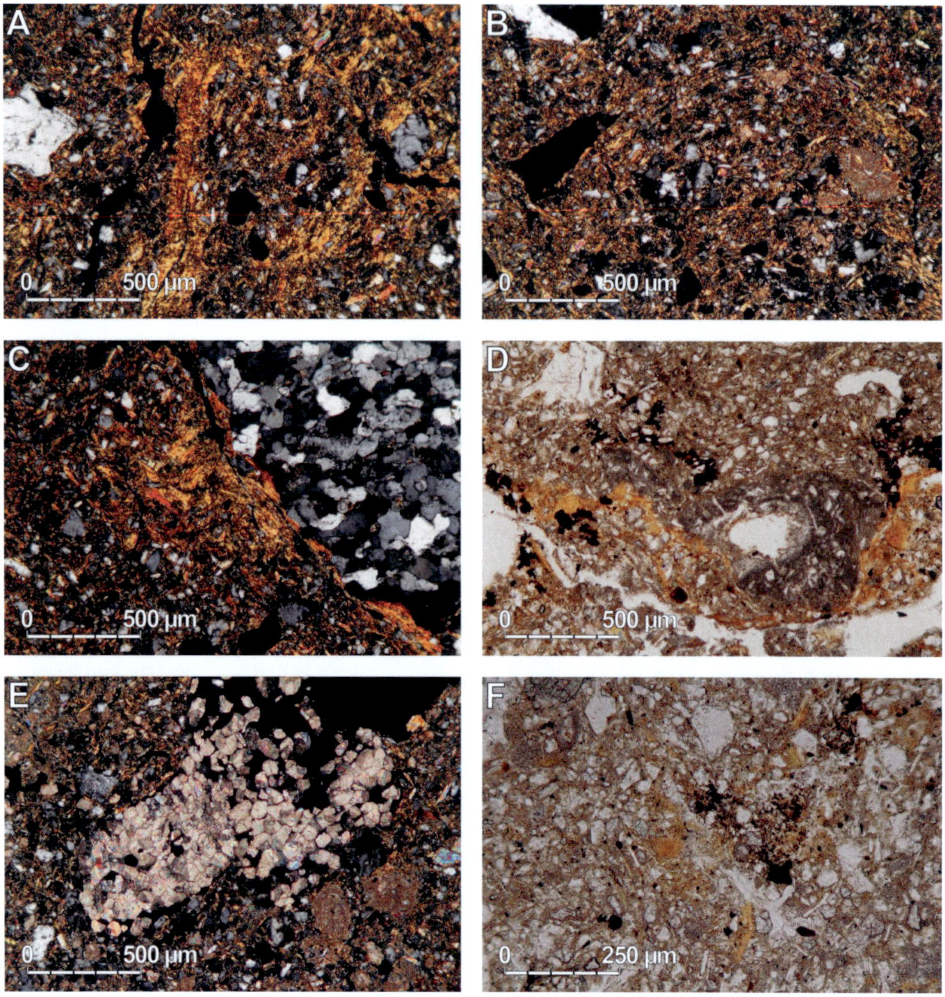

Abbildung 59: Mikromorphologie von MW2C (forts.). A: gestörte Tonbeläge in verwitterter Grundmasse (XIIg, XPL). B: Holzkohle- (links) und Mikritfragment (rechts) in relativ dichter, toniger Grundmasse, oben passage feature (XIIg, XPL). C: Gruskorn mit tonigem Belag und deformierte Tonbeläge in Grundmasse (XIIg, XPL). D: Mikritfragment mit Gang (sparitische Beläge) neben deformiertem Tonbelag. Poren sonst weitgehend frei von Belägen (XIIh, PPL). E: Gestörte KWZ in krümelig strukturierter heterogener Grundmasse mit Mikritfragmenten (XIIh, XPL). F: Tonbelags- und Mikritfragmente in karbonatreicher Grundmasse (XIV, PPL)

7.6 Profile AK3A und AK3B

Im Bereich AK3 wurde die maximale Mächtigkeit der LPS zwischen KR 4 (Einheit XII) und dem unteren Bleichhorizont aus Einheit VI erwartet. Die insgesamt knapp 8 m mächtige Sequenz ist in zwei 4 m umfassenden, detailliert untersuchten Profilen erfasst (Abbildung 60). Profil AK3A beginnt 3 m unter der Geländeoberkante. Die Proben wurden ungestört

in 5 cm Auflösung entnommen. Ein bei der Profilaufnahme und Beprobung angenommener Überlappungsbereich von 30–40 cm lässt sich aus den vorliegenden Daten nicht mehr nachvollziehen (Abbildung 61). Es wird vermutet, dass das Einfallen der Schichten nach N etwas größer ist als angenommen, so dass sich beide Profile gerade zu ergänzen scheinen.
Die Untersuchungen der im Gelände in weiten Teilen kaum differenzierbaren Abfolge von Lösssedimenten zeigen das große Potential der Farbmessungen, um zu einer relativ robusten stratigraphischen Unterteilung und einer Korrelation mit den benachbarten untersuchten Profilen in AK 2 und AK 1 zu kommen (Abbildung 43; Abbildung 92)

7.6.1 Stratigraphie

Unterhalb der basalen Bleichzone von Einheit VI folgen gering differenzierte (fein)sandige grushaltige Lösssedimente mit gelegentlichen Grusbändern, wobei das Substrat in Einheit VIII etwas dichter ist als in IX, wo in weiten Bereichen eine stark krümelige Struktur mit Wurmlosungen vorherrscht, die vermutlich biogenen Ursprungs ist. Auch Einheit X umfasst gering differenzierte (fein)sandige grushaltige Lösssedimente, während Einheit XI etwas gebleicht ist sowie homogener und feiner ist. Der Übergang in den humosen Oberteil des basalen Paläobodens (Einheit XII) ist graduell.

7.6.2 Farbe

In Abbildung 61 sind die Farbdaten graphisch dargestellt; die zugehörigen Messwerte finden sich in Anhang 13. Entsprechend der makroskopisch schwierigen Differenzierung der Sequenz bietet auch erst die Zusammenschau aller Farbparameter und der Vergleich mit der Karbonatkurve die Möglichkeit, unter Abgleich mit den Aggregaten zu einer robusten Feinstratigraphie zu kommen.
Der L*-Wert hat seine Extrema in der obersten (Maximum) und untersten (Minimum) Probe des Profils, entsprechend der eindeutig identifizierten Bleichzone im basalen Teil von Einheit VI bzw. des KR 4 Pedokomplexes (Einheit XII). Die Schwankungen zwischen diesen Einheiten sind eher gering; schwach humose Bereiche wurden ausgegliedert wenn L* sinkt, ohne dass a* und b* deutlich über mehrere Proben hinweg ansteigen. Auch die in weiten Teilen aus gebleichtem Löss bestehende Einheit XI zeichnet sich eher durch Minima der Farbkomponenten als durch Helligkeitsmaxima aus.
Schwach oxidierte Bereiche wurden makroskopisch nicht eindeutig erkannt, im Profil aber anhand der über mehrere Proben hinweggreifenden relativen Maxima der a*-Werte identifiziert, Bleichzonen durch deutliche Minima dieses Parameters. Die b*-Werte folgen in weiten Teilen diesen Trends. Deutlich sichtbar ist eine Dreiteilung der mächtigen basalen Bleichzone anhand eines Anstiegs beider Parameter im unteren Drittel bei einem gleichzeitigen Rückgang von L*. In Einheit X sind a* und b* durchgehend leicht erhöht, aber nicht genügend, um insgesamt als CB oder stärker oxidierte Abschnitte zu gelten.
Neben den eindeutig makroskopisch identifizierten obersten und basalen Horizonten zeichnet der WCV auch Einheit X und die dreigeteilte Bleichzone in Einheit XI deutlich nach.

Die Schwankungen in den Einheiten VIII und IX führen vor allem im Abgleich mit der Karbonatkurve zu einer robusten Untergliederung.

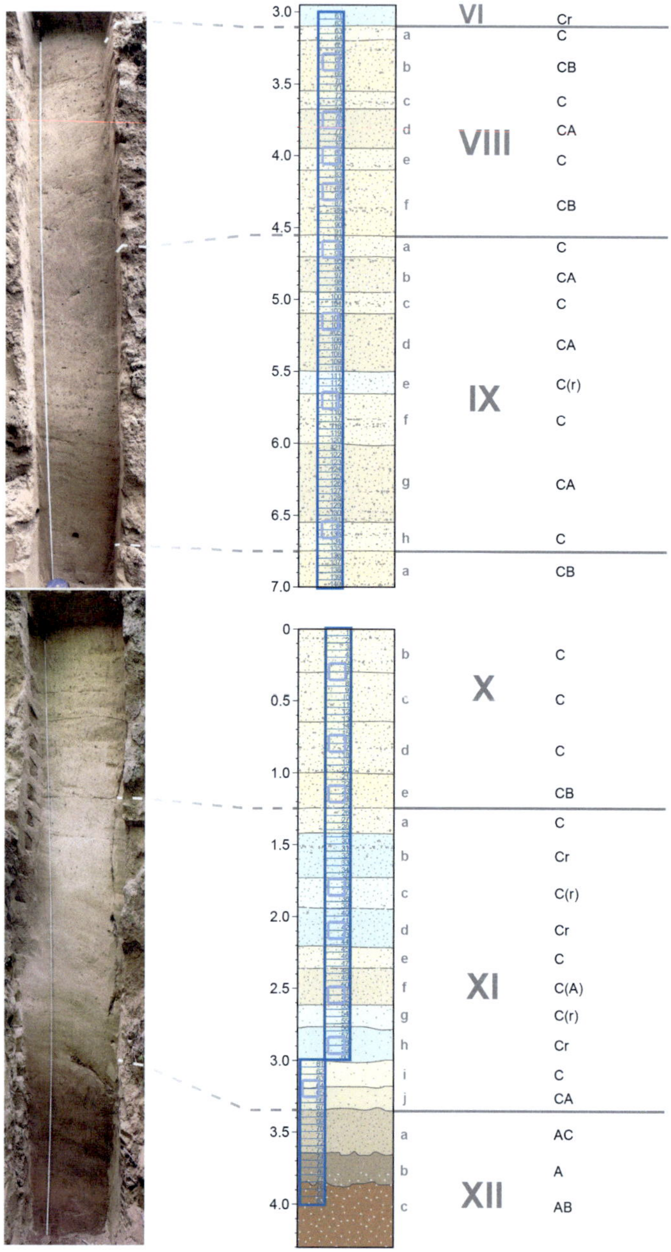

Abbildung 60: Überblick über die Profile in Sektor AK3

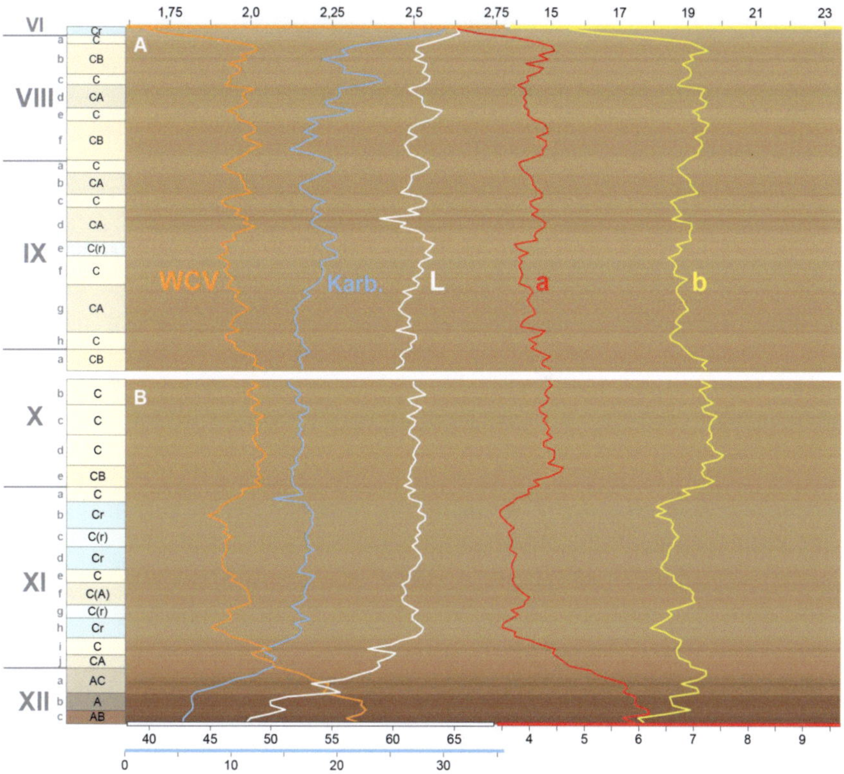

Abbildung 61: Stratigraphie von AK3A und AK3B, basierend auf dem Abgleich der Aggregate und den Ergebnissen der hochauflösenden quantitativen Farbmessungen (L*, a*, b*, WCV sowie RGB-Farben [kontrastoptimiert]) und Karbonatanalysen

7.6.3 Karbonat

Die Karbonatgehalte finden sich in Anhang 4 und Anhang 13 sowie visualisiert in Abbildung 61 und Abbildung 62. Innerhalb der Lösssedimente liegen diese relativ konstant bei 15–20 % mit einem Anstieg innerhalb des obersten Profilmeters, wo im Tundragley (VI) 30 % erreicht werden. In den reduzierten Bereichen sind die Werte gegenüber den unveränderten Bereichen nur leicht erhöht.

Im unteren Bereich des Reduktionsbereichs in Einheit XI nehmen die Werte deutlich ab und erreichen im oberen Bereich des Pedokomplexes mit gut 5 % die absoluten Minima innerhalb des Profils. In den dunkleren/bräunlicheren Abschnitten von AK3A liegen relative Minima der Karbonatgehalte. Die vergleichende Betrachtung der Farbwerte mit der Karbonatkurve resultiert in einer robusteren Unterteilung insbesondere in den oberen Profilabschnitten, da L*-Werte in ihrem Verlauf die Schwankungen des Karbonats nachzeichnen, während der WCV umgekehrt verläuft.

7.6.4 Korngrößen

Die Ergebnisse der Korngrößenanalysen finden sich in Anhang 4. Eine Gegenüberstellung mit den hochauflösenden Karbonatmessungen und dem Profilschema gibt Abbildung 62 wieder.

Im Rahmen der Grusabsiebung wurden die Grobbodenanteile nur in Häufigkeitsklassen geschätzt und diese auf die Prozentskala übertragen (Anhang 13). Die Ergebnisse dokumentieren deutliche Schwankungen der Grusgehalte innerhalb der Lösssedimente. Jene zeigen eine durchgängige Gruseinmischung, mit Ausnahme des Tundrengleys im obersten Abschnitt und der unteren Hälfte des mächtigen basalen, reduzierten Bereichs (XI). Auch im beprobten Teil des Pedokomplexes ist Grus nur sehr selten zu finden. Die Lösssedimente in Einheit VIII mit mehreren diskreten grusigen Bändern und Abschnitt IX mit dem einzelnen Maximalpeak zeigen etwas höhere Grusgehalte als die leicht bräunliche Einheit X.

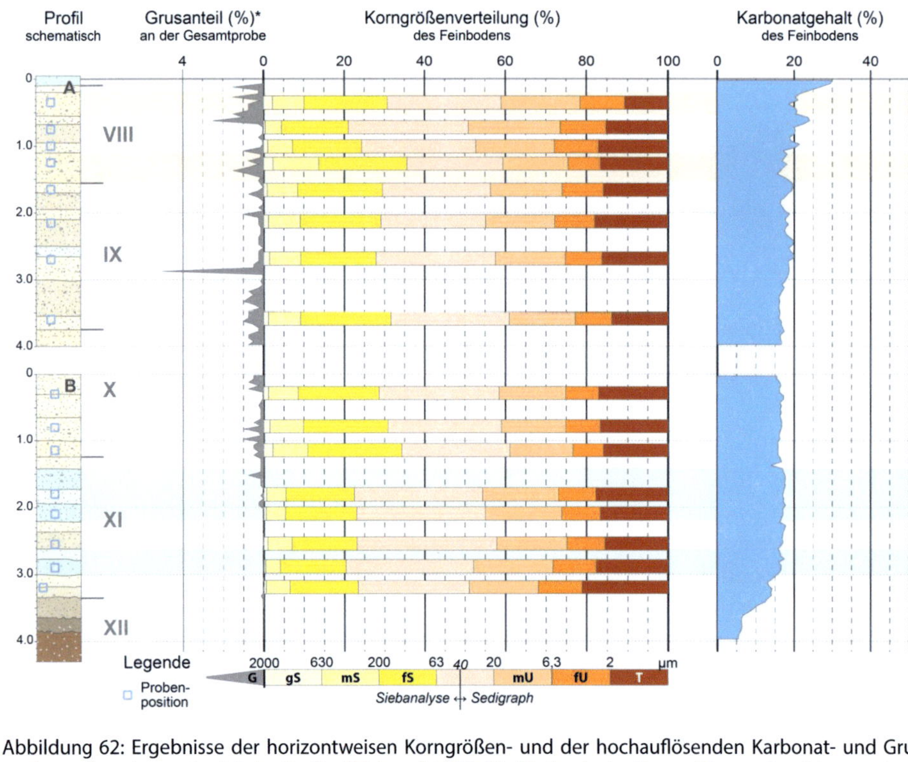

Abbildung 62: Ergebnisse der horizontweisen Korngrößen- und der hochauflösenden Karbonat- und Grusanalysen (*semi-quantitativ) der Profile AK3A und AK3B. Die Methode der Korngrößenanalyse ist am unteren Bildrand ersichtlich. Die Position der Einzelproben ist in der Profilskizze angegeben.

Innerhalb der untersuchten Horizonte schwanken die Sandgehalte des Feinbodens zwischen ca. 20 und 35 % mit etwas höheren Werten in bräunlicheren Bereichen (Maximum in VIIIf) gegenüber den eher unveränderten bis gebleichten Bereichen, insbesondere Einheit XI. Die

Grobsandgehalte liegen bei den untersuchten Proben unter 3 %, die Schwankungen verlaufen weitgehend synchron mit den Grusanteilen. Der Mittelsand weist Anteile zwischen 5 und 10 % auf; die Schwankungen des Gesamtsandes beruhen hauptsächlich auf dem Feinsand mit Werten um durchschnittlich 20 %. Die Minima liegen in XI und im leicht humosen mittleren Abschnitt von Einheit VIII(d–e).
Weitgehend umgekehrt zum Sandgehalt verlaufen die Schluffanteile, mit Maximalwerten um 60 % in den Bereichen VIIId–e und XI. In den recht sandreichen bräunlichen Horizonten VIIIf und Xe ist weniger als 50 % Schluff nachweisbar. Die Feinschluffbereiche schwanken nur gering um 10 %, die Mittelschluffbereiche etwas stärker zwischen 15–20 %, in ihren Osziallationen angelehnt an den Grobschluffgehalt, der zwischen 25–35 % pendelt. In VIIId–e liegt das Maximum des Mittelschluffs, in XI jenes des Grobschluffs.
Während in der relativ grus- und sandreichen Probe aus dem obersten bräunlichen Horizont (VIIIb) das absolute Minimum an Ton vorkommt (11 %) und auch in den anderen sandreicheren Horizonten etwas weniger Ton als in den übrigen Proben der Lösssedimente enthalten ist, sind im zweiten derartigen Horizont (VIIIf) keine geringeren Tongehalte nachzuweisen. Nur in der untersten Probe, im Übergang zum Pedokomplex, lassen sich mehr als 25 % Ton messen.

7.7 Profil AK2B

Das 8 m hohe Profil in Sektor AK2 schließt wie jenes in AK3 den Bereich zwischen KR 4 (Einheit XII) und der unteren Bleichzone von Einheit VI auf. Es wurde angelegt um die Korrelation zwischen den benachbarten Sektoren AK3 und AK1 (wo die Bleichzone nicht mehr erreicht wurde) zu erleichtern (vgl. Überblick in Abbildung 43). Vom methodischen Standpunkt erschien es interessant, die Eignung von Farbmessungen für diesen Zweck zu testen. Die Beprobung erfolgte semi-gestört in 10 cm Auflösung.

7.7.1 Überblick

Die Profiloberkante liegt in der basalen Bleichzone von Einheit VI, darunter folgt ein ca. 6 m mächtiges Paket schwach differenzierter, sandiger Lösssedimente mit durchgehend geringer Grusbeimengung und diskreten Grusbändern. Die Einheiten VIII und X zeigen einen schwachen Braunstich und haben überwiegend ein lösstypisches Gefüge.
Einheit IX tritt farblich nicht hervor, weist aber in weiten Teilen eine krümelige, vermutlich bioturbate Struktur auf. Einheit XI ist dichter gepackt, enthält etwas geringere Anteile an Feinmaterial und erscheint leicht reduziert. Unterhalb beginnt mit einem diffusen Übergang der KR 4 Pedokomplex (Einheit XII).
Mit Ausnahme der Nassböden im Top (VI) und im unteren Abschnitt (in XI) sowie des basalen Pedokomplexes ist in die Sequenz kontinuierlich Grus mit schwankenden Gehalten eingemischt (Anhang 14; Abbildung 63). Im Mittelteil befinden sich mehrere diskrete Grusbänder, die sich in entsprechenden Peaks der hochauflösenden Beprobung widerspiegeln.

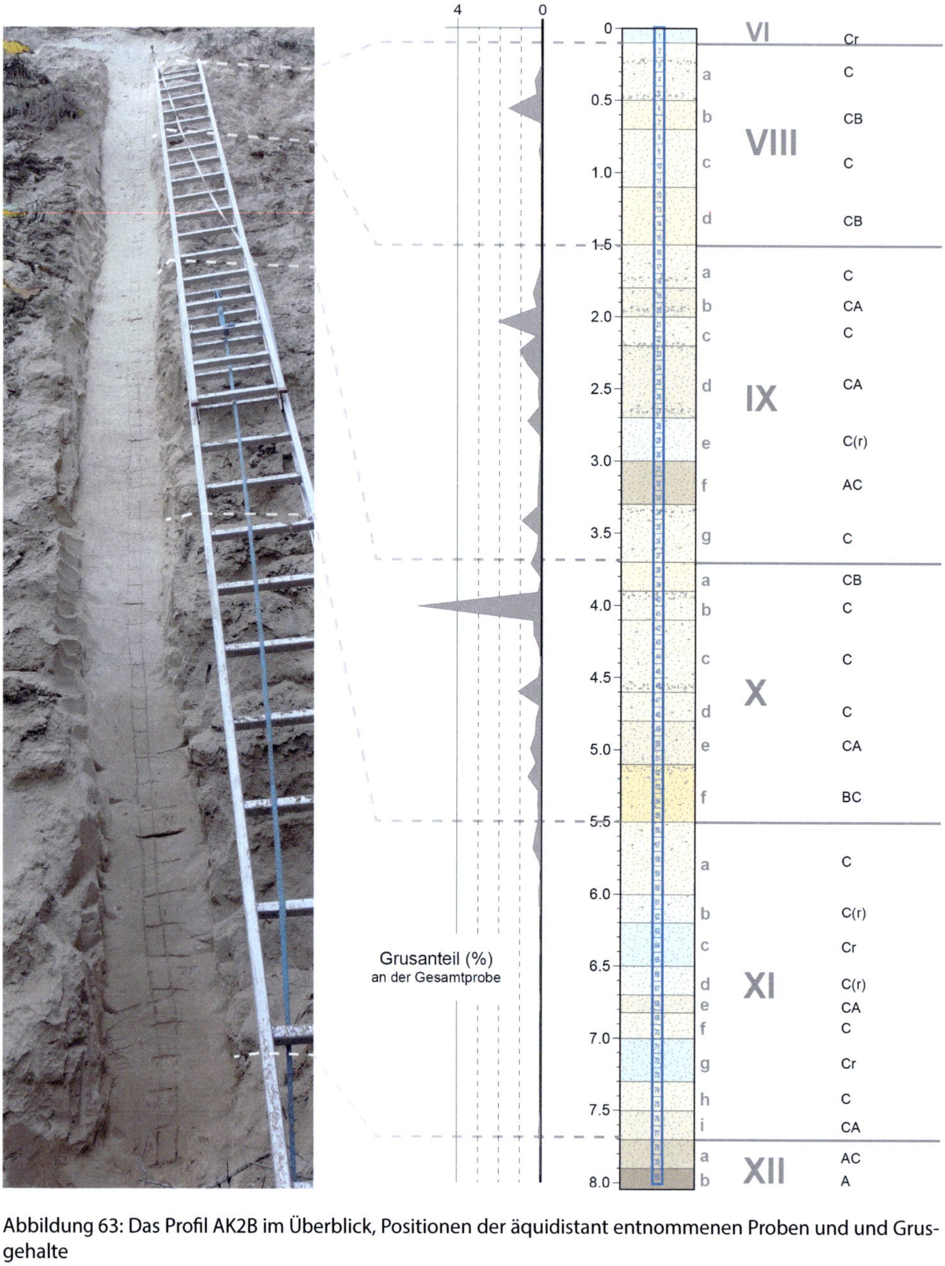

Abbildung 63: Das Profil AK2B im Überblick, Positionen der äquidistant entnommenen Proben und und Grusgehalte

7.7.2 Farbe und Stratigraphie

Wie die untersuchte Sequenz in Sektor AK3 wird die Stratigraphie erst durch die Farbmessungen deutlich und es zeigen sich gewisse Übereinstimmungen mit den benachbarten Profilen. Die Messwerte finden sich in Anhang 14; sie sind die Grundlage der graphischen Darstellung in Abbildung 64. Die Differenzierung ist etwas deutlicher als in Sektor AK3, aber nicht so sichtbar wie im Sektor AK1.

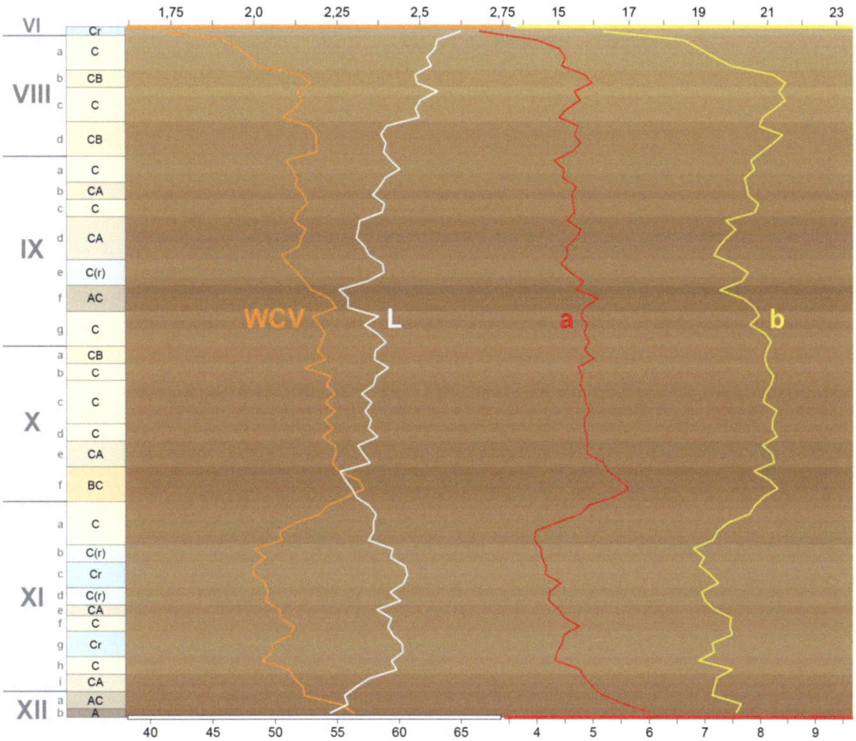

Abbildung 64: Stratigraphie von AK2B, basierend auf dem Abgleich der Aggregate und den Ergebnissen der hochauflösenden quantitativen Farbmessungen (L*, a*, b*, WCV sowie RGB-Farben [kontrastoptimiert])

Wie in AK3 sind die absoluten Maxima und Minima des L*-Wertes in der obersten bzw. untersten Probe zu finden. Sekundäre Minima im mittleren Bereich der Sequenz, die auch markoskopisch sichtbar sind, erreichen fast das absolute Minimum der Luminanz, da die unterste Probe nicht sehr tief im Pedokomplex lag. Weitere relative Minima von L* fallen häufig mit Maxima von a* und b* bzw. des WCV zusammen und kennzeichnen schwach veränderte Lösse. Die Bleichzone in Abschnitt XI zeichnet sich durch einen höheren L*-Wert aus.

Hinsichtlich der Extrema der a*-Werte ergibt sich ein umgekehrtes Bild zu den L*-Werten. Die b*-Werte zeigen zwar ihr Minimum in der obersten Bleichzone, steigen aber nicht signifikant innerhalb des Pedokomplexes an. Sowohl a* als auch b* zeigen durch ihre Peaks in Einheit XI, dass sie auch hier dreigeteilt ist. Maxima der Rot- und Gelbkomponente fallen in den Lösssedimenten darüber hinaus häufig mit Minima der Luminanz zusammen und erschweren bereichsweise die eindeutige Klassifizierung in schwach humose oder schwach verwitterte Bereiche. Horizont VIIId beispielsweise zeigt einen deutlichen Rückgang in L* bei nur geringen Anstiegen in a* und b*, wird aber als CB klassifiziert, weil er einen diskreten WCV Peak und in den benachbarten Profilen eine vergleichbare Charakteristik hat. Der WCV folgt generell den von a* und b* vorgegebenen Trends und zeichnet alle charakteristischen Profilabschnitte entsprechend nach. Er hat sein Maximum nicht im basalen Pedokomplex, sondern in Abschnitt Xf, welcher (auch makroskopisch sichtbar) leicht verbraunt ist.

7.8 Profil AK1BC

Das 11 m mächtige Profil in AK1 (Abbildung 43, Abbildung 65) liegt ~1 m linker Hand des durch Hofer (2010) untersuchten Profils KSI 1 und beginnt etwa 60 cm oberhalb desselben. Aus den in KSI 1 durch den Bearbeiter ausgegliederten Horizonten liegen Daten zur Korngrößenverteilung und den Karbonatgehalten vor. Des Weiteren wurden im Zeitraum der Bearbeitung von KSI 1 Proben zur Lumineszenzdatierung entnommen. Entlang der Aufschlusswand in AK1 und NW5 wurden im humosen Oberteil des KR 4 mehrere Knochenfragmente gefunden, die F. Fladerer (Universität Wien) untersuchte. Außerdem berichtet Hofer (2010) von drei verbraunten Bereichen innerhalb der Lösssedimente oberhalb von KR 4, welche als Hinweis darauf gewertet wurden, dass diese Sequenz besser differenziert ist als jene in AK3. Die Abfolge umfasst den in 10 cm Auflösung beprobten KR 4 Pedokomplex, der hier in einer außergewöhnlichen Mächtigkeit (~3,5 m) und Abfolge vorkommt (AK1C). Darüber liegen Lösssedimente mit makroskopisch sichtbaren schwachen Verbraunungen und Bleichzonen, die in 5 cm Auflösung bearbeitet wurden. Die basale Bleichzone von Einheit VI müsste ca. 80 cm oberhalb des Profils verlaufen, konnte aber durch die gestörte Wand und den Bewuchs nicht identifiziert und aus technischen Gründen nicht erreicht werden.

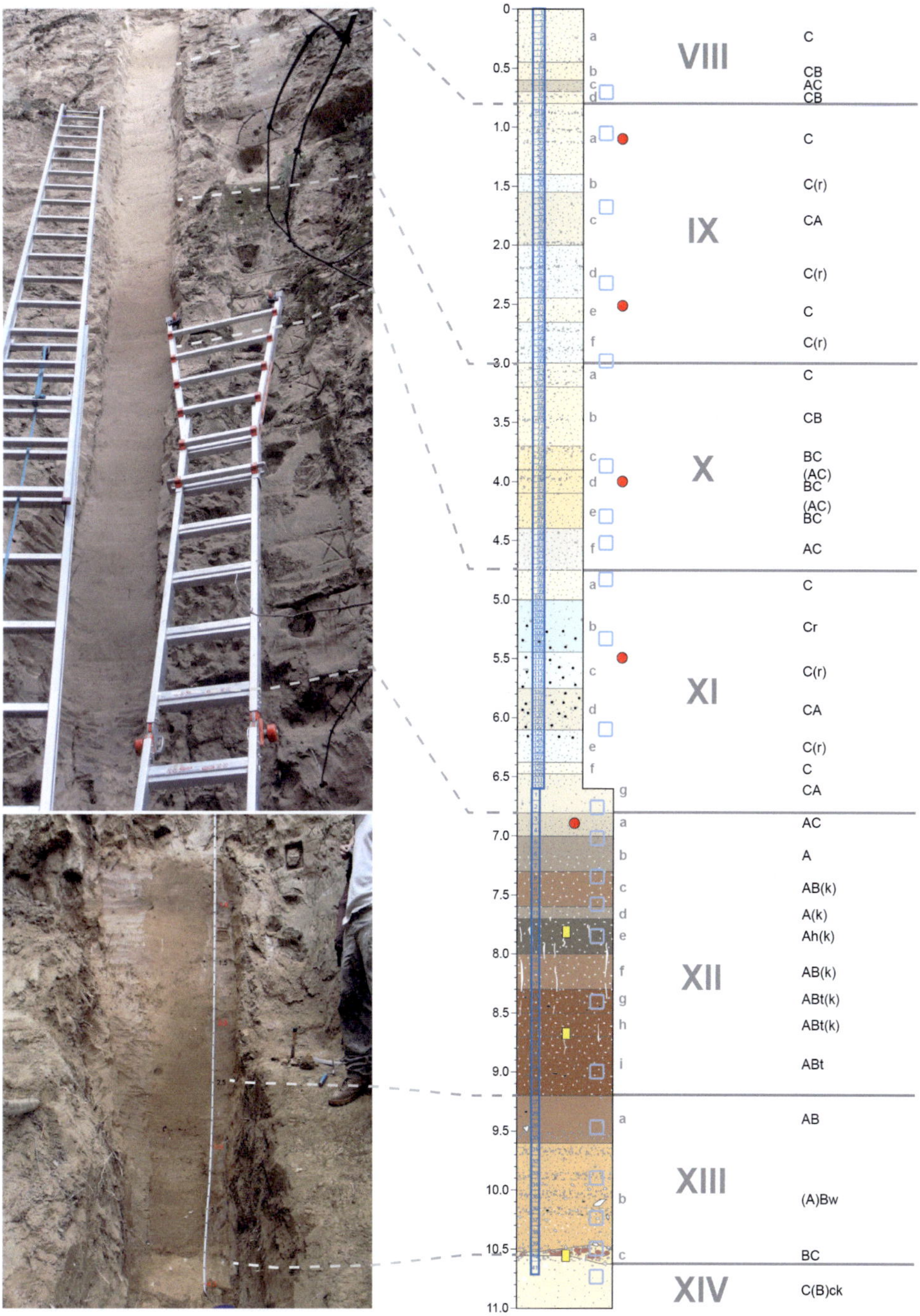

Abbildung 65: Das Profil AK1BC im Überblick. Positionen der äquidistanten (blaue Rahmen), mikromorphologischen (gelbe Rechtecke) und Datierungsproben (rote Kreise).

7.8.1 Stratigraphie

Von der Profiloberkante bis in ca. 5 m Tiefe liegen sandige Lösssedimente mit geringen Grusgehalten vor; teils tritt letzterer in diskreten Bändern auf. Einheit VIII ist im unteren Abschnitt sichtbar verbraunt. Darunter ist bereichsweise deutlich helleres Substrat vorhanden, welches in weiten Teilen eine stark krümelige, vermutlich bioturbate Struktur aufweist (Einheit IX). Abschnitt X ist etwas bräunlicher mit höheren Sandgehalten, XI ist dagegen von Feinmaterial dominiert und deutlich reduziert. Darauf weist die gräuliche Färbung gepaart mit millimetergroßen Mangankonkretionen hin. Der Übergang in den KR 4 Pedokomplex ist graduell. Aufgrund stratigraphischer Überlegungen wurde er in die Einheiten XII und XIII geteilt. Im oberen Bereich von XII dominieren sichtbar humose Horizonte, die in ihrer Feinstruktur überwiegend krümelig, aber relativ tonig und dicht sind und die meist in blockigen Aggregaten absondern. Der untere Abschnitt ist einheitlich braun und subpolyedrisch bis polyedrisch strukturiert, mit schwachen teils gestörten Toncutanen auf den Aggregatoberflächen. Einheit XII enthält deutlich sichtbare Anreicherungen von Sekundärkarbonaten, überwiegend in Form von Pseudomycel und diskreten überwiegend vertikal verlaufenden millimeterdicken Adern (vor allem im mittleren Bereich). Dagegen ist Einheit XIII weitgehend frei von sichtbaren Sekundärkarbonaten und deutlich geringer pedogen strukturiert. Auffällig sind Grus- und Kiesbänder innerhalb dieses Abschnittes, ferner Knochenfragmente und Holzkohleflitter. Die Grenze zum basalen Löss (Einheit XIV) bildet ein wenige Zentimeter mächtiger Horizont, in dem rötliche tonige Bodenfragmente und Grus in hellbrauner Matrix vorkommen (XIIIc). Darunter folgt mit scharfer Grenze ein gelblicher Ck-Horizont mit zentimetergroßen Karbonatkonkretionen.

7.8.2 Farbe

Insgesamt zeigt die Sequenz in Sektor AK1 durch ihre Mächtigkeit und gute Differenzierung sowohl bezüglich der Lösssedimente als auch des Pedokomplexes eine Vielzahl an Horizonten mit spezifischen farblichen Charakteristika. Diese sind in Abbildung 66 ersichtlich und in Anhang 15 nachzulesen.

Der L*-Wert spiegelt die grobe Zweiteilung der Sequenz in Lösssediment (höhere Werte) und Bodenkomplex (niedrigere Werte) deutlich wider. Letzteres und der makroskopisch sichtbar dunkle Charakter führten zur fast durchgängigen Vergabe von A bei der Klassifikation der Untereinheiten des Pedokomplexes. Der makroskopisch dunkelste Ah-Horizont (XIIe) zeigt seine Charakteristik aber eher durch das absolute Minimum im b*-Wert und ein relatives Minimum im a*-Wert als durch einen signifikanten Rückgang des L*-Werts. Innerhalb der Lösssedimente sind Maxima der Luminanz verschieden zu interpretieren. In Einheit IX kennzeichnen sie die Bleichzonen, in Einheit XI dagegen die Lösssedimente, die einen dunkleren Bereich einklammern. Letzterer wurde sichtbar von reduzierenden Bedingungen geprägt (makroskopisch grau, Mangankonkretionen), die resultierende Farbe ist aber dunkler als Löss und hat daher eine geringere Luminanz. Diese Erscheinung steht ebenso im Gegensatz zu den Profilen in AK1 und AK2 wie die Tatsache, dass auch die a* und b*-Werte keine große Auffälligkeit zeigen.

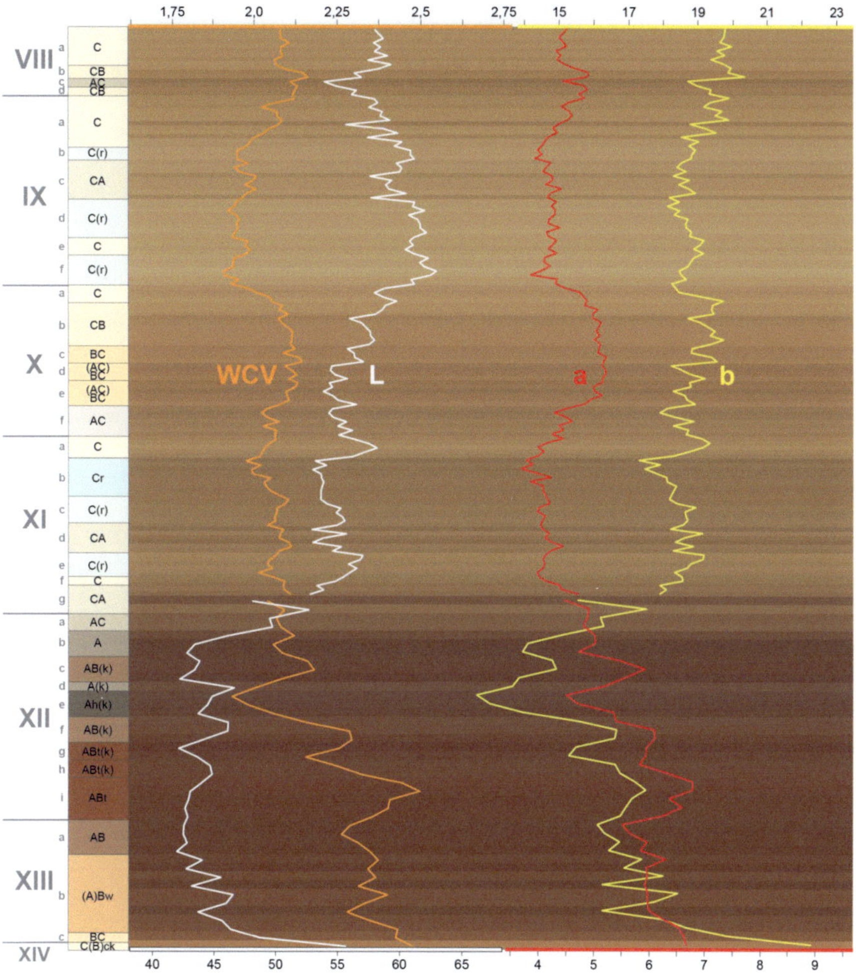

Abbildung 66: Stratigraphie von AK1BC, basierend auf dem Abgleich der Aggregate und den Ergebnissen der hochauflösenden quantitativen Farbmessungen (L*, a*, b*, WCV sowie RGB-Farben [kontrastoptimiert])

Deutlich sichtbare Anstiege von a* über mehrere Proben zeichnen die makroskopisch erkennbaren verbraunten Lösse in den Einheiten VIII und X nach. Im Bodenkomplex sind hohe a*-Werte neben den makroskopisch sichtbaren Charakteristika mitbestimmend bei der Klassifikation in die Richtung verwitterter Horizonte. Reine B(t/w)-Horizonte scheinen hier nicht vorzuliegen, da die a*-Werte nicht übermäßig ansteigen und die Luminanz gering bleibt.

Dafür sprechen auch die insgesamt niedrigen b*-Werte innerhalb des Pedokomplexes. Sie verlaufen zwar teilweise parallel zu den a*-Werten, liegen in anderen Profilen innerhalb von B-Horizonten jedoch deutlich höher. Innerhalb der Lösssedimente zeigt die Gelbkomponente wenig signifikante Ausschläge.

Obgleich der WCV in vielen Profilen auch in humosen Horizonten höhere Werte hat, ergibt sich im dunklen Ah-Horizont (XIIe) ein negativer Ausschlag durch die geringen Rot- und Gelbkomponenten. Wie bei den L*a*b*-Werten zeichnet auch der WCV erwartungsgemäß nur die Bleichzonen in Einheit IX durch Minima nach, während der reduzierte Bereich in Einheit XI keine besonderen Ausschläge zeigt.

7.8.3 Karbonat

Die Ergebnisse der Karbonatbestimmungen durch Hofer (2010) sind der Vollständigkeit halber in Anhang 5 aufgeführt und in Abbildung 67 dargestellt.

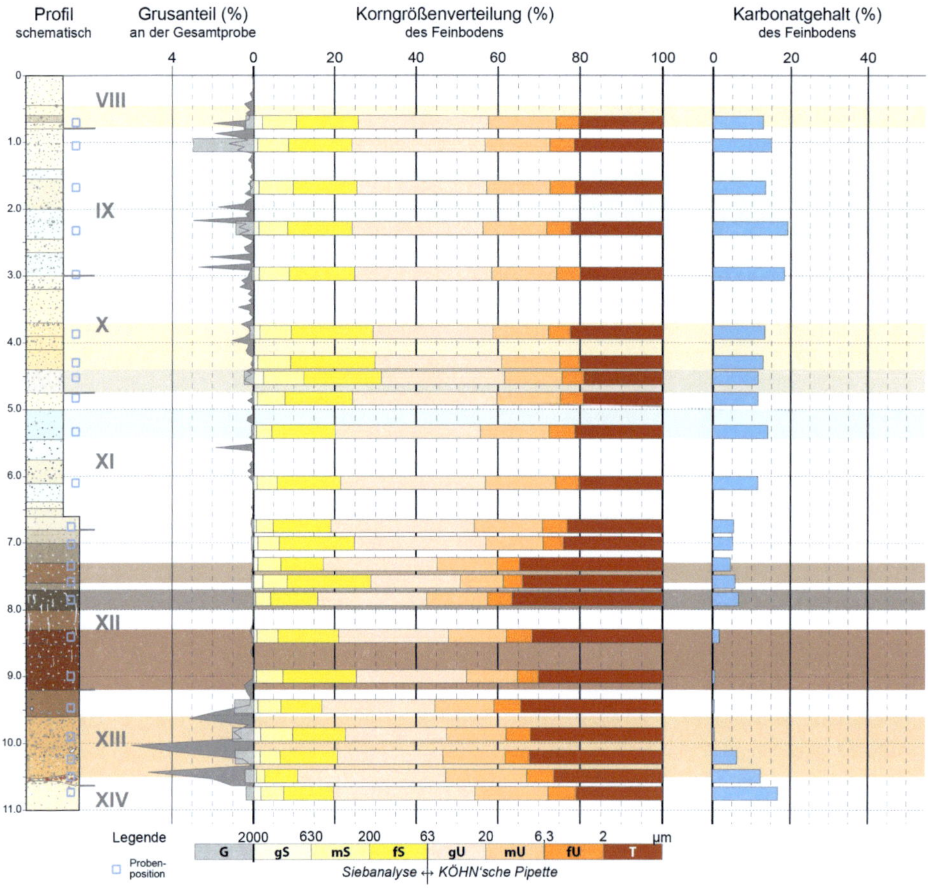

Abbildung 67: Ergebnisse der horizontweisen Korngrößen- und Karbonatanalysen nach Hofer (2010), modifiziert sowie der hochauflösenden Grusbestimmungen in AK1BC. Die Methode der Korngrößenanalyse ist am unteren Bildrand ersichtlich. Die Position der Einzelproben ist in der Profilskizze angegeben.

Die Lösssedimente weisen Karbonatgehalte über 10 bis fast 20 % auf. In den krümeligen gebleichten Abschnitten von Einheit IX liegen die absoluten, in den stark reduzierten Bereichen von Einheit XI relative Maxima. Im dazwischen liegenden bräunlichen Substrat und im Übergang zum Pedokomplex liegen die Minima innerhalb der Lösssedimente. Auch der verbraunte Bereich in Einheit VIII hat geringere Karbonatanteile. In den humosen oberen Bereichen des Pedokomplexes liegen immer noch über 5 % vermutlich überwiegend sekundären Karbonats vor, im Bereich des ABt und darunter ist er nahezu kalkfrei. Im Übergang zum basalen Löss nimmt der Karbonatgehalt deutlich zu.

Die Auflösung der Ergebnisse der Karbonatbestimmung ist gegenüber der Farbmessung relativ gering. Karbonatgehalte korrelieren in weiten Teilen mit den L*-Werten (jeweils Maxima in Einheit IX und Minima in Einheit XII), von den sekundär aufgekalkten humosen Horizonten des Pedokomplexes abgesehen. Der am deutlichsten reduzierte Bereich in Einheit XI hat ebenfalls höhere Karbonatgehalte bei gleichzeitig dunklerer Färbung gegenüber den benachbarten Proben.

7.8.4 Korngrößen

Die in hoher Auflösung bestimmten Grusgehalte (Anhang 15) werden in Abbildung 67 den neu berechneten Ergebnissen der horizontweisen Korngrößenanalyse durch Hofer (2010) gegenübergestellt. Die Daten hierzu finden sich in Anhang 5.

Die diskreten Maxima der Grusverteilung, die auch in der Profilzeichnung skizziert sind, werden durch die hohe Auflösung der Messung eindrucksvoll verdeutlicht. Der im Feld wahrgenommene hohe Grobanteilgehalt im Bereich XIII wird durch mehrere diskrete Peaks mit über 3 % Grus quantifiziert. Der Bodenkomplex darüber enthält dagegen nur wenig oder keinen Grus, ebenso wie die teils gebleichten dichten Lösssedimente. Eine Ausnahme sind geringe Gehalte im Bereich der schwächeren Bleichung und ein Grusband im deutlich reduzierten Bereich. Einheit X mit einem bräunlichen Farbton hat durchgehend Grusanteile bis zu 1 %. Der leicht gebleichte, krümelige Abschnitt IX hat höhere Grusanteile und zeigt mehrere deutliche Grusbänder. Im Übergang zum bräunlichen Horizont darüber sind weitere relative Maxima (bis 2 %) zu finden.

Die Sandgehalte liegen bei über 20 % in den Lösssedimenten, mit Maxima im Bereich von Einheit X und Minima darunter. Im Pedokomplex schwanken die Werte, liegen aber im Durchschnitt unter dem der Lösssedimente. Die Grobsandanteile korrelieren bei Werten bis zu 2 % in etwa mit dem Grusgehalt. Die Mittelsandgehalte liegen in den Lösssedimenten oberhalb der deutlich reduzierten Bereiche (XIb) bei 5–10 %, darunter schwanken sie um 5 %. Die Feinsandmaxima liegen in den Lösssedimenten bei ca. 15 %, nur in Einheit X liegen die Werte etwa 5 % darüber. Im Bodenkomplex sind starke Schwankungen des Feinsands zwischen 10 und 20 % zu verzeichnen. Relative Minima liegen in dessen mittleren Abschnitt vom oberen Bereich des ABt- bis in den Ah-Horizont.

Die Gesamtschluffgehalte schwanken in den Lösssedimenten um 55 %, mit Minima im sandigeren Abschnitt X und Maxima im dichten Bereich XI. Im Bodenkomplex pendeln die Werte um 45 %, die absolut geringsten Anteile um 37 % liegen im AB- oberhalb des kräftigen Ah-Horizonts. Grobschluff macht ca. 60 % des Gesamtschluffs aus und korreliert mit

dem Gesamtverlauf, Feinschluff zeigt mit Gehalten innerhalb des Feinbodens um 5 % kaum Schwankungen. Der Mittelschluff hat Anteile um 10–15 % und liegt in der Intensität der Ausschläge zwischen Fein- und Grobschluff.
Innerhalb der Lösssedimente liegen die Tongehalte relativ gleichbleibend um 20 %, im Bodenkomplex werden um 35 % erreicht, insbesondere im etwas humoseren oberen Abschnitt (vor allem im Ah) und im kolluvialen unteren Bereich (vor allem der AB-Horizont in dessen Top), der ABt-Horizont erreicht durch seinen etwas höheren Sandgehalt etwa 5 % geringere Tonanteile am Feinboden.

7.8.5 Mikromorphologie (AK1C)

Drei ausgewählte Proben aus dem über drei Meter mächtigen Pedokomplex sollen erste Einblicke in dessen Entstehung liefern.
Die semi-quantitative Auswertung der Charakteristika findet sich in Abbildung 68 und wird in Folge erläutert. Im anschließenden Abschnitt werden qualitative Besonderheiten untersucht.

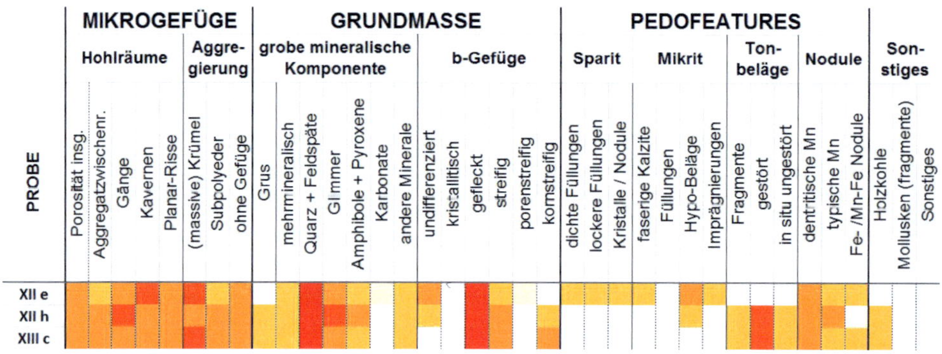

Abbildung 68: Mikromorphologische Charakteristika von AK1C

7.8.5.1 Trends der semi-quantitativen Auswertung

Im Gegensatz zu den makroskopischen Unterschieden erscheinen die Schliffe in ihrer Kompaktheit recht ähnlich. Die Probe des Ah- ist gegenüber jener des ABt-Horizonts etwas krümeliger und weniger subpolyedrisch strukturiert. Dort kommen vor allem Kavernen vor, während der ABt-Horizont häufiger Gänge aufweist.
Der Ah-Horizont ist im Gegensatz zu den anderen Proben frei von Grus; bioturbat transportierte einzelne Wurzelzellenkalzite in dieser Probe könnten mit primären Karbonaten verwechselt werden. Ansonsten sind die mineralogischen Unterschiede recht gering und vergleichbar mit Proben aus anderen Profilen.
Der Tongehalt ist im ABt- höher als im organikreicheren, aber noch deutlich tonhaltigen Ah-Horizont. In letzterem ist das Gefüge vereinzelt poren- und nicht kornstreifig wie in den beiden anderen Proben. Der Ah-Horizont ist der einzige untersuchte Horizont mit Spa-

rit verschiedener Morphologie, hinzu kommt Lublinit. Hypo-Beläge reichen dagegen bis in den ABt-Horizont und werden teilweise von Tonbelägen überdeckt. Generell kommen Tonbeläge nur in den beiden untersten Proben vor, teils auch ungestört, bisweilen auch feinschluffig und relativ mächtig im Vergleich zu jenen anderer untersuchter Proben.
Auch Holzkohlevorkommen sind diesen beiden Proben gemeinsam. Der untere Horizont enthält mehr Grobmaterial, bisweilen Sandbänder und Fragmente von verlehmtem und durch Illuviation tonangereichertem Material.

7.8.5.2 Besondere qualitative Merkmale

XIIe – Ah, dunkle Humuszone im oberen Bereich des Pedokomplexes
In der Grundmasse wechseln sich relativ gering strukturierte und krümelige Bereiche ab, wobei der Boden insgesamt kompakt wirkt. Die Karbonate innerhalb von eher tonreichen Zonen mit geflecktem bis streifigem b-Gefüge (vorverwittertes Ausgangsmaterial) sind vermutlich bioturbat in die Grundmasse eingearbeitete Kristalle aus KWZ; passage features, in denen die Orientierung und Sortierung der Bestandteile deutlich wird, sind ein Beleg für den biogenen Einfluss (Abbildung 69A).

XIIh – ABt, verwitterter Mittelteil des Pedokomplexes mit Toncutanen
Wie in nahezu allen Proben gibt es in dieser Hinweise auf eine polygenetische Entstehung. Das Substrat hat ein krümeliges bis subpolyedrisches Gefüge mit geflecktem bis (korn-) streifigem b-Gefüge, in dessen Porenzwischenräumen leicht gestörte Tonbeläge liegen (Abbildung 69B), die eine vermutlich bioturbate Überprägung des hier vorhandenen Tonanreicherungshorizonts belegen. Eine Besonderheit sind Stellen mit ungestörten Tonbelägen, teilweise mit einer deutlichen Schluffkomponente (dust clay coating; Abbildung 69C). Vermutlich handelt es sich um eine späte und zügige Ton-Remobilisierung aus umgelagertem beziehungsweise bioturbat stark gestörtem Bodenmaterial. Über den Toneinwaschungen liegen stellenweise mikitische Füllungen (Abbildung 69D), die generell mit einer zunehmenden Aridität in Verbindung gebracht werden können. In diesem Fall belegt es die postpedogene Kalkeinwaschung im Zuge der Entkalkung äolischen, da karbonatischen Materials während der Entstehung der oberhalb liegenden Bodenhorizonte.

XIIIc – BC, heterogener Horizont an der Unterkante des Pedokomplexes
Der im Feld schwierig anzusprechende Horizont erscheint auch im Dünnschliff äußerst heterogen. Er enthält Fragmente eines für die Untersuchungsregion außergewöhnlich stark tonangereicherten Paläobodens innerhalb einer nicht sehr stark verwitterten Grundmasse mit geflecktem bis streifigem b-Gefüge. Da die Tonbeläge teils in situ erscheinen (Abbildung 69E), ist davon auszugehen, dass nach der Ablagerung eine teilweise Remobilisierung des Fließplasmas stattfand (teils in situ Tonbeläge). Abschließend wäre noch das Vorkommen eines diskreten Sandbandes innerhalb einer schwach strukturierten Grundmasse mit variablen Tongehalten, teils in Form von dünnen, stark gestörten Belägen zu erwähnen (Abbildung 69F).

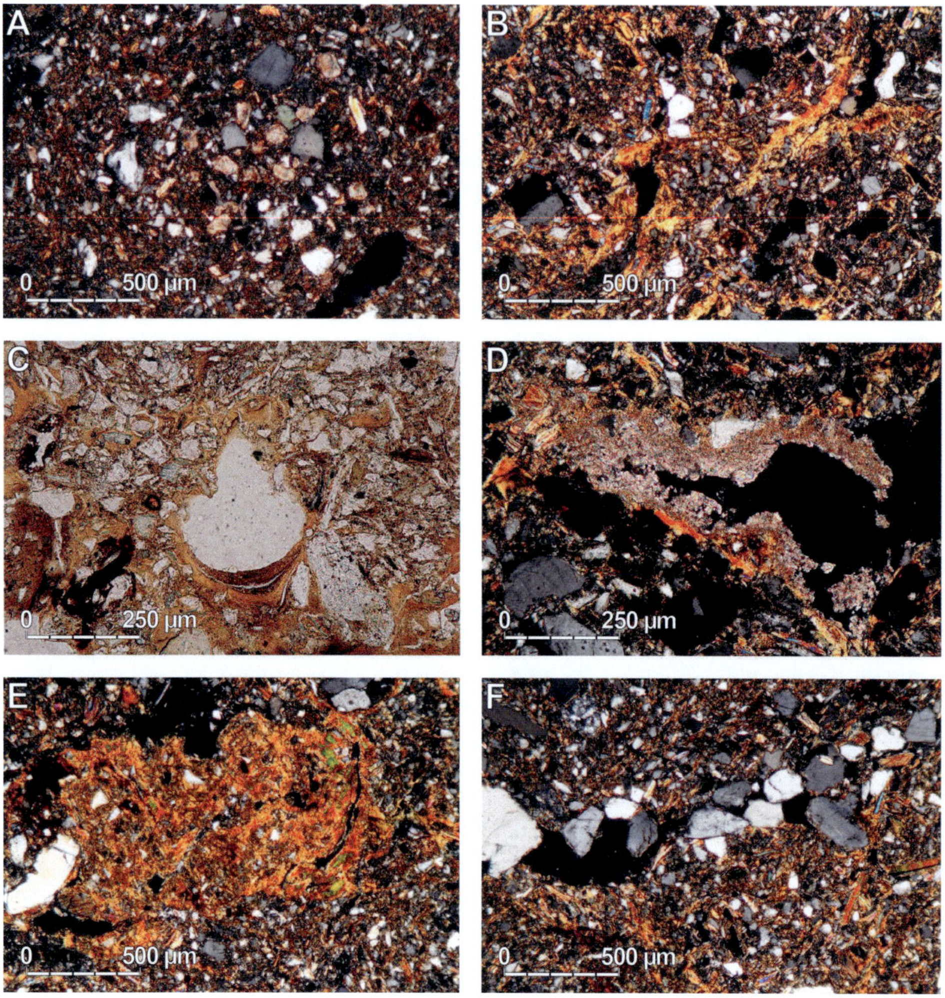

Abbildung 69: Mikromorphologie AK1C: A: Tonreiche Grundmasse mit passage feature und Kalziten, vermutlich aus KWZ (XIIe, XPL). B: Subpolyedrisches Gefüge mit gestörten Tonbelägen (XIIh, XPL). C: In situ Tonbeläge mit später Schluffkomponente (XIIh, PPL). D: Mikritische Füllung über Tonbelägen (XIIh, XPL). E: Stark tonangereichertes Fragment mit Tonbelägen, teils in situ (XIIIc, XPL). F: Sandlinse in Grundmasse mit gestörten Tonbelägen (XIIIc, XPL)

7.8.6 Datierungen

Die in Tabelle 6 aufgeführten Lumineszenzalter aus dem Profil in Sektor AK1 sind endgültige Angaben, deren Bestimmungen auf einer mit den Analysen in Paudorf (Sprafke et al., 2014) vergleichbaren Methodik basieren. Die methodischen Details sind Gegenstand einer in Vorbereitung befindlichen Publikation. Abbildung 70 gibt einen Überblick über das Profil und die Alterseinschätzungen.

Tabelle 6: Lumineszenz-Alter im Bereich AK1.

Name	Labornr.	n	Dosis (Gy)	Dosisleistung (Gy/ka)		Staw.	**Alter**
IXa	1684	6	> 1100	3,43	±	0,17	> 320 ka
IXe	1683	6	> 1100	3,33	±	0,17	> 330 ka
Xd	1672	6	> 1100	3,29	±	0,16	> 340 ka
XIc	1671	6	> 1100	3,87	±	0,19	> 280 ka
XIIa	1669	6	> 1100	3,38	±	0,17	> 330 ka

Staw. = Standardabweichung

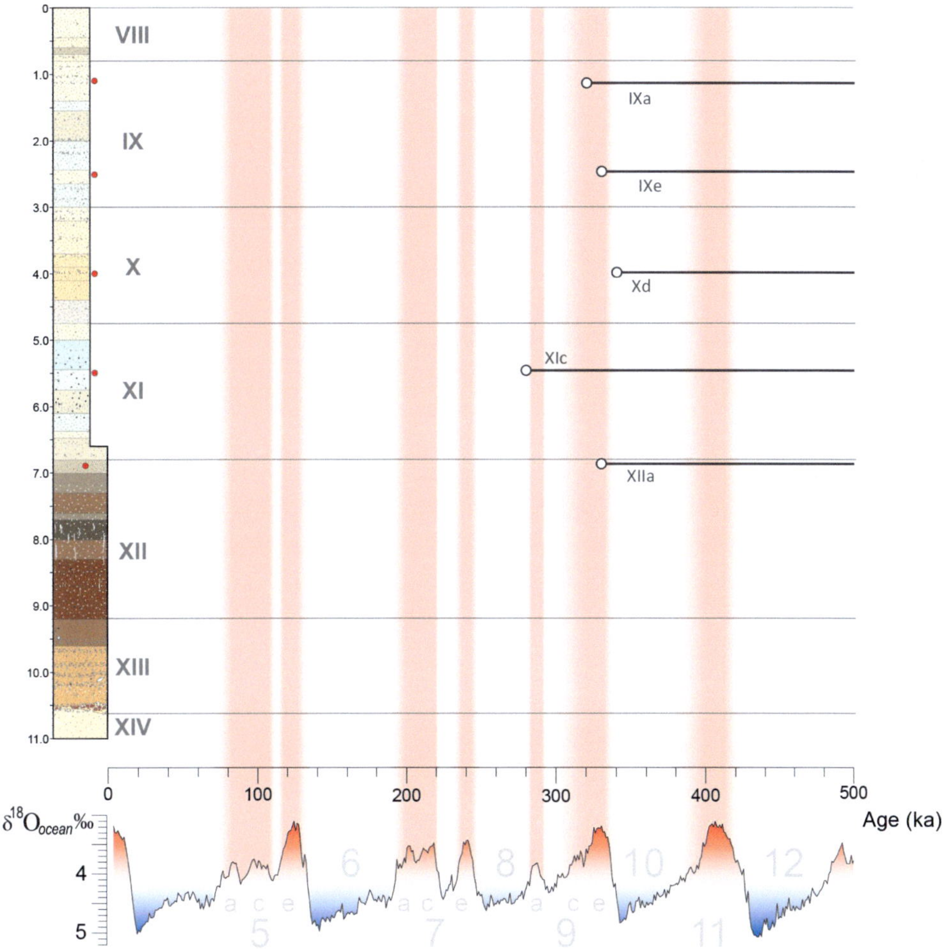

Abbildung 70: Numerische Alter der Lumineszenzdatierung im Bereich AK1 in Gegenüberstellung zur Stratigraphie und Sauerstoffisotopenkurve (Lisiecki & Raymo, 2005)

Sämtliche Proben aus dem Profil liegen mit einer Dosis über 1100 Gy im Sättigungsbereich. Daher lassen sich die Alter nicht näher bestimmen. Die Dosisleistung liegt in allen Proben etwas über 3 Gy/ka. Die vorläufigen Alter aus den anderen Profilen sind daher tatsächlich nur grobe stratigraphische Angaben auf der temporalen Skala von Sauerstoffisotopenstufen. Für die Lösssedimente in AK1B müssen Minimalalter ≥ MIS 10 diskutiert werden.

7.9 Profil NW5BC

Das Profil liegt am westlichen Ende der Nordwand und knüpft an KSI 2 aus Hofer (2010) an. Es wurde überblicksweise angesprochen, da im oberen humosen Bereich des KR 4 Bodenkomplexes und im darüber liegenden Lösssediment Knochen gefunden wurden. Hierfür sollte ein stratigraphischer Rahmen gegeben werden. Interessanterweise ist der Bodenkomplex in seiner Ausprägung eher mit jenem in den Profilen MW2C und NW2C vergleichbar (Abbildung 71). Im nur wenige Meter entfernten Profil AK1C ist er deutlich mächtiger und differenzierter (siehe 5.3.6).

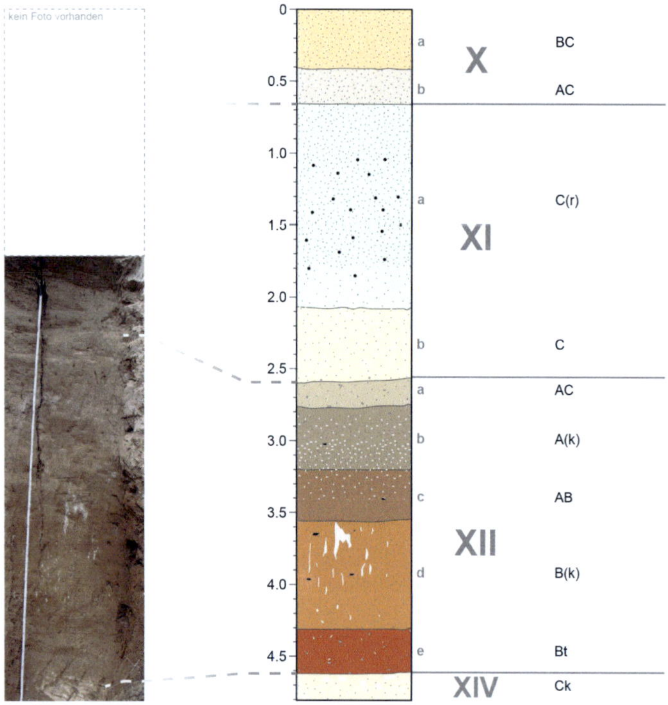

Abbildung 71: Das Profil NW5BC im Überblick

Das hier untersuchte knapp 5 m mächtige Profil beginnt oben in einem bräunlichen Horizont, der stratigraphisch dem unteren Abschnitt von Einheit X im benachbarten Profil entspricht. Der Horizont ist etwas sandiger als Einheit XI, welche wie in anderen Bereichen der

Wand deutliche Reduktionsmerkmale, insbesondere Mangankonkretionen von wenigen Millimetern Durchmesser aufweist. Im oberen Drittel dieses Horizonts ca. 2 m weiter rechts wurden die einzigen Knochen des Aufschlusses gefunden, die in Lösssediment vorkommen und nicht in Pedokomplexen. Dieser ist hier im oberen Abschnitt humos, mit einem graduellen Übergang in den hangenden Löss und weist verbreitet Pseudomycelien auf. Im Mittelteil ist der Bodenkomplex stärker verlehmt und verbraunt; bereichsweise findet sich feines Sekundärkarbonat in mehreren zentimetergroßen Bereichen. Ein ca. 30 cm mächtiger, sehr kräftig verwitterter Bereich, der überwiegend subpolyedrisch mit stellenweise polyedrischen Merkmalen strukturiert ist und aufgrund des Vorhandenseins von dünnen Toncutanen als Bt-Horizont angesprochen wird, grenzt relativ scharf an den unterlagernden stark karbonathaltigen Ck-Horizont (XIV).

7.10 Profil NW4B

Das Profil in Sektor NW4 gibt einen Einblick in die Abfolge zwischen KR 4 (Einheit XII) und dem basalen Bleichhorizont aus Einheit VI; sie ist hier knapp 4 m mächtig. Das Profil schließt damit die Lücke zwischen den Profilen im Alten Kugelfang und dem Eingangsbereich der Schießstätte (vgl. Abbildung 44). Liegen in ersteren ca. 8 m Lösssediment zwischen den Einheiten VI und XII, befinden sich im Bereich NW2 nur wenige Dezimeter Lösssediment zwischen diesen Abschnitten. Aus in 10 cm Auflösung semi-gestört entnommenen Proben wurden nur Grus- und Farbwerte bestimmt (Anhang 16). Hier gilt wie für AK2B die Frage, ob diese Parameter ausreichen, um die Sequenz robust zu unterteilen und die Abfolgen der umliegenden Sektoren damit zu korrelieren.

7.10.1 Stratigraphie

Das 4,3 m umfassende Profil zeigt insgesamt einen mit den Profilen in AK 1–3 vergleichbaren Aufbau (Abbildung 72), bei höheren Sandgehalten. Es beginnt in einem gebleichten Bereich, welcher der untere Horizont der typisch ausgeprägten Einheit VI ist. Darunter schließt sich ein leicht bräunliches, grobmaterialhaltiges Lösssediment an (VIII–X), welches ein etwas kompakteres Lösssediment nach oben begrenzt (XI). Der Mittelteil des Profils zeigt bereichsweise eine dunklere Färbung und deutliche Sandgehalte, teils in diskreten Linsen und Schichten. Im unteren Drittel des Profils dominieren gebleichte Lösssedimente, in denen Mangankonkretionen von teils mehreren Millimetern Durchmesser vorliegen. Nach unten schließt sich der hier nicht näher beschriebene KR 4 Pedokomplex an. Dessen oberer Bereich ist weniger humos als in den Sequenzen westlich dieser Position und eher vergleichbar mit jenem östlich, in NW2.
Auch im Profil NW4B befinden sich signifikante Grusgehalte in den relativ sandhaltigen Lösssedimenten zwischen den deutlichen Bleichzonen, wobei die Maxima vor allem in bräunlichen Horizonten auftreten (Abbildung 72).

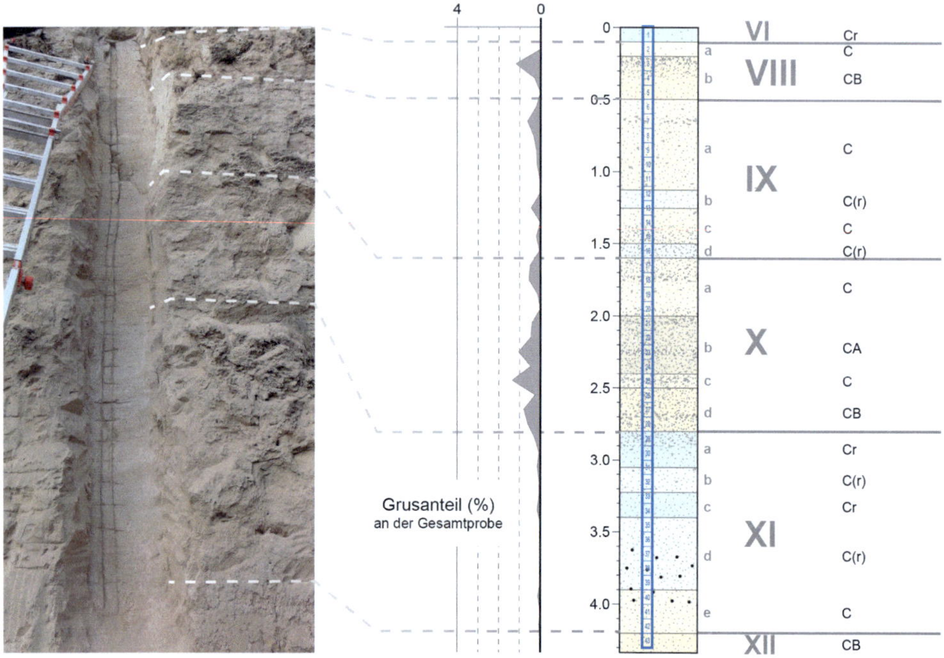

Abbildung 72: Das Profil NW4B im Überblick, Positionen der äquidistant entnommenen Proben und Grusgehalte

7.10.2 Farbe

NW4B ist nur halb so mächtig wie die stratigraphisch äquivalenten untersuchten Profile im Alten Kugelfang, weist aber in seinen Farbparametern viele der Charakteristika der längeren Sequenzen auf. Die dazugehörigen Messwerte sind in Anhang 16 aufgeführt und in Abbildung 73 graphisch dargestellt.

Die L*-Werte zeigen generell keine extremen Schwankungen, aber das gewohnte Bild hoher Werte im Top (Bleichzone von Einheit VI) und niedriger Werte (Pedokomplex XII) an der Basis. Das Maximum von L* ist in Einheit XI, welche vergleichbar mit der Ausprägung in AK1 zwar Mangankonkretionen zeigt, aber nicht die dort im Vergleich zu den umgebenden Lösssedimenten auffällige, relativ dunkle Färbung der reduzierten Bereiche. In Einheit VIII und vor allem in X liegen relative Minima von L*, die umgekehrt zu Maxima in a* und b* verlaufen. In Einheit IX ist nicht sicher, ob die helleren Bereiche eine schwache Bleichung gegenüber unveränderten Lösssedimenten kennzeichnen oder ob sie selbst Lösssedimente sind, die zwischen oxidierten/humifizierten Einheiten liegen; erste Möglichkeit entspricht stratigraphischen Überlegungen. Bei Betrachtung der a*- und b*-Werte in Horizont IXc erscheint dies nur möglich, weil trotz hoher Peaks der Farbkomponenten auch L* relativ hoch ist. Ansonsten führen hohe a*- und b* Peaks zur Ausgliederung von CB-Horizonten, Minima zeigen Bereiche der Reduktion. Der WCV verläuft weitgehend synchron.

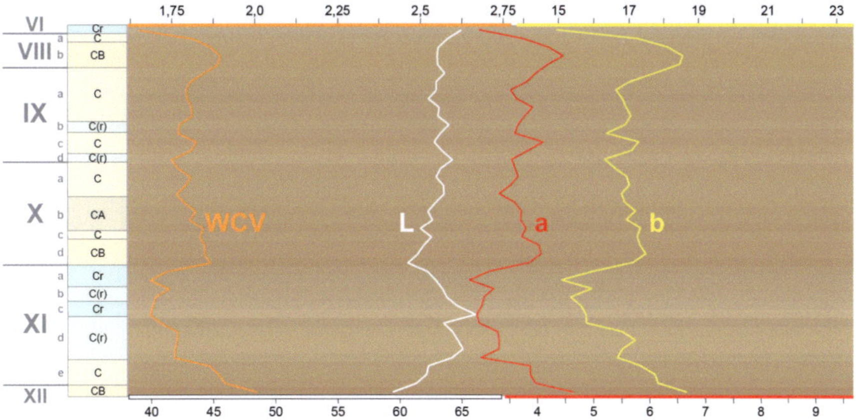

Abbildung 73: Stratigraphie von NW4B, basierend auf dem Abgleich der Aggregate und den Ergebnissen der hochauflösenden quantitativen Farbmessungen (L*, a*, b*, WCV sowie RGB-Farben [kontrastoptimiert])

7.11 Profil NW3CD

Das Profil befindet sich im südlichsten Abschnitt von NW3 an der Ecke zu NW2 (Abbildung 44). Hier ist neben der Mittleren Wand die einzige Stelle, an welcher mangels Versturz der KR 4 Komplex vollständig sichtbar ist; darunter sind noch ca. 1 m Lösssediment aufgeschlossen. Wie in NW5 wird auch hier nur ein kurzer Überblick über die Abfolge gegeben, da sie für die Korrelation verschiedener Profile relevante Charakteristika aufweist.

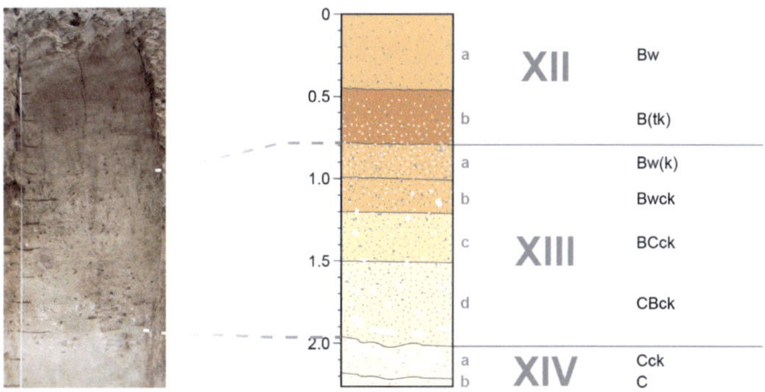

Abbildung 74: Das Profil NW3CD im Überblick

Das etwas über 3 m mächtige Profil (Abbildung 74) beginnt im relativ stark verlehmten Mittelteil des KR 4 und setzt sich mit einem diffusen Übergang in einen stärker verwitterten Bereich fort, der vermutlich mit den Bt-Horizonten in anderen Bereichen des KR 4 korreliert, hier aber etwas schwächer ausgeprägt ist. Ein weiterer Unterschied ist, dass das Profil keinen diskreten, deutlich abgegrenzten Ck-Horizont aufweist, sondern einen ca. 1 m mächtigen Bereich, innerhalb dessen die Braunfärbung stetig nach unten abnimmt. Dieser ist von bereichsweise starken Konzentrationen von Sekundärkarbonat, teils in Form von Lösskindeln durchzogen. Ferner findet sich eine Grusbeimengung.

7.12 Profile NW2AB und NW2C

Die beiden sich ergänzenden Profile in NW2 (Abbildung 75) befinden sich in der westlichen Hälfte der Lösswand, welche in unmittelbarer Nähe zum Eingang in die Schießstätte aufgeschlossen ist und an der Schießstättgasse endet (Abbildung 44). NW2AB entspricht dem ~ 7 m mächtigen Profil KSI 3 der Diplomarbeit von I. Hofer, dessen Charakteristikum drei Bleichhorizonte im mittleren Wandbereich sind (Hofer, 2010). Das etwas über 2 m mächtige Profil NW2C erschließt den in NW2AB nur halb aufgeschlossenen KR 4 und endet im darunter liegenden Ck-Horizont. Interessanterweise ist die Abfolge oberhalb des KR 4 mit der in MW3–GN1 vergleichbar, während der KR 4 selbst eher der Ausprägung in MW4–NW4 ähnelt. Aufgrund der relativ deutlich nachvollziehbaren Stratigraphie der Lösssedimente in NW2AB wurde nur NW2C detailliert beprobt und bearbeitet.

7.12.1 Stratigraphie

NW2AB ist das einzige Profil innerhalb des Aufschlusses, das an der Oberkante den rezenten Boden(rest) aufschließt. Es handelt sich um einen karbonathaltigen A-Horizont von ca. 40 cm Mächtigkeit. Darunter befinden sich hellere Lösssedimente (Einheit III). Der etwas braunere Bereich IV enthält eine erhöhte Grusbeimengung, darunter liegen sandige Lösssedimente (Einheit V). Einheit VI ist in ihrer für den Aufschluss charakteristischen Ausprägung aufgeschlossen, mit feinmaterialdominierten Bleichzonen und einem grobmaterialhaltigen bräunlichen Lösssediment. Durch ein geringmächtiges sandiges Lösspaket getrennt ist eine weitere deutlich sichtbare Bleichzone, in welcher die Oberkante von Profil NW2C angelegt wurde.
Die unterhalb befindlichen Lösssedimente gehen graduell in den KR 4 Pedokomplex über (Einheit XII). Dieser ist in seinem prinzipiellen Aufbau mit der Ausprägung im Bereich MW2 vergleichbar, es fehlen aber die oberen humoseren Abschnitte, so dass der Löss direkt in B(w)-Horizonte übergeht. Wie in MW2C befinden sich kleine Holzkohlestückchen im mittleren, stark verwitterten Teil des Pedokomplexes. Von einem Bereich geringerer Verwitterung getrennt ist auch hier ein basaler Bt-Horizont dunkel(rötlich)brauner Färbung, der subpolyedrisch bis polyedrisch strukturiert ist und auf den Aggregatoberflächen diskontinuierliche Toncutane zeigt. Nur vereinzelt zieht sich Sekundärkarbonat durch diesen Bereich, es beginnt von der Unterkante an nach unten zuzunehmen und verdeckt die relativ deutliche Grenze zum unterlagernden Ck-Horizont (Einheit XIV).

---

gegenüberliegende Seite:

Abbildung 75: Die Profile NW2AB (oben) und NW2C (unten) im Überblick. Positionen der äquidistanten (blaue Rahmen), mikromorphologischen (gelbe Rechtecke) und Datierungsproben (rote Kreise).

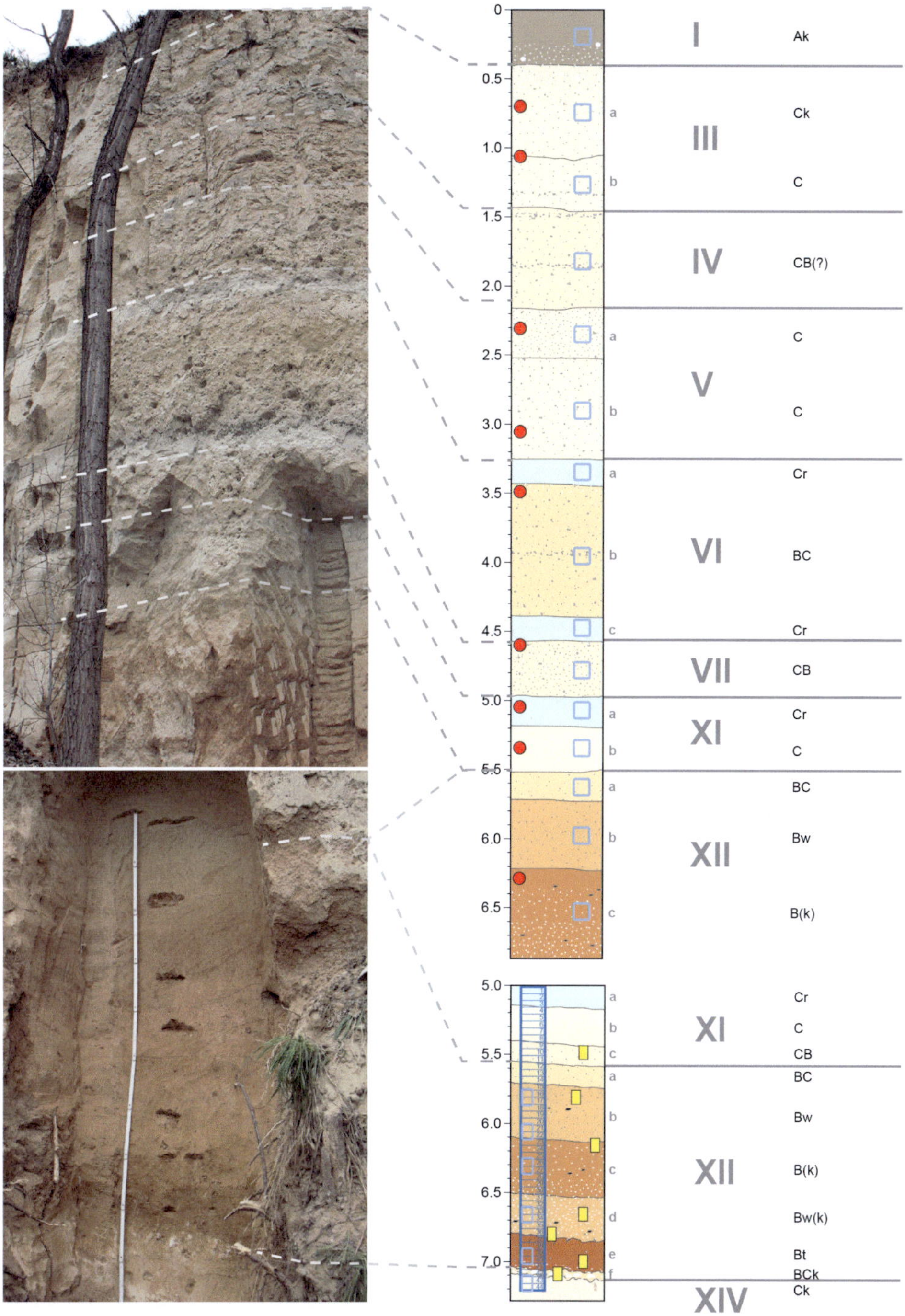
0
0.5
1.0
1.5
2.0
2.5
3.0
3.5
4.0
4.5
5.0
5.5
6.0
6.5
I Ak
III a Ck
b C
IV CB(?)
V a C
b C
VI a Cr
b BC
c Cr
VII CB
XI a Cr
b C
XII a BC
b Bw
c B(k)
5.0
5.5
6.0
6.5
7.0
XI a Cr
b C
c CB
XII a BC
b Bw
c B(k)
d Bw(k)
e Bt
f BCk
XIV Ck

7.12.2 Farbe (NW2C)

Die Farbdaten von NW2C sind Anhang 17 tabellarisch aufgeführt und in Abbildung 76 visualisiert.
Der Ck-Horizont bildet das absolute Maximum von L*, wenig geringer sind die Werte für die Bleichzone (XIa) und den darunter liegenden Löss. Minima der Luminanz liegen aufgrund der Abwesenheit humoser Horizonte im B(k)- und Bt-Horizont, mit den beiden Maxima von a*. Der b*-Wert folgt diesem besonders im basalen Bt-Horizont, während im mittigen B(k)-Horizont die Werte stark schwanken. Ferner existiert ein b* Peak an der Oberkante des Bodenkomplexes; der Ck-Horizont zeigt keinen deutlichen Abfall dieses Parameters. Die relativen Schwankungen des WCV sind fast deckungsgleich mit jenen des a*-Wertes, wobei der Bt-Horizont ein weitaus deutlicher ausgeprägtes Maximum aufweist (aufgrund zugleich höchster b*-Werte).

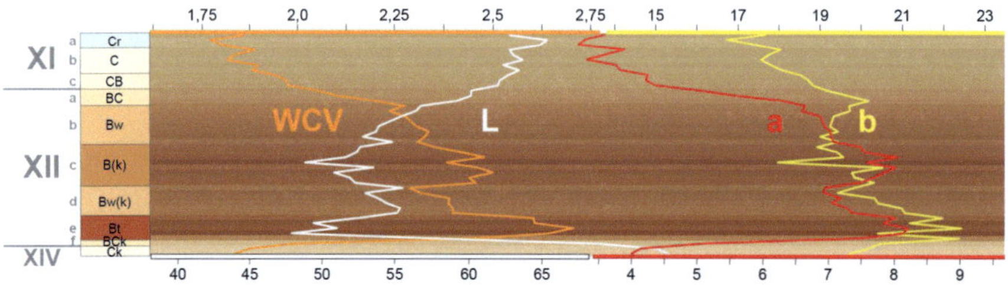

Abbildung 76: Stratigraphie von NW2C, basierend auf dem Abgleich der Aggregate und den Ergebnissen der hochauflösenden quantitativen Farbmessungen (L*, a*, b*, WCV sowie RGB-Farben [kontrastoptimiert])

7.12.3 Karbonat

Die Ergebnisse der Karbonatanalysen finden sich in Anhang 6 und deren Visualisierung in Abbildung 77. In den Lösssedimenten liegen die Karbonatgehalte in der Regel über 20 %, mit Maxima von jeweils über 30 % im obersten Bereich und den beiden Bleichzonen in Einheit VI. Der Ck-Horizont unter dem Pedokomplex erreicht mit 57 % sehr hohe Werte. Der Löss im Übergang zum Pedokomplex hat weniger als 15 % Karbonat. Innerhalb des KR 4 werden nur im basalen Bt-Horizont weniger als 5 % Karbonat gemessen, teils reichen die Anteile des (meist sekundären) Karbonats im KR 4 über 10 %.
Die Schwankungen der Karbonatgehalte im Bereich des KR 4 korrelieren weitgehend mit jenen der Luminanz. Andererseits ist das Zwischenmaximum von Karbonat an der Grenze XIIb–d nicht eindeutig in den Farbparametern wiederzufinden.

7.12.4 Korngrößen

Anhang 6 enthält die Ergebnisse der Korngrößenanalyse, die in Abbildung 77 dem Profil gegenüber gestellt werden. Nur die Bleichzonen und Teile des Pedokomplexes sind den

Resultaten zufolge weitgehend frei von Grus. Maximale Werte liegen im basalen Bt- und dem darunter liegenden Ck-Horizont (zementiert durch sekundäres Karbonat) sowie in der leicht bräunlichen Einheit VI.

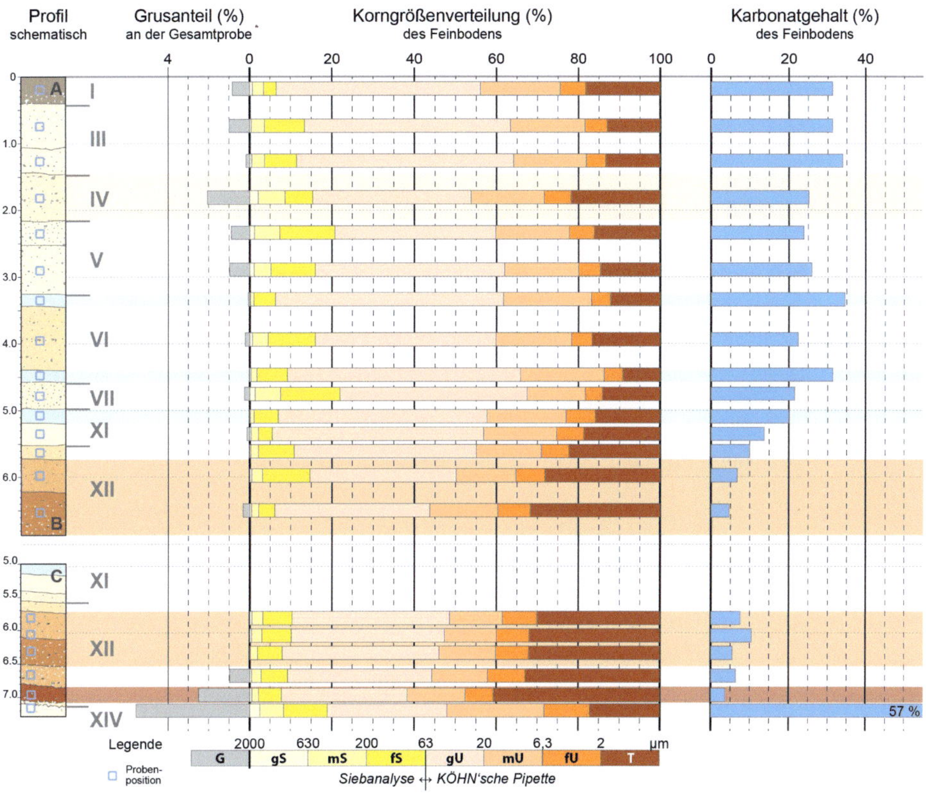

Abbildung 77: Ergebnisse der horizontweisen Korngrößen- und Karbonatanalysen der Profile NW2AB und NW2C. Ergebnisse aus NW2AB basierend auf Hofer (2010). Die Methode der Korngrößenanalyse ist am unteren Bildrand ersichtlich. Die Position der Einzelproben ist in der Profilskizze angegeben.

Die Gesamtsandgehalte sind in Einheit VI (relatives G+gS Maximum) deutlich niedriger als in den darüber und darunter liegenden Horizonten; in V und VII sind über 20 % dieser Fraktion nachzuweisen. Generell ist in den Bleichzonen sowie in XI und XII mit zumeist < 10 % relativ wenig Sand enthalten. Innerhalb der Sandgehalte korrelieren nur die Grobsande mit dem Grusgehalt, wobei absolute Werte bis knapp über 2 % reichen. Mittelsand schwankt um 4 % und folgt eher dem Grobsand, nur mit größeren Ausschlägen. Die stärksten Schwankungen von < 5 bis fast 15 % weist der die Sandfraktion dominierende Feinsand auf.

Innerhalb der Lösssedimente verläuft der Schluff weitgehend entgegengesetzt zum Sand, im Pedokomplex spielt eine Abnahme gegenüber Ton die größere Rolle. Generell ist der

Feinschluff (um 6 %) weitgehend konstant, im Bodenkomplex und der bräunlichen Einheit VI ist er wenige Prozent erhöht. Der Verlauf des Mittelschluffs (13–20 %) schlägt etwas stärker aus und ist teilweise am Grobschluff orientiert. Letzterer erreicht in den Lösssedimenten > 40 %, mit Ausnahme von den mehr Grus/Sand enthaltenden Einheiten IV und V. In den Bleichzonen und den obersten Lössablagerungen werden Grobschluffanteile von 50–55 % erreicht. Im Pedokomplex pendeln die Werte um 35 %.
Hier sind mit ~30–33 % die höchsten Tongehalte zu verzeichnen, im Bt-Horizont werden 40 % erreicht. Die jüngsten Lösse und die Bleichzonen weisen die niedrigsten Anteile an Ton auf (< 20 %).

7.12.5 Mikromorphologie (NW2C)

Makroskopisch ist der KR 4 der Nordwand abzüglich des humosen Oberteils recht gut vergleichbar mit dem der Mittelwand. Auch mikromorphologisch ergeben sich einige Übereinstimmungen. Dies wird ersichtlich beim Vergleich der Daten aus der semi-quantitativen Auswertung (Abbildung 78), die im Folgenden erläutert wird. Anschließend werden qualitative Charakteristika präsentiert und illustriert.

7.12.5.1 Trends der semi-quantitativen Auswertung

Die Porosität ist in der oberen Hälfte des Komplexes am höchsten – zwischen zahlreichen Krümeln ergeben sich Aggregatzwischenräume – sie nimmt aber in Richtung der Lössproben stetig ab. Umgekehrt zur Porosität verläuft die Häufigkeit von Planar-Rissen, die neben Subpolyedern und Grusfreiheit (im Dünnschliff) für den dichten Bt-Horizont charakteristisch sind. Gegenüber Quarz und Feldspat sind andere Silikate hier dezimiert. Weiterhin ist dieser Horizont im Gegensatz zu den darüber befindlichen frei von primären Karbonaten.
Die Ton- und Karbonatgehalte der Feinmasse, erkennbar an geflecktem bzw. kristallitischem b-Gefüge sind gegenläufig, mit Ausnahme des mittleren Abschnitts des Paläobodens. Hier scheinen die Proben neben geflecktem b-Gefüge auch Bereiche mit mikritischem Karbonat in der Grundmasse aufzuweisen; es hat bisweilen kristallitischen Charakter. Im mittleren bis oberen Bereich des Pedokomplexes scheint stellenweise undifferenziertes b-Gefüge vorzuliegen und leicht erhöhte Gehalte an amorpher organischer Substanz zu belegen. Hier sind auch Korn- und Porenstreifigkeit (letztere nur in XIIb) auszumachen. Erstere ist auch typisch für den unteren Bereich des Pedokomplexes.
Sparite liegen in der gesamten Sequenz einzeln vor, nur in XIIc sind lockere Füllungen zu sehen. Lublinit und Maxima an mikritischen Hypo-Belägen befinden sich in Nachbarschaft zum basalen Bt-Horizont. Der darunter liegende Übergangsbereich zum Ck-Horizont ist dicht mit Karbonat imprägniert. Direkt innerhalb des Mikrits kommen ungestörte Tonbeläge vor, im Bt-Horizont selbst sind diese dünn und stets gestört oder fragmentarisch. Mangan- und eisenhaltige Nodule kommen in nahezu allen untersuchten Proben dieses Profils vor, Holzkohle findet sich ebenfalls im Pedokomplex, oberhalb des basalen Bt-Horizonts.

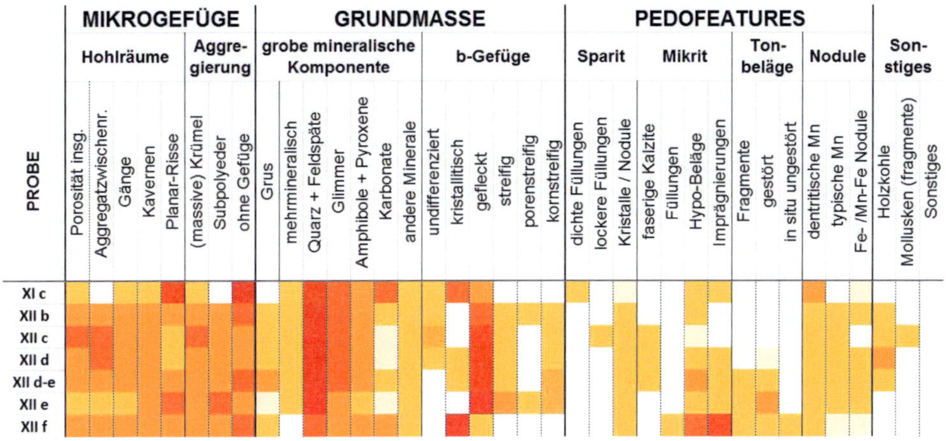

Abbildung 78: Mikromorphologische Charakteristika von NW2C

7.12.5.2 Besondere qualitative Merkmale

XIc – C(B), Übergang in den Löss

Der Übergangsbereich vom Pedokomplex in den Löss zeigt unter dem Mikroskop nur eine sehr geringe strukturelle Abweichung von typischem Löss, die nur einen Teil des Schliffs umfasst. Daraus leitet sich eine bereits starke Dominanz von Lössbildungsprozessen (äolische Sedimentation, Lössifizierung) während der Entstehung des obersten Horizonts des Pedokomplexes ab.

XIIb – Bw, verbraunter oberer Abschnitt des Pedokomplexes

Im verbraunten Oberteil des Pedokomplexes befinden sich rundliche dichtere Aggregate innerhalb einer weniger dicht strukturierten, teils krümeligen Grundmasse mit Gängen, die als Hinweise auf Bioturbation dienen. Da die Aggregate zum Teil feinere Oberflächen aufweisen und deren Bestandteile nicht orientiert sind (Abbildung 79A), ist eine Frostbeeinflussung des Horizonts anzunehmen.

XIIc – B(k), kräftig verwitterter Mittelteil des Pedokomplexes

Der deutlich verwitterte Horizont ist mäßig homogen und vermutlich nach seiner intensiven Verwitterung bioturbat überprägt worden. Eine zwischenzeitliche Umlagerung (Holzkohlefragmente) ist nicht auszuschließen.

XIId – Bw(k), verbraunter Übergangsbereich

Die Grundmasse ist krümelig bis subpolyedrisch, mit Bereichen geringerer und stärkerer Tonanteile, teils in Form von feinen, gestörten Belägen. Auch scharf begrenzte Fragmente mikritischen Materials finden sich (Abbildung 79B). Vermutlich enthält dieser Horizont umgelagertes Ck und Bt Material, welches bioturbater und möglicherweise kryogener Überprägung unterlag.

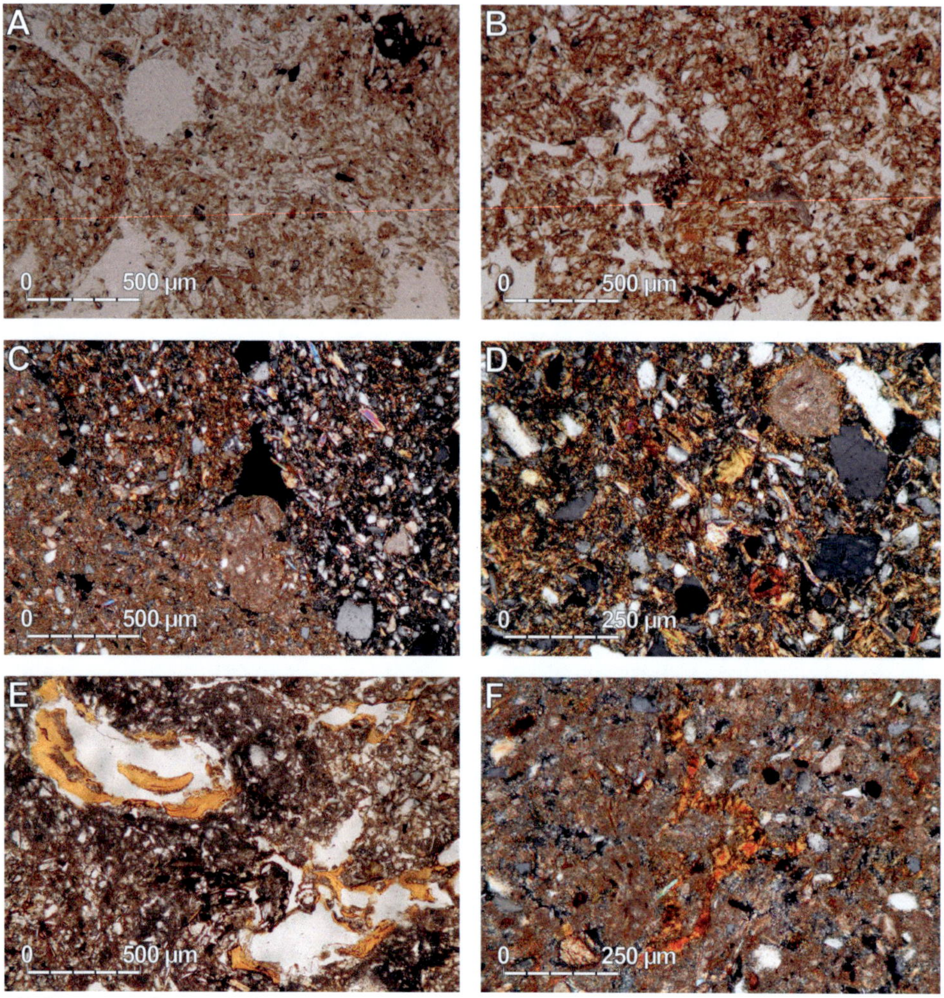

Abbildung 79: Mikromorphologie NW2C: A: Gänge und mögliche Froststruktur links (XIIb, PPL). B: mikritische und Tonbelagsfragmente in krümeliger Grundmasse (XIId, PPL). C: Aufeinandertreffen von schluff-, ton- und karbonatreichen Grundmassen (XIId–e, XPL). D: Quarz- und Mikritsand (v. a. rechts), Fragment eines Tonbelags (XIId–e, XPL). E: Weitgehend ungestörte Tonbeläge in Poren mit mikritischen Hypo-Belägen (XIIf, PPL). F: Gestörte Tonbeläge in krümeliger karbonatreicher Grundmasse (XIIf, XPL)

XIId–e - Bw(k)–Bt, Horizontgrenze

Den Übergang zum am stärksten verwitterten Bereich charakterisiert eine ungleichmäßige Verteilung schluffreicher und verwitterter Zonen, insbesondere das Vorkommen diskreter stärker verwitterter Aggregate. Aufgrund der Anwesenheit von Primärkarbonat sind die schluffdominierten Abschnitte nicht durch ihre Lessivierung (d. h. Tonverlagerung in den liegenden Bt-Horizont), sondern eher durch frostmechanische Differenzierungsprozesse zu erklären. Erwähnenswert sind ferner Bereiche kristallitischen b-Gefüges (nicht frei von Ton), teils mit mikrtischen Fragmenten (Abbildung 79C). In anderen Bereichen des Schliffs finden sich in loser Verteilung diskrete mikritische Aggregate, kornstreifiges b-Gefüge, primäre Karbonate sowie Fragmente von Tonbelägen (Abbildung 79D). Insgesamt handelt es sich um umgelagertes, leicht weiter verwittertes Bodenmaterial mit sekundärer Aufkalkung durch Entkalkung überlagernder Schichten.

XIIe – Bt(k), am stärksten verwitterter Basisbereich des Pedokomplexes
Wie sein Korrelat an der Mittleren Wand scheint der am kräftigsten verwitterte Bt-Horizont verlagert und bioturbat überprägt, wobei auch eine Frostüberprägung nicht unwahrscheinlich ist. Makroskopisch als Bt-Horizont zu bezeichnen fällt diese Klassifikation aufgrund des mikromorphologischen Befundes schwieriger aus. Sie kann aber noch beibehalten werden, um die spezifische Charakteristik dieses Horizonts zu verdeutlichen.

XIIf – BCk, Übergangsbereich in den Karbonatanreicherungshorizont
Die Grundmasse im Übergang zum Ck-Horizont weist ein stark mikritisches b-Gefüge auf. In Gängen und Kavernen ergibt sich die Tendenz zur Ausbildung von sparitischem Karbonat. Im Gegensatz zum korrelaten Bereich an der Mittleren Wand weist der Ck-Horizont auch weitgehend ungestörte Tonbeläge innerhalb größerer Poren auf (Abbildung 79E). Im gleichen Horizont sind Tonbeläge aber auch verwürgt, innerhalb stark mikritischen Materials zu finden (Abbildung 79F). Trotz des teils krümeligen Charakters scheint die karbonatische Verkittung zu stark für Bioturbation. Insgesamt ist eine Mehrphasigkeit von Aufkalkung, Tonanreicherung und Bio-/Kryoturbation anzunehmen, die über saisonale Schwankungen innerhalb eines Klimas hinausgeht. Eine hohe Saisonalität während einer bestimmten Bildungsphase schließt das nicht aus.

7.12.6 Datierungen

Wie in AK1B kann auch in NW2AB auf bereits fertig gemessene Lumineszenzalter zurückgegriffen werden. Methodische Details sind Gegenstand einer in Vorbereitung befindlichen Publikation. Das Datierungsverfahren ist prinzipiell vergleichbar mit dem in Paudorf angewandten (Sprafke et al., 2014). Die numerischen Alter zeigen die gesamte Spanne von letztglazial bis außerhalb des Datierungsrahmens und sind Tabelle 7 und Abbildung 80 zu entnehmen.
In den oberen beiden Proben in Einheit II liegt die Dosis unter 100 Gy, was bei einer Dosisleistung unter 3 Gy/ka zu einem Alter innerhalb des späten MIS 3 führt. Die drei darunter liegenden Alter innerhalb der differenzierten Lösssedimente sind wie die typologisch ähnlichen Abschnitte in GN1 und Paudorf bereits dem frühen MIS 6 zuzuordnen. Auch hier liegt ein Hiatus vor, der die Abwesenheit eines MIS 5 Bodens bedingt. Das für Probe VII gemessene numerische Alter ist etwas höher und liegt innerhalb des Fehlerbalkens überwiegend in MIS 7, andererseits gibt es einen signifikanten Überlappungsbereich mit den jüngeren Proben des MIS 6, so dass dieses grobmaterialhaltige Lösssediment vermutlich eher der Kaltzeit MIS 6 zuzurechnen wäre. Die nur wenige Dezimeter tiefer liegende Probe lieferte dagegen nur ein Minimalalter von über 300 ka. Daraus ist ein großer Hiatus im Bereich VII abzuleiten. Die Bleichzone in Einheit XI, die sich im Bereich der Nordwand des Aufschlus-

ses stets unmittelbar über KR 4 befindet, gehört nicht mehr ins MIS 7, sondern ist wie die beiden Proben aus den darunter liegenden Einheiten mindestens in ≥ MIS 10 einzuordnen.

Tabelle 7: Lumineszenz-Alter im Bereich NW2.

Name	Labornr.	n	Dosis (Gy)		Staw.	Dosisleistung (Gy/ka)		Staw.	Alter
IIIa	1690	6	89	±	7	2,72	±	0,15	33 ± 3
IIIb	1691	6	94	±	9	2,86	±	0,16	33 ± 4
Va	1692	6	649	±	34	3,50	±	0,18	185 ± 13
Vb	1694	6	597	±	50	3,31	±	0,17	180 ± 18
VIb	1695	6	635	±	71	3,37	±	0,17	188 ± 23
VII	1696	6	699	±	54	3,38	±	0,17	207 ± 19
XIa	1689	6	> 1100			3,70	±	0,18	> 300 ka
XIb	1693	6	> 1100			3,62	±	0,18	> 300 ka
XIIc	1688	6	> 1100			3,88	±	0,19	> 290 ka

Staw. = Standardabweichung

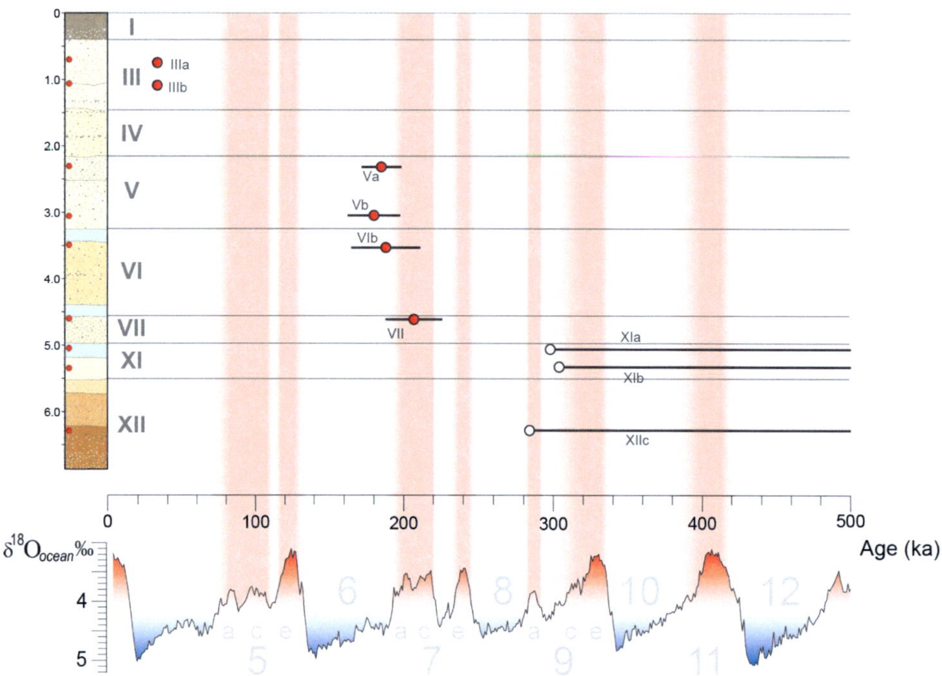

Abbildung 80: Numerische Alter der Lumineszenzdatierung im Bereich NW2 in Gegenüberstellung zur Stratigraphie und Sauerstoffisotopenkurve (Lisiecki & Raymo, 2005)

8 Stillfried Kirchenberg

Die in Stillfried wenige 100 m von der Typuslokalität Stillfried A (Fink, 1954) entfernte LPS befindet sich am Profilpunkt 17 von Rögl & Summesberger (1978) und soll einen Einblick in die Entwicklung einer Sequenz liefern, die dem unter Naturschutz stehenden Typusprofil ähnelt, aber spezifische Unterschiede aufweist. Sie wird aufgrund ihrer Lage auf dem Kirchenberg in Stillfried in Folge mit SFK abgekürzt.
SFK ist die einzige untersuchte LPS der Trockenen Lösslandschaft. Sie wurde zu Vergleichszwecken studiert, da sie einerseits nahe des Stillfrieder Komplexes (im Profil Stillfried A) liegt und hier andererseits diskrete monogenetische Bodenhorizonte und kaum signifikante Grobmaterialgehalte vorlagen, woraus eine gegenüber den untersuchten Profilen des Kremser Raums reduzierte morphologische Beeinflussung abgeleitet wurde.
Das 4 m mächtige Profil ist gut in diskrete Horizonte zu differenzieren, die jeweils mittig beprobt wurden. Da keine hochauflösenden Daten (insbesondere aus Farbmessungen) vorliegen, basiert die stratigraphische Unterteilung nur auf der Feldansprache. Die Farbdaten präzisieren gemeinsam mit den Resultaten der weiteren Analysen die endgültige Klassifizierung der Horizonte.

8.1 Geographische Lage

Die Ortschaft Stillfried liegt am westlichen Ufer der March, dem Grenzfluss zur Slowakei, am Ausgang eines West-Ost verlaufenden Seitentals, welches sich zur Marchniederung öffnet. Die Typuslokalitäten Stillfried A und Stillfried B befinden sich im südlichen Ortsbereich (vgl. Abbildung 12), im Bereich der Ecke zwischen Marchniederung und dem nordexponierten Bereich des Seitentals (Fink, 1954). Am nördlich gegenüber liegenden Kirchenberg existierte innerhalb eines Hohlwegs (Abbildung 81) für kurze Zeit das Profil SFK (16°50‘21“ E; 48°24’53,5“ N; GK M34 R 37534,9 H 364190,3) (NÖ-Atlas), dessen oberer, mit dem Stillfrieder Komplex grundsätzlich vergleichbare Abschnitt, durch Schlaipfer (2012) untersucht wurde. Beim weitergehenden Studium dieser LPS wurde deutlich, dass die unteren Profilbereiche nicht mit dem Typusprofil zu vergleichen sind.
Im Bereich der Ortschaft Stillfried gibt es noch keine detaillierte geologische Karte. Generell besteht der Untergrund aus neogenen Sedimenten des Wiener Beckens; lithologisch handelt es sich um Tone, Sande und Kiese mit lokalen Lignit- und Süßwasserkalkvorkommen (GBA Österreich). Darüber liegen weitflächig Lösssedimente, in denen je nach anthropogener Be-

anspruchung Kulturrohböden, Kolluvien oder noch weitgehend erhaltene Tschernoseme entwickelt sind (BFW Österreich). Bronger (1976) klassifiziert einen in geringer Entfernung südlich der Ortschaft Stillfried liegenden mikromorphologisch untersuchten Tschernosem in petrographisch homogenem Löss als primär carbonathaltig.

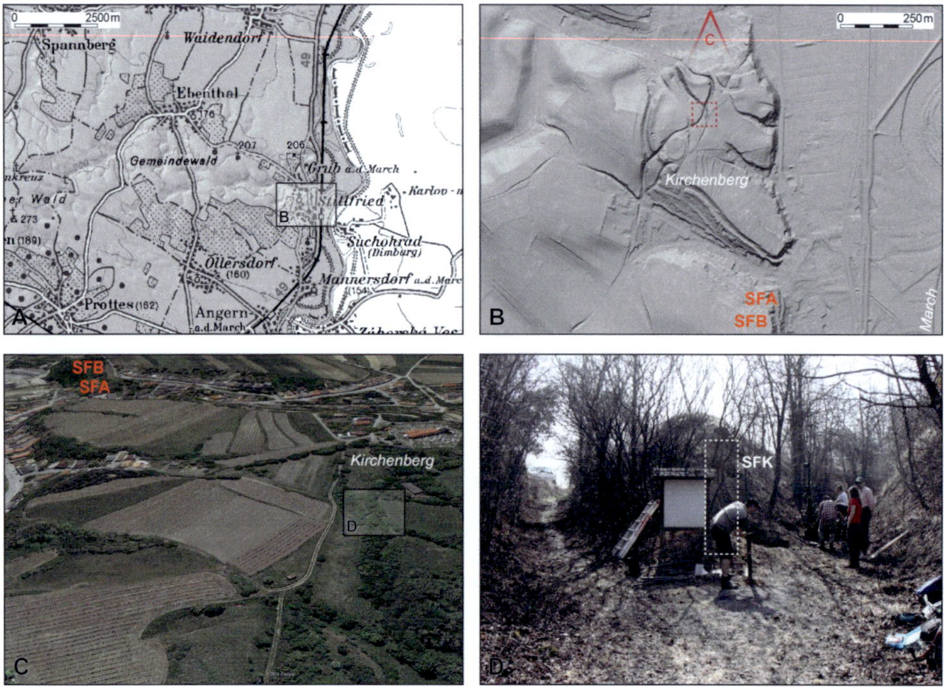

Abbildung 81: Lage und Überblick LPS Stillfried Kirchenberg. A: Topographie des Umlands. B: Relief der Umgebung. SFA+SFB = LPS Stillfried A bzw. B; C: Blick aus Norden (vgl. Position in B); D: Lösshohlweg und Lage des untersuchten Profils; A+B: © Land Niederösterreich (NÖ-Atlas), bearbeitet. C: © Google Earth 2014, mit eigener Beschriftung.

8.2 Stand der Forschung

Stillfried A und Stillfried B sind zentrale Begriffe der österreichischen Quartärstratigraphie und der mitteleuropäischen Lössstratigraphie (Riegler & Peticzka, 2004). Aufbauend auf den Arbeiten J. Finks Anfang der 1950er Jahre ergab sich eine stratigraphische Zuordnung des Stillfrieder Komplexes innerhalb der Sequenz Stillfried A zum letzten Interglazial und Frühglazial und einer leichten Verbraunung im Profil Stillfried B zum (ausgehenden) Mittelwürm (Fink, 1956, 1961b, 1968, 1979). Entgegen zu den früher vermuteten Chronologien der Typuslokalitäten aus der Übergangsregion sind die Zuordnungen für die Profile in Stillfried bis in die Gegenwart grundsätzlich gültig (Terhorst et al., 2015; Zöller et al., 1994). Eine mit modernen Methoden etablierte Chronologie und die eindeutige typologische Beschreibung der LPS in Stillfried stehen dagegen noch aus. Fink (1962) bezeichnet die basale

Verlehmungszone an der Basis des Stillfrieder Komplexes als Braunerde. Entsprechend der mikromorphologischen Studien von Bronger (1976) sind die sehr dünnen Tonbeläge nicht ausreichend, um diesen Paläoboden als Illuvialhorizont einer gekappten Parabraunerde zu klassifizieren (Abschnitt 9.3). Der Unterscheidung von Parabraunerde und Braunerde kommt eine entscheidende Konsequenz bezüglich der paläoklimatischen Interpretation zu (vgl. Abschnitt 2.5). Die frühglazialen Humuszonen werden durch Bronger (1976) als fossile degradierte Tschernoseme interpretiert. Neben der Quartärforschung ist Stillfried auch von archäologischer Bedeutung, z.B. durch jungpaläolithische Funde (Peticzka & Riegler, 2004). Daraus folgt eine relativ hohe Zahl an Studien verschiedener Disziplinen, die sich mit der Relief- und der paläobotanischen Entwicklung sowie der Malakologie und Ur- und Frühgeschichte dieser Ortschaft befassen. Zu erwähnen sind hier die quartärgeologischen Prospektionen von Rögl & Summesberger (1978), die im Bereich der Gemarkung Stillfried an mehreren Positionen mit Stillfried A vergleichbare Sequenzen fanden. In jüngerer Zeit wurde aufbauend auf dieser Arbeit der Versuch unternommen, eine möglichst hohe Anzahl dieser Standorte zu reaktivieren (Schlaipfer, 2012). Eine detaillierte Rekonstruktion der Paläoreliefentwicklung in Stillfried, welche beispielhaft für jene in der Trockenen Lösslandschaft sein könnte, steht aufgrund der schlechten Aufschlussverhältnisse jedoch noch aus. In dieser Arbeit liegt der Schwerpunkt auf der grundsätzlichen paläoökologischen Einordnung der paläopedologischen Befunde.

8.3 Stratigraphie

Das Profil (Abbildung 82) schließt den insgesamt humosen, im unteren Abschnitt ins hellbraune tendierenden rezenten Boden auf. Der Nullpunkt liegt im Bereich der diffusen Unterkante des Bodens (I). Darunter folgt schwach differenzierter typischer Löss, mit einer schwachen Verbraunung im mittleren Abschnitt (IIb). Die Grenze zu Einheit III mit einem dunklen Ah-Horizont im Top (IIIa) ist deutlich und charakterisiert durch eine bioturbate Verzahnung der beiden Substrate. Nach unten ist der Ah-Horizont klar vom unterlagernden, feinsandigen Löss getrennt, die Grenze verläuft unregelmäßig und ist von mehreren zentimetergroßen Krotowinen geprägt. Die untere Hälfte von Einheit III ist ein Paket von humosen Horizonten, die geringe farbliche Unterschiede aufweisen. Darunter finden sich durch einen geraden, graduellen Übergang getrennt, zwei kräftig verbraunte Horizonte, wobei der untere einen hohen Sandanteil aufweist. Auf den Oberflächen der subpolyedrisch absondernden Aggregate finden sich schwache Tonanflüge. Die verbraunten Bereiche sind von mehreren zentimeterdicken vertikalen Adern von Sekundärkarbonat durchzogen. Einheit V besteht aus zwei dunklen humosen und verwitterten Horizonten, die durch eine dünne Lösslage voneinander getrennt sind. An der Profilbasis findet sich Einheit VI, die im oberen Abschnitt stark humos ist; nach unten nimmt die dunkle Färbung ab und es treten nach unten schwächer werdende braune Farben hervor.

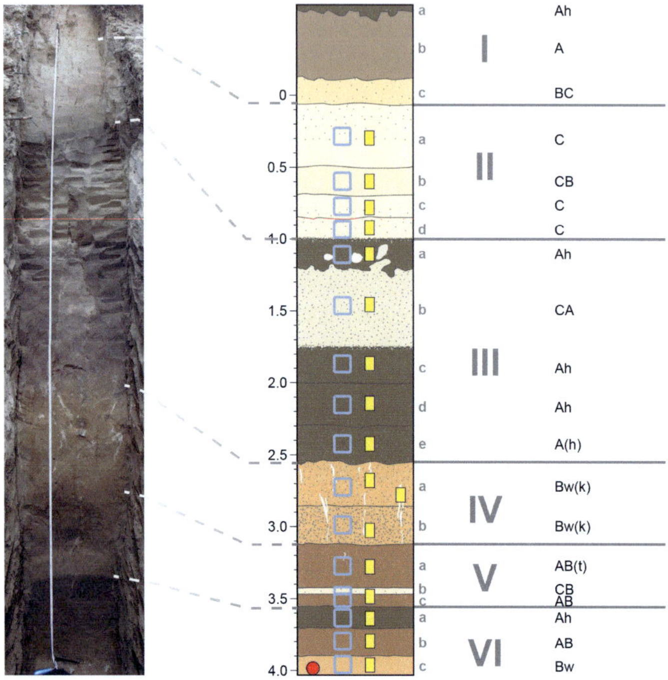

Abbildung 82: Das Profil SFK (Stillfried) im Überblick. Positionen der horizontbezogenen (blaue Quadrate), mikromorphologischen (gelbe Rechtecke) und der Datierungsprobe (roter Kreis).

8.4 Farbe

Die horizontweise gemessenen Farbwerte führen nicht zu einer feineren Differenzierung der Sequenz, aber zu einer präziseren Charakterisierung der einzelnen Einheiten. Die Messdaten finden sich Anhang 18. Die graphische Gegenüberstellung zur Stratigraphie liefert Abbildung 83.

Das Profil umfasst keinen Ck-Horizont; die Lösse und vor allem der oberste Löss weisen die höchste Luminanz auf. Die Minima von L* liegen im humosen Horizont nahe der Profilbasis und in den AB-Horizonten darüber (Einheit V), während die Ah-Horizonte in Einheit III nur eine mit den Verbraunungszonen (Einheit IV) vergleichbare Luminanz aufweisen.

Letztere sowie die basale Verbraunung haben gemeinsam die höchsten a*- und b*-Werte. Auch die schwache Verbraunung innerhalb des oberen Lösspakets hat einen erhöhten a* -Wert. Der jüngste Löss und die obere Humuszone haben Minima in der Rotkomponente. Die Gelbkomponente schwankt stark zwischen humosen Horizonten (gering) und Löss sowie Verbraunungszonen (hoch). AB-Horizonte zeigen mittlere b*-Werte.

Die Ah-Horizonte IIIa und IIIc sind farblich vergleichbar, während darunter innerhalb der Humuszonen die Gelb- und mit Abstrichen die Rotkomponente etwas zunimmt. Dieser Trend wird bei Betrachtung des WCV besonders deutlich. Hier wird wiederholt deutlich, dass der WCV in Humuszonen je nach deren Verwitterungsgrad (im Sinne von Entkalkung und Verbraunung) gegenläufig zu reagieren scheint, mit niedrigen Werten in unverwitterten humosen Horizonten und umgekehrt.

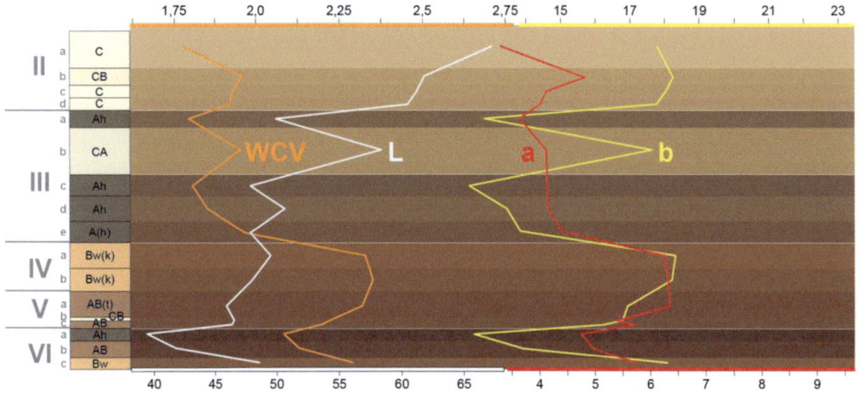

Abbildung 83: Stratigraphie von SFK, basierend auf dem Abgleich der Aggregate und den Ergebnissen der hochauflösenden quantitativen Farbmessungen (L*, a*, b*, WCV sowie RGB-Farben [kontrastoptimiert])

8.5 Karbonat

Die in Abbildung 84 gezeigten Ergebnisse der Karbonatanalysen finden sich in Anhang 7. Der jüngste untersuchte Löss des Profils weist mit über 20 % auch die höchsten Karbonatgehalte auf, in den lössähnlichen Sedimenten darunter liegen sie bei knapp über 10 %. Der dazwischen liegende leicht verbraunte IIb liegt innerhalb des Gradienten bei ca. 15 % und zeigt nicht den erwarteten Rückgang gegenüber Löss. Die Ah-Horizonte sind etwas karbonatärmer (5–10 %), wobei interessanterweise der dünne obere (IIIa) die geringsten Gehalte aufweist. Die Horizonte unterhalb von Einheit III sind nahezu kalkfrei, von der Lösslinse (Vb; ~3 %) abgesehen.

Die Karbonatgehalte korrelieren im oberen Profilbereich (Löss vs. Paläoboden) grundsätzlich mit der Luminanz, während Horizonte unterhalb der Humuszonen generell karbonatarm sind und von L* abweichende relative Schwankungen zeigen. Die leichte Verbraunung im oberen Löss (durch a* bestätigt) zeigt keinen Rückgang im Karbonatgehalt. Interessant ist, dass innerhalb von Einheit III die humosen Horizonte mit niedrigen WCV geringere Karbonatgehalte aufweisen als jene mit höheren WCV, obgleich für letztere eine intensivere Verwitterung angenommen wird. Es könnte sein, dass die Humuspigmente den Verwitterungseinfluss überdecken. Vielleicht handelt sich innerhalb der tieferen Bereiche um Sekundärkarbonat, welches bei der Entkalkung der darüber liegenden Schichten eingewaschen wurde.

8.6 Korngrößen

Die Ergebnisse der Korngrößenanalysen finden sich numerisch in Anhang 7 und graphisch in Abbildung 84. In keiner Probe des Profils konnte Grus nachgewiesen werden, von kleinsten Mengen Sekundärkarbonats > 2 mm in Einheit IV abgesehen (nicht quantifiziert). Auch Grobsand ist kaum vorhanden. Interessant ist Horizont IVb, der zu über 30 % aus Mittelsand besteht und insgesamt fast 60 % Sand enthält. In den umgebenden Horizonten überwiegt innerhalb des Sandes der Feinsand knapp, in allen anderen Horizonten deutlich.
Insgesamt liegen im oberen Löss (II) und im unteren Teil des Bodenkomplexes (VI) die geringsten Sandanteile mit ca. 10 % vor. Der Löss zwischen den humosen Horizonten (IIIb) ist sandiger (> 20 %) und übertrifft auch die umgebenden Ah-Horizonte, wobei der Sandgehalt im Übergang zu Einheit IV zunimmt. Einheit V hat von der dünnen Lössschicht abgesehen ebenfalls erhöhte Sandanteile.
Im Bereich relativ hoher (Mittel)sandgehalte ist der Schluffanteil deutlich geringer (< 50 bis < 30 % in IVb). Die höchsten Schluffanteile finden sich im oberen Löss. Untergeordnete Maxima weisen das dünne Lössband (Vb) und der basale Teil des Profils auf. Der in der Schlufffraktion dominierende grobe Anteil steuert überwiegend die Schwankungen des Gesamtschluffs. Nur im oberen Löss nimmt Mittelschluff relativ stärker zu. Die Schwankungen des Feinschluffs um 10 % laufen dagegen weitgehend synchron mit dem Tongehalt, nur im schwach verwitterten Horizont IIb folgt er nicht dem leichten Anstieg des Tons. Im basalen Bereich ist über 30 % Ton nachweisbar, in den Bodenhorizonten (sowohl humose als auch verbraunte sowie auch IIb) über 25 %, mit Ausnahme des sehr sandigen Bereichs, wo die Tongehalte ihr absolutes Minimum < 20 % aufweisen.

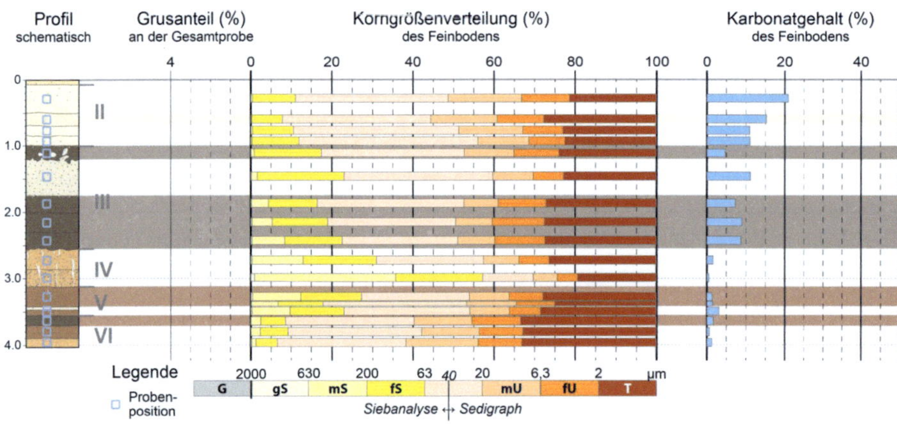

Abbildung 84: Ergebnisse der horizontweisen Korngrößen- und Karbonatanalysen von SFK. Die Methode der Korngrößenanalyse ist am unteren Bildrand ersichtlich. Die Positionen der Einzelproben sind in der Profilskizze angegeben.

8.7 Mikromorphologie

Die mikromorphologische Analyse des kompletten Profils zeigt, dass die Sequenz im Vergleich zu den vorangegangen studierten deutlich mehr äolisch und pedogen als kolluvial geprägt ist. Die entsprechende qualitative Dokumentation findet sich in Abbildung 86. Hier sollen zunächst die Grundzüge der semi-quantitativen Auswertung (Abbildung 85) dargelegt werden.

8.7.1 Trends der semi-quantitativen Auswertung

Die Proben aus den eher monogenetischen Paläoböden der Sequenz in Stillfried sind insgesamt recht kompakt mit einer nur geringen Porosität. Dies steht im Gegensatz zum polygenetischen Paudorfer Boden, in dem Aggregatzwischenräume häufiger vorkommen.

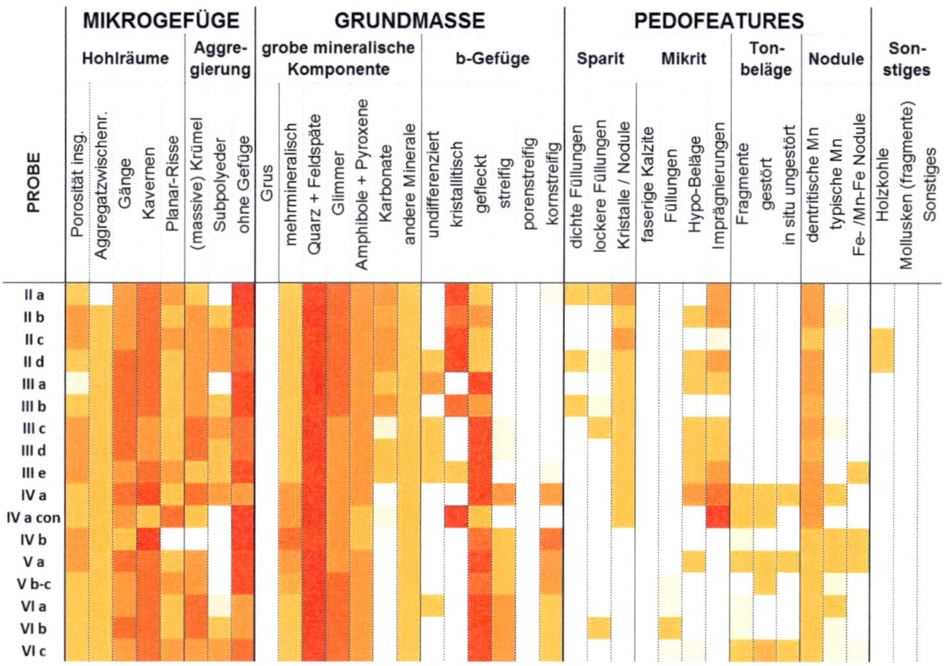

Abbildung 85: Mikromorphologische Charakteristika von SFK

Viele Proben aus dem Profil SFK haben nur ein sehr schwach ausgeprägtes Gefüge, der Löss im oberen Profilbereich scheint stärker strukturiert als manche Bodenhorizonte. Der obere dünne Ah-Horizont zeigt die maximale Kompaktheit innerhalb dieser Sequenz. Die mächtige Folge von Ah-Horizonten darunter hat eine krümelige Struktur, wird nach unten aber dichter. Große strukturelle Unterschiede weisen die darunter liegenden Horizonte auf. IVa zeigt deutlich eine pedogene Aggregierung, die im sandigeren Unterteil deutlich nach-

lässt (Minimum an Gängen, Maximum an Kavernen und mehrmineralischen Körnern) und auch in den beiden darunter liegenden Horizonten nur schwach ist. Einheit VI zeigt mit zunehmender Tiefe einen Gradienten von krümeliger zu subpolyedrischer Struktur.
Im mittleren Bereich der Sequenz, vor allem in Einheit IV (Bw-Horizonte) sind Glimmer, Amphibole und Pyroxene etwas reduziert. Primäre Karbonate kommen in den Ah-Horizonten kaum, darunter nicht mehr vor; vergleichbar verläuft der Mikritanteil (kristallitisches b-Gefüge). Entsprechend umgekehrt verläuft der Tongehalt, der in den Bodenhorizonten erhöht ist und seine Maxima in Einheit VI hat. Das b-Gefüge ist in diesen Horizonten teils orientiert. Der sandige Bw-Horizont weist ein deutlich kornstreifiges b-Gefüge auf. Die Lösspakete zeigen häufig ein Vorkommen dichter Sparitfüllungen (kalzifizierte Wurzelzellen). Lockere Füllungen dieser Art gibt es auch innerhalb vereinzelter Bodenhorizonte (IIIa, VIb). Karbonatimprägnierungen finden sich im Löss und im Übergang von den Ah- zu den Bw-Horizonten; ähnlich verteilen sich die Hypo-Beläge.
In drei Bereichen der untersuchten Sequenz lassen sich zumeist sehr dünne ungestörte und gestörte Tonbeläge nachweisen (IVa, Va, Vic). Im gesamten unteren Bereich des Komplexes ist es möglich, Fragmente von Tonbelägen zu finden.
Dentritisches Mangan ist etwas häufiger im oberen Abschnitt der Sequenz ausgebildet, während typische mangan- und eisenhaltige Nodule nahe der Tonbeläge zu finden sind. Holzkohlen liegen nur im Löss oberhalb des oberen Ah-Horizonts vor, ebenfalls ein etwas tonreicheres Aggregat.

8.7.2 Besondere qualitative Merkmale

II – C(B), Löss und schwacher Paläoboden
Die Proben des obersten Lösses sind mikroskopisch sehr ähnlich und zeigen ihre Unterschiede bereits in der semi-quantitativen Auswertung (Abbildung 85). Sie sind relativ homogen und monogenetisch, im Sinne weitgehend konstanter Entstehungsbedingungen (Lössbildung und schwache Bioturbation).

III – A(h)-Horizonte unterbrochen von sandigem Löss (CA-Horizont)
Die qualitative Untersuchung liefert auch hier wenige Zusatzinformationen zur bereits vorgestellten semi-quantitativen Auswertung, da diese den Wechsel von Phasen der Bodenbildung und Sedimentation klar verdeutlicht.

IVa – Bw, mit Adern von Sekundärkarbonat (IVa con)
Wie in der semi-quantitativen Auswertung dargestellt, weist der Bw-Horizont sehr dünne Tonbeläge auf, die stellenweise in situ, aber häufig gestört sind (Abbildung 86A). Sie werden von Sekundärkarbonaten imprägniert (Abbildung 86B), was unterstreicht, dass jene nach der Entstehung des Verwitterungshorizonts entstanden sind (postpedogen).

IVb – Bw, sandig
Gegenüber den über- und unterlagernden Horizonten weist der relativ sandhaltige IVb keine nennenswerten Tonbeläge auf. Daraus wäre abzuleiten, dass die Toneinwaschung in den

liegenden Bereich nicht mit jener im Hangenden zusammenhängt, sofern das Ausbleiben der Beläge nicht durch die abweichende Textur begründet ist.

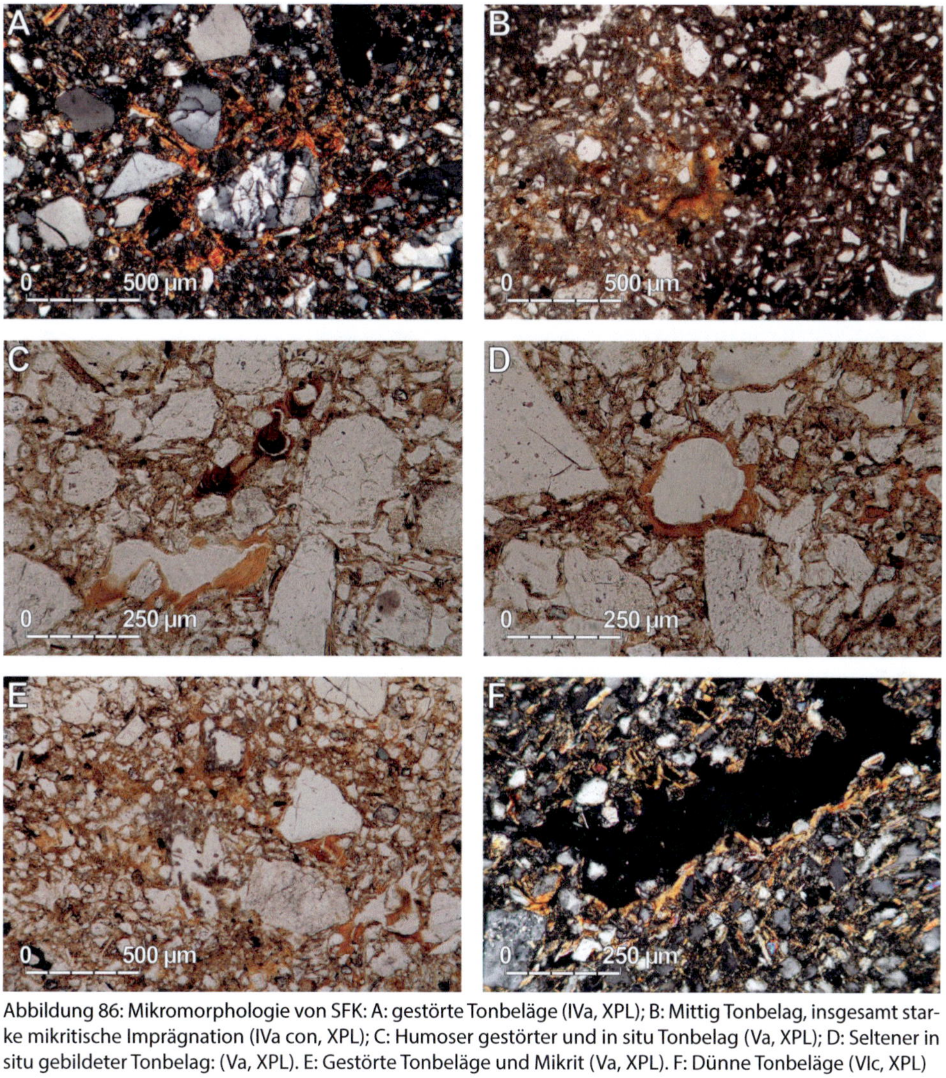

Abbildung 86: Mikromorphologie von SFK: A: gestörte Tonbeläge (IVa, XPL); B: Mittig Tonbelag, insgesamt starke mikritische Imprägnation (IVa con, XPL); C: Humoser gestörter und in situ Tonbelag (Va, XPL); D: Seltener in situ gebildeter Tonbelag: (Va, XPL). E: Gestörte Tonbeläge und Mikrit (Va, XPL). F: Dünne Tonbeläge (VIc, XPL)

Va - AB(t)

Der humose Horizont Va ist deutlich verwittert und zeigt eine Variation von Tonbelägen. Durch ihre unterschiedliche Färbung lassen sich mindestens zwei Generationen ableiten (Abbildung 86C):

Seltene, dunkle, humose Tonbeläge stammen vermutlich aus einer initialen Phase der Lessivierung, während im weiteren Verlauf weitgehend humusfreie Beläge gebildet wurden.

Selten sind diese ungestört (Abbildung 86D), häufig aber bioturbat in die später sekundär schwach aufgekalkte Matrix eingearbeitet (Abbildung 86E).

Vb–c – AB, VIa – Ah und VIb – AB

Das makroskopisch identifizierte Lössband (Vb) war im Schliff nicht sichtbar. Die beiden humosen Horizonte darunter weisen nur Fragmente von Tonbelägen auf, was zeigt, dass die Lessivierung diese Horizonte nicht erreicht hat. Sekundäre Karbonate sind postpedogen und stehen vermutlich mit einer trockeneren Phase im Zusammenhang, bei welcher Löss gebildet wurde, der kaum mehr vorhanden bzw. pedogen überprägt ist.

VIc – Bw

Die dünnen Tonbeläge (Abbildung 86F) belegen einen dritten diskreten Bereich mit schwacher Toneinwaschung im untersuchten Profil. Für die klimatische Interpretation der Bodenbildungsphasen sind geochronologische Daten notwendig.

8.8 Datierung

Bei einer an der Basis der untersuchten Sequenz entnommenen Probe wurde von Dr. C. Thiel (schriftliche Mitteilung am 8. April 2015) eine Dosis über 800 Gy gemessen, woraus bei der Annahme einer Dosisleistung um 3 Gy/ka ein Minimalalter um 250 ka resultieren würde. Diese Einschätzung ist nur mit großer Vorsicht zu verwenden, da die Dosisleistung nicht bestimmt ist und es sich lediglich um eine Einzelprobe handelt. Sie soll in diesem Kontext lediglich ein Indiz dafür sein, dass neben MIS 5 mindestens eine weitere Warmzeit innerhalb dieses Bodenkomplexes ihre Spuren hinterließ.

9 Vergleichende Betrachtungen an den übrigen Typusböden

Die bisherigen Untersuchungen verdeutlichen, dass im Gegensatz zu der großen Anzahl marin nachgewiesenen Kalt-Warm-Oszillationen seit der Brunhes-Matuyama Umkehr nur eine geringe Anzahl kräftig entwickelter, vermutlich interglazialer Pedokomplexe (davon drei weitgehend korrelierende aus MIS 5) in den untersuchten Aufschlüssen vorhanden sind. Aus diesem Grund und wegen ihrer besonderen wissenschaftshistorischen Stellung wurden zusätzlich verfügbare, teils nicht publizierte Informationen von den übrigen Typusböden (basale Verlehmung des Stillfrieder Komplexes, Göttweiger Verlehmungszone, Kremser Boden) gesammelt, an exemplarischen Proben die Farben (Anhang 19) und Karbonatgehalte (Anhang 8) gemessen und vorhandene Dünnschliffe ausgewertet.

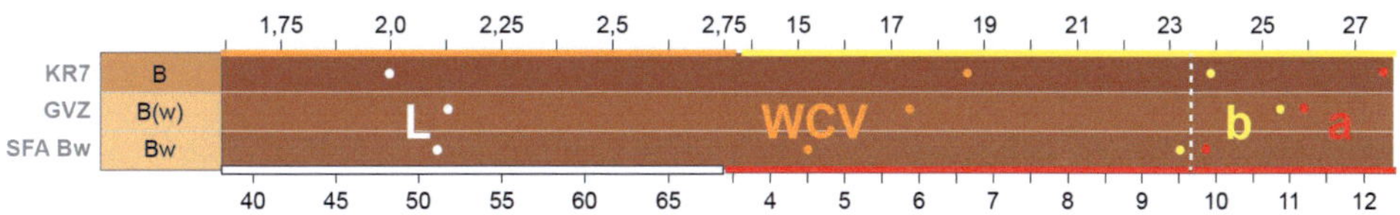

Abbildung 87: Farben des Kremser Bodens (KR 7), der Göttweiger Verlehmungszone (GVZ) und der basalen Braunerde im Stillfrieder Komplex (SFA Bw). Skala von a* und b* erweitert!

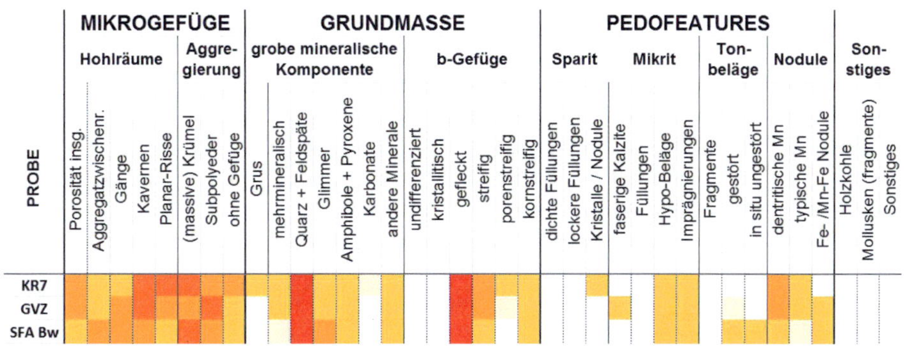

Abbildung 88: Mikromorphologische Charakteristika des Kremser Bodens (KR 7), der Göttweiger Verlehmungszone (GVZ) und der basalen Braunerde im Stillfrieder Komplex (SFA Bw)

9.1 Kremser Boden (KR 7)

Im Gelände ist der Kremser Boden (KR 7) eindeutig identifizierbar, da er sich durch seinen im Aufschluss deutlichen Rotstich und seine säulenartige Absonderung von den anderen Böden unterscheidet. Der Paläoboden ist sehr dicht gelagert, das Gefüge ist blockig bis subpolyedrisch. Der im Liegenden vorhandene Karbonatanreicherungshorizont lässt sich durch seine extreme karbonatische Verkittung als petrocalcic horizon bezeichnen (Fink, 1976).
Aus der im Rahmen dieser Arbeit betreuten BSc-Arbeit von Knoll (2013) liegen einige analytische Daten vor: Der Boden besteht noch überwiegend aus Schluff bei einem Sandanteil von 10 %; der Tongehalt liegt um 40 %, davon sind ~10 % Feinton. In der Gesamtmineralogie sind durch Verwitterung der Karbonate und anderer Silikate Quarz und Alkalifeldspat relativ angereichert. Tonmineralogisch scheint sich der Boden nicht stark von den jüngeren abzuheben, es dominieren gleichermaßen Smektit und Illit vor Kaoliniten und Mixed-Layer Tonmineralen. Ein Karbonatanteil von 2,7 % dürfte auf sekundären Eintrag zurückzuführen sein.
Die Farbdaten der untersuchten Probe finden sich in Anhang 19 und sind gemeinsam mit den anderen Typusböden in Abbildung 87 visualisiert. Dabei fällt auf, dass der L*-Wert mit dem der anderen Paläoböden vergleichbar ist, sofern diese nicht deutlich humose Farben aufweisen. Die a*-Werte bilden den Maximalwert aller untersuchten Proben; und sprengen die für die Abbildungen standardisierte Skala bei weitem. Nach der Göttweiger Verlehmungszone hat der KR 7 Boden den höchsten b*-Wert. Entsprechend hat auch der WCV ein absolutes Maximum gegenüber allen anderen Proben.
Der Dünnschliff des Kremser Bodens entstammt einer ersten Voruntersuchung des Aufschlusses durch die Arbeitsgruppe im Jahr 2010. Die Resultate der semi quantitativen Analyse finden sich in Abbildung 88. Ein repräsentativer Einblick in die untersuchte Probe findet sich in Abbildung 89.
Entgegen der Erwartung eines dichten tonigen Bodens ist eine mäßige Porosität bei überwiegend krümeliger bis subpolyedrischer Aggregierung ausgeprägt. Vermutlich durch die Kompression im Zuge der Fossilierung sind Aggregatzwischenräume eher selten, es dominieren Kavernen und planare Risse. Im Dünnschliff bestätigt sich die Dominanz von Quarz und Feldspat gegenüber anderen Silikaten. Allerdings sind in Spuren Minerale vorhanden, die ähnlich primären Karbonaten sind, woraus unter Beachtung der relativ intensiven Verwitterung (hoher Tongehalt) eine zwischenzeitliche Umlagerung des Bodens vermutet werden könnte. Es könnte sich auch um sekundär entstandenen Sparit handeln. In der Feinmasse ist nahezu ausschließlich gering orientierter Ton vorhanden (geflecktes b-Gefüge). Selten ist eine Orientierung um Poren und Körner nachzuweisen. Bereichsweise lassen sich Konzentrationen mikritischer Karbonate ausmachen, die auf sekundäre Aufkalkung zurückzuführen sind. Ton-Pedofeatures sind nicht identifizierbar, jedoch vereinzelte Mangannodule, die aber in nahezu allen untersuchten Dünnschliffen vorhanden sind.

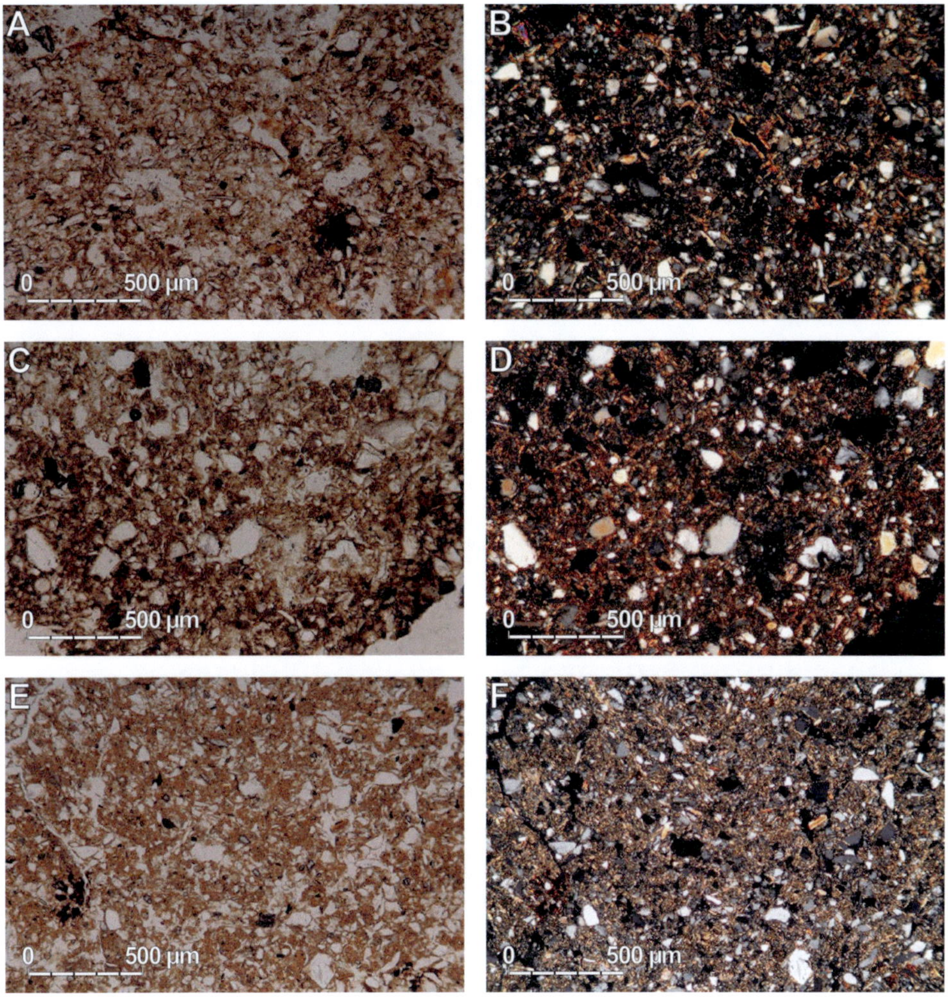

Abbildung 89: Mikromorphologie des Kremser Bodens (A: PPL, B: XPL), der Göttweiger Verlehmungszone (C: PPL, D: XPL) und der basalen Braunerde des Stillfrieder Komplexes (E: PPL, F: XPL)

9.2 Göttweiger Verlehmungszone

Die Verwitterung der Göttweiger Verlehmungszone ist deutlich geringer als jene des Kremser Bodens. Auffällig ist die relativ deutliche Grenze zum unterlagernden kräftigen Karbonatanreicherungshorizont. Laut den in einem Exkursionsführer gezeigten Daten von Peticzka et al. (2009) ist der Boden schluffdominiert bei bis zu 40 % Ton- und 15–20 % Sandgehalt. Die Anteile an (vermutlich sekundärem) Karbonat liegen um 10 %, bei eigenen Analysen wurden 3,9 % ermittelt. Gesamtmineralogisch weist nur der Löss Spuren von Hornblenden auf, während sie im Paläoboden nicht nachweisbar sind. Eine signifikante Zunahme an Smektit und

ein leichter Rückgang von Chlorit und Illit unterscheiden ihn vom Löss (Peticzka et al., 2009). Die Ergebnisse der Farbanalyse sind in Anhang 19 aufgeführt. Sie sind in die vergleichende Abbildung 87 eingeflossen. Die Luminanz ist etwas höher als im Kremser Boden, dafür ist die Rotkomponente etwas schwächer ausgeprägt; sie bildet den zweithöchsten gemessenen a*-Wert innerhalb dieser Arbeit. Selbiges gilt für den WCV. Unter allen analysierten Proben ist der b*-Wert der Göttweiger Verlehmungszone der höchste.
Der Dünnschliff wurde durch S. Sedov aus der Sammlung von A. Bronger zur Verfügung gestellt. Die semi-quantitative Auswertung zeigt Abbildung 88. Einen mikroskopischen Ausschnitt aus dem Boden gibt Abbildung 89. Die Porosität ist mit der des Kremser Bodens vergleichbar, die auf weniger Planar-Risse, aber mehr Gänge zurückzuführen ist. Insgesamt dominieren Subpolyeder vor Krümeln. Mineralogisch zeigt sich eine Dominanz verwitterungsresistenterer Minerale wie Quarz und Feldspat, während andere Silikate zu einem großen Anteil und Karbonate komplett zurücktreten. Das b-Gefüge ist vergleichbar mit dem des Kremser Bodens, dominiert von nicht orientiertem Ton, bisweilen ist dieser aber um Körner und Poren eingeregelt. Auch die Göttweiger Verlehmungszone zeigt eine sekundäre Aufkalkung. Eine Besonderheit sind faserige Kalzite zwischen Gefügefragmenten. Ferner lassen sich an Aggregatwänden schwache gestörte Toncutane nachweisen. Neben manganhaltigen sind auch eisenhaltige Nodule entwickelt.

9.3 Basale Braunerde des Stillfrieder Komplexes

Die basale Braunerde des Stillfrieder Komplexes zeigt an der Profilwand ebenso wie die anderen beiden Typusböden eine rötlich-braune Färbung und ist bereichsweise von vertikal verlaufende Adern mit Sekundärkarbonat durchzogen. Das Gefüge ist blockig bis subpolyedrisch. Auffällig sind an diesem Paläoboden seine relativ geringe Mächtigkeit und die scharfe Unterkante zum Karbonatanreicherungshorizont.
Trotz seiner zentralen Stellung in der österreichischen Quartärforschung gibt es keine systematischen Untersuchungen dieses hinter Wirtschaftsgebäuden verborgenen Profils und daher keine Daten zur Korngrößenzusammensetzung oder (Ton-)Mineralogie. Fink (1954) gibt lediglich Karbonatgehalte von 1,3–0,5 % an; eigene Messungen liefern einen Wert von 1,4 %.
Resultate der Farbmessung finden sich in Anhang 19 und graphisch aufbereitet in Abbildung 87. Die Luminanz zeigt vergleichbare Werte wie in der Göttweiger Verlehmungszone, nur die a*-Werte sind etwas geringer, aber noch die dritthöchsten in der Arbeit gemessenen. Selbiges gilt für den WCV. Die b*-Werte liegen ebenfalls etwas tiefer als in der Göttweiger Verlehmungszone, gehören aber noch zu den höchsten aller Proben.
Der Dünnschliff wurde durch S. Sedov aus der Sammlung von A. Bronger zur Verfügung gestellt. In Abbildung 88 werden die mikromorphologischen Charakteristika semi-quantitativ mit den beiden anderen Typusböden verglichen. Abbildung 89 zeigt einen repräsentativen Einblick in die Probe.
Die Stillfrieder Braunerde zeigt ein grundsätzlich mit dem Göttweiger Boden vergleichbares Bild (vgl. Fink, 1962), ist jedoch etwas dichter und homogener, zugleich aber krümeliger strukturiert. Insgesamt ist das Ausgangsmaterial der Bodenbildung etwas feiner, weshalb

Grus und mehrmineralische Komponenten deutlich reduziert sind. Ansonsten ergibt sich eine gute Übereinstimmung mit den Resultaten aus der Göttweiger Verlehmungszone. Selbiges gilt für das b-Gefüge, das nur selten eine Orientierung zeigt und überwiegend regellos verteilten Ton belegt. Mikritische Pedofeatures zeigen, dass der Boden neben den makroskopisch deutlich sichtbaren Sekundärkarbonaten auch mikroskopisch Einschwemmungen von sekundärem Karbonat des überlagernden Lösses zeigt. Teilweise gestörte dünne Tonbeläge sind die typologische Besonderheit dieses Bodens, die aber in ihrem Umfang nicht ausreichen, um ihn als Bt-Horizont zu klassifizieren (vgl. Bronger, 1976).

10 Diskussion

An den wissenschaftshistorisch bedeutsamen und noch immer zugänglichen LPS des pannonischen Raums Österreichs wurden detaillierte Neuaufnahmen durchgeführt mit dem Ziel, ihre Bildungsprozesse zu verstehen, ihnen einen stratigraphischen Rahmen zu geben und ihr Potential für paläoklimatische Fragestellungen zu überprüfen.
Ausgiebige Felduntersuchungen führten zur Auswahl repräsentativer Profile. Ein neuartiger Ansatz LPS robust in Horizonte zu gliedern, ergibt sich aus der Verwendung hochauflösender Farbmessungen im Abgleich mit Gefügeproben. Karbonat- und Korngrößenanalysen dienen einer generellen Charakterisierung der Sequenzen, die durch ihre Lage in Hangposition komplexen Entstehungsprozessen unterlagen. Äolische Sedimentation, Kryo- und Pedogenese werden durch Erosions- und Umlagerungsprozesse ergänzt und machen eine quantitative Auswertung von paläoklimatischen Proxies, wie sie an Plateau-LPS angewandt werden sehr schwierig. Mit Fokus auf den Pedokomplexen wurden detaillierte qualitative und semi-quantitative Untersuchungen der Bildungsprozesse vorgenommen. Vorläufige Lumineszenzdatierungen geben eine wichtige Information über den chronologischen Rahmen, der zum einen für die Korrelation der Sequenzen, zum anderen für die klimatische Interpretation der Verwitterungsintensitäten nötig ist. Trotz ihrer komplexen Entstehungsprozesse und zahlreicher Diskontinuitäten weisen die LPS einige gemeinsame übergeordnete Charakteristika auf, die paläoklimatisch begründbar sind: Neben initialen Böden sowie Beimengungen von Bodensedimenten sind in allen Lösssedimenten Bleichzonen eingeschaltet, deren Bildung mit Permafrost in Zusammenhang gebracht werden kann (Antoine et al., 2009b; Terhorst et al., 2015). Warmzeitliche Bodenbildungen sind äquivalent zu degradierten Tschernosemen und Braunerden; die Tonverlagerung scheint eher durch längere Phasen der Bodenbildung (> 10 ka) als signifikant feuchtere Klimabedingungen erklärbar zu sein.

10.1 Charakteristika der untersuchten Profile und Methodenbewertung

Bevor die Entstehungsprozesse der Sequenzen und der Pedokomplexe diskutiert werden, soll zunächst eine Zusammenschau der verschiedenen erhobenen Messgrößen gegeben werden. Hieraus lassen sich übergeordnete Trends und spezifische Unterschiede der verschiedenen Bildungen und Profile ableiten. Dabei sollen die angewandten Methoden auf ihren Nutzen bewertet werden.

10.1.1 Geländesituation

Die untersuchten Sequenzen in der Region um Krems sind in ihrer Charakteristik grundsätzlich vergleichbar, während die untersuchte LPS in Stillfried deutlich abweicht. Die in Hangposition am Ostrand der Böhmischen Masse gelegenen LPS wirken aus einiger Entfernung betrachtet wie typische LPS, weisen aber fast durchgehend Einmischungen von Grus, teilweise in diskreten Bändern auf. Das überwiegend hellgelbe, differenzierte, wandstabile Substrat weist strukturelle Gleichheit zu typischem Löss auf. Innerhalb der Lösssedimente wechseln sich neben lössartigen Einheiten helle, meist grobmaterialärmere Bleichzonen und bräunlichere, eher grobmaterialreichere Einheiten ab. Paläoböden innerhalb der Lösssedimente sind schwach entwickelt. Die im Gegensatz zur Anzahl der Kalt-Warmzeit-Zyklen des Brunhes recht geringe Anzahl kräftiger Paläoböden innerhalb einzelner Aufschlüsse ist auffällig. Sie sind durchgehend polygenetisch und als Pedokomplexe ausgebildet. Der Aufschluss in Stillfried hat dagegen nur bereichsweise höhere Sandanteile, ansonsten dominieren feinere Korngrößen, was ein Hinweis auf geringere morphologische Aktivität während seiner Entstehung ist.
Aufgrund der starken Reliefabhängigkeit der untersuchten Sequenzen sind die umfassenden Geländebegehungen von zentraler Wichtigkeit, um Ergebnisse von Einzelprofilen in den Gesamtkontext einzubetten. Dies gilt primär für den Aufschluss Krems-Schießstätte. Jeder der ausgegliederten Wandsektoren weist einen abweichenden Aufbau auf, so dass der Auswahl repräsentativer Profile eine zentrale Aufgabe zukommt. Für die weitere Analyse der Einzelprofile ist eine robuste Stratigraphie nötig, welche diskrete Einheiten zur weiteren Analyse bereithält. Hierbei spielt die Farbmessung in hoher Auflösung eine zentrale Rolle.

10.1.2 Farbe und Stratigraphie

Die in hoher Auflösung vorhandenen Gefügeproben und gemessenen Farbvariationen sind ein entscheidendes Hilfsmittel bei der stratigraphischen Unterteilung der untersuchten Profile. Details zur Farbmessung finden sich in Abschnitt 4.3. Abbildung 90 zeigt einen vergleichenden Überblick über die gemessenen Farben charakteristischer Proben im verwendeten L*a*b*-Farbsystem (Babek et al., 2011; Gocke et al., 2014; Lukić et al., 2014; Viscara Rossel et al., 2006a) sowie den WCV (Debret et al., 2011; Sprafke et al., 2013). Als allgemeiner Trend lässt sich feststellen, dass Lösssedimente hohe und Böden geringe L*-Werte aufweisen, wobei die absoluten Minima in humosen und die Maxima in karbonatreichen Horizonten auftreten. Maxima von a* kennzeichnen stark verwitterte verbraunte bis rubefizierte Horizonte, während Minima in Bleichzonen vorliegen. Humose Horizonte zeigen häufig sehr geringe Gelbanteile und schwankende Rotkomponenten, was mit dem Anteil verwitterten Substrats zusammenhängen dürfte. Sie zeigen ferner häufig sehr geringe Gelbanteile. Gebleichter Löss hat geringere b*-Werte als unveränderter Löss, die höchsten Werte haben verbraunte Horizonte.

Diese im Detail zu differenzierenden generellen Trends helfen entscheidend bei einer Differenzierung der LPS in einzelne Horizonte. Jede der drei Variablen des L*a*b*-Farbraums ist für diese Einstufungen relevant. Die RGB-Summenfarbe, die im Hintergrund zu den genannten Farbparametern visualisiert ist, gibt dabei die absolute Farbe wider, während die Kurven relative Unterschiede bzgl. dezidierter Komponenten zeigen.
Ohne sie im Detail diskutieren zu wollen, illustriert Abbildung 91 die in dieser Arbeit verwendeten (WCV, L*a*b*) im Vergleich mit einigen anderen Farbparametern. Der Redness Index (RI) nach Barron & Torrent (1986), welcher primär der Detektion von Hämatit dienen soll (hohe Werte in den B-Horizonten), scheint bei sehr humosen Proben eine übermäßige Sensitivität aufzuweisen (Maxima in SAK IIId) und daher im Rahmen dieser Arbeit nicht anwendbar zu sein. Der wie das Munsell-Farbsystem zylindrisch aufgebaute L*C*h*-Farbraum (Viscara Rossel et al., 2006a) teilt mit dem L*a*b*-System die Luminanz. Interessanterweise korreliert C* (Chroma, Sättigung) sehr stark mit b* (Gelbwert). Nur der Parameter h* (hue, Winkel im Farbkreis) ermöglicht eine neue Erkenntnisebene für weitere Studien. Innerhalb des betrachteten Sektors liegen höhere h*-Werte im gelben, niedrige im röteren Bereich, was der Tendenz Y (yellow) zu YR (yellow-red) im verwandten Munsell-Farbsystem entspricht.
Aufgrund seiner intuitiveren Interpretierbarkeit und weiteren Verbreitung wurde dem L*a*b*-Farbraum der Vorrang vor anderen Farbräumen eingeräumt. Die Summe der Einzelparameter (Sum Lab) könnte eine Möglichkeit sein humose Horizonte zu klassifizieren, da L* auch in stark verbraunten bis rubefizierten Horizonten (z.B. KR 7) sinkt. Ferner zeigt Abbildung 91, dass die Einzelparameter des (additiven) RGB-Farbraums sehr stark korrelieren und helligkeitsabhängig sind, weshalb dieser nur für die Visualisierung der Summenfarbe relevant ist.
Der Vergleich der L*a*b*-Farben verschiedener charakteristischer Proben (Abbildung 90) zeigt das Spektrum einzelner Klassen. Humose Horizonte (CA, AC, A, Ah) können variable Braunkomponenten und verbraunte Horizonte (CB, BC, Bw, B) teilweise schwärzliche Farbanteile aufweisen, was Übergänge zwischen verschiedenen monogenetischen Bodentypen oder die Mischung verschiedener Bodenmaterialien durch morphologische Prozesse verdeutlicht. Ferner zeigen gleich klassifizierte Einheiten verschiedener Profile teils deutliche Farbunterschiede und umgekehrt. Horizonte, die im Geländekontext gegenüber benachbarten Horizonten eine relativ deutliche Färbung aufweisen, können absolut betrachtet weniger stark pigmentiert sein als Lösse in anderen Aufschlussbereichen. Die Farbvariationen müssen aufgrund der bisherigen Erfahrungen relativ innerhalb eines Profils betrachtet werden.
Der L*a*b*-Farbraum wurde primär zur besseren Klassifikation vorhandener Horizonte mithilfe von Gefügeproben bestimmt. Absolute Grenzwerte bestimmter Farbparameter zur Definition von entsprechenden Horizonten können nicht ohne weiteres bestimmt werden. Statistische Tests, insbesondere Cluster-Analysen (gemeinsam mit S. Meyer-Heintze und F. Pollinger, beide Institut für Geographie und Geologie, Universität Würzburg) zeigen in Ansätzen eine mögliche automatisierte Klassifizierung der Einheiten. Es wurde aber deutlich, dass Farbe allein nicht ausreicht, um Horizonte verschiedener Genese zu differenzieren. Beispielsweise zeigt AK1B XIb die Farbe eines humosen Lösses und ist auch dunkler als der Paläoboden KR 4 in GN1, obgleich es sich bei ersterem um einen reduzierten grauen Horizont mit deutlich sichtbaren (Eisen-)Mangankonkretionen handelt.

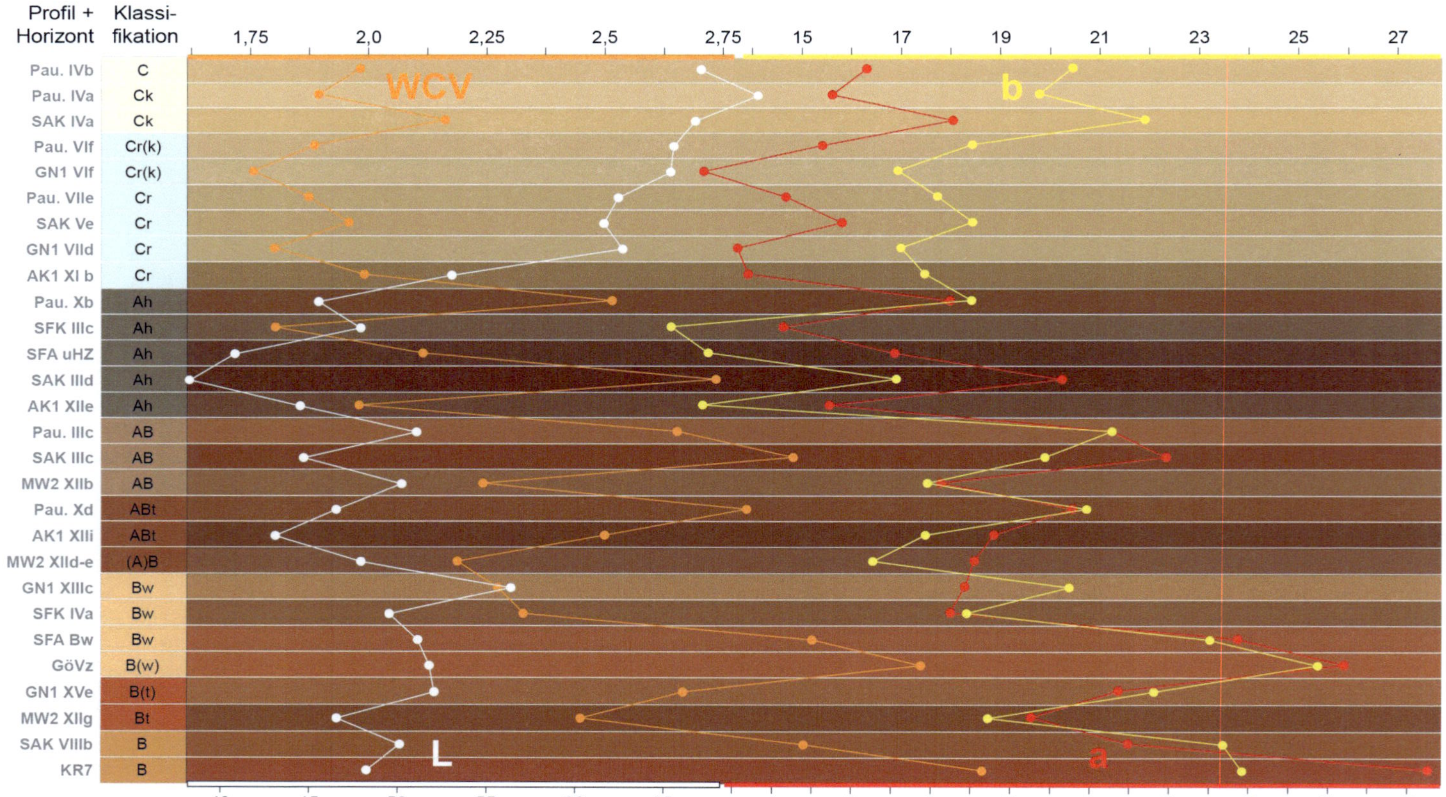

Abbildung 90: Vergleich quantitativer Farbmessungen (L*, a*, b*, WCV sowie RGB-Farben [kontrastoptimiert]) an charakteristischen Proben

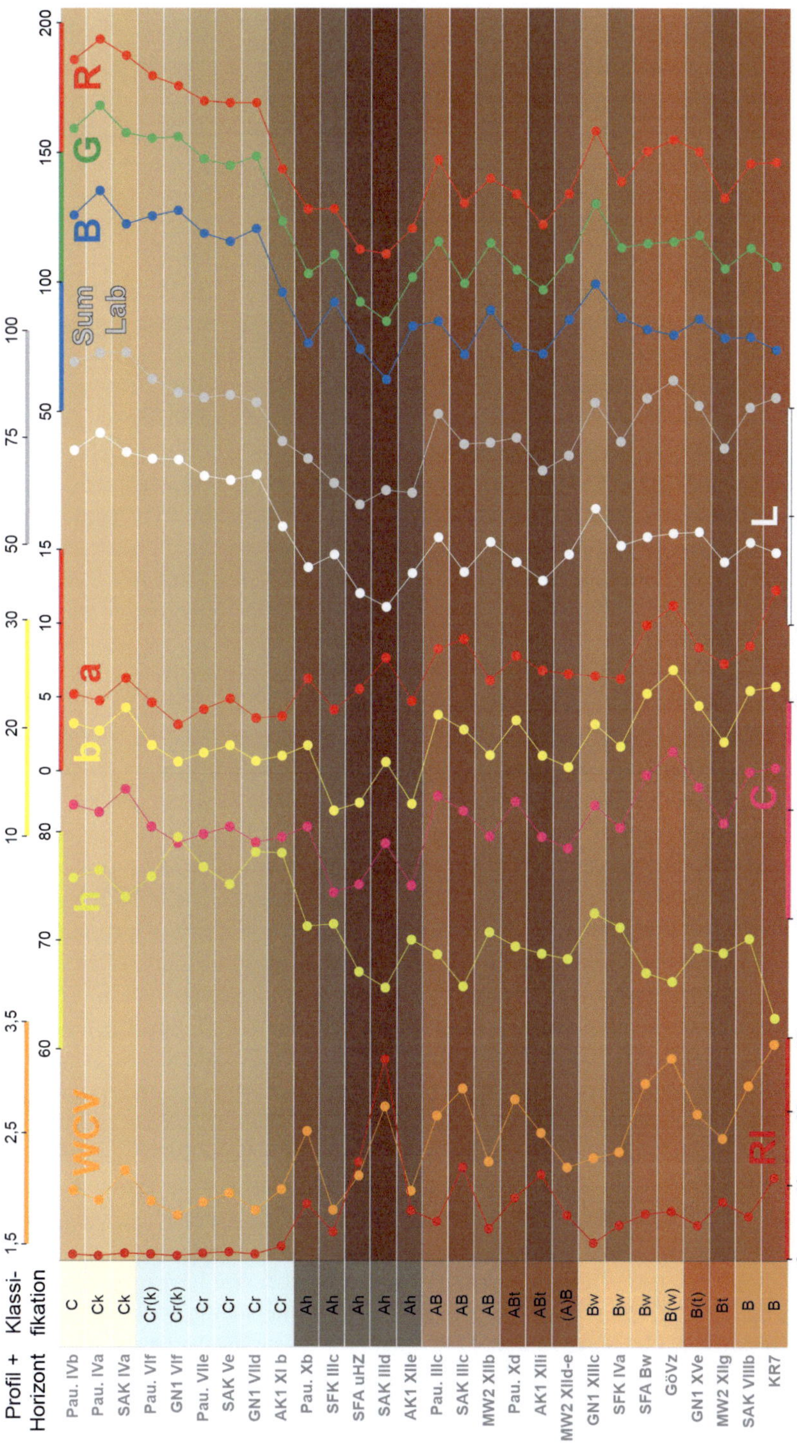

Abbildung 91: Vergleich der in dieser Arbeit verwendeten mit anderen Farbparametern bezüglich der in Abbildung 90 illustrierten Proben

Ein Vergleich der nahe beieinander und in ähnlichen stratigraphischen Positionen liegenden Profile im Bereich AK1, AK2 und AK3 (Abbildung 92) verdeutlicht das Problem einer absolut-quantitativen Auswertung von Farbmessungen für die Horizontklassifikation. In AK3 sind die Farben durchschnittlich heller und weniger variabel als in den benachbarten Profilen. Besonders die Betrachtung der absolut gemessenen RGB-Farben zeigt deutlich abweichende Stratigraphien. Durch die relative Betrachtung der Farbvariationen im Abgleich mit den Gefügeproben können jedoch vergleichbare, korrelierbare Abfolgen herausgefiltert werden. Der in allen drei Profilen vorhandene mächtige Bereich reduzierten Lösses zeigt in AK2 und AK3 etwas aufgehellte, während in AK1 eher graue Farben vorherrschen. Vermutlich waren Reduktionsprozesse in letzterem Falle etwas wirksamer. Auch die darüber liegenden Abschnitte zeigen sich im Bereich AK1 farblich am deutlichsten.
Messungenauigkeiten alleine können diese Unterschiede nicht erklären. Nicht auszuschließen ist, dass die nur 20–40 cm in die Profilwand gegrabenen Profile expositionsbedingte Unterschiede aufweisen. Andererseits müssten AK1 und AK3 dann eher vergleichbare Ergebnisse liefern. Die Variabilität der Grusgehalte zeigt ebenfalls deutliche Abweichungen zwischen den einzelnen Profilen, was nicht expositionsbedingt sein kann. Trotz ihrer Nähe müssten in den jeweiligen Bereichen der drei Profile entscheidende paläoökologische Unterschiede geherrscht haben. Zu bemerken ist in diesem Zusammenhang, dass die real sichtbaren Farbvariationen äußerst gering sind und die gemessenen Variationen nicht überinterpretiert werden dürfen. Sie sollten aber auch nicht unterschlagen werden, da sie, indem sie die laterale Variabilität innerhalb der Lösssedimente veranschaulichen, entscheidende Hinweise auf paläomorphodynamische Prozesse während ihrer Entstehung liefern.
In den im Feld makroskopisch sichtbar differenzierten Sequenzen sind die Verhältnisse deutlicher. Die Farbmessung dient eher der Abgrenzung diskreter Einheiten als der Definition bestimmter Horizonte. Abbildung 93 zeigt Profile, die im Gelände abschnittsweise typologische Übereinstimmungen zeigten. Die (vorläufigen) Lumineszenzalter belegen das erwartet gleiche Alter der (farblich abweichend) gefleckten Böden in Paudorf und Stiefern und zeigen einen entsprechenden Hiatus in der Schießstätte. Farblich interessanter sind die Lösssedimente darunter, da insbesondere Paudorf und Krems nicht nur makroskopisch, sondern auch anhand der Farbwerte messbare Übereinstimmungen zeigen. Charakteristisch sind drei deutliche Bleichzonen, von denen die oberen beiden jeweils hell und karbonatreich, während die untere eher grau und karbonatärmer ist. Dazwischen befinden sich bräunliche Lösssedimente. Auch in Stiefern wechseln sich bräunliche und helle Bereiche ab. Im unteren Bereich sind die Schwankungen etwas geringer und es herrschen dunklere Farben vor, während die Bleichzone im Bereich V kein Analogon in Paudorf oder Krems hat. Die vorläufigen Lumineszenzalter lassen vermuten, dass hier keine direkte Korrelation zur Sequenz in Stiefern vorliegt.
Aus den Befunden wird deutlich, dass eine adäquate statistische Auswertung der Messdaten ebenso wie eine systematische detaillierte makromorphologische Beschreibung und Dokumentation der Aggregate den Rahmen dieser Arbeit bei weitem gesprengt hätten. Die manuelle gemeinsame Interpretation der Aggregate und Farbparameter liefert für sich bereits umfassende Resultate im Rahmen der eigentlichen Fragestellung, nämlich robuste Stratigraphien in den untersuchten LPS auszuweisen. Dabei genügen neben der Farbe die grundsätzlichen strukturellen Eigenschaften des Substrats sowie spezifische Charakteristika wie Toncutane und Sekundärkarbonat, um erste brauchbare Einordnungen vorzunehmen.

Bei der vorliegenden Arbeit steht eine analytische Horizontansprache im Vordergrund, ohne dass die komplexen Bildungsphasen berücksichtigt werden können. Gerade in den Lösssedimenten kann kaum zwischen initialen Böden und Beimengungen von Bodensediment unterschieden werden. Hier sind signifikante Grus- bis (Grob)sandanteile Hinweise auf letzteres, wobei die Bodenbildung auch nach der Umlagerung von Primärlöss unter Beimengung lokaler allochtoner Komponente von statten gegangen sein könnte. Die Beprobung für weiterführende Analysen sollte nach der robusten Unterteilung der Sequenz unter Rückgriff auf die Farbdaten erfolgen. Aus logistischen Gründen erfolgte die Beprobung für horizontbezogen angewandte Methoden (z.B. Lumineszenzdatierung, Mikromorphologie) im Rahmen dieser Arbeit meist jedoch direkt aufgrund des Geländebefundes und nicht erst durch die farbgestützte Stratigraphie.
Die quantitative Farbmessung in hoher Auflösung ermöglicht eine umfassende Charakterisierung der Sequenzen, deren methodische Unsicherheiten durch den Rückgriff auf die Gefügeproben umgangen werden können. Die daraus resultierende standardisierte Klassifikation führt zu einer besseren Vergleichbarkeit von LPS, die an unterschiedlichen Lokalitäten, ggf. zu unterschiedlichen Zeiten aufgenommen wurden. Die Verwendung der Horizontsymbole im Sinne der FAO (2006) ermöglicht eine leichte internationale Verständlichkeit.

10.1.3 Karbonatgehalte

Obgleich Karbonate in LPS relativ mobil sind und die Interpretation ihrer Gehalte entlang von Profilen manche Schwierigkeiten aufweist (vgl. Abschnitt 4.5), können einige grundsätzliche Aussagen aus ihrer Anwesenheit und Verteilung getroffen werden.
Die meisten untersuchten Lössproben weisen Karbonatgehalte zwischen 15 und 25 % auf. Die Werte sind relativ zu Lössen weltweit eher als überduchschnittlich anzusehen (Pécsi & Richter, 1996). In Ck-Horizonten werden häufig über 40 % erreicht, in Pedokomplexen schwanken die Werte häufig noch um 5–10 %.
Letztglaziale Lösssedimente in der Schießstätte und Stiefern weisen relativ hohe Karbonatgehalte von 25 bis stellenweise über 30 % auf, wobei die geringeren Werte innerhalb initialer Böden bzw. Bodensedimente liegen. In Stillfried werden nur 15–20 % erreicht. Die Abfolgen des vorletzten Glazials in Paudorf, Stiefern und Krems-Schießstätte zeigen etwas geringere Karbonatanteile (20–25 %), wobei in den hellen Bleichzonen noch Werte um 30 % liegen. In den älteren Lösssedimenten der Schießstätte (Einheiten IX, X und XI) pendeln die Werte nur noch um 17 %, selten werden mehr als 20 % erreicht. Im Bereich der MBB (XIV) sind die Anteile wieder etwas höher. Ein Zusammenhang zwischen dem Anteil äolischer Fernkomponente (Schluff) und höheren Karbonatgehalten scheint plausibel. Dies kann ein Hinweis darauf sein, dass die Liefergebiete der Schluffe westlich der Böhmischen Masse, im Alpenvorland zwischen den Kalkalpen und der Schwäbisch-Fränkischen Alb liegen und die Donau einen entscheidenden Anteil am weiteren Transport hat.
Auch in Paudorf zeigen sandigere Lösse geringere Anteile an Karbonat (Sprafke, 2011). Entsprechend zeigen die hochaufgelösten Karbonatanalysen in GN1 und AK3 einen Bezug zwischen hellen, karbonatreicheren und bräunlichen, karbonatärmeren Horizonten. Letztere sind häufig auch etwas sandig. Die Lösssedimente bedürfen detaillierterer mikromor-

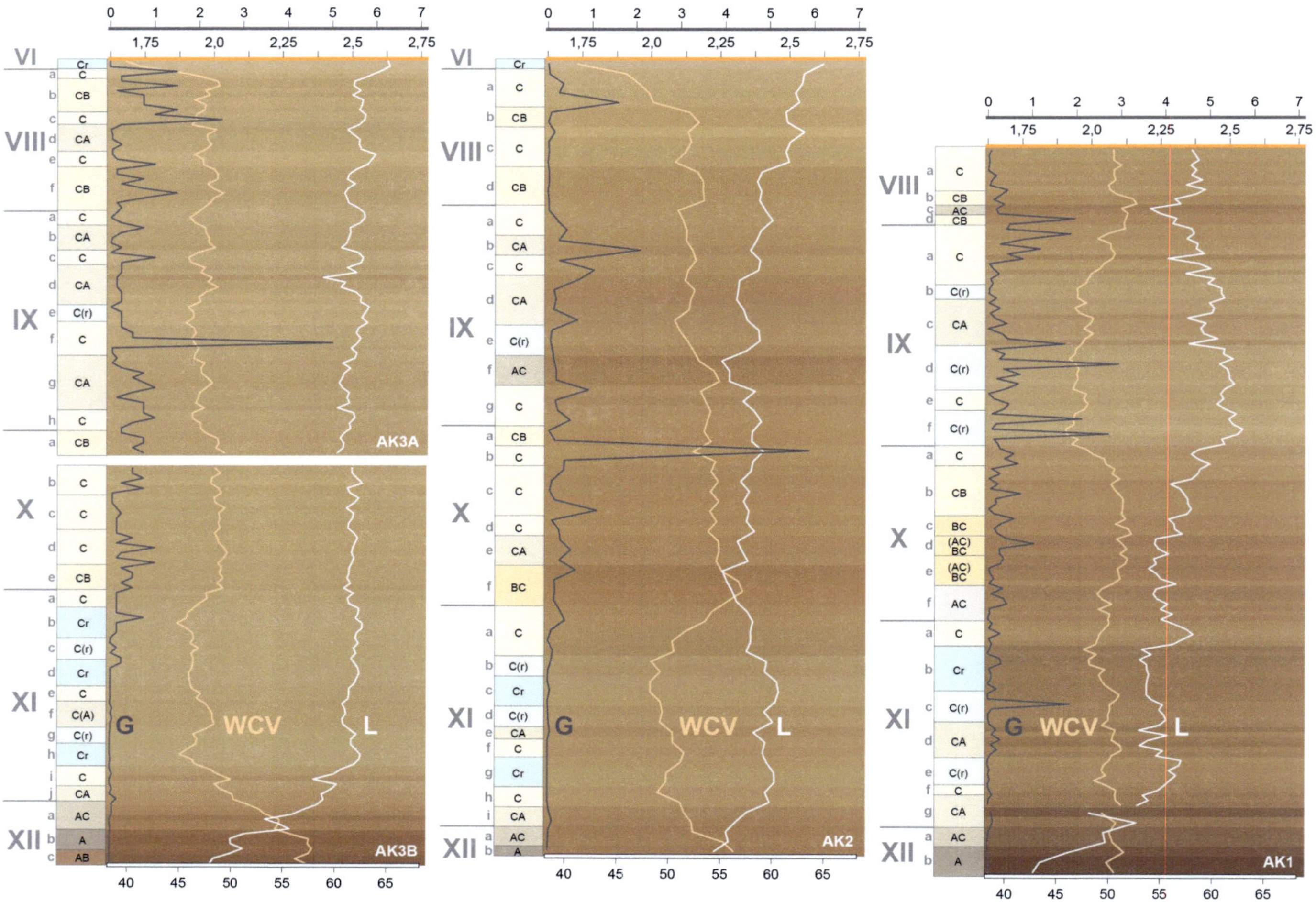

Abbildung 92: Vergleich der Lösssedimente im Alten Kugelfang (AK 1–3) anhand der Luminanz, des WCV und der Grusgehalte

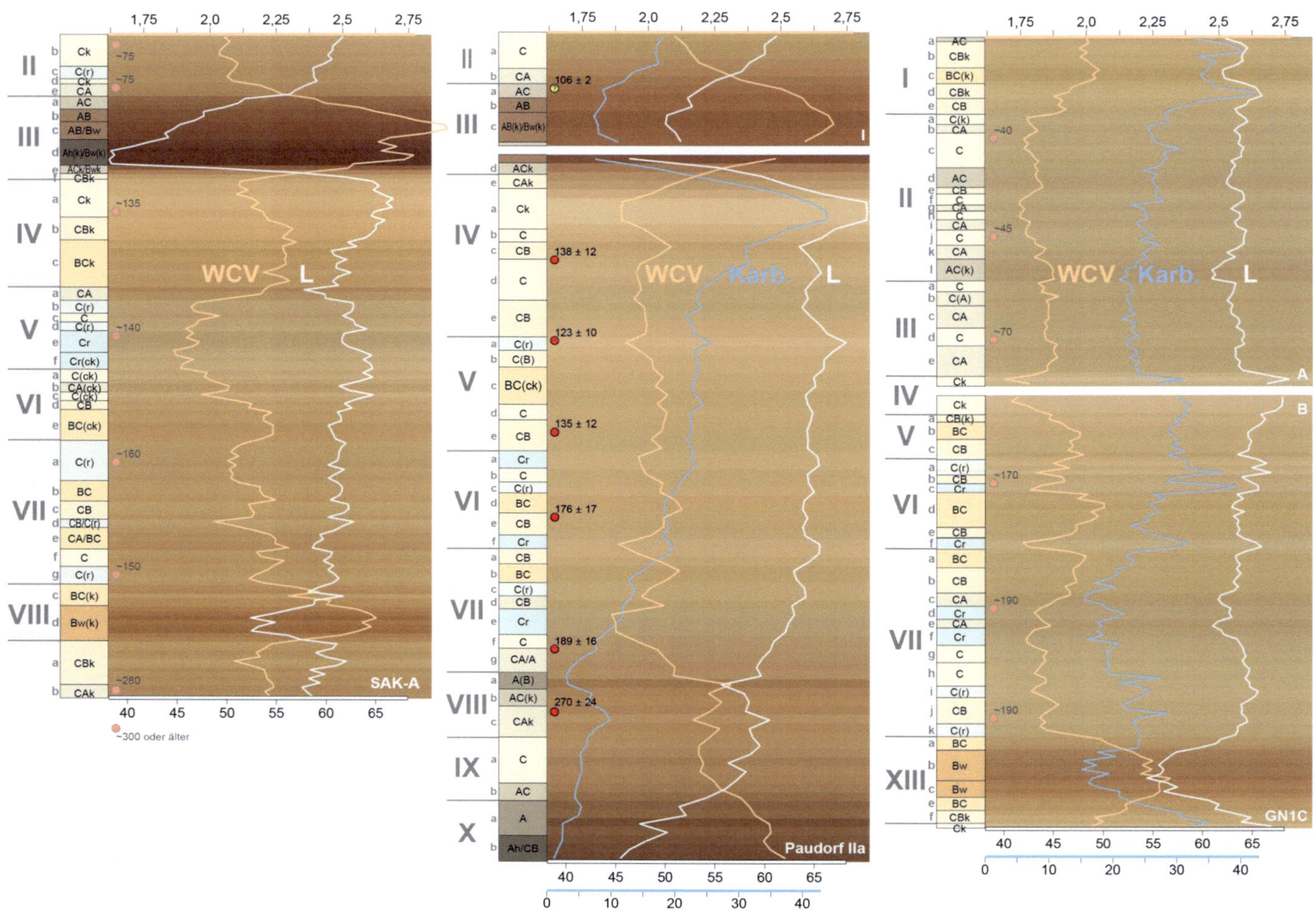

Abbildung 93: Vergleich der MIS 6–4 Abfolgen in GN1, Paudorf und Stiefern anhand der Luminanz, des WCV, des Karbonatgehalts (nur GN1 und Paudorf) und der (teils vorläufigen) Lumineszenzalter

phologischer Untersuchungen, um den Zusammenhang zwischen äolischem (insbesondere karbonatischem) Eintrag, Pedogenese (Tendenz zur Karbonatabfuhr) und Umlagerung (Mischung von verwittertem und unverwittertem Substrat) zu klären.
Auch bei der Interpretation der Pedokomplexe kommt dem Karbonat eine entscheidende Rolle zu. In Abschnitt 2.3 wurde die Relevanz von Karbonat für die Pedogenese erläutert. Die Unterscheidung primärer und sekundärer Karbonate durch Mikromorphologie ergänzt die gemessenen Laborwerte entscheidend (Bronger, 1976, 2003).
Prinzipiell weisen die untersuchten Pedokomplexe häufig eine Karbonatkomponente auf, die zum einen durch sekundäre Einwaschung zu erklären ist, zum anderen durch eine Umlagerung des Bodenmaterials bei gleichzeitigem Eintrag äolischen (karbonathaltigen) Materials. Letzteres kann im Rahmen der Untersuchung mit eher kaltzeitlichen Verhältnissen erklärt werden (Sprafke et al., 2014). Der untere Pedokomplex in Paudorf ist im mittleren Abschnitt karbonatfrei, was mit seiner polygenetischen Entwicklung innerhalb einer einzigen, mehrphasigen Warmzeit zusammenhängt. Während dieser fand kein (äolischer) Eintrag von Karbonat statt (Sprafke et al., 2014). Innerhalb der in der Schießstätte untersuchten Pedokomplexe ist nur im mittleren bis unteren Abschnitt des mächtigen KR 4 Komplex im Bereich AK1 kalkfreies Substrat nachzuweisen. Hier kann eine relativ schnelle Sedimentation von Bodensediment ohne Verjüngung durch frischen Karbonateintrag angenommen werden. Die oberen Abschnitte des Pedokomplexes sind dagegen mess- und sichtbar sekundär aufgekalkt. In mehreren Pedokomplexen wurde neben der sekundären auch eine primäre Kalkkomponente nachgewiesen. Im Zusammenhang mit ihrer signifikanten Verwitterung lässt sich aus dieser Tatsache deren polygenetische Entwicklung unter mehreren Wechseln zwischen kalt- und warmzeitlichen Verhältnissen ableiten. Eine nur schwache primäre Entkalkung kann aufgrund der deutlichen Ck-Horizonte und der insgesamt deutlichen hydrolytischen Verwitterung weitgehend ausgeschlossen werden. Primärkarbonate und Fragmente von Bodenmaterial können als Hinweise auf die Polygenese verwendet werden. Eine eindeutige Zuordnung der kalkarmen basalen Bodenreste im Stillfrieder Profil zu MIS 7 und/oder MIS 9 ist nicht möglich.

10.1.4 Korngrößen

Daten über die Korngrößenverteilung existieren nur aus ausgewählten Horizonten zum Zweck ihrer allgemeinen Charakterisierung und wurden mit teils abweichenden Verfahren erzeugt (siehe Abschnitt 4.6). Aus diesem Grund sind nur grundsätzliche relative Aussagen möglich, während eine Reihe von Studien an LPS aus Korngrößenverteilungen entlang der Profilvertikalen Aussagen über Veränderungen paläoökologischer bzw -klimatischer Bedingungen ableitet (Antoine et al., 2009b, 2013; Machalett et al., 2008; Prins et al., 2007; Vandenberghe et al., 2004; Vandenberghe, 2013).
Bemerkenswert ist hinsichtlich des Grusanteils, welcher häufig auch in hoher Auflösung gemessen wurde, sein häufiges Vorkommen in Sedimenten, die in ihrer typischen Ausprägung als äolisch gelten (Pye, 1995). In der Schießstätte sind nur die ältesten untersuchten Abschnitte (unterhalb des KR 4) sowie die meisten Bleichzonen frei von Grus, bzw. weisen deutliche Minima auf. Letzteres gilt auch für die Sequenz in Paudorf und stellenweise

jene in Stiefern. Die Abfolge in Stillfried ist völlig grusfrei. Ähnliche Trends gelten auch für Grobsand. Sowohl für die gröberen Sandfraktionen und die kleinsten Grusfraktionen wäre eine äolische Beimengung durch Starkwindereignisse nicht völlig ausgeschlossen. Da aber wiederholt innerhalb lithologisch vergleichbarer Abfolgen auch Fragmente von über 1 cm Durchmesser gefunden wurden, können die Gruskomponenten und unter Abstrichen auch die Grobsande als wichtige Belege für Umlagerungsprozesse gesehen werden. In den meisten Horizonten liegen die Grusgehalte zwar unter 1 %, andererseits kann bereits das Vorkommen von Grus als ein deutlicher Hinweis auf nicht äolische Prozesse gesehen werden. Dass diese Prozesse nicht unbedingt stratigraphisch konsistent sind, zeigt der Vergleich der Profile im Alten Kugelfang. Die Peaks der Grusgehalte liegen teilweise in unterschiedlichen stratigraphischen Positionen (Abbildung 92).

Wie an der Sequenz Paudorf belegt, zeigen Grus und Grobsand in ihrer Mineralogie eine eindeutige lokale Komponente (Sprafke et al., 2013). Die gröberen Bestandteile in den Proben der Schießstätte sind etwas diverser, was mit der variableren Lithologie im Oberhangbereich im Vergleich zu Paudorf (nur Granulit) liegt. Daraus folgt, dass die untersuchten Lösse zumeist nicht typisch, sondern polygenetisch sind. Sie weisen eine strukturelle Gleichheit mit typischem Löss auf, sind aber nicht rein äolischen Ursprungs. Bereits Sprafke et al. (2013) vermuteten einen auf der betrachteten Zeitskala synchronen Ablauf von äolischem Staubeintrag, (soilfluidaler) Umlagerung und Lössifizierung. Aufgrund der durchgehenden strukturellen Gleichheit der polygenetischen Lösse ist die Frage zu stellen, ob daraus bereits saisonale Schwankungen der einzelnen Prozessgruppen angenommen werden dürfen oder ob Veränderungen in längeren Zeiträumen ablaufen. Hierzu ist es notwendig den Prozess der Lössifizierung (vgl. Pécsi, 1990) besser zu verstehen.

Mittelsand verläuft zwischen den Schwankungen des Grob- und Feinsandes, mit einer leichten Tendenz zu den gröberen Fraktionen. Daraus folgt, dass sowohl stärkste Winde als auch Umlagerung ihre Einmischung bedingen können. Innerhalb der Sandfraktionen dominiert durchgängig der Feinsand, welcher synchron mit dem Grobschluff verläuft und als überwiegend äolisch gelten kann.

Ein Sonderfall ist der Horizont IVb in Stillfried, in welcher der Mittelsand innerhalb der Sandfraktion vorherrscht und damit einen diskreten Modus in der Korngrößenverteilung bildet. Vermutlich ist der Mittelsand lokalen Ursprungs und durch Umlagerung eingearbeitet worden; es fehlen aber Informationen über die genaue Lithologie der Tertiärschichten oberhalb des Aufschlusses.

Feinsande, Grob- und Mittelschluff belegen als typische Lössfraktionen den äolischen Eintrag von Mineralstaub (Muhs et al., 2014; Pécsi & Richter, 1996; Pye, 1995). Ihre Minima sind demnach durch Umlagerung mit Einmischung gröberer Komponenten oder Kornverkleinerung durch Verwitterung zu erklären. Aufgrund der geringen Auflösung (Proben und Klassen) sowie des polygenetischen Charakters der Sequenzen bieten sich detaillierte Auswertungen, z.B. die Anwendung korngrößenbasierter Proxies zur Rekonstruktion von Windgeschwindigkeiten (Antoine et al., 2009b; Prins et al., 2007; Vandenberghe et al., 2004) nicht an. In den Lösssedimenten fallen höhere Schluff- mit höheren Karbonatgehalten zusammen, woraus die prinzipielle Trennung in lokale (Böhmische Masse) gröbere und überregionale (Kalkalpin, Alb) feinere Komponenten untermauert werden kann.

Die Tonfraktionen und teilweise die daran angelehnten Feinschluffe können als Indika-

tor für Verwitterungsintensitäten, insbesondere in den Interglazialböden gelten (Ottner et al., 2013; Pécsi & Richter, 1996). Die Identifikation initial verwitterter Interstadialböden ist demgegenüber problematisch, da das Ausmaß des durch Umlagerung beigemengten Bodensediments nicht deutlich ist. In Bereichen, in denen bräunliche Lösssedimente mit Bleichzonen wechseln, zeigen erstere neben höheren Ton- zugleich erhöhte Sandanteile, während zweitere eher einheitlich schluffdominiert sind. Da auch die kräftiger entwickelten Paläoböden polygenetisch sind, können keine direkten korngrößenbasierten Verwitterungsindizes abgeleitet werden.
Die methodischen Unterschiede zwischen Pipettierung und Sedigraph spiegeln sich gerade in der Tonfraktion deutlich wider; im Gegensatz zu den systematischen Studien von Müller et al. (2009) bestimmt die Pipette jedoch etwas höhere Tonanteile als der Sedigraph, wenn die Daten der beiden im unteren Teil vergleichbaren Profile MW2C und NW2C gegenübergestellt werden. In der Relation innerhalb eines Profils sind die relativen Schwankungen der Fraktionen jedoch ausreichend, um eine näherungsweise Verwitterungsrate zu zeigen (Ottner et al., 2013). Als grobes Maß warmzeitlicher Verwitterung kann eine Tonzunahme von 5–10 % gegenüber den entsprechenden Lösssedimenten angenommen werden. Höhere Tonzunahmen müssen vermutlich im Kontext mit einer polygenetischen Entwicklung betrachtet werden. Da die numerischen Werte nur die Summe der insgesamt während verschiedener Verwitterungsphasen gebildeten Tonanteile widergeben, sind die Ergebnisse ohne eine qualitative Rekonstruktion der Bildungsprozesse für paläoklimatische Aussagen wenig brauchbar.
Zusammenfassend kann eine prinzipiell gültige näherungsweise Trennung von äolischen, pedogenen und Verlagerungsprozessen trotz grober Korngrößenklassen angenommen werden. Im Detail muss durch genauere Untersuchungen differenziert werden. Dies liegt auch daran, dass die bisherigen Ausführungen den Einfluss der Sekundärkarbonate unterschlagen. In den Einheiten VI in Stiefern und V in Paudorf lagen mehrere zentimetergroße karbonatische Konkretionen vor, welche den bestimmten Grusanteil deutlich erhöhten. Auch innerhalb der Ck-Horizonte sind Anstiege im Grobboden auf Sekundärkarbonat zurückzuführen. Bei der Analyse des Feinbodens wurden keine systematischen Betrachtungen der Einzelfraktionen durchgeführt. Aus den bisherigen Arbeiten in Paudorf (Sprafke, 2011) lässt sich jedoch ableiten, dass die gemessenen Sandfraktionen durch das Vorkommen von kalzifizierte Wurzelzellen und Hypo-Belägen beeinflusst werden. Sekundärkarbonat beeinflusst auch die Ton- bis Feinschluff-Fraktion (Mikrit), was durch hohe Werte im Bereich der Unterkante des Paudorfer Bodens sowie im Profil GN1 in Horizont IV (vermutlich der Ck-Horizont des gekappten MIS 5 Komplexes) sowie an der Unterkante des KR 4 evident ist. Von einer Entkalkung der Proben im Vorfeld der Korngrößenanalysen wurde aufgrund des hohen Anteils an Primärkarbonat jedoch abgesehen. Es wurde auch keine Vorbehandlung zur Zerstörung von mangan- und eisenhaltigen Konkretionen durchgeführt, die ebenfalls Schluff- bis Sandgröße aufweisen können, aber insgesamt keine hohen Anteile einnahmen.
Generell liegen die Tongehalte in den Lössen in einem Bereich von 15 bis 20 %, was mit der geringen Verwitterung im Widerspruch zu stehen scheint. Vermutlich liegt die Ursache der relativ hohen Tongehalte am hohen Karbonatgehalt, der häufig in Form von Mikrit vorliegt (kristallitisches b-Gefüge). Ein Hinweis darauf ist das Tonmaximum an der Unterkante des Paudorfer Bodens, im Übergang zum Ck-Horizont (Sprafke et al., 2013). In mittelpleistozä-

nen Lösssedimenten (mit Ausnahme des späten MIS 6) sind die Sandgehalte generell etwas höher (häufig > 20 %) als in jenen des letzten Glazials (meist < 20 %), was mit geringerer Staubakkumulation in früheren Kaltphasen zu erklären wäre. Das Phänomen, dass jüngere Lösse generell mächtiger sind, ist allgemein bekannt (Van Loon, 2006). Im Bereich der MBB in der Schießstätte sind ebenfalls schluffreichere Lösse vorhanden, was mit signifikanten morphologischen Veränderungen innerhalb dieses Sporns zusammenhängt (vgl. Abschnitt 10.2.3).

Trotz der methodischen Abweichungen und der geringen Probenanzahl kommt der Korngrößenanalyse eine wichtige Funktion hinsichtlich der groben Charakterisierung der Sequenz und der prinzipiellen Unterscheidung der wichtigsten Prozessgruppen zu. Es wäre zu untersuchen, ob innerhalb dieser komplexen Sequenzen eine starke Erhöhung der Auflösung (Proben und Klassen) tatsächlich einen signifikanten Erkenntnisgewinn bringt. Im Rahmen der Fragstellung dieser Arbeit hätten derartige Untersuchungen den Rahmen bei weitem gesprengt. Bei der Untersuchung der Entstehungsprozesse an polygenetischen Sequenzen empfehlen sich mikromorphologische Untersuchungen, um quantitative Merkmalsveränderungen zu interpretieren.

10.1.5 Mikromorphologie

Die Morphologie von Lössen und Paläoböden sollte entscheidende Hinweise auf die Entstehung geben. Makroskopisch betrachtet sind pedogene Strukturen innerhalb der untersuchten Pedokomplexe jedoch nicht sehr deutlich ausgeprägt. Dies liegt nur teilweise an der Fossilierung und quasi-diagenetischen Überprägung. Von größerer Signifikanz ist vermutlich jedoch die polygenetische Entwicklung. Böden sind häufig (solifluidal) umgelagert, wobei Frostprozesse meist das ursprüngliche Gefüge zerstören. Die bioturbate Überprägung vieler Böden und Bodensedimente in der frühen Kaltzeit tut ihr Übriges. Derartige Beobachtungen und Interpretationen beschreibt wiederholt L. Smolíková (vgl. Kovanda et al., 1995; Smolíková et al., 2010), wobei das in diesem Kontext verwendete Modell des typischen Kalt-Warmzeit-Zyklus (zit. in Pécsi & Richter, 1996) entsprechend der paläoklimatischen Gegebenheiten differenziert zu betrachten ist.

Der Mikromorphologie kommt eine entscheidende Funktion bei der Rekonstruktion bodengenetischer Prozesse zu, insbesondere bei der Untersuchung von Paläoböden (Fedoroff et al., 2010). Die Unterscheidung von Primär- und Sekundärkarbonat und die Identifikation von Tonbelägen liefern entscheidende Informationen (Bronger, 1976, 2003). Die in zahlreichen Proben der Pedokomplexe nachgewiesenen primären Karbonate müssen unter der Annahme, dass sie nicht in stark verwitterten Böden vorkommen, als Hinweise auf eine polygenetische Entwicklung gesehen werden. Zumeist deutlich begrenzte, stärker oder schwächer verwitterte Bereiche innerhalb eines Schliffs können teilweise noch mit Bioturbation erklärt werden; häufig muss aber eine morphologische Veränderung angenommen werden. Auch Fragmente von Tonbelägen (teils abgerollt) geben deutliche Hinweise auf eine polygenetische Entwicklung. Den pedogenen Charakteristika kommt somit die Funktion zuteil, den morphologischen Einfluss bei der Entwicklung von Paläoböden zu identifizieren. Prozessphasen zwischen morphologischer Stabilität und Aktivität kön-

nen rekonstruiert werden, wenn umgelagerte Bodenrelikte identifiziert werden (Sprafke et al., 2014).
Die Detektion verschiedener Phasen von Pedogenese (Fedoroff et al., 2010) ist vor allem dann möglich, wenn eine nachgeschaltete Bodenbildung weniger intensive Verwitterung mit sich bringt, als eine vorangegangene. Das Vorhandensein bodenkundlich widersprüchlich erscheinender Phänomene wie primäre Karbonate und eine tonangereicherte Grundmasse (z.B. in der Paudorfer Bodenbildung) kann damit erklärt werden, dass ein entkalkter, verwitterter Paläoboden zunächst bei seiner Umlagerung mit unverwittertem Material (inklusive Karbonat) vermischt wurde. Bei der anhand der Farbe und struktureller Eigenschaften festgestellten nachgeschalteten Bodenbildung wurden diese kaum angegriffen. Zu beachten ist bei der Interpretation, dass in bereits vorverwittertem Material Bodenmerkmale schneller entstehen können als in frischem Substrat (Stephan, 2000). Beispielsweise kann Fließplasma, im Sinne von Kubiëna (1956) aus der Matrix freigesetzter Ton, welches mit dem Boden umgelagert wurde, anscheinend relativ schnell remobilisiert werden und in der relativ zügigen Bildung frischer Toncutane resultieren. Dies ist in den untersuchten Horizonten mit frischen Toneinspülungen ([A]Bt-Horizonte) stets zu beachten. Tonremobilisierung kann auch in klimatisch weniger günstigen Bedingungen erfolgen, wie das Beispiel des Böckinger Bodens (Mittelwürm / MIS 3) in Gunderding zeigt (Terhorst et al., 2015). Bei der Rekonstruktion ökologischer Bedingungen muss die Zusammensetzung des Ausgangsmaterials in die Interpretation mit einbezogen werden. In polygenetischen Böden bedeutet dies, Löss von Bodensediment mit oder ohne Karbonatkomponente zu trennen. Sind die Bildungsprozesse in ihrer Reihenfolge rekonstruiert, können paläoklimatische Deutungen und Korrelationen von Bildungsphasen nur vorgenommen werden, wenn der chronologische Rahmen durch numerische Datierungen geklärt ist (Sprafke et al., 2014).
Der funktionalen Auswertung von Dünnschliffen kommt damit eine entscheidende Funktion zu; die semi-quantitative Analyse, d. h. die alleinige Differenzierung nach terminologisch erfassbaren mikromorphologischen Eigenschaften genügt nicht. Die identifizierten Merkmale sind lediglich das Resultat einer Abfolge von komplexen pedologischen, sedimentologischen und morphologischen Entwicklungsprozessen. Der klassische funktionale mikromorphologische Ansatz, der Nachweis von Pedorelikten, wird aber erst im Zusammenspiel mit der semi-quantitativen Untersuchung robust (Kemp, 1999). Mit dieser wird eine Reihe von Beobachtungen sortiert und kategorisiert. Jeder der untersuchten Parameter aus dem Katalog von Stoops (2003) hat für sich genommen Interpretationspotential (vgl. Tabelle 2).

10.2 Entstehung und Chronologie der untersuchten LPS

Für die Rekonstruktion der Prozesse, die zur Entstehung der untersuchten polygenetischen LPS führen, kommt geochronologischen Daten insbesondere für die Korrelation und die Interpretation von pedogenen Intensitäten eine zentrale Rolle zu. Neben den bereits durch Sprafke et al. (2014) publizierten numerischen Altern aus Paudorf liegen Ergebnisse der Lumineszenzdatierung aus zwei sich zeitlich ergänzenden Profilen der Schießstätte vor (NW2 und AK1). Aus den teils mit Paudorf und NW2 korrelaten Profilen GN1 und Stiefern sowie aus einer Probe an der Basis des Profils in Stillfried liegen zumindest vorläufige Angaben vor. Die Lumineszenzalter ermöglichen die Einordnung bis 250–350 ka. Der nächste absolute Zeitmarker ist bereits die MBB (~780 ka), die in Lössen jedoch häufig in ältere Abschnitte verschoben ist.

10.2.1 Paudorf

Die vorgestellte Chronologie der LPS Paudorf beruht auf den durch Sprafke et al. (2014) publizierten und erläuterten pIRIR290-Altern. Die Daten aus dem basalen Löss liegen eher im MIS 9 als im MIS 10. Unter Ausnutzung des Fehlers, gerade aufgrund der Nähe zur methodischen Grenze und vor allem aus stratigraphischen Überlegungen (Lössbildung während Kaltphasen, Bodenbildung in Warmphasen), erscheint die Einordnung des Pedokomplexes in MIS 9 und des basalen Lösses in MIS 10 plausibel. Sprafke et al. (2014) weisen allerdings darauf hin, dass auch ein höheres Alter möglich wäre. Aus stratigraphischen und methodischen Gründen muss in der Tat eine leichte Unterbestimmung angenommen werden Ein Modell, das die Entwicklung während MIS 9 und entsprechende paläoökologische Interpretationen enthält, wird in Abschnitt 10.3.4 diskutiert.
Bereits während MIS 9 und durch MIS 8 hindurch ist eine deutliche relative Zunahme der Feinsandkomponente bei gleichzeitiger Abnahme des Schluffgehalts nachzuweisen (Sprafke et al., 2013). Hier ist das Vorherrschen von Umlagerungsprozessen gegenüber äolischem Eintrag von karbonathaltigem Mineralstaub anzunehmen, wofür auch die geringen Karbonatgehalte sprechen. Interessant ist, dass das Material (Alter aus VIIIc: 270 ± 24 ka) noch deutliche Lössstruktur zeigt. Umlagerung und das Entstehen von Lössstruktur wären am ehesten kaltzeitlichen Verhältnissen zuzuordnen. Da die Alter oberhalb von Einheit VIII eine Einordnung der dort vorhandenen Lösssedimente in MIS 6 vermuten lassen, folgern Sprafke et al. (2014), dass es sich beim A-Horizont VIIa um den Rest des MIS 7-Pedokomplexes handeln muss. Da der Bodenrest nur schwach verwittert ist und kein deutlicher Ck-Horizont vorhanden ist, wären eher kontinentale als ozeanische Klimabedingungen anzunehmen. Zu beachten ist jedoch der generell geringere Primärkarbonatgehalt des sandigen Lösses.
Die Lösssedimente darüber bis zum Paudorfer Boden (Einheit III) bildeten sich während MIS 6. Der frühen Kaltphase ist die Wechselfolge aus bräunlicheren, tendenziell grobmaterialreicheren und hellen, eher grobmaterialarmen Horizonten zuzuordnen (VII und VI). Die Bleichzonen repräsentieren wahrscheinlich periglaziale Verhältnisse mit Permafrosteinfluss. Es lässt sich nicht eindeutig bestimmen, zu welchem Zeitpunkt innerhalb der bräunlichen, vermutlich umgelagerten Abschnitte Pedogenese stattfand. Im Abschnitt V nimmt die farbliche Differenzierung deutlich ab, diskrete Grusbänder belegen mehrere Umlagerungsereignisse. Nach oben hin (Einheit IV) nimmt die Schluffkomponente zu, was den zunehmenden Eintrag von Mineralstaub belegt. Bemerkenswert ist der Hiatus im mittleren Bereich der LPS zwischen den Einheiten VI und V. In den am ehesten als typischer Löss anzusprechenden Sedimenten die sich im vorletztglazialen Hochglazial bildeten (Einheit IV), entwickelte sich die Paudorfer Bodenbildung, welche durch Alter aus ihrem oberen Abschnitt (106 ± 12 ka; Thiel et al., 2011b) bzw. des Lösses darüber (54,4 ± 4 ka; Zöller et

al., 1994) auf MIS 5 eingegrenzt werden kann. Das durch Sprafke et al. (2014) bereits vorgestellte Entstehungsmodell wird der Vollständigkeit halber in Abschnitt 10.3.4 widergegeben.

10.2.2 Stiefern

Wie erwähnt weist die LPS in Stiefern sowohl charakteristische Gemeinsamkeiten als auch deutliche Unterschiede gegenüber der Abfolge in Paudorf auf, was sich auch in den vorläufigen geochronologischen Angaben widerzuspiegeln scheint. Ohne endgültige numerische Alter ist eine Einordnung des basalen sandigen Lösssediments spekulativ, insbesondere da das untere Alter (IXd) eher eine Einordnung in MIS 10 möglich macht, das obere Alter (IXb) aber in Richtung MIS 8 tendiert. Generell enthält das basale Lösspaket eine deutliche Grobkomponente. Daraus wären sowohl eine sedimentäre Einheitlichkeit als auch das Vorhandensein von Diskordanzen abzuleiten.
Nach den Befunden aus den anderen LPS der Untersuchungsregion wäre die Zuordnung der relativ kräftigen Verwitterungszone in Einheit VIII zu einer einzigen Warmzeit, d. h. MIS 7 zweifelhaft. Diese Einordnung wäre unter der Annahme, dass Einheit VIII eine Beimengung älteren Bodensediments enthält möglich. Um auszuschließen, dass es sich um einen während MIS 7 entstandenen Boden handelt, sind mikromorphologische Untersuchungen und endgültige numerische Alter nötig. Die Datierung um 87 000 a und darauf aufbauende Schlussfolgerungen (Verginis, 1993a) können mit hoher Wahrscheinlichkeit als unzutreffend betrachtet werden. Die scharf abgegrenzte Einheit VII mit ihrer Wechselfolge aus bräunlichen und gebleichten Zonen zeigt klimatische und morphologische Veränderungen weniger deutlich als die Abschnitte VI–VII in Paudorf und der Schießstätte. Da die vorläufigen Alter auch etwas jünger sind wäre zu vermuten, dass es sich um den in Paudorf und Krems fehlenden mittleren Abschnitt von MIS 6 handelt.
Die an Grobmaterial relativ reiche Einheit VI belegt signifikante Umlagerungsereignisse, bevor sich ein kräftiger Tundragley entwickelte, dessen Alter bereits in der zweiten Hälfte von MIS 6 zu liegen scheint. Die bräunliche Einheit darüber (IVc) kann nicht sicher als Paläoboden eingestuft werden. In den darüber liegenden Lösssedimenten entwickelte sich der letztinterglaziale Boden (Abschnitt 10.3.5). Die vorläufigen Lumineszenzalter lassen ein Einsetzen der Lössakkumulation im MIS 4 annehmen. Wie in Paudorf ist die letztglaziale Sequenz stark verkürzt.

10.2.3 Krems-Schießstätte

Insgesamt sind die chronologischen Daten relativ zur Komplexität und insbesondere zum Alter des Aufschlusses noch sehr lückenhaft. Endgültig bestimmte Lumineszenzalter umfassen lediglich die Einheiten I–VII, mit Maximalaltern im Bereich des frühen MIS 6. In Paudorf konnten Lösssedimente des MIS 10 noch leicht unterbestimmte numerische Alter liefern (Sprafke et al., 2014). Pedokomplexe aus MIS 7 und MIS 9 sind demzufolge in der Schießstätte nicht nachweisbar und auch das Vorhandensein von MIS 10 Löss ist unklar.
Der nächst ältere chronologische Marker ist bereits die MBB im Lösspaket zwischen KR 4

und KR 5. In den langen LPS der Nachbarregionen Mähren (Červený Kopec) und Pannonisches Becken (Stari Slankamen) liegt aufgrund eines lock-in Effekts des paläomagnetischen Signals die MBB in einem Lösspaket, welches mit MIS 22 korelliert werden kann; d. h. zwischen Komplex H und I in Brünn (Kukla, 1977) und V-S8 und V-S9 in Stari Slankamen (Marković et al., 2011). Unter Berücksichtigung eines derartigen Effektes für die LPS Schießstätte kann das Lösspaket zwischen KR 4 und KR 5 mit MIS 22 korreliert werden. Damit lassen sich insgesamt schlüssigere Korrelationen vertreten, als wenn es dem MIS 20 zugeordnet wird.
Die Möglichkeit einer Orientierung an der MIS Stratigraphie beruht primär auf der Tatsache, dass Plateaulösse in Serbien sich gut mit MIS in Übereinstimmung bringen lassen (Buggle et al., 2013; Fitzsimmons et al., 2012; Marković et al., 2011). Aufgrund der Relevanz von Flüssen bei der Entstehung von Lössablagerungen (Smalley et al., 2009), kann eine Kopplung der Lösse des Donausystems angenommen werden. Für die LPS Paudorf wurde bereits durch Sprafke et al. (2014) ein grundsätzlicher Zusammenhang mit den Lössen des mittleren Donaubeckens und der marinen Stratigraphie postuliert. Aufbauend darauf wurden diese Annahmen auf das weitere Untersuchungsgebiet ausgedehnt. In Folge werden die für die LPS Krems-Schießstätte vertretenen Korrelationen im Detail erläutert:
Der älteste innerhalb dieser Arbeit zumindest überblicksweise untersuchte Teil der Schießstätte ist der KR 7 Pedokomplex, welcher auf prä- bis syn-Jaramillo datiert werden kann, wobei die Literatur hierzu widersprüchliche Angaben bereithält (Kovanda et al., 1995). Im Rahmen dieser Arbeit können ebenfalls nur Vermutungen geäußert werden. Als zukünftige Arbeitshypothese wäre eine Genese in der Größenordnung um MIS 31 und früheren Interglazialen anzunehmen, die einschneidenden Landschaftsveränderungen könnten einem Zeitraum um MIS 30 zugeordnet werden. Unklar bleiben muss aufgrund unzureichender chronologischer Daten, ob ein genetischer Zusammenhang zwischen den ersten Lösssedimenten über dem basalen Rotlehm in Stari Slankamen (Marković et al., 2011) und dem Erosionsereignis nach KR 7 (Fink, 1978) besteht. MIS 27 bis 29 kämen als Bildungszeiträume für KR 6 in Frage, wenn für KR 5 eine Entstehung während MIS 25 bis 23 angenommen wird.
KR 5 liegt nach Fink (1976) und Rabeder & Gruber (1986) zeitlich zwischen Jaramillo und der MBB (Kovanda et al., 1995). Eine Korrelation von KR 5 mit V-S9 bietet sich an, wenn der in den LPS Červený Kopec und Stari Slankamen nachgewiesene lock-in Effekt auch in Krems angenommen wird. Auch Fitzsimmons et al. (2012) nehmen einen derartigen Zusammenhang an. Ein Entstehungsmodell für KR 5, welches auf dieser chronologischen Einordnung beruht, wird in Abschnitt 10.3.1 diskutiert.
Die in Stari Slankamen durch nur relativ dünne Lösslagen getrenten unmittelbar übereinander folgenden fossilen Braunlehme und Braunerden zwischen den Lösspaketen V-L8 (MIS 22) und V-L6 (MIS 16) (Bronger, 2003; Marković et al., 2011) korrelieren vermutlich mit KR 4 in Krems, der sich im Löss oberhalb der MBB (mit lock-in Effekt) befindet. Bisher wurde aufbauend auf der Aufnahme von Fink (1976) KR 4 an der Mittleren Wand als durchgehender Paläoboden dargestellt. Allerdings steht KR 4 im Bereich des Pfeilers wie in Abschnitt 10.2.3 dargelegt vermutlich stratigraphisch unter KR 4 im Bereich der nördlichen Mittleren Wand. KR 4 besteht aus Einheit XIII, einem ca. 1 m mächtigen braunen, überwiegend umgelagerten Paket, während Abschnitt XII 1–2 m mächtig und differenziert ist (Abbildung 99).
Eine Bildungsdauer von KR 4, die über MIS 21–17 hinausgeht, d.h. der Einschluss von Warmzeiten nach MIS 16, wäre auszuschließen, da unwahrscheinlich erscheint, dass die

Günz Eiszeit (MIS 16 nach österreichischer Nomenklatur; Piller et al., 2004) sich nicht mit größeren morphologischen Veränderungen bzw. Lösssedimentation bemerkbar machte. Ein Beginn der Entwicklung von KR 4 nach MIS 20, d. h. unter Annahme eines kaum vorhandenen lock-in Effekts der MBB, erscheint aufgrund des differenzierten Aufbaus des Pedokomplexes nicht ausreichend, wenn für MIS 16 signifikante kaltzeitliche Landschaftsdynamik angenommen wird. Die generelle Annahme, dass KR 4 in das früheste Mittelpleistozän gestellt werden muss (Kukla, 1977; Kukla & Cílek, 1996), kann auch hier vertreten werden. Ein Bildungsmodell des KR 4 Pedokomplexes, das unter Annahme der hier umrissenen vorläufigen Chronologie erstellt wurde, wird in Abschnitt 10.3.2 diskutiert. Die Lumineszenzdatierungen der Schießstätte reichen nur bis in die oberen Horizonte von Einheit VIII. Für die Einheiten IX bis XI können daher nur Alter von MIS 10 bis MIS 16 vermutet werden. Ein anderer mittelpleistozäner Bodenkomplex als KR 4 ließ sich nicht nachweisen. Das direkt darüber liegende Lösspaket (Einheit XI) mit deutlichen Bleichzonen zeigt keine Anzeichen einer Diskontinuität und könnte noch mit MIS 16 korreliert werden. Lössbildung während MIS 14 ist wenig wahrscheinlich, wenn andere Aufschlüsse donauabwärts (Fitzsimmons et al., 2012; Marković et al., 2011) und -aufwärts (Terhorst, 2007) zum Vergleich herangezogen werden. Im Karpatenbecken ist MIS 13–15 (S5 der chinesischen Lössstratigraphie) nur durch einen Pedokomplex (F6 bzw. V-S5) repräsentiert (Bronger, 2003; Marković et al., 2011). Die Zuordnung des schwach bräunlichen Lösses aus Einheit X und des helleren Lösses aus Einheit XI zu MIS 16, 12 oder 10 ist vom jetzigen Standpunkt her spekulativ und bedarf besserer chronologischer Daten. Da im Bereich von Krems kein numerisches Alter im Bereich der Datierungsgrenze um 300–350 ka vorhanden ist, wäre das Vorhandensein von MIS 10 Löss theoretisch auszuschließen. Auch MIS 8 wird durch keine Lumineszenzdatierung berührt.

Die numerischen Alter aus den Bereichen V bis VII in NW2 lassen dagegen deren eindeutige Zuordnung in MIS 6 zu. Hierfür spricht auch, dass diese Einheiten typo- und chronologisch gut mit dem MIS 6 Lösssediment in Paudorf übereinstimmen (vgl. Abschnitt 10.1.2). Zwischen diesen Einheiten und den jungpleistozänen Lössen der Schießstätte (Einheiten I–III) fehlt ein MIS 5-Pedokomplex, wie er in Paudorf und Stiefern vorhanden ist. Einheit IV erscheint als Rest eines Ck-Horizonts, welcher vermutlich aus der Bildung eines eemzeitlichen Bodens resultierte, der postpedogen abgetragen wurde. Für eine detaillierte Zuordnung der Lösssedimente und initialen Paläoböden in den letztglazialen Ablagerungen fehlt eine detailliertere Chronologie. Diese wurde aber nicht als von zentraler Wichtigkeit für die Fragestellung dieser Arbeit erachtet.

Zusammengefasst lassen sich im untersuchten Abschnitt der Schießstätte in Bereichen älter als MIS 16 kräftige interglaziale Pedokomplexe und grusarme Lösssedimente nachweisen, während in Abschnitten jünger als MIS 16 deutlich sichtbare Bodenbildungen völlig fehlen und weitgehend grushaltige Lösssedimente vorherrschen. Für die Zeit um MIS 16 können daher entscheidende morphologische Veränderungen der Landschaft rekonstruiert werden, die eine signifikante Umstellung des Boden-Sediment-Systems im Bereich der heutigen Schießstätte mit sich brachte. Eine potentiell höhere Lösssedimentation während der ostalpinen Eiszeiten könnte im Bereich der Schießstätte für veränderte morphologische Bedingungen verantwortlich sein. Durch die höhere Akkumulation wären die Böden nicht mehr in relativen Schutzpositionen, sondern stärker exponiert und damit insbesondere in den post-warmzeitlichen Degradationsphasen mehr der Abtragung ausgesetzt.

Wie das Fehlen der humosen Abschnitte in NW1–3 zeigt, sind jene generell deutlich anfälliger für Erosion. Der Grund für das Fehlen potentieller (Wald)steppeböden innerhalb der Schießstätte liegt vermutlich in ihrer gegenüber signifikant verlehmten Böden geringeren Abtragungsresistenz. Daraus trockenere Interglaziale abzuleiten wäre allerdings spekulativ. Ein Vergleich mit anderen mittelpleistozänen Sequenzen der Region (z.B. Göttweig-Furth) zeigt für diesen Zeitraum die Existenz eines signifikant verwitterten Paläobodens mit deutlichem Ck-Horizont. Der Ck Rest in Einheit VI der Schießstätte spricht ebenfalls für die Existenz eines entkalkten, verwitterten Bodens während MIS 5, der im Gegensatz zu den Pedokomplexen in Stiefern, Aigen und Paudorf jedoch der Erosion zum Opfer fiel.
Die Lösssedimente zwischen der Lumineszenz-Datierungsgrenze und dem KR 4 Boden, die im Bereich AK in höchster Mächtigkeit aufgeschlossen sind, benötigen neben einer robusten Chronologie detailliertere Untersuchungen hinsichtlich ihrer Genese im Wechselspiel aus Mineralstaubsedimentation, Bodenbildung und Umlagerung. Gefolgert werden kann bereits als eine paläoklimatisch bedeutsame Tatsache, dass alle untersuchten Lösssedimente gebleichte Horizonte, welche als Tundrengleye interpretiert werden können, enthalten. Daraus wäre bis in Zeiträume vor MIS 16 das zumindest sporadische Auftreten von Permafrost während signifikanter Kaltzeiten nachzuweisen, wie er in den Lössen des Pannonischen Beckens nicht mehr belegbar ist (Marković et al., 2008; Marković et al., 2011). Der donauabwärts letzte Aufschluss mit einem letztglazialen Bleichhorizont ist Süttő, nördlich des ungarischen Mittelgebirges (Novothny et al., 2011).
Schließlich muss dem morphologischen Rahmen der Schießstätte ein entscheidender Einfluss auf die Entstehung der LPS zugesprochen werden. Deren Hanglage ist keine konstante Einflussgröße, sondern muss im Zusammenhang mit einschneidenden Reliefveränderungen betrachtet werden:
Für das Altpleistozän kann bis zur Entwicklung des KR 7 Bodens eine relativ geringe Reliefenergie angenommen werden, weshalb die entsprechende LPS relativ kontinuierlich erscheint (vgl. Fink, 1976). Detaillierte Untersuchungen hierzu stehen noch aus. Die deutlich sichtbare Erosionsdiskordanz oberhalb von KR 7 steht vermutlich im Zusammenhang mit einer stetigen Veränderung der Flussläufe von Krems und Donau bzw. mit ihrer beginnenden Einschneidung, während der ein bestimmter Schwellenwert der morphologischen Stabilität überschritten wurde. Die LPS passte sich in Folge der veränderten Morphologie an. Das Gesamtbild erscheint mangels detaillierter räumlicher Daten (z. B. durch systematische Rammkernsondierungen) aber noch unklar.
Etwas deutlicher sind die Verhältnisse bei Betrachtung der Landschaftsveränderungen während des frühen Mittelpleistozäns. Die in Abschnitt 7.1 erwähnte Günzterrasse liegt im Bereich des Kamptals auf ca. 250 m ü.A., d. h. nur 10 m unter dem heutigen Level der Schießstätte, während der Fluss heute auf ~200 m ü.A. verläuft. Sind die terrassenstratigraphischen Einordungen zutreffend, kann der während des Mittelpleistozäns erfolgten zunehmenden Einschneidung der Donau und der Krems eine entscheidende Rolle für veränderte geomorphologische Bedingungen zugewiesen werden, mit der Folge, dass sämtliche jüngeren interglazialen Paläoböden bzw. Pedokomplexe der Schießstätte fehlen. Ob die Einschneidung und die damit verbundenen Landschaftsveränderungen isostatisch und/oder klimatisch gesteuert waren lässt sich hier nicht näher bewerten.

10.2.4 Stillfried

Die in Stillfried untersuchte LPS besteht aus einem mehrere Meter mächtigen Pedokomplex und einem hangenden gering differenzierten Lösspaket. An der Basis wurde kein unverwitterter Löss erreicht. Ein vorläufiges Mindestalter um 250 ka an der Profilunterkante darf lediglich als grobe Orientierung dienen. Da die obere Profilhälfte mit der Typuslokalität vergleichbar ist, wird hier ihre relativstratigraphische Einordnung in MIS 5 vorgeschlagen. Das darüber liegende Lösspaket wäre demnach dem letzten Glazial zuzuordnen.
Der geringe Gehalt an Grobkomponenten und die makro- wie mikroskopisch homogene Erscheinung der Paläoböden belegt die geringe morphologische Beeinflussung der Sequenz, insbesondere in ihrem oberen Abschnitt. Ein Entstehungsmodell, welches Phasen der Sedimentation, Umlagerung und Pedogenese in eine zeitliche Reihung bringt, wird in Abschnitt 10.3.6 vorgenommen.

10.3 Entwicklungsmodelle für die interglazialen Pedokomplexe

Die Rekonstruktion der Bildungsprozesse ist nur der erste Schritt in Richtung einer paläoökologischen Interpretation der Bildungsbedingungen. Wie Sprafke et al. (2014) untermauern, ist der Faktor Zeit von entscheidender Wichtigkeit, um pedogene Intensitäten klimatisch zu interpretieren. Als Zwischenstufe werden dabei Ökosysteme angenommen, die typisch für entsprechende Bodenbildungen sind (vgl. Abschnitt 2.4). In Folge werden Entwicklungsmodelle für die untersuchten Pedokomplexe diskutiert, wobei dieses Verfahren außerhalb der Möglichkeiten der Lumineszenzdatierung recht unsicher ist. Die Alter der hangenden und liegenden Lösssedimente wurden teilweise nur basierend auf relativstratigraphischen Überlegungen eingeschätzt. In Folge werden auch die durch Sprafke et al. (2014) vorgestellten Modelle (teils weiter ausgearbeitet) widergegeben, um eine direkte Vergleichbarkeit zu den weiteren Pedokomplexen zu ermöglichen.

10.3.1 Krems Schießstätte – KR 5 (jüngstes Altpleistozän)

Im Bereich des Pfeilers ist der Pedokomplex KR 5 ca. 1 m mächtig (Einheit XV), mit nach unten zunehmender Verwitterungsintensität und scharf abgegrenztem Ck-Horizont. Er wird von verschiedenen Bearbeitern als Parabraunerderest (Kukla, 1977) oder Braunlehm klassifiziert (Rabeder, 1981). Sowohl der Pedokomplex, als auch die Lösse im Hangenden und Liegenden sind nahezu frei von Grus; aus der Konstellation der Horizonte muss aber eine morphologische Beeinflussung angenommen werden. Die folgende Beschreibung der rekonstruierten Entwicklungsphasen lehnt sich an Abbildung 94 an.
Während einer klimatisch günstigen Phase (MIS 25 [?]) bildet sich im Löss der vorangegangenen Kaltzeit unter Wald durch Entkalkung (geringe Tiefe), Verlehmung und Verbraunung eine Braunerde aus (Phase 1), wie sie typisch für die etwas stärker mediterran geprägten Interglaziale des pannonischen Raums Österreichs scheint (Abschnitt 10.5.3).

Eine Klimaverschlechterung resultiert in einer Degradation des Ökosystems und einer Abtragung des Oberbodens und Kappung des Unterbodens (Phase 2). Eine zunehmende Lössbeimengung (Kaltzeit) führt zu einer zunehmenden Verdünnung des umgelagerten Bodenmaterials nach oben hin. In einer folgenden Warmzeit (MIS 23?) wird das Löss-Boden Gemisch pedogen überprägt (Phase 3), wobei die Verwitterungsintensität etwas geringer ist als in der vorherigen Warmzeit. Dabei findet im unteren Bereich eine Remobilisierung von Ton statt, während im oberen Bereich des Bodens Bioturbation vorherrscht. Das Ökosystem dürfte vom Feuchtegrad her maximal jenem einer Waldsteppe entsprochen haben. In Folge findet bei zunehmender Trockenheit Staubakkumulation statt (primäre Karbonate!), wobei die Pedogenese, insbesondere in Form von Bioturbation (Struktur!) noch Schritt halten kann (akkretionärer Boden, Phase 4). Die deutliche Oberkante des Bodens belegt den Zeitpunkt, ab dem äolische Akkumulation überwiegt; die Bildung von typischem Löss setzt ein. Da keine Hinweise auf erosive Ereignisse zu finden sind, wäre die nicht vorhandene humose Färbung des oberen Bereichs durch postpedogenen Humusabbau zu erklären.

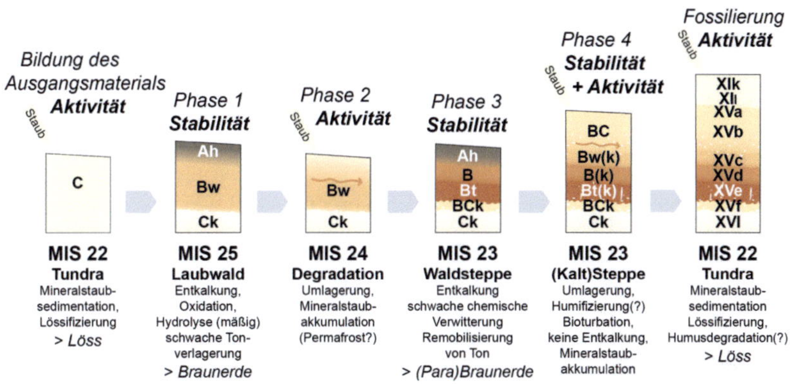

Abbildung 94: Genesemodell für den KR 5 Pedokomplex im Bereich GN1 in Krems-Schießstätte. Die Chronologie beruht auf relativstratigraphischen Annahmen im Vergleich mit den marinen Warm-Kaltzeit-Zyklen und serbischen Lössen und der Vermutung, dass die MBB den MIS 22 Löss anzeigt.

10.3.2 Krems Schießstätte – KR 4 (frühes Mittelpleistozän)

Der Pedokomplex KR 4 erscheint innerhalb des Aufschlusses in verschiedenartiger Form. Unter Berücksichtigung publizierter Arbeiten und eigener Untersuchungen wird angenommen, das KR 4 am Pfeiler (Einheit XIII) stratigraphisch unterhalb von KR 4 im nördlichen Bereich der Mittleren Wand (Einheit XII) vorliegt. Es wird vermutet (Abbildung 99), dass es sich in den Bereichen AK1 und NW3 um Abfolgen handelt, bei denen die beiden Einheiten direkt übereinander liegen.

Stellvertretend für die verschiedenen Ausprägungen des KR 4 wird in Abbildung 95 ein Modell der Entstehungsphasen für den Komplex in MW2C dargestellt, auf welches in Folge eingegangen wird. Demnach bildet sich im Löss des MIS 22 in einer klimatisch günstigen Phase unter Laubwald durch Entkalkung, Verlehmung und Verbraunung eine Braunerde mit maximal schwacher Tonverlagerungstendenz aus (Phase 1). Aufgrund einer Klimaverschlechterung findet eine Degradation des Ökosystems statt, welche in einer Destabilisierung der Landoberfläche und einsetzenden Umlagerungsprozessen resultiert (Phase 2). Schwache Staubakkumulation begleitet diese Vorgänge. Die ungleichmäßige Mächtigkeit von Einheit XIII (Kolluvium aus Bw und Ck Material) in anderen Bereichen des Aufschlusses bezeugt deutliche morphologische Veränderungen, bis in einer Phase der Klimaverbesserung unter Laubwald erneut Pedogenese einsetzt (Phase 3). Das Boden-Sediment-Gemisch wird je nach Mächtigkeit und Zusammensetzung vollständig (z.B. MW2, NW2) oder nur im oberen Bereich (z.B. NW3, GN1) erneut entkalkt. Im vorverwitterten Material setzt sich die Alteration fort und Ton wird (re)mobilisiert. In insgesamt nur wenige Dezimeter mächtigen Böden entstehen Bt- und kräftige Ck-Horizonte. Bioturbation umfasst die gesamte Bodenmächtigkeit, weshalb die Tonbeläge häufig nur gestört vorhanden sind. In einer Phase der Klimaverschlechterung tritt eine erneute Degradation ein und die Oberböden werden erodiert bzw. umgelagert. Zunehmende Staubakkumulation führt zur Bildung von geringmächtigen Lössablagerungen (Phase 4), welche gemeinsam mit dem umgelagerten Bodenmaterial das Ausgangsmaterial für eine erneute Bodenbildung unter Laubwald bilden. Die typischen Bildungsprozesse einer Braunerde finden statt. Eine erneute kurze Phase (6) der Umlagerung mit geringer Akkumulation von Mineralstaub lässt sich durch einen höheren Sandanteil und primäre Karbonate im AB(k)-Horizont belegen, welcher sich vermutlich unter Waldsteppe entwickelt (Phase 7). Dabei wird das vorverwitterte Bodenmaterial weiter alteriert, so dass insgesamt ein kräftiger B-Horizont im Unterboden resultiert – Tonverlagerung findet nicht statt.

Eine erneute Phase der Umlagerung mit nur geringem Staubeintrag (Phase 8) zeigt sich durch den hohen Sandanteil des oberen AB-Horizonts. Da auch hier vorverwittertes Material vorliegt, kann am ehesten subkontinentales Waldsteppenklima angenommen werden (Phase 9). Eine zunehmende Kontinentalität des Klimas macht sich durch die einsetzende Akkumulation von Mineralstaub bemerkbar, wobei die Pedogenese (v. a. Bioturbation) anfangs noch gegenüber der Sedimentation überwiegt (Phase 10). Die Bildung von typischem Löss führt schließlich zur Fossilierung des Pedokomplexes.

Die abweichende Charakteristik von KR 4 im Bereich AK1 lässt sich am ehesten durch das Vorhandensein einer Paläorinne erklären, in welcher abweichende sedimentäre und pedogene Prozesse stattfanden. Das basale Kolluvium ist, wie erwähnt, vermutlich der Rest des umgelagerten Bw-Horizonts aus Phase 1. Der Bt-Horizont bildete sich demnach während der Phasen 3 bis 5. Der dunke Ah-Horizont wäre ein Korrelat bzw. der fehlende Oberboden zum AB-Horizont aus Phase 7, der A-Horizont im Top zum AB-Horizont aus Phase 9. Beide Horizonte weisen einen erhöhten Sandgehalt auf.

Die AB-Horizonte fehlen in Profilen im Bereich NW1–4 und sind vermutlich Erosionsprozessen zum Opfer gefallen, während die zum KR 4 in MW2 korrelaten Unterböden (B- bzw. Bw-Horizonte) jeweils noch vorhanden sind. Im Bereich des Pfeilers fehlt Einheit XII völlig.

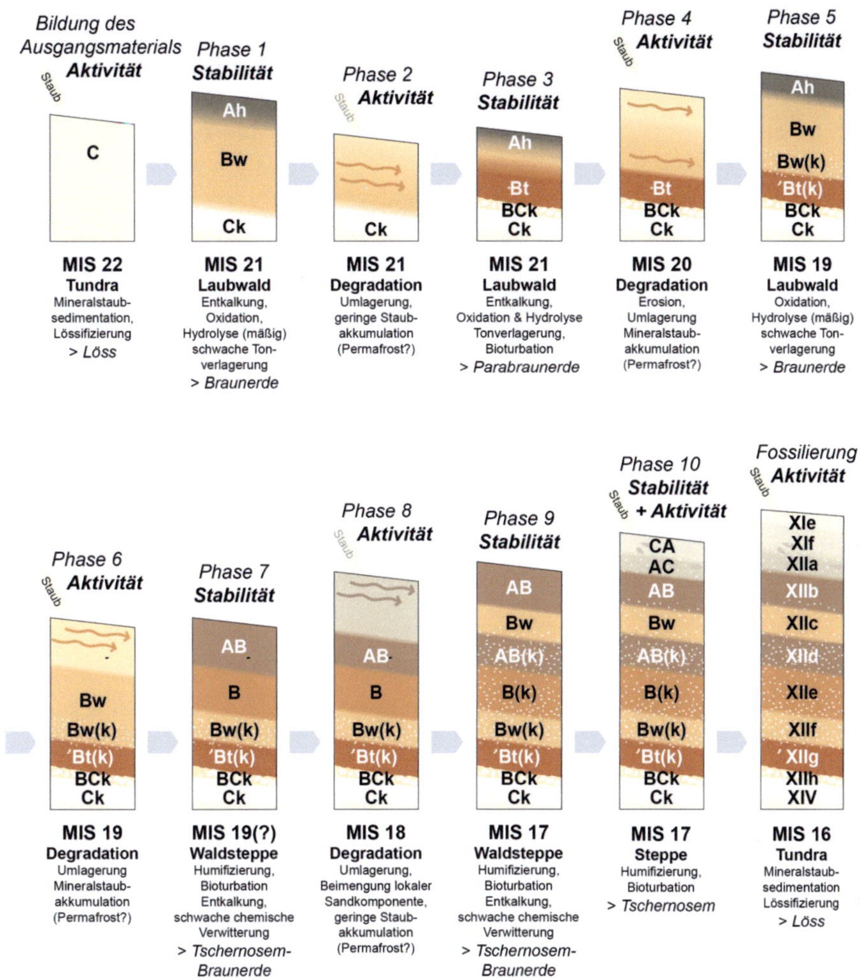

Abbildung 95: Genesemodell für den KR 4 Pedokomplex im Bereich MW4 in Krems-Schießstätte. Die einrahmende Chronologie beruht auf der Annahme, dass die MBB den MIS 22 Löss markiert und dass die Günz Kaltzeit (MIS 16) geomorphologisch signifikante Prozesse mit sich brachte.

10.3.3 Unterer Pedokomplex in Paudorf (MIS 9)

Die Ausführungen orientieren sich an Sprafke et al. (2014), wurden im Detail aber differenziert (Abbildung 96). Demnach wird für den sandhaltigen Löss, welcher das Ausgangsmaterial der ersten Phase der Bodenbildung stellt, eine Tundra angenommen, in welcher äolische Sedimentation und Lössifizierung stattfand (MIS 10).

Im Interglazial (MIS 9e) stabilisiert sich die Landoberfläche und es entsteht ein stark humoser (dunkel braun), entkalkter (kein Primärkarbonat in Xh) und schwach verwitterter Boden, der am ehesten einer Tschernosem-Braunerde entspricht und einer Waldsteppe zugerechnet werden kann (Phase 1). Die Bodenstruktur erscheint relativ kompakt, was vermutlich mit der spätere Fossilierung zusammenhängt. Sekundäre Karbonate im verwitterten Unterboden (Xi) resultieren aus einer zunehmenden Aridisierung und belegen den ersten Schritt der Degradation des Ökosystems unter ungünstigeren Klimabedingungen (MIS 9d). Dabei wird der Boden gekappt und mit Kolluvium aus Bodenmaterial und überwiegend lokalem Sediment bedeckt (Phase 2). Dies erklärt das Vorhandensein mehrerer Steine im Horizont oberhalb des gekappten Bodens und insgesamt höhere Sandanteile im mittleren Teil des Pedokomplexes zuungunsten des Schluffgehalts (geringere äolische Komponente). In einer Phase der Stabilisierung der Oberfläche setzt sich die Pedogenese im Kolluvium fort (Phase 3).

Dabei findet auch Tonverlagerung statt, die demnach keine Funktion feuchterer Klimabedingungen (Waldboden) wäre, sondern Resultat einer längeren Verwitterungsdauer. In vorverwittertem Substrat und ohne signifikante äolische Beimengung frischen Karbonats, kann Ton zügig mobilisiert werden (Stephan, 2000). Die Toneinwaschung reicht bis in die oberen Horizonte des fossilen Braunerde-Tschernosems. Eine erneute Degradation führt dazu, dass Bodenmaterial verlagert wird (Phase 4). Eine Erklärung der fragmentarischen Tonbeläge nur durch sehr starke Pedoturbation ist unwahrscheinlich, weil auch abgerollte Fragmente im Bereich Xc–e vorkommen und Horizont Xe generell höhere Grus- und Sandgehalte sowie eine erhöhte Zahl an Holzkohlefragmenten aufweist.

In einer erneuten Stabilitätsphase umfassen Humifizierung und Bioturbation diese Bereiche und auch teils die unterliegenden Horizonte (Phase 5). Nicht ausgeschlossen werden kann, dass die Bereiche krümeliger Mikrostruktur auch durch Frostprozesse zu erklären wären (Van Vliet-Lanoë, 2010). Da sie aber eher ungleichmäßig verteilt sind, erscheint dies weniger wahrscheinlich. Es gibt keine Anzeichen für eine signifikante Remobilisierung von Ton, daher müssen kontinentalere Klimabedingungen (Steppen-Ökosystem) angenommen werden als zuvor. Eine Einwehung von Staub und möglicherweise Umlagerung kennzeichnen einen kurzen klimatischen Einschnitt (Phase 6), bevor sich das Ökosystem wieder stabilisiert (Phase 7). Generell kann für die bisherigen Prozesse der wechselnden Pedogenese und Morphodynamik der Zeitraum von MIS 9e (MIS 9 Temperaturmaximum) bis MIS 9b (MIS 9 Temperaturminimum) angenommen werden, wobei erst die finale Degradation auch eine Einwehung von Mineralstaub mit sich bringt. Die erneute Stabilisierung könnte folglich mit dem diskreten Peak von MIS 9a korrelieren. Unter Steppe entwickelt sich ein Tschernosem mit Sekundärkarbonatdynamik (aus dem frischen äolischen Karbonat) wenige Dezimeter unterhalb der Oberfläche. Die gering vorhandenen Sekundärkarbonate im mittleren Teil des Pedokomplexes bildeten sich vermutlich zu dieser Zeit. In weiterer Folge kommt es zu einer zunehmenden äolischen Sedimentation und Solifluktionsprozessen, mit welcher die Pedogenese nicht mehr Schritt halten kann. Die charakteristische Fleckung der Humuszone resultiert vermutlich aus postpedogenem Humusabbau.

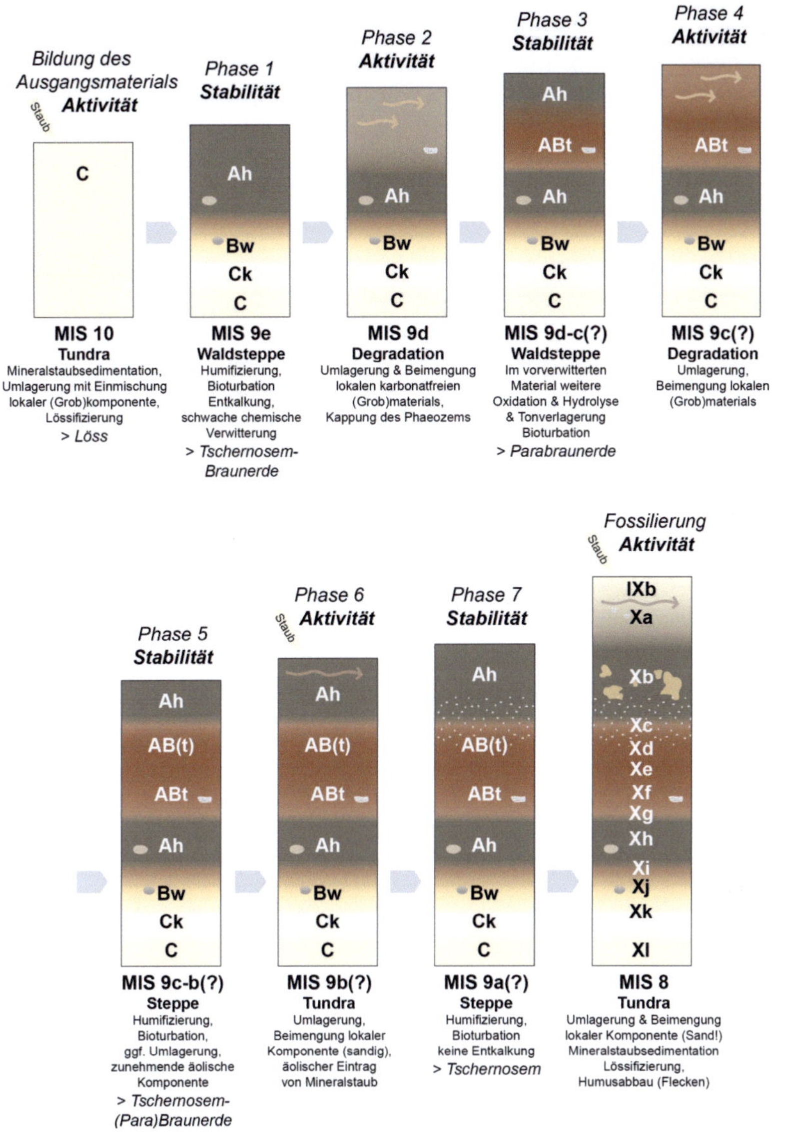

Abbildung 96: Genesemodell des unteren Pedokomplexes in Paudorf, Es handelt sich um ein gegenüber dem bereits publizierten Schema (Sprafke et al., 2014) um eine deutschsprachige Version, die differenzierter ausgearbeitet wurde. Der chronologische Rahmen beruht auf den publizierten Lumineszenzaltern.

10.3.4 Paudorfer Bodenbildung an der Typuslokalität (MIS 5)

Bereits Sprafke et al. (2013, 2014) weisen auf die widersprüchlichen Charakteristika der Paudorfer Bodenbildung hin, die eine polygenetische Entwicklung vermuten lassen. Die rötlich-braune Grundfarbe (in den Flecken zu sehen), der erhöhte Tongehalt (geflecktes b-Gefüge) und der ausgeprägte Ck-Horizont passen nicht zu den vorhandenen primären Karbonaten und der insgesamt krümeligen, biogenen Struktur. Die keil- und taschenförmigen Verwürgungen an der Unterkante weisen auf Frostprozesse hin und hangparallel eingeregelte Granulitsteine lassen eine Umlagerung vermuten (Sprafke et al., 2013).

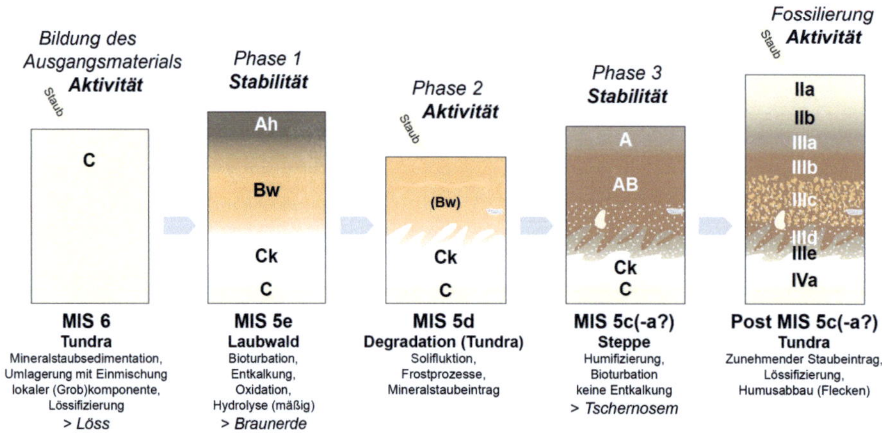

Abbildung 97: Genesemodell des oberen Pedokomplexes in Paudorf. Die Version ist weitgehend identisch zu der bereits publizierten (Sprafke et al., 2014) und wird nur aus Vergleichsgründen widergegeben.

Die grundsätzliche Annahme, dass Verlehmung und Verbraunung einer vorherigen Entkalkung bedürfen (Blume et al., 2010), muss im Detail differenziert betrachtet werden (Bronger, 1976). Im Falle der Paudorfer Bodenbildung sprechen mikromorphologische Befunde aber deutlich für dessen Polygenese während des MIS 5 (Abbildung 97). Demnach handelt es sich um einen fossilen, primär karbonathaltigen Tschernosem, der in einer verlagerten Braunerde aus vorletztinterglazialem Löss ausgebildet ist; während der Verlagerung fand äolischer Eintrag frischen Primärkarbonats statt (Sprafke et al., 2014). Die Zuordnung des Waldbodens zum Eem (~MIS 5e), der Umlagerung zu MIS 5d und die Bildung des Steppenbodens in mindestens einer der folgenden Warmphasen von MIS 5 (= Frühwürm Humuszone) beruht auf stratigraphischen Überlegungen, insbesondere dem Vergleich mit dem MIS 5-Pedokomplex in Stillfried (Fink, 1954; Zöller et al., 1994). Von zentraler paläoklimatischer Bedeutung ist die Beobachtung, dass keine Anzeichen von Tonverlagerung während des letzten Interglazials feststellbar sind. Zu erwähnen ist, dass die frühe Kaltzeit (MIS 5d) von äolischer Dynamik geprägt war, die in einer Karbonatanreicherung des umgelagerten Bodens resultierte, was in MIS 9d nicht der Fall war. In ersterem Fall reichte das kontinentale Klima nicht aus um den Boden zu entkalken, während im vermutlich nur geringfügig feuchteren mittleren MIS 9 im vorverwitterten karbonatfreien Material Tonverlagerung einsetzen konnte. Die pedogenen Unterschiede der Pedokomplexe sind weitaus signifikanter als die vermuteten paläoklimatischen Unterschiede, die zu ihrer Entstehung führten.

10.3.5 Paudorfer Bodenbildung in Stiefern (MIS 5)

Der obere Pedokomplex in Stiefern ist makroskopisch sowie mikroskopisch grundsätzlich mit der Paudorfer Bodenbildung vergleichbar, weshalb auch eine ähnliche Entwicklung während MIS 5 angenommen wird. Hierfür sprechen auch die vorläufigen Lumineszenzalter, welche die Bildung im Zeitraum zwischen MIS 6 und 4 annehmen lassen (Abbildung 36). Der Nachweis, dass der Pedokomplex auch in Stiefern keinerlei Anzeichen von Tonverlagerung zeigt, ist von Bedeutung für paläoklimatische Schlussfolgerungen, da er vermutlich auf die gesamte Region des Übergangsgebietes ausgeweitet werden kann. Wie beim Aigener MIS 5-Pedokomplex ist aber auch in Stiefern im unteren Drittel des Komplexes die humose Färbung deutlich kräftiger und damit der Kontrast zu den anscheinend organikfreien Flecken stärker. Unklar bleibt im Rahmen dieser Arbeit, ob die dunkle Färbung der Rest von im oberen Bereich bereits abgebauter organischer Substanz ist. Gibt es demnach in den frühglazialen Böden zwischen Paudorf und Stiefern Unterschiede, oder war auch in Paudorf eine ähnlich dunkle Färbung vorhanden, die durch Humusabbau entfernt wurde? Der Zersetzungsprozess, der zur charakteristischen Fleckung der erwähnten MIS 5-Komplexe des Übergangsgebiets führt, wäre demnach ein anderer Prozess als jener, der innerhalb des gesamten Bodenkörpers die humose Farbe verringert.

10.3.6 Stillfried SFK – Pedokomplex (≥ MIS 5)

Das Modell in Abbildung 98 enthält hinsichtlich der Chronologie Unsicherheiten. Die Humuszonen und der darunter befindliche Bw-Horizont können pedostratigraphisch dem MIS 5 zugeordnet werden. Die Bodenbildungen darunter (Einheit V und VI) sind mindestens dem MIS 7 und/oder älteren Warmzeiten zuzuordnen. Sie sind nahezu kalkfrei, stark humos und liegen vom Verwitterungsgrad her zwischen (Para-)Braunerden und Schwarzerden. Für eine klimatische Einordnung sind gesicherte Alterseinstufungen notwendig. Es handelt sich um mindestens zwei Paläoböden, deren Bildung von einem Umlagerungsereignis unterbrochen wurde, das sich durch seine Schichtung am ehesten als Abspülungsprozess einordnen ließe (Phasen 1–3). Für eine Bildung der beiden Böden jeweils unter Waldsteppe während zwei MIS-Warmzeiten spricht, dass ein Alter von MIS 8 möglicherweise datierbar gewesen wäre. Der durchgehend geringe Karbonatanteil läge an ausbleibendem äolischem Mineralstaubeintrag während MIS 8. Somit ergäbe sich ein MIS 9 Waldsteppeboden, eine Umlagerung während MIS 8 und eine erneute Bodenbildung innerhalb des Bodensediments während MIS 7.

Andererseits kann auch eine Bildung während nur einer Warmzeit, unterbrochen von einer Degradationsphase vermutet werden, wobei etwas feuchtere klimatische Bedingungen angenommen werden müssten. Der basale Boden könnte MIS 7e, das Umlagerungsereignis MIS 7d und die folgende Bodenentwicklung den weiteren MIS 7 Substadien zugeordnet werden. Berücksichtigt werden muss auch die Möglichkeit, dass ältere interglaziale Bodenbildungen enthalten sind, da mit Ausnahme des Jungpleistozäns an diesem Standort anscheinend nur geringe Lössbildung herrschte.

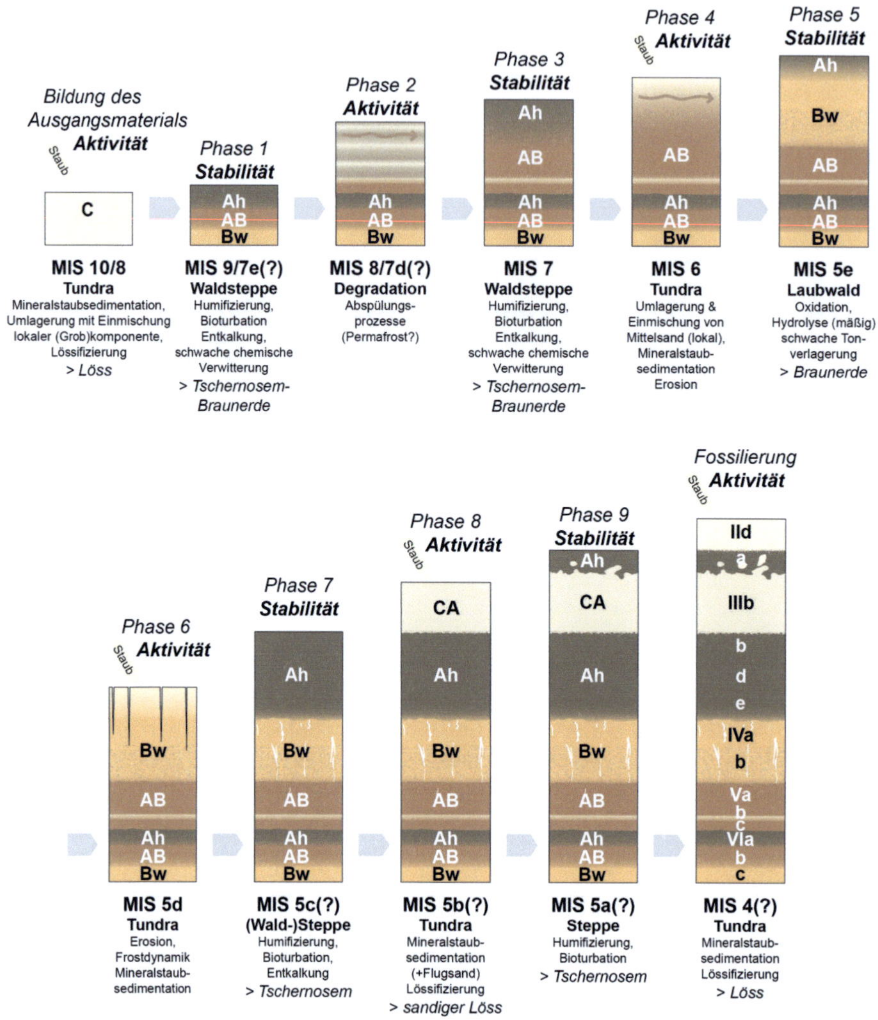

Abbildung 98: Genesemodell des Pedokomplexes in Stillfried (Profil SFK). Während die obere Profilhälfte relativstratigraphisch eingeordnet werden kann, muss für die untere auf ein einziges vorläufiges Lumineszenzalter im Basisbereich zurückgegriffen werden.

Wenn keine tiefgreifende Erosion vor der Entwicklung des eemzeitlichen Bodens stattfand, kann für MIS 6 nur eine geringe Lössakkumulation angenommen werden (Phase 4), da kein eigenes Lösspaket vorhanden ist. Aus den hohen Mittelsandgehalten können allerdings Umlagerungsereignisse abgeleitet werden.

Im Boden-Sedimentgemisch aus MIS 6 entwickelte sich ein verlehmter, verbraunter Boden mit sehr geringer Tonverlagerungstendenz, der als Braunerde eingestuft werden kann (Phase 5). Es handelt sich um einen mit der Typuslokalität vergleichbaren Boden. Vergleichbar sind auch senkrecht verlaufende Adern von Sekundärkarbonat. Diese sind mit großer Wahrscheinlichkeit postpedogen entstanden und orientieren sich vermutlich an Schwächezonen, die durch frühglaziale Frostdynamik entstanden (Phase 6; vgl. Befunde aus Dolní Věstonice von Antoine et al., 2013). Die Karbonatdynamik beruht auf dem frühglazialen Eintrag von Mineralstaub und steppenartigen Verhältnissen während wärmerer Phasen innerhalb von MIS 5 (Phase 7). Eine Einordnung des sandigen Lösspakets IIIb in MIS 5b und des fossilen Tschernosems (IIIa) in MIS 5a muss durch Lumineszenzdatierungen gestützt werden. Ebenfalls rein relativstratigraphisch begründet ist die Annahme, beim darüber folgenden Lösssediment handle es sich um eine Bildung des MIS 4.

10.4 Charakteristik und Zeitstellung der übrigen Typusböden

Die zu Vergleichszwecken untersuchten niederösterreichischen Typusböden liefern wichtige Erkenntnisse über die quartäre Klima- und Landschaftsdynamik der Region. Dabei ist der Stillfrieder Komplex ein hoch aufgelöstes Korrelat zu den untersuchten MIS 5-Pedokomplexen, während der Göttweiger Boden ergänzende Informationen zu mittelpleistozäner und der Kremser Boden zu altpleistozäner Bodenentwicklung bereithält.

10.4.1 Kremser Boden (KR 7)

Der Kremser Boden (KR 7) ist der am stärksten verwitterte obere Teil des Kremser Komplexes und wird häufig als Braunlehm (Rabeder, 1981), Braun- bis Rotlehm (Fink, 1961b) oder Rotlehm bzw. extrem lessivierter Boden (Fink, 1976) bezeichnet. Aufgrund mikromorphologischer Befunde kommt (Bronger, 1976) zu einer Einstufung als Braunlehm-Braunerde und erkennt eine allochtone Bodenkomponente. Letzteres bemerkt auch L. Smolíková, die KR 7 als rubefizierten Braunlehm anspricht (Kovanda et al., 1995).
Wenn der im späten Altpleistozän entstandene Kremser Boden die höchste Verwitterungsintensität der studierten Paläoböden aufweist, ist jene vermutlich das Resultat komplexer Entstehungsprozesse, bei der mindestens ein Umlagerungsereignis beteiligt war. Auch Kukla (1977) ordnet den Boden zumindest zwei Warm-Kaltzeit-Zyklen zu. Die Polygenese macht sich in der allochtonen Komponente und den mit großer Wahrscheinlichkeit als primär einzustufenden Karbonaten bemerkbar. Das Tonmineralsignal (Knoll, 2013) zeigt keine außergewöhnlich kräftige Verwitterung dieses Bodens an, was nur zum Teil auf die Verdünnung durch eine mögliche Fremdkomponente erklärt werden kann. Generell kann die hydrolytische Verwitterung als relativ schwach erachtet werden, auch eine signifikante Tonverlagerung ist anhand des mikromorphologischen Befundes auszuschließen.
Der auffallend deutliche Ck-Horizont ist vermutlich das Resultat einer zwei- oder mehrphasigen Auswaschung eines mehrfach sekundär aufgekalkten bzw. durch Umlagerung oder Pedoturbation mit Primärkarbonat versetzten Substrats. Die äolische Akkumulation in kalten Abschnitten zwischen den warmzeitlichen Bodenbildungsphasen war vermutlich nicht ausreichend für eine Fossilierung, lieferte aber eine frische Karbonatkomponente, die wiederholt in den Ck-Horizont eingewaschen wurde. Die deutliche Grenze zwischen

B- und Ck-Horizont lässt eine starke Saisonalität der Feuchte vermuten, wie sie bereits bei den fossilen Braunerden angenommen wurde. Aufgrund der Angaben in der Literatur und den eigenen Befunden lässt sich der Kremser Boden als polygenetischer Braunlehm interpretieren, der vermutlich mehrere Phasen warmzeitlicher Bodenbildung unter Wald erlebte. Da unklar ist, wie lange die Verwitterungsphasen andauerten, ist es nicht möglich Angaben darüber zu treffen, ob die klimatischen Verhältnisse der altpleistozänen Warmzeiten signifikant verschieden von denen mittelpleistozäner Interglaziale waren.

10.4.2 Göttweiger Verlehmungszone

Für die Göttweiger Verlehmungszone nehmen Fink (1961b) und Bronger (1976) eine ähnliche Verwitterungsintensität wie für den basalen Braunerderest des Stillfrieder Komplexes an, woraus deren zeitliche Korrelation postuliert wurde. L. Smolíková klassifiziert den Boden als vererdeten Braunlehm (Kovanda et al., 1995).
In der Tat enthält der Boden kaum Anzeichen von Tonverlagerung, aber Hinweise auf eine hydrolytische Verwitterung, die sich durch einen erhöhten Tongehalt und ein mäßig verändertes Tonmineralspektrum bemerkbar macht. Aufgrund der eigenen Untersuchungen erscheint eine Klassifkation als Braunerde, die kräftiger verwittert ist als der basale Boden in Stillfried, adäquat. Direkte Hinweise auf eine polygenetische Entwicklung ergeben sich aus der Untersuchung der Einzelprobe nicht, obwohl sie sehr wahrscheinlich ist. Hierfür sind detailliertere Studien notwendig.
Hinsichtlich der Zeitstellung vermutet L. Smolíková (Kovanda et al., 1995) ein höheres Alter als jenes von PK V oder VI. Zu beachten ist dabei jedoch, dass die tschechischen Löss-Paläoböden möglicherweise andere Verwitterungsintensitäten als die österreichischen aufweisen. Eine Entstehung der Göttweiger Verlehmungszone im Altpleistozän wurde bisher von keiner Seite angenommen, daher soll hier zunächst ein mittelpleistozänes Alter > 350 ka vermutet werden, d. h. MIS 11 oder MIS 13 15. Vermutlich handelt es sich um einen Paläoboden, der entgegen früherer Annahmen (Fink, 1961b, 1965a; Götzinger, 1936) weder in der Schießstätte noch in Paudorf ein Korrelat findet, sondern zeitlich zwischen KR 4 und dem unteren Pedokomplex Paudorfs steht.

10.4.3 Der basale monogenetische Braunerderest des Stillfrieder Komplexes

Die basale Verlehmungszone des Stillfrieder Komplexes wird von Fink (1961b) als Braunerderest angesprochen; Bronger (1976) erkennt sehr schwache Toneinspülungen, die aber nicht für eine Klassifizierung als lessivierten Boden ausreichen. Auch vom Standpunkt der eigenen Beobachtungen kann der basale Bodenrest nur als Braunerde angesprochen werden. Trotz der Relevanz des Standorts für die österreichische Quartärforschung (Riegler & Peticzka, 2004) ist dessen Datenlage relativ schwach. TL-Datierungen von Zöller et al. (1994) und die Arbeiten zur Aminosäurenrazemisierung durch Oches & McCoy (1995) sowie die gute Vergleichbarkeit mit mitteleuropäischen MIS 5-Pedokomplexen führen dazu,

dass die Zuordnung des basalen Bodenrests des Stillfrieder Komplexes zum Eem (~MIS 5e) kaum bezweifelt wird. Da dieser Paläoboden der einzige quasi monogenetische interglaziale Bodenrest der hier untersuchten LPS ist, hat er Bedeutung hinsichtlich der Diskussion der Entstehung und paläoklimatischen Signifikanz der Lössbraunerde.
Die blockige bis subpolyedrische Struktur und das Fehlen von Tonbelägen verwundert, wenn bedacht wird, dass die dem Eem zugeordnete Verlehmungszone im nur 50 km nördlich, in vergleichbarem rezentem Klima liegenden Dolní Věstonice eine polyedrische Struktur mit deutlichen Tonbelägen aufweist. Antoine et al. (2013) erkennen in jenen zwei Generationen eine interglaziale (hellgelb, schwach geschichtet) und eine frühkaltzeitliche (dunkel humos, geschichtet), wobei letztere nach einer deutlichen Trockenphase entstanden. Entkalkung, Verlehmung und Verbraunung sind ohne weiteres auch für den basalen Bodenrest in Stillfried anzunehmen, aber es stellt sich wie bei vielen Paläoböden des Untersuchungsgebiets die Frage, warum keine signifikante Tonverlagerung stattfand (vgl. Abschnitt 2.5).

10.5 Paläoumwelten des Untersuchungsgebiets

Die Rekonstruktion von Paläoumwelten beruht auf der Annahme, dass sich unter bestimmten Ökosystemen aus Löss spezifische Böden bilden, wobei dieses System primär klimaabhängig ist. Die Entwicklungsstufe ist von der Bildungsdauer abhängig, so dass dem Faktor Zeit eine entscheidende Rolle bei der paläoökologischen Interpretation zukommt. Im Rahmen der vorgestellten Untersuchungen zeigt sich, dass nur innerhalb des Zeitrahmens der Lumineszenzdatierung Zuordnungen zu bestimmten Glazial-Interglazial-Zyklen möglich sind. Annahmen über Umweltbedingungen vor MIS 10 beruhen lediglich auf relativstratigraphischen Überlegungen und bergen die Gefahr von Zirkelschlüssen.
Generell wurden nur wenige im Raum verteilte Punkte untersucht, so dass Extrapolationen auf paläoklimatische Bedingungen schwierig sind. Aufgrund der Vergleichbarkeit der Ausgangssubstrate und morphologischen Positionen in verschiedenen Teilen des Untersuchungsgebiets sowie in Lössgebieten generell, können jedoch einige weiterführende grundsätzliche Annahmen getroffen werden.

10.5.1 Korrelationen der untersuchten Sequenzen

Auf die Lückenhaftigkeit der LPS in Niederösterreich und der entsprechenden Paläoumweltarchive wurde wiederholt hingewiesen. Aufgrund detaillierter stratigraphischer Untersuchungen und einiger Lumineszenzalter können die Sequenzen in einen chronologischen Rahmen eingeordnet, in Teilen korreliert und verglichen werden.
Für den Aufschluss Krems-Schießstätte wurde bei der Grobuntergliederung in römisch nummerierte Abschnitte bereits die Stratigraphie des gesamten Aufschlusses berücksichtigt (vgl. Abschnitt 7.3). Die Korrelation mit anderen Sequenzen unterliegt Unsicherheiten, daher wurden diese mit eigenen römischen Einheiten untergliedert. Somit ergibt sich für jeden der untersuchten Aufschlüsse eine eigene unabhängige Stratigraphie. Abbildung 99 gibt einen Überblick über die Einordnung sämtlicher in dieser Arbeit untersuchten Profi-

le in Relation zueinander. Als zeitliche Achsen wurden theoretisch die Grenzen zwischen Alt-, Mittel- und Jungpleistozän gewählt. Dies ist insofern zu relativieren, als dass sich die eemzeitlichen Böden in vorletztinterglazialem Löss bildeten, hier aber die Unterkante der Bodenkomplexe (ohne Ck-Horizont) gewählt wurde. Ferner wird für die MBB ein lock-in Effekt vermutet (Abschnitt 10.2.3), weshalb die damit verbundene zeitliche Grenze relativ dazu etwas nach oben zu verschieben wäre.

KR 7, die kolluvialen Schichten darüber mit KR 6 sowie KR 5 und die zwischengelagerten Lösssedimente besitzen keine Korrelate, weshalb nur der detailliert untersuchte KR 5 (XV) als älteste Einheit dargestellt wird. Im darüber liegende Lösssediment (XIV) wurde die MBB nachgewiesen (Fink, 1976). Der KR 4 Bodenkomplex wurde als Paket aus den Einheiten XIII und XII aufgefasst, wobei deren Grenze in Abbildung 99 als relative Zeitmarke dargestellt ist. Über das stratigraphische Verhältnis der Lösssedimente XI bis VIII wurde in den Abschnitten 7.3 und 10.2.3 berichtet. Für weitere Untersuchungen ist zu klären, wo innerhalb von Einheit VIII die Grenze der Lumineszenzdatierung liegt, da die in Einheit VI gemessenen Alter bereits im Bereich MIS 6 liegen. Der untere Pedokomplex in Paudorf (X, MIS 9) und die umgebenden Lösssedimente (XI, MIS 10; IX, MIS 8) sowie der Bodenrest im Hangenden (VIII, MIS 7) liegen innerhalb dieser Lücke.

Die Alter des basalen Lösses in Stiefern sind nur als vorläufig anzusehen und lassen keine zweifelsfreie Zuordnung des relativ kräftig verwitterten Bereichs (VIII) in MIS 9 und/oder MIS 7 zu. Die Bodenbildungen im Profil SFK (Stillfried) sind zu zahlreich und kräftig für ihre gemeinsame Einordnung in MIS 5, weshalb für die Einheiten V und VI ebenfalls Mindestalter um MIS 7 und/oder MIS 9 angenommen werden müssen.

Eine gute relativstratigraphische wie absolutchronologische Übereinstimmung zeigen die Abschnitte aus MIS 6 im Übergangsgebiet. Die Korrelation von Einheit VI in Paudorf und Krems bietet sich an; auch darunter liegen zumindest im Bereich des Pfeilers (GN1/MW5) zu Paudorf ähnliche Abfolgen von bräunlicheren und gebleichten Horizonten vor.

Die Alter liegen jeweils im älteren MIS 6. In Stiefern ist die Abfolge etwas anders: Da keine endgültigen Alter vorliegen, sind die wechselnden bräunlichen und gebleichten Zonen (VII, evtl. VI) nicht ohne weiteres mit jenen in Paudorf und Krems korrelierbar. Eine Korrelation der kräftigen Bleichzone V und dem bräunlichen Horizont darüber (IV) mit Einheiten in Paudorf (oberhalb VI eher gering differenziert) und Krems (oberhalb VI kaum vorhanden) scheint nicht möglich. Auch die (teils vorläufigen) Lumineszenzalter lassen keine detaillierte zeitliche Einordnung zu.

Chronologisch und typologisch treten die MIS 5-Pedokomplexe hervor. Im Bereich Stillfried ist vermutlich die Abfolge von Einheit IV und III dem Eem und der frühen Kaltzeit zuzuordnen. Im Übergangsgebiet der Lösslandschaften nach Fink kann die Paudorfer Bodenbildung nach bisherigen Erkenntnissen als typisch betrachtet werden (Paudorf, Stiefern, Göttweig-Aigen). In der Schießstätte fehlt dieser Boden ebenso wie mindestens jene aus MIS 7 und MIS 9; lediglich ein mit Karbonat angereicherter Horizont im Bereich des Pfeilers (IV) im Zeitfenster zwischen letzt- und vorletztglazialem Lösssediment kann als Relikt eines ehemals vorhandenen, weitgehend entkalkten Interglazialbodens gedeutet werden. Die letztglazialen Lösssedimente stellen keinen Schwerpunkt dieser Arbeit dar und bedürfen weiterer Untersuchungen, insbesondere geochronologischer Natur, um Korrelationen und Vergleichen mit LPS dieses Zeitraums genügen zu können.

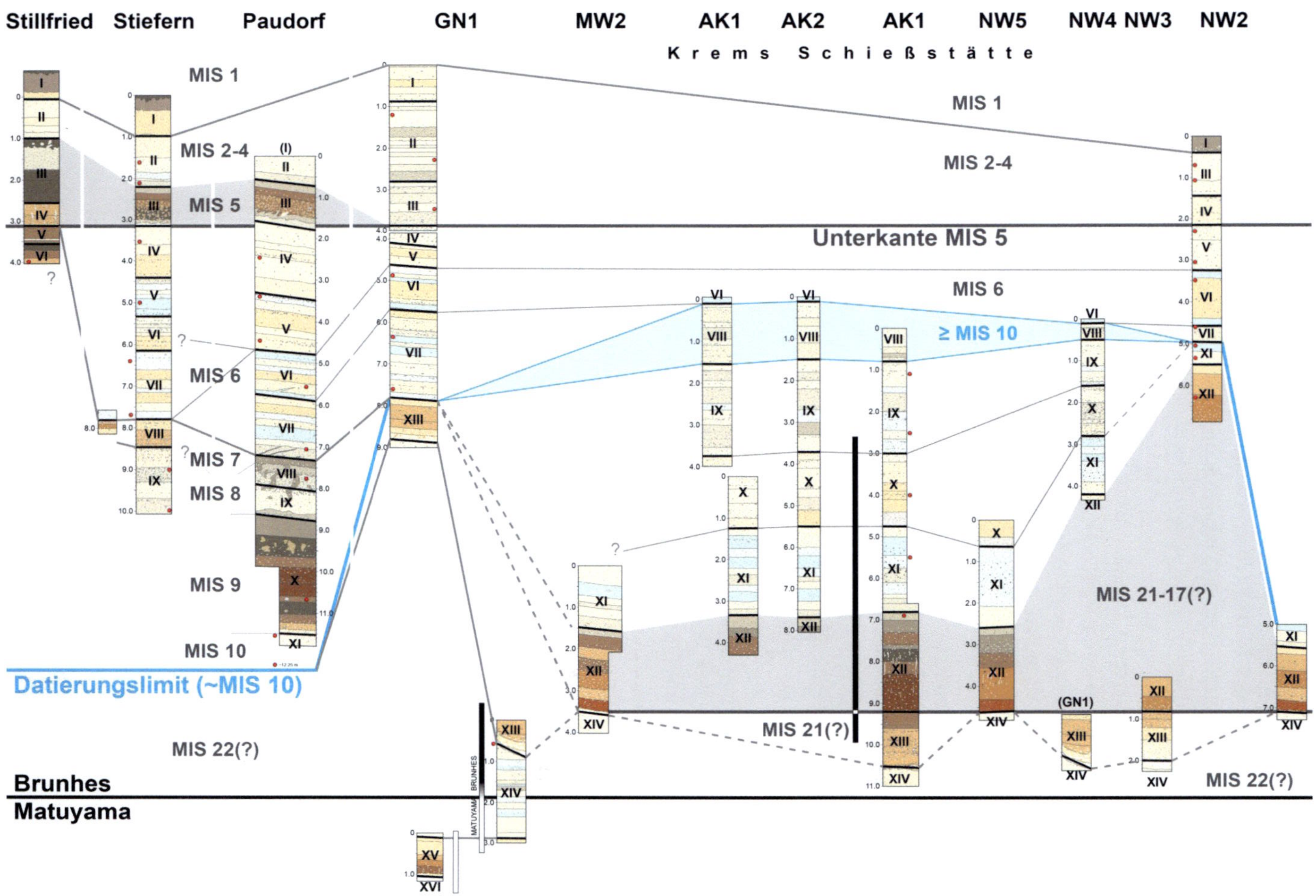

Abbildung 99: Korrelation der in dieser Arbeit untersuchten Profile

10.5.2 Lösssedimente und Bleichzonen des Untersuchungsgebietes

Die noch lückenhafte Chronologie in der vorliegenden Arbeit erschwert die paläoklimatische Auswertung der kaltzeitlichen Abfolgen und ihre Korrelation mit globalen oder überregionalen Archiven. Generell lag der Schwerpunkt dieser Arbeit weniger auf der Entschlüsselung der polygenetischen Lösssedimente als auf der Untersuchung der Pedokomplexe.

Nur für die differenzierten Lösssedimente des MIS 6 gibt es einen relativ guten chronologischen Rahmen. Demnach sind die frühkaltzeitlichen Folgen deutlich differenziert im Wechsel von bräunlichen, grobmaterialreichen und gebleichten schluffigen Horizonten (Einheiten VII und VI in Paudorf und Krems), während im Laufe der Kaltzeit der Lösseintrag stärker wird (Einheiten VII–VI in Stiefern), bis die Differenzierung in den hochglazialen Sedimenten kaum mehr sichtbar ist (Einheit V und vor allem IV in Paudorf). In der mittleren bis späteren Kaltzeit treten teils tiefgreifende Erosions- und Umlagerungsphasen auf, die in Diskontinuitäten (z.B. Paudorf), fehlenden Abschnitten (z.B. GN1) oder stark grobmaterialhaltigen Folgen (z.B. Paudorf V, Stiefern VI) münden.

Ansonsten können aufgrund der Komplexität der Lösssedimente im Wechselspiel aus Mineralstaubsedimentation, Umlagerung, Pedogenese und Lössifizierung nur einige generelle Schlussfolgerungen getroffen werden. In den spätpleistozänen Abschnitten der untersuchten LPS lassen sich im Gegensatz zu mehreren anderen Sequenzen im Untersuchungsgebiet (Krems-Wachtberg, Stratzing, Willendorf, Stillfried, Langenlois…) keine signifikanten Bleichzonen ausmachen. Allerdings ist die Mächtigkeit der letztglazialen Lösse innerhalb der untersuchten Aufschlüsse sehr gering, insbesondere in Paudorf und Stiefern. Die in mehreren mittelpleistozänen Lösspaketen bis in den Bereich der MBB nachgewiesenen gebleichten Horizonte sind jedoch interessant für paläoklimatische Schlussfolgerungen, da sie als Beleg für das Auftreten von Permafrost gedeutet werden können (Terhorst et al., 2015). Dazu zählen die Bleichzonen in den MIS 6 Lösssedimenten in Krems, Paudorf und Stiefern sowie in den Einheiten IX, XI und XIV in Krems-Schießstätte.

Hinsichtlich der Genese, Chronologie und paläoklimatischen Interpretation der Bleichzonen in den untersuchten Sequenzen sind noch detaillierte Studien nötig. Im Gegensatz zu Tundrengleyen Mitteleuropas, die häufig deutliche redoximorphe Merkmale, ggf. schwache Verwitterung, Verwürgungen und Frostblättrigkeit zeigen (Antoine et al., 2001, 2009a; Bibus, 1974; Frechen et al., 2007; Semmel, 1968; Terhorst et al., 2002), unterscheiden sich die Bleichzonen des Untersuchungsgebiets teils deutlich. Sie sind zumeist relativ homogen gebleicht, stark schluffdominiert und zeigen mikromorphologisch kaum Anzeichen von Frostprozessen (z.B. lentikuläre Mikrostruktur). Dabei gilt es bläulich-graue (z. B. in Einheit VII und XI in der Schießstätte und in Einheit VII in Paudorf) und weißliche Bleichzonen (z. B. in Einheit VI der Schießstätte und Paudorf) zu unterscheiden, wobei letztere häufig einen stark erhöhten Karbonatgehalt aufweisen und als Ccr-Horizonte bezeichnet werden könnten.

Wie in Abschnitt 2.2 erläutert, bestehen hinsichtlich der Interpretation von Tundrengleyen in LPS hinsichtlich ihrer ökologischen und morphologischen Faktoren sowie klimatischer Bedingungen und ihrer Korrelation mit überregionalen Archiven, z. B. aus grönländischen Eisbohrkernen oder Maarseesedimenten noch generelle Unklarheiten (Antoine et al., 2009b;

Haesaerts & Teyssandier, 2003; Haesaerts et al., 2007; Schirmer, 2000). Innerhalb des Übergangsgebiets konnte auch in den chronologisch besser greifbaren letztglazialen LPS noch keine eindeutige Klärung dieser Frage erreicht werden (Hambach et al., 2008; Terhorst et al., 2014, 2015). Aus diesem Grund können die Bleichzonen der älteren Lösssedimente nur vorläufig als Hinweis auf das Vorkommen von Permafrost gewertet werden.
Eine Korrelation letztinterglazialer Tundrengleye mit den Erbenheimer Nassböden der süddeutschen Lössstratigraphie wurde bisher nur in der Feuchten Lösslandschaft versucht (Terhorst et al., 2002). Die Bleichzonen des Übergangsgebiets entzogen sich dagegen bisher solchen Ansätzen (Terhorst et al., 2014), weshalb bisher auch kein genetischer Zusammenhang zwischen diesen und den süddeutschen Tundrengleyen abgeleitet werden kann. Allerdings vermuteten Sprafke et al. (2013) eine mögliche Korrelation der Bleichzonen des vorletzten Glazials (MIS 6) in Paudorf mit den Bruchköbeler Böden. Letztere werden durch (Bibus, 1974, 2002) von unten nach oben mit B1 bis B6 benannt, wobei B1 und B3 etwas kräftiger entwickelt sind. Die Befunde aus Paudorf, Stiefern und Krems ergeben gemeinsam betrachtet jedoch eine etwas höhere Zahl von Horizonten unterschiedlichen Reduktionsgrades. Da weder aus Süddeutschland noch Niederösterreich detaillierte Chronologien für das vorletzte Glazial vorliegen, können derartige Zuordnungen nicht sicher durchgeführt werden.

10.5.3 Paläoböden und -klima des Untersuchungsgebietes

Die lückenhafte Chronologie erschwert auch die paläoklimatische Interpretation der vorgefundenen Paläoböden, da Verwitterungsintensitäten nicht nur eine Funktion des Klimas, sondern auch der Zeitdauer sind (vgl. Bronger, 1999, 2003). Als weitgehend gesichert kann der Befund gelten, dass Tonverlagerung zumindest in den jung- bis mittelpleistozänen Paläoböden im NO Österreichs eine nur sehr untergeordnete Rolle spielte. Tonbeläge innerhalb einzelner interglazialer Bodenhorizonte treten nur vereinzelt auf, z.B. am Typusboden in Stillfried. In den MIS 5-Pedokomplexen des Kremser Raumes konnten keine Hinweise auf Tonverlagerung nachgewiesen werden. Dies steht in deutlichem Widerspruch zum MIS 5-Pedokomplex in Dolní Věstonice, der einen deutlichen Bt-Horizont der letzten Warmzeit zeigt.
An der Unterkante desselben ist ein steiler Karbonatanstieg auf gut 20 % zu verzeichnen (Antoine et al., 2009b). In Stillfried ist der Bodenrest deutlich stärker rötlich pigmentiert, der Ck- Horizont enthält gut 35 % Karbonat. Es wäre möglich, dass es sich beim basalen Bodenrest in Stillfried nur um den unteren, nicht tonangereicherten Rest einer Parabraunerde handelt. Allerdings bleibt dann die Frage offen, warum in keinem der im pannonischen Raum Niederösterreichs untersuchten Böden Hinweise auf eine intensive Tondurchschlämmung vorhanden sind. Für den pannonischen Raum Österreichs muss die eemzeitliche Braunerde als typisch betrachtet werden.
Die Mollusken von der Unterkante des MIS 5-Pedokomplexes in Paudorf zeigen ein feuchteres Klima des letzten Interglazials gegenüber jenem des Holozäns. Dies muss aber nicht heißen, dass die Niederschläge so hoch bzw. über das Jahr hinweg so verteilt waren, dass Tonverlagerung stattgefunden haben muss. Es handelt sich vermutlich um die pannonische

Braunerde, die in Abschnitt 2.5 ausführlich diskutiert wurde. Sie belegt einen etwas stärkeren mediterranen Einfluss (vgl. Fink, 1962) mit etwas milderen jährlichen Durchschnittstemperaturen und einer etwas ausgeprägteren Saisonalität der Bodenfeuchte. Die sommerliche Trockenheit ist nicht alleine durch die Kontinentalität hervorgerufen, sondern durch den etwas stärkeren Einfluss des subtropisch-randtropischen Hochdruckgürtels. Daher ist vermutlich die Entkalkung nicht sehr tiefgehend. In etwas milderen, tendenziell feuchteren Wintern findet hydrolytische und oxidative Verwitterung statt. Zu klären ist im bodengenetischen Kontext die genaue Ursache des Ausbleibens von Tonverlagerung.

Das Vorhandensein von Tonbelägen im unteren Pedokomplex in Paudorf lässt sich mit einer langen Bodenentwicklung innerhalb eines Waldsteppen-Ökosystems gut in Übereinstimmung bringen (Sprafke et al., 2014). Für die Göttweiger Verlehmungszone fehlt der chronologische Rahmen (z.B. MIS 11, 13–15; vgl. Abschnitt 9.2), obgleich die Tonverlagerungstendenz auch hier nicht sehr ausgeprägt ist. Der KR 4 Boden in der Schießstätte zeigt nur im basalen Abschnitt Hinweise auf Tonverlagerung, die für eine Klassifikation als Bt-Horizont ausreichen. Die (Mikro)morphologie lässt eine polygenetische Entstehung, vermutlich während mehrerer Warmphasen annehmen. Auch hier steht der Faktor Zeit im Vordergrund, bzw. muss das Ausgangsmaterial späterer Bodenbildungsphasen nicht als primär karbonathaltiger Löss, sondern als vorverwittertes Bodensediment betrachtet werden.

Bronger et al. (1998b) vermuten als Ursache für den kräftig verwitterten F6 Boden bzw. V-S5 (Marković et al., 2011) in Stari Slankamen (MIS 13–15) eine längere Verwitterungsdauer unter kaum abweichenden klimatischen Bedingungen. Die Kaltphase MIS 14 brachte entsprechend keinen frischen Löss, welcher die Bodenbildungen der Warmphasen hätte voneinander trennen können. Auch das Vorkommen von in situ Tonbelägen in Interstadialböden kann mit ihrer leichten Remobilisierung innerhalb von Bodensedimente zusammenhängen (Frechen et al., 2007). Für die Rekonstruktion von Paläoumwelten aus polygenetischen Paläoböden ist entscheidend, das potentielle Ausgangsmaterial einer Bodenbildung zu identifizieren, damit die Verwitterungsintensität in die entsprechende Relation gebracht werden kann.

Der rezente (holozäne) Interglazialboden im Untersuchungsgebiet ist ein Steppenboden (Schwarzerde bzw. Tschernosem), während für die letzte Warmzeit gemäß der Befunde aus Paudorf, Stiefern und Stillfried ein Waldboden (Braunerde) angenommen werden kann. In Paudorf ist MIS 7 kaum erhalten, zeigt aber eine Tendenz in Richtung eines bioturbaten humosen, leicht verwitterten Bodens und könnte einer Waldsteppe ([Para]braunerde-Tschernosem) zugeordnet werden. Für MIS 9 lassen sich am ehesten Waldsteppen-Verhältnisse rekonstruieren (Sprafke et al., 2014).

Aus Stiefern liegt keine endgültige Chronologie vor und es fehlen mikromorphologische Untersuchungen, aber der Bereich starker Verwitterung im unteren Abschnitt der Sequenz, der MIS 7 und/oder MIS 9 zugeordnet werden kann, widerspricht den Befunden aus Paudorf, die eine relativ geringe Verwitterung annehmen lassen. Für MIS 11 und 13–15 liegen innerhalb des Untersuchungsgebiets keine gesicherten Erkenntnisse vor. Unter Berücksichtigung des in Abschnitt 10.3.2 diskutierten Genesemodells des KR 4 im Kontext der vermuteten Chronologie müssen auch für das frühere Mittelpleistozän warmzeitliche Wald- bis Waldsteppenböden angenommen werden. Im Altpleistozän ist der chronologi-

sche Rahmen unsicher. Tendenziell liegen den Komplexen KR 5 und KR 7 eher Wald- als Waldsteppen-Ökosysteme zugrunde.
Zusammengefasst zeigen die bisherigen Befunde im Gegensatz zu jenen des Donauraums (Buggle et al., 2013) höchstens eine schwache Tendenz abnehmender Verwitterung während der letzten 1 Million Jahre. Es können im Vergleich zum Holozän und Eem keine signifikant feuchteren Bedingungen während früherer Interglaziale dieses Zeitraums angenommen werden. Die Kontinentalität des Raums bestand anscheinend durchgehend, modifiziert durch einen entsprechend des großklimatischen Kontexts mehr oder weniger vorhandenen mediterranen Einfluss, welcher in etwas stärkerer Verwitterung und der Bildung von Braunerden resultierte.

10.6 Die Lösslandschaften nach Fink (1956) in moderner Perspektive

Obgleich der Fokus dieser Arbeit auf dem Übergangsgebiet der Lösslandschaften liegt und nur eine Sequenz aus der rezent klimatisch vergleichbaren Trockenen Lösslandschaft untersucht wurde, erlauben die zahlreichen, teils sehr aktuellen Studien aus der Feuchten Lösslandschaft (Ottner et al., 2013; Sedov et al., 2013; Solleiro-Rebolledo et al., 2013; Terhorst et al., 2002, 2012, 2015; Terhorst, 2007, 2013) einige Schlussfolgerungen über die generelle Relevanz der Lösslandschaften nach Fink (1956) für aktuelle paläoklimatische Fragestellungen.
Der Gradient ozeanischen zu kontinentalen Klimas zwischen NW- und NO-Österreich, der auf der Lage innerhalb der Westwindzone und der topographischen Differenzierung durch die Böhmische Masse beruht, war mit großer Wahrscheinlichkeit auch in den älteren quartären Warmzeiten relevant. Die Namensgebung der pannonischen Klimaregion im Nordosten Österreichs (Bobek et al., 1971) beschreibt gut die prinzipielle Vergleichbarkeit des rezenten Klimas mit den Verhältnissen im Pannonischen Becken, obgleich im Detail zu differenzieren ist. Die Abgrenzung zur atlantischen Klimaregion ist deutlicher. Auf den Vergleich der Paläoböden vergangener Warmzeiten im Transekt von Mitteleuropa ins Pannonische Becken geht Abschnitt 10.7 genauer ein.
Fink (1956) differenzierte die Lösslandschaften gemäß der rezenten klimatischen Verhältnisse, wobei die Einordnung des Übergangsgebiets als klimatisch definiert nicht zu halten ist. Trotz später revidierter Chronologien erkannte Fink (1956), dass das Übergangsgebiet pedologisch mit der Trockenen Lösslandschaft zu vergleichen ist, aber die frühglaziale Umlagerung der Feuchten Lösslandschaft aufweist. In der Tat lassen aktuelle Klimadaten keine signifikanten klimatischen Unterschiede zwischen der Trockenen Lösslandschaft und dem Übergangsgebiet erkennen, und auch die eemzeitliche Bodenentwicklung während MIS 5 ist gemäß den Befunden in dieser Arbeit vermutlich vergleichbar. Die frühglaziale Umlagerung des Übergangsgebiets sollte jedoch nicht als paläoklimatisches Signal, sondern als Reaktion auf die spezifischen morphologischen Gegebenheiten betrachtet werden.
Es ist unklar, ob Fink seine Differenzierung in Trockene und Feuchte Lösslandschaft nur relativ innerhalb Österreichs oder absolut innerhalb des Europäischen Lössgürtels betrachtete. Aus dem historischen Kontext scheint ersteres wahrscheinlicher, aber es ist festzustellen,

dass die Feuchte Lösslandschaft eher zu den humideren und die Trockene Lösslandschaft eher zu den arideren Gebieten innerhalb des europäischen Lössgürtels zählen. Diese Differenzierung ist durch die Lage in der Westwindzone und die Existenz der Böhmischen Masse zu erklären. Aufgrund des hohen Gradienten ozeanischen zu kontinentalen Klimas auf relativ engem Raum sollten sich Änderungen hinsichtlich der klimatischen Haupteinflüsse deutlich bemerkbar machen. Es kann festgestellt werden, dass der Gradient in allen innerhalb dieser Arbeit durch Paläoböden erfassten Warmzeiten des Quartärs bestand.
Hinsichtlich der pedostratigraphischen Einordnungen Finks können sowohl die chronologische als auch die typologische Signifikanz des Linzer Komplexes der Feuchten Lösslandschaft weiterhin als weitgehend zutreffend bezeichnet werden (Fink, 1956, 1961b, 1965a, 1969, 1979; Terhorst et al., 2002; Terhorst, 2013; Zöller et al., 1994). Die mittlerweile revidierten Einordnungen des Übergangsgebiets beruhen auf der Tatsache, dass pedostratigraphische Schemen auf morphologisch beeinflusste Sequenzen angewandt wurden. Die Korrelation der Göttweiger Verlehmungszone mit der basalen Braunerde von Stillfried ist aufgrund der typologischen Ähnlichkeit im Handstück als vom damaligen Standpunkt aus verständlich zu bezeichnen, was man von der Korrelation der Paudorfer Bodenbildung mit der blassen Verbraunung im Profil Stillfried B jedoch nicht behaupten kann. Die Radiokarbonalter um 30–50 ka für diese Böden (Fink, 1961b; Vogel & Zagwijn, 1967) führten jedoch eher zur Verfestigung der Annahmen, obgleich die Alter aus Paudorf und Göttweig-Furth und Aigen tatsächlich weit jenseits der Datierungsmöglichkeiten mit dieser Methode lagen. Hier wurde entgegen der vorliegenden Arbeit nicht den Bildungsprozessen, sondern den -zeiten höhere Relevanz eingeräumt. Dies lag vermutlich an der damals zentralen Rolle von LPS und ihrer Typusböden für die Quartärstratigraphie (Gross, 1956, 1957, 1960; Schönhals et al., 1964; Woldstedt, 1956, 1958, 1966; Zeuner, 1954). Andererseits zeigen gerade die aktuellen paläoklimatisch orientierten Arbeiten die Wichtigkeit unabhängiger chronologischer Einschätzungen bei der paläopedologischen Interpretation.
In den österreichischen Lösslandschaften wurden einige quartärstratigraphische Begriffe geprägt, deren Relevanz nach den Revisionen der 1970er Jahre stark zu hinterfragen war. Tatsächlich spielen Paudorf, Göttweig und Krems als Gliederungselemente des Jungpleistozäns in der aktuellen Quartärforschung keine Rolle mehr. Daher kann der Begriff der Paudorfer Bodenbildung durch die aktuellen Studien möglicherweise ihre Relevanz als Typusboden zurückerhalten, diesmal für das MIS 5 des Übergangsgebietes. Zur Göttweiger Verlehmungszone fehlen chronologische Einschätzungen.
Die Böden KR 1–3 haben innerhalb der Schießstätte keine Relevanz, da der rezente Boden (KR 1) stark gestört ist und die Zuordnung der anderen beiden Paläoböden zu der differenzierten Abfolge im Bereich des Pfeilers unklar ist. Die Namen KR 4 bis KR 16 entsprechen tatsächlich vorhandenen Pedokomplexen (Fink, 1976; Fink & Kukla, 1977; Fink, 1978; Rabeder, 1981; Rabeder & Verginis, 1987) und sollten ihre Namen vorerst behalten, da sie in der internationalen Literatur verbreitet sind und in dieser Arbeit nur der obere Teil der Abfolge untersucht wurde. Revisionsbedürftig scheinen indes die verbreiteten Ansichten über die Gliederung der Lösse innerhalb des österreichischen Quartärs (z.B. Wessely & Draxler, 2006). Ob die LPS in den verschiedenen Lösslandschaften geeignet sind, die überwiegend auf Moränen- und Terrassensedimenten basierende Quartärstratigraphie Österreichs (Piller et al., 2004) zu ergänzen, ist zu diskutieren.

10.7 Niederösterreich im europäischen Transekt

Paläoklimatische Schlussfolgerungen dieser Studie komplettieren sich durch den Vergleich mit benachbarten Lössgebieten, da Veränderungen der atmosphärischen Zirkulation erst auf größeren räumlichen Skalen verstanden werden können. Hier ist insbesondere der Vergleich der klimaphytomorphen interglazialen Paläoböden interessant (vgl. Bronger, 2003). Da Löss in Europa topographisch bedingt nur ein lückenhaftes Band in dessen Mitte einnimmt (Haase et al., 2007) und aus vielen geographisch verteilten Räumen noch keine verwertbaren Erkenntnisse vorliegen, bietet sich der Vergleich innerhalb eines Transekts an. Abbildung 100 zeigt repräsentative Lössprofile vom Mittelrheintal bis in die Vojvodina. Die in der Literatur angegebenen und um die Ergebnisse in dieser Studie ergänzten Interglazialböden sollen näherungsweise als klimaphytomorph verstanden werden und dadurch paläoökologische Schlussfolgerungen stützen. Die Mächtigkeit der Böden und zwischengeschalteten Lösse in der Darstellung orientiert sich an der angenommenen Bildungsdauer und ist an den globalen Warm-Kaltzeit-Oszillationen orientiert. Die polygenetischen Komplexe sind in monogenetischen Böden aufgegliedert. Trotz der lückenhaften und komplexen Information ergibt sich bereits ein relativ guter Überblick über die grundsätzliche Tendenz interglazialer Klimacharakteristika des Untersuchungsgebiets und wie diese von den benachbarten Regionen abweichen. Die Zusammenstellung zeigt die angenommenen Korrelationen und verweist auf die entsprechenden Referenzen, weshalb im folgenden Text nur auf die generellen Trends eingegangen werden muss. Zunächst soll der gesamte Zeitraum der letzten Million Jahre betrachtet werden. In Mitteleuropa gibt es wohl keine morphologisch unbeeinflusste LPS, die kontinuierlich ins Altpleistozän zurückreicht (Pécsi & Richter, 1996). Als geochronologische Marker können Lumineszenzdatierungen nur bis 200–300 ka dienen, ansonsten muss die MBB als Referenz herangezogen werden. Da systematische Untersuchungen fehlen, wird in der Regel auf Jahrzehnte alte Ergebnisse paläomagnetischer Messungen zurückgegriffen.

Hierdurch erhält man zumindest eine grobe stratigraphische Einordnung weiter zurück reichender Sequenzen. Kärlich und Bad Soden am Taunus sind nicht vollständig, es kann aber festgehalten werden, dass warmzeitliche Lössböden innerhalb des Brunhes zumeist als Bt-Horizonte vorliegen (Brunnacker & Boenigk, 1976; Semmel & Fromm, 1976). Auch aus anderen Profilen werden teilweise sechs bis sieben interglaziale Waldböden oberhalb der MBB berichtet (Pécsi & Richter, 1996). In seiner Standard-Stratigraphie für SW-Deutschland ordnet Bibus (2002) jeder Warmzeit einen Bt-Horizont zu.

In Oberösterreich sind in den Deckschichten der Älteren Deckenschotter (Günz; MIS 16) fünf Bt-Horizonte erhalten, in jenen der Jüngeren Deckenschotter (Mindel; MIS 14) vier (Solleiro-Rebolledo et al., 2013; Terhorst, 2007, 2013). Die bisherigen Befunde belegen, dass die typischen interglazialen Paläoböden der letzten Million Jahre in Mitteleuropa in der Regel Bt-Horizonte von erodierten Parabraunerden sind, die sich unter Laubwald in gemäßigtem, ozeanisch beeinflusstem Klima bildeten. Da die Befunde jenseits der letzten Glazial-Interglazial-Zyklen sehr rar sind, ist es kaum möglich, typologische Vergleiche zwischen den einzelnen Warmzeiten vorzunehmen, um etwaige paläoklimatische Trends abzuleiten.

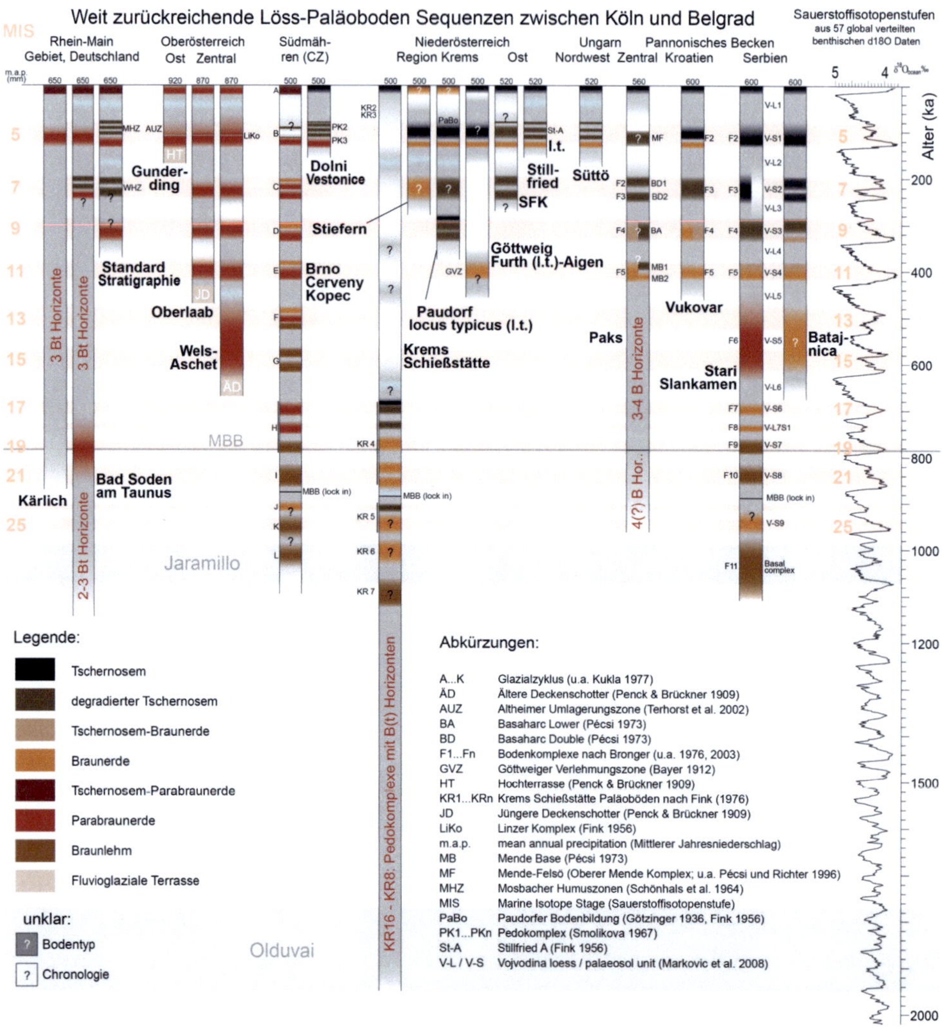

Abbildung 100: LPS in Niederösterreich im Transekt vom Mittelrheintal in die Vojvodina und mögliche Korrelationen zur marinen Stratigraphie; vgl. Abbildung 1 (Quartärstratigraphie). Die Mächtigkeiten der rekonstruierten Böden sind an die Bildungsdauer angepasst. Referenzen: MIS nach Cohen & Gibbard (2011), Lisiecki & Raymo (2005); Jahresniederschläge (m.a.p.) geschätzt nach Daten benachbarter Stationen; Holozäne Böden nach European Soils Bureau Network (2005); Kärlich: Boenigk & Frechen (1998); Van Den Bogaard et al. (1989); Bad Soden: Semmel & Fromm (1976); Zöller et al. (1988); Standardsequenz aus Bibus et al. (2002) ergänzt um Datierungen von Schmidt et al. (2011); Gunderding nach Terhorst et al. (2002); Oberlaab nach Solleiro-Rebolledo et al. (2013); Terhorst (2007); Wels-Aschet nach Scholger & Terhorst (2013); Terhorst (2007); Červený Kopec nach Kukla (1977); Kukla & Cílek (1996); Dolní Věstonice nach Antoine et al. (2013); Süttő nach Novothny et al. (2011); Paks nach Bronger (2003) links, und Pécsi & Richter (1996) rechts; Vukovar nach Bronger (2003); Wacha & Frechen (2011); Stari Slankamen nach Bronger (2003); Marković et al. (2011); Batajnica nach Marković et al. (2009).

Aufbauend auf umfassenden Studien an den mächtigeren, kontinuierlicheren, teils an Plateaus aufgeschlossenen LPS des Pannonischen Beckens vermuten Buggle et al. (2013) eine vornehmlich tektonisch begründete Aridisierungstendenz während der letzten 1 Million Jahre Paläoböden in der Nähe der Alt-/Mittelpleistozän-Grenze sind stärker verwittert (Braunerden, Braunlehme) als jene des späten Mittel- und des Jungpleistozäns ([degradierte] Schwarzerden), z.B. in den Lössprofilen Stari Slankamen und Batajnica in der Vojvodina (Bronger, 2003; Marković et al., 2011). Im Detail ist zu differenzieren, da besonders der deutlich verwitterte und lessivierte V-S5 bzw. F6 (MIS 13–15), sowie mit Abstrichen der verwitterte V S4 bzw. F5 über längere Zeiträume als die Eemböden gebildet wurden, wenn die Sauerstoffisotopenkurve (Lisiecki & Raymo, 2005) als Referenz betrachtet wird (vgl. Bronger, 2003). Für Südosteuropa sind folglich gegenüber Mitteleuropa kontinentalere Verhältnisse mit einem untergeordneten mediterranen Einfluss anzunehmen. Ersteres resultierte in der Entstehung unterschiedlich stark entkalkter und verwitterter, überwiegend humoser Böden der Steppe bzw. Waldsteppe. Zweiteres zeigt sich in etwas stärker verwitterten Braunerden bis Braunlehmen, bisweilen mit Tendenz zur Tonverlagerung.
Für das Untersuchungsgebiet können kaum signifikant lessivierte Böden rekonstruiert und somit starke Ähnlichkeiten zu den Verhältnissen des Pannonischen Beckens erkannt werden. Der Gradient zunehmender Aridität fällt deutlich geringer aus, da während der letzten Million Jahre quasi durchgehend kräftige Braunerden oder Tschernosem-(Para)braunerden mit geringer Entkalkungstiefe entwickelt sind, wobei letztere tendenziell etwas häufiger während der letzten Interglaziale entstanden. Diese allgemeinen Befunde sind bemerkenswert, da die in der benachbarten mährischen Lössregion befindlichen Abfolgen deutlich abweichende Charakteristika aufweisen. Der sehr gut aufgelöste MIS 5-Pedokomplex in Dolní Věstonice besitzt wie erwähnt einen basalen Bt-Horizont, welcher der letzten Warmzeit zugerechnet wird (Antoine et al., 2013). Aus der berühmten Abfolge von Červený Kopec werden für die letzten Interglaziale überwiegend Bt-Horizonte und die früheren Interglaziale mehrheitlich Braunlehme berichtet (Kukla, 1977). Aufgrund der Nähe der niederösterreichischen und mährischen Archive zueinander und rezent vergleichbaren Klimabedingungen und Bodengesellschaften muss vermutet werden, dass die Unterschiede der Paläoböden nicht alleine paläoklimatisch begründet sein können.
Vom Standpunkt dieser Arbeit kann nicht nachvollzogen werden, inwieweit die Lithologie der Lösse oder eine morphologische Beeinflussung der Sequenzen relevant für diese Unterschiede sind. In Dolní Věstonice liegen die Karbonatgehalte des Lösses etwas niedriger bei etwas höheren Sandanteilen (Antoine et al., 2013). Bei einem kurzen Besuch der Überreste des Aufschlusses von Červený Kopec konnte der teils hohe Sandgehalt eines im oberen Hangbereich aufgeschlossenen Paläobodens erkannt werden, ohne dass jedoch ein stratigraphischer Rahmen gegeben war.
Zusammengefasst zeigen die Pedokomplexe des Untersuchungsgebiets, dass die Interglaziale der letzten Million Jahre weitgehend pannonische Prägung aufwiesen, der Gradient zur Aridität aber kaum ausgeprägt ist. Für das Auftreten von Braunerdedynamik, insbesondere in global wärmeren Phasen, wird ein etwas größerer mediterraner Einfluss angenommen, der mit etwas milderen Wintern und etwas trockeneren Sommern beschrieben werden könnte. Der hier vorgenommene qualitative paläopedologische Befund wäre in weiterer Folge auf die benachbarten Regionen anzuwenden und auf seine Stichhaltigkeit zu überprüfen.

Die spezifische Charakteristik NW-Österreichs in (paläo)klimatischer Hinsicht zeigt sich bereits durch die Existenz einer letztinterglazialen Braunerde (Bronger, 1975, 2003; Fink, 1962; Sprafke et al., 2014). Damit kann den polygenetischen LPS des Untersuchungsgebiets eine wichtige Brückenfunktion innerhalb eines europäischen Transekts zugeschrieben werden. Auch für die Glaziale ergibt sich durch die Existenz von Bleichzonen in Lösspaketen unterschiedlicher Altersstellung (als Tundrengleye interpretiert) eine eigenständige Prägung des Untersuchungsgebiets. Entgegen der Befunde aus Mitteleuropa finden diese sich nicht in den Lösspaketen des Pannonischen Beckens (Marković et al., 2008; Marković et al., 2011). Sie sind im letztglazialen Löss in Süttő (NW-Ungarn) noch vorhanden (Novothny et al., 2009), aber nicht mehr südlich des ungarischen Mittelgebirges. Im Gegensatz zu den Warmzeiten waren die Kaltzeiten im Untersuchungsgebiet durch die Nähe zu den Vereisungszentren wahrscheinlich eher mitteleuropäisch als pannonisch geprägt (Sprafke et al., 2014).

11 Schlussfolgerungen

Die LPS des pannonischen Klimaraums in Niederösterreich sind seit Jahrzehnten Gegenstand wissenschaftlicher Forschungen, wobei insbesondere ihre Funktion als Typuslokalitäten der Quartärstratigraphie zeitweise von großer Bedeutung war (Fink, 1961b, 1965a). An den noch zugänglichen Aufschlüssen des Kremser Raums und an einem neuen Profil in Stillfried wurde der überwiegend polygenetische Charakter und die Lückenhaftigkeit der dort aufgeschlossenen LPS festgestellt. Aufbauend auf den mit dieser Arbeit vorgenommenen detaillierten Neuaufnahmen und prozessorientierten sowie chronologischen Untersuchungen können einige methodische sowie paläoklimatische Schlussfolgerungen getroffen werden.

Die weite Verbreitung von LPS in der gemäßigten Zone und das Vorhandensein zahlreicher interglazialer Archive der entsprechenden durchschnittlichen ökologischen Bedingungen in derartigen Abfolgen erklärt ihre allgemeine Relevanz für die Erforschung warmzeitlicher Klimabedingungen (Abschnitt 1.3). Komplexe Abfolgen wie in Niederösterreich sind eher die Regel als die Ausnahme, da LPS häufig reliefabhängige Bildungen sind; jedoch fehlten bislang konzeptionelle Grundlagen für deren Verwendung als paläoklimatische Archive. Diese Arbeit kann diese Lücke nicht vollständig schließen, aber sie bietet einen methodischen Ansatz, der für zukünftige Forschungen anwendbar ist.

Hochauflösende Farbmessungen, gepaart mit mesomorphologischen Studien an Gefügeproben (Abschnitt 10.1.2), erleichtern die Klassifikation und Abgrenzung diskreter Einheiten innerhalb der Profile und führen zu detaillierten und objektiveren Stratigraphien, auf deren Basis kostenintensivere Verfahren zur Rekonstruktion ihrer Bildungsbedingungen und –zeiten durchgeführt werden können. Die Kombination aus visualisierten RGB-Farben im Hintergrund der Variationen der Einzelparameter des L*a*b*-Farbraums (vgl. Abschnitt 4.4) ist eine innovative Darstellung von Farbänderungen innerhalb der Profile, objektiv und quantifizierbar. Für die Horizonte innerhalb der Profile wurde eine pedologische Klassifikation anhand internationaler Richtlinien entwickelt (FAO, 2006), die in eine einheitliche farbige Legende (Anhang 20) mündete.

Korngrößenanalysen waren kein Schwerpunkt dieser Arbeit, sie geben jedoch wichtige Hinweise zur Verwitterungsintensität (Tongehalte) und zur Unterscheidung äolischer und kolluvialer Einflüsse, letztere durch gröbere Sand- und die Grusfraktionen (Abschnitt 10.1.4). Sie fließen in die Profildarstellung mit ein. Karbonatmessungen sind ein relativ kostengünstiges Verfahren, um weitere zusätzlich beschreibende Informationen über die Sequenzen, insbesondere im Zusammenspiel mit der Farbmessung zu erhalten.

Von zentraler Bedeutung ist die mikromorphologische Differenzierung von Primär- und Sekundärkarbonaten, ebenso wie die Detektion und Charakterisierung von Tonbelägen. Dieser insbesondere durch (Bronger, 1976, 2003) geprägte Ansatz, gepaart mit dem Konzept klimaphytomorpher Böden, wurde erweitert, da die mikromorphologische Untersuchung gerade an polygenetischen LPS hilft, sedimentologische und pedologische von morphologischen Einflüssen zu differenzieren (Abschnitt 10.1.5). Die Rekonstruktion von Bildungsphasen erfordert einige vereinfachende Annahmen zur Pedogenese und geochronologische Informationen, um Verwitterungsintensitäten klimatisch zu interpretieren und Korrelationen mit besser aufgelösten Sequenzen vorzunehmen.
Das in dieser Arbeit verwendete Verfahren der Lumineszenzdatierung kann helfen, Lösse und Paläoböden in Glazial-Interglazial Zyklen bis ≤ MIS 10 einzuordnen, was insbesondere an der LPS Paudorf gezeigt werden konnte (Sprafke et al., 2014).
Die LPS Stiefern besitzt eine grundsätzlich vergleichbare Abfolge wie Paudorf, allerdings mit einigen signifikanten Unterschieden. Die untersuchte LPS in Stillfried (SFK) weicht in ihrer Charakteristik deutlich von jenen des Kremser Raums ab, insbesondere durch die relativ hohe Auflösung der MIS 5-Sequenz, mit zwei von Löss getrennten Humuszonen. Für eine Einordnung der LPS in die letzten Kalt-Warmzeit Zyklen fehlen noch eindeutige geochronologische Daten. Die jüngeren Abschnitte der Schießstätte lassen sich in Teilen gut mit Paudorf und Stiefern korrelieren. Gegenüber den Lösssedimenten fehlen jedoch nahezu alle mittel- bis jungpleistozänen warmzeitlichen Bodenbildungen, was im Kontext der morphologischen Entwicklung am Kremser Sporn diskutiert wird. In älteren Abschnitten musste auf stratigraphische Überlegungen zurückgegriffen werden. Für die MBB in der Schießstätte wird ein lock-in Effekt angenommen, wie er auch in Stari Slankamen (Serbien) und Červený Kopec (Tschechien) nachgewiesen wurde (Abschnitt 10.2.3); daraus folgt die Einordnung des Lösspakets zwischen KR 4 und KR 5 (den von der Geländeoberkante aus betrachtet ersten beiden deutlich sichtbaren Pedokomplexen) in MIS 22. Für das MIS 16, das Günz-Glazial der österreichischen Quartärstratigraphie (die erste große Vereisung der Ostalpen) wurden tiefgreifende Einflüsse für das Untersuchungsgebiet vermutet. Aus diesen beiden chronologischen Eckpunkten ergeben sich Rekonstruktionen der Bildungsphasen für die beiden Pedokomplexe. KR 4 bildete sich vermutlich während MIS 21 bis 17, während für KR 5 die Warmphasen vor MIS 22 angenommen werden.
Unabhängig von den chronologischen Unsicherheiten zeigen die Rekonstruktionen der Entwicklungsphasen (Abschnitt 10.3) aller in der Region untersuchten Pedokomplexe, dass Bt- und B-Horizonte stets polygenetische Bildungen sind. Daraus folgt, dass derartige Horizonte keine viel feuchteren Bedingungen vergangener Warmzeiten gegenüber jenen der rezenten Warmzeit (Holozän) repräsentieren (Abschnitt 10.5). Im Gegensatz zu den Kaltzeiten, die durch die Anwesenheit von Tundrengleyen in den Lösssedimenten ihren mitteleuropäischen Charakter zeigen, waren die Klimate der Interglaziale vergleichbar mit jenen des Pannonischen Beckens. Ein Gradient zunehmender Aridität, wie er für das Pannonische Becken angenommen wird (Buggle et al., 2013), kann aus den ermittelten Daten für Niederösterreich nicht abgeleitet werden. Diese Erkenntnis wird durch das vergleichende Studium des KR 7 Bodens der Schießstätte (späteres Altpleistozän), der Göttweiger Verlehmungszone (vermutlich mittleres Mittelpleistozän) und der basalen Braunerde des Stillfrieder Komplex (MIS 5e) bestärkt. Monogenetische interglaziale Paläoböden der letzten

Million Jahre wären entweder Waldsteppenböden (z.B. MIS 9e) oder Waldböden (z.B. MIS 5e), wobei letztere nicht lessiviert, sondern lediglich entkalkt, verlehmt und verbraunt sind. Sie entsprechen vermutlich der pannonischen Braunerde und belegen einen mediterranen Einfluss mit höheren Jahresdurchschnittstemperaturen und trockenen Sommern. Generell wird deutlich, dass weitere systematische bodengenetische Studien rezenter klimaphytomorpher Böden notwendig sind, beispielsweise, um den Zusammenhang zwischen der Saisonalität der Feuchte und Wärme gegenüber Tonverlagerungstendenzen in verlehmten und verbraunten Böden auf kalkhaltigem Ausgangsmaterial zu verstehen.

Referenzen

Ad-hoc-Arbeitsgruppe Boden (2005): Bodenkundliche Kartieranleitung. Schweizerbart'sche Verlagsbuchhandlung, 5. Aufl., Hannover, 438 S.

Amt der NÖ Landesregierung (2010): Viertelseinteilung in Niederösterreich (Karte). http://www.noe.gv.at/bilder/d17/BD5noe31-Viertelsgrenzen.png?7150. Letzter Zugriff am 06.03.2015.

Antoine, P., Rousseau, D. D., Zöller, L., Lang A., Munaut, A. V., Hatté, C. & Fontugne, M. (2001): High-resolution record of the last Interglacial-glacial cycle in the Nussloch loess-palaeosol sequences, Upper Rhine Area, Germany. Quaternary International 76-7, S. 211-229.

Antoine, P., Rousseau, D. D., Fuchs, M., Hatté, C., Gauthier, C., Marković, S. B., Jovanović, M., Gaudenyi, T., Moine, O. & Rossignol, J. (2009a): High-resolution record of the last climatic cycle in the southern Carpathian Basin (Surduk, Vojvodina, Serbia). Quaternary International 198, S. 19-36.

Antoine, P., Rousseau, D. D., Moine, O., Kunesch, S., Hatté, C., Lang, A., Tissoux, H. & Zöller, L. (2009b): Rapid and cyclic aeolian deposition during the Last Glacial in European loess: a high-resolution record from Nussloch, Germany. Quaternary Science Reviews 28 (25-26), S. 2955-2973.

Antoine, P., Rousseau, D. D., Degeal, J. P., Moine, O., Lagroix, F., Kreutzer, S., Fuchs, M., Hatté, C., Gauthier, C., Svoboda, J. & Lisá, L. (2013): High-resolution record of the environmental response to climatic variations during the Last Interglacial-Glacial cycle in Central Europe: the loess-palaeosol sequence of Dolní Věstonice (Czech Republic). Quaternary Science Reviews 67, S. 17-38.

Babek, O., Clachula, J. & Matys Grygar, T. (2011): Non-magnetic indicators of pedogenesis related to loess magnetic enhancement and depletion: Examples from the Czech Republic and southern Siberia. Quaternary Science Reviews 30 (7-8), S. 967-979.

Bai, Y., Fang, X. M., Nie, J. S., Wang, Y. L. & WU, F. L. (2009): A preliminary reconstruction of the paleoecological and paleoclimatic history of the Chinese Loess Plateau from the application of biomarkers. Palaeogeography, Palaeoclimatology, Palaeoecology 271 (1–2), S. 161-169.

Barron, V. & Torrent, J. (1986): Use of the Kubelka-Munk theory to study the influence of iron oxides on soil colour. Journal of Soil Science 37, S. 499-510.

Bayer, J. (1912): Chronologie des Temps quaternaires. In: V. Commont (Hrsg.): Congrès international d'anthropologie et d'archéologie préhistoriques: compte rendu de la XIVe session. Genève, S. 145-164.

Bayer, J. (1927): Der Mensch im Eiszeitalter. I. Teil. Der Weg zur relativen Chronologie des Eiszeitalters. II. Teil. Entwurf einer historischen Geologie des Eiszeitalters. Deutike, Leipzig, Wien, 452 S.

Becze-Deák, J., Langohr, R. & Verrecchia, E. P. (1997): Small scale secondary $CaCO_3$ accumulations in selected sections of the European loess belt. Morphological forms and potential for paleoenvironmental reconstruction. Geoderma 76 (3-4), S. 221-252.

BFW Österreich (Bundesforschungs- und Ausbildungszentrum für Wald, Naturgefahren und Landschaft): eBOD (Digitale Bodenkarte von Österreich). http://gis.lebensministerium.at/eBOD/frames/index.php?&146=true&gui_id=eBOD. Letzter Zugriff am 06.03.2015.

Bibus, E. (1974): Abtragungs- und Bodenbildungsphasen im Rißlöß. Eiszeitalter und Gegenwart 25, S. 166-182.

Bibus, E. (2002): Zum Quartär im mittleren Neckarraum - Reliefentwicklung, Löß/Paläobodensequenzen, Paläoklima (= Tübinger Geowissenschaftliche Arbeiten D8), 236 S.

Bibus, E., Rähle, W. & Wedel, J. (2002): Profilaufbau, Molluskenführung und Parallelisierungsmöglichkeiten des Altwürmabschnitts im Lössprofil Mainz-Weisenau. Eiszeitalter und Gegenwart 51, S. 1-14.

Blume, H.-P., Brümmer, G.W., Horn, R., Kandeler, E., Kögel-Knabner, I., Kretzschmar, R., Stahr, K. & Wilke, B.-M. (2010): Scheffer/Schachtschabel Lehrbuch der Bodenkunde. Spektrum Akademischer Verlag, 16. Aufl., Heidelberg, 569 S.

Blume, H.-P., Stahr, K. & Leinweber, P. (2011): Bodenkundliches Praktikum. Spektrum Akademischer Verlag, 3. Aufl., Heidelberg, 255 S.

Bobek, H., Kurz, W., Zwittkovits, F. & Fesl, M. (1971): Klimatypen 1:1.000.000 (1 Blatt + 1 Legende). In: Österreichische Akademie der Wissenschaften (ÖAW). Kommission für Raumforschung (Hrsg.): Atlas der Republik Österreich 1:1,000.000, Nr. III/9. Freytag-Berndt & Artaria, Wien.

Boenigk, W. & Frechen, M. (1998): Zur Geologie der Deckschichten von Kärlich/Mittelrhein. Eiszeitalter und Gegenwart 48, S. 38-49.

Brandtner, F. (1954): Jungpleistozäner Löß und fossile Böden in Niederösterreich. Eiszeitalter und Gegenwart 4-5, S. 49-82.

Brandtner, F. (1956): Lößstratigraphie und paläolithische Kulturabfolge in Niederösterreich und in den angrenzenden Gebieten (zugleich ein Beitrag zur Frage der Würmgliederung). Eiszeitalter und Gegenwart 7, S. 127-175.

Bronger, A. (1970): Zur Mikromorphogenese und zum Tonmineralbestand quartärer Lössböden in Südbaden. Geoderma 3 (4), S. 281-320.

Bronger, A. (1975): Paläoböden als Klimazeugen - dargestellt an Löß-Boden-Abfolgen des Karpatenbeckens. Eiszeitalter und Gegenwart 26, S. 131-154.

Bronger, A. (1976): Zur quartären Klima- und Landschaftsentwicklung des Karpatenbeckens auf (paläo-)pedologischer und bodengeographischer Grundlage (= Kieler Geographische Schriften 45). Geographisches Institut, Universität Kiel, Kiel, 268 S.

Bronger, A. & Kalk, E. (1976): Zur Feldspatverwitterung und ihrer Bedeutung für die Tonmineralbildung. Zeitschrift für Pflanzenernährung und Bodenkunde 1, S. 37-55.

Bronger, A., Kalk, E. & Schröder, D. (1976): Über Glimmer- und Feldspatverwitterung sowie Entstehung und Umwandlung von Tonmineralen in rezenten und fossilen Lössböden. Geoderma 16 (1), S. 21-54.

Bronger, A. (1978): Climatic sequences of steppe soils from Eastern Europe and the USA with emphasis on the genesis of the "Argillic Horizon". Catena 5, S. 33-51.

Bronger, A. & Catt, J. A. (1989): Paleopedology: Nature and Application of Paleosols (= Catena Supplement 16). Catena, Cremlingen-Destedt, 232 S.

Bronger, A. & Heinkele, T. (1989): Micromorphology and Genesis of Paleosols in the Luochuan Loess Section, China - Pedostratigraphic and Environmental Implications. Geoderma 45 (2), S. 123-143.

Bronger, A. & Heinkele, T. (1990): Mineralogical and clay mineralogical aspects of loess research. Quaternary International 7-8, S. 37-51.

Bronger, A. (1991): Argillic Horizons in Modern Loess Soils in an Ustic Soil Moisture Regime: Comparative Studies in Forest-Steppe and Steppe Areas from Eastern Europe and the United States. In: B. A. Stewart (Hrsg.): Advances in Soil Science. (= Advances in Soil Science 15). Springer New York, S. 41-90.

Bronger, A., Bruhn-Lobin, N. & Heinkele, T. (1994): Micromorphology of paleosols – genetic and paleoenvironmental deductions: case studies from central China, south India, NW Morocco and the Great Plains of the USA. In: A. J. Ringrose-Voase & G. S. Humphreys (Hrsg.): Soil Micromorphology: Studies in Management and Genesis. (= Developments in Soil Science 22). S. 187-206.

Bronger, A. & Catt, J. A. (1998a): The position of paleopedology in geosciences and agricultural sciences. Quaternary International 51-52, S. 87-93.

Bronger, A. & Catt, J. A. (1998b): Summary outline and recommendations on paleopedological issues. Quaternary International 51-52, S. 5-6.

Bronger, A., Winter, R. & Heinkele, T. (1998a): Pleistocene climatic history of East and Central Asia based on paleopedological indicators in loess-paleosol sequences. Catena 34 (1-2), S. 1-17.

Bronger, A., Winter, R. & Sedov, S. (1998b): Weathering and clay mineral formation in two Holocene soils and in buried paleosols in Tadjikistan: towards a Quaternary paleoclimatic record in Central Asia. Catena 34 (1-2), S. 19-34.

Bronger, A. (1999): Löß-Paläoboden-Sequenzen Zentralasiens als Indikatoren einer globalen Klimageschichte des Quartärs? Eiszeitalter und Gegenwart 49, S. 35-54.

Bronger, A. (2003): Correlation of loess-paleosol sequences in East and Central Asia with SE Central Europe: towards a continental Quaternary pedostratigraphy and paleoclimatic history. Quaternary International 106, S. 11-31.

Bronger, A. (2008): Pedostratigraphical Correlation of Brunhes Age Loess-Paleosol Sequences in East and Central Asia with Central Europe. Abhandlungen der Geologischen Bundesanstalt 62, S. 131-137.

Brunnacker, K. (1956): Regionale Bodendifferenzierungen während der Würmeiszeit. Eiszeitalter und Gegenwart 7, S. 43-48.

Brunnacker, K. & Boenigk, W. (1976): Über den Stand der paläomagnetischen Untersuchungen im Pliozän und Pleistozän der Bundesrepublik Deutschland. Eiszeitalter und Gegenwart 27, S. 1-17.

Buggle, B., Hambach, U., Glaser, B., Gerasimenko, N., Marković, S. B., Glaser, I. & Zöller, L. (2009): Stratigraphy, and spatial and temporal paleoclimatic trends in Southeastern/Eastern European loess-paleosol sequences. Quaternary International 196, S. 86-106.

Buggle, B., Hambach, U., Kehl, M., Marković, S. B., Zöller, L. & Glaser, B. (2013): The progressive evolution of a continental climate in southeast-central European lowlands during the middle Pleistocene recorded in loess paleosol sequences. Geology 41 (7), S. 771-774.

Buggle, B., Hambach, U., Müller, K., Zöller, L., Marković, S. B. & Glaser, B. (2014): Iron mineralogical proxies and Quaternary climate change in SE-European loess–paleosol sequences. Catena 117, S. 4-22.

Bullock, P., Fedoroff, N., Jongerius, A., Stoops, G., Tursina, T. & Babel, U. (1985): Handbook for soil thin section description. Waine Research, Wolverhampton, UK, 152 S.

Catt, J. A. (1990): Paleopedological Manual. Quaternary International 6, S. 1-95.

Catt, J. A. (1991): Soils as indicators of quaternary climatic change in mid-latitude regions. Geoderma 51 (1–4), S. 167-187.

Catt, J. A. (1998): Report from working group on definitions used in paleopedology. Quaternary International 51–52, S. 84.

Clark, P. U., Pisias, N. G., Stocker, T. F. & Weaver, A. J. (2002): The role of the thermohaline circulation in abrupt climate change. Nature 415, S. 863-869.

Clark, P. U., Archer, D., Pollard, D., Blum, J. D., Rial, J. A., Brovkin, V., Mix, A. C., Pisias, N. G. & Roy, M. (2006): The middle Pleistocene transition: characteristics, mechanisms, and implications for long-term changes in atmospheric pCO_2. Quaternary Science Reviews 25 (23–24), S. 3150-3184.

Cohen, K. M. & Gibbard, P. L. (2011): Global chronostratigraphical correlation table for the last 2.7 million years (chart + documentation). Subcommission on Quaternary Stratigraphy (International Commission on Stratigraphy), Cambridge.

Cornell, R. M. & Schwertmann, U. (2003): The Iron Oxides. Structure, Properties, Reaction, Occurences and Users. Wiley-VCH, 2. Aufl., Weinheim, 703 S.

Dahms, D. E. & Holliday, V. T. (1998): Soil taxonomy and paleoenvironmental reconstruction: A critical commentary. Quaternary International 51–52, S. 109-114.

Debret, M., Sebag, D., Desmet, M., Balsam, W., Copard, Y., Mourier, B., Susperrigui, A. S., Arnaud, F., Bentaleb, I., Chapron, E., Lallier-Vergès, E. & Winiarski, T. (2011): Spectrocolorimetric interpretation of sedimentary dynamics: The new "Q7/4 diagram". Earth-Science Reviews 109 (1–2), S. 1-19.

Ding, Z. L., Derbyshire, E., Yang, S. L., Yu, Z. W., Xiong, S. F. & Liu, T. S. (2002): Stacked 2.6-Ma grain size record from the Chinese loess based on five sections and correlation with the deep-sea δ18O record. Paleoceanography 17 (3).

Durand, N., Monger, H. C. & Canti, M. G. (2010): 9 - Calcium Carbonate Features. In: G. Stoops, V. Marcelino & F. Mees (Hrsg.): Interpretation of Micromorphological Features of Soils and Regoliths. Elsevier, Amsterdam, S. 149-194.

Einwögerer, T., Friesinger, H., Händel, M., Neugebauer-Maresch, C., Simon, U. & Teschler-Nicola, M. (2006): Upper Palaeolithic infant burials. Nature 444, S. 285-285.

Einwögerer, T., Händel, M., Neugebauer-Maresch, C., Simon, U., Steier, P., Teschler-Nicola, M. & Wild, E. M. (2009): ^{14}C Dating of the Upper Paleolithic Site at Krems-Wachtberg, Austria. Radiocarbon 51 (2), S. 847-855.

Einwögerer, T., Händel, M., Simon, U., Masur, A. & Neugebauer-Maresch, C. (2014): Upper Palaeolithic occupation in the Wachtberg area of Krems: The evidence of surveys, sections and core samples. Quaternary International 351, S. 50-66.

European Soils Bureau Network (2005): Soil Atlas of Europe. European Commission, Office for Official Publications of the European Communities, Luxembourg, 128 S.

FAO (2006): Guidelines for soil description. Food and Agriculture Organization of the United Nations, 4. Aufl., Roma, 108 S.

Fedoroff, N., Courty, M.-A. & Guo, Z. T. (2010): 27 - Palaeosoils and Relict Soils. In: G. Stoops, V. Marcelino & F. Mees (Hrsg.): Interpretation of Micromorphological Features of Soils and Regoliths. Elsevier, Amsterdam, S. 623-662.

Fink, J. (1954): Die fossilen Böden im österreichischen Löß. Quartär 6, S. 85-108.

Fink, J. & Majdan, H. (1954): Zur Gliederung der pleistozänen Terrassen des Wiener Raumes. Jahrbuch der Geologischen Bundesanstalt Wien 97 (2), S. 211-249.

Fink, J., Grill, R. & Küpper, H. (Hrsg., 1955): Beiträge zur Pleistozänforschung in Österreich: Exkursionen zwischen Salzach und March (= Verhandlungen der Geologischen Bundesanstalt, Sonderheft D), Wien, 157 S.

Fink, J. (1956): Zur Korrelation der Terrassen und Lösse in Österreich. Eiszeitalter und Gegenwart 7, S. 49-77.

Fink, J. (1957): Quartärprobleme des Wiener Raumes. Geomorphologische Studien, Machatschek Festschrift 262, S. 199-206.

Fink, J. (1958a): Die Bodentypen Niederösterreichs 1:500.000. Freytag-Berndt & Artaria, Wien.

Fink, J. (1958b): Die Böden Österreichs. Mitteilungen der Geographischen Gesellschaft Wien 100, S. 316-358.

Fink, J. (1958c): Die Bodentypen Niederösterreichs 1:500.000 Beiblatt. Profile und Legende zur Bodentypenkarte Niederösterreichs. Freytag-Berndt & Artaria, Wien.

Fink, J. (1959): Leitlinien der quartärgeologischen und pedologischen Entwicklung am südöstlichen Alpenrand. Mitteilungen der Österreichischen Bodenkundlichen Gesellschaft 3, S. 1-14.

Fink, J. (1960a): Leitlinien einer österreichischen Quartärstratigraphie. Mitteilungen der Geologischen Gesellschaft in Wien 53, S. 249-266.

Fink, J. (1960b): Bemerkungen zur Bodenkarte Niederösterreichs. Mitteilungen der Österreichischen Bodenkundlichen Gesellschaft 4, S. 45-58.

Fink, J. (1961a): Die Südostabdachung der Alpen (Zugleich Führer zur Exkursion H 17.-19. VIII. 1961). In: J. Fink & H. Franz (Hrsg.): Exkursionen durch Österreich anläßlich der Tagung der Deutschen Bodenkundlichen Gesellschaft in Wien, August 1961. (= Mitteilungen der Österreichischen Bodenkundlichen Gesellschaft 6). Österreichische Bodenkundliche Gesellschaft, Wien, S. 123-183.

Fink, J. (1961b): Die Gliederung des Jungpleistozäns in Oesterreich. Mitteilungen der Geologischen Gesellschaft in Wien 54, S. 1-25.

Fink, J. (1962): Studien zur absoluten und relativen Chronologie der fossilen Böden in Österreich. II. Wetzleinsdorf und Stillfried. Archaeologia Austriaca 31, S. 1-18.

Fink, J. (1964): Die Subkommission für Lößstratigraphie der Internationalen Quartärvereinigung. Eiszeitalter und Gegenwart 15, S. 229-235.

Fink, J. (1965a): The Pleistocene in Eastern Austria. The Geological Society of America, Special Papers 84, S. 179-199.

Fink, J. (1965b): Die Subkommission für Lößstratigraphie der Internationalen Quartärvereinigung. Eiszeitalter und Gegenwart 16, S. 264-275.

Fink, J. (1966): III. Die Paläogeographie der Donau. In: R. Liepolt (Hrsg.): Limnologie der Donau. Eine monographische Darstellung. Schweizerbart'sche Verlagsbuchhandlung, Stuttgart, S. 1-50.

Fink, J. (1968): The loesses in Austria. In: C. B. Schultz & J. C. Frye (Hrsg.): Loess and related eolian deposits of the world. (= Proceedings of the VII Congress of the International Association for Quaternary Research 12). University of Nebraska Press, Lincoln, S. 285-288.

Fink, J. (1969): Le loess en Autriche. In: J. Fink (Hrsg.): La Stratigraphie des Loess d'Europe. (= Supplement au Bulletin de l'AFEQ, N. S.). CNRS, Paris, S. 17-21.

Fink, J. (1973): Zur Morphogenese des Wiener Raumes. In: H. Mensching, A. Wirthmann & H. Hagedorn (Hrsg.): Beiträge zur Klimageomorphologie - Contributions to climatic geomorphology. (= Zeitschrift für Geomorphologie, Supplementband 17). Schweizerbart, S. 91-117.

Fink, J. & Piffl, L. (1975): The Danube from Krems to Vienna. In: R. C. Suggate & M. M. Cresswell (Hrsg.): Quaternary Studies: Selected Papers from IX INQUA Congress, Christchurch, New Zealand, 2-10 December 1973. (= Royal Society of New Zealand Bulletin 13). Wellington, S. 127-132.

Fink, J. (1976): Exkursion durch den österreichischen Teil des nördlichen Alpenvorlandes und den Donauraum zwischen Krems und der Wiener Pforte (= Mitteilungen der Kommission für Quartärforschung der Österreichischen Akademie der Wissenschaften 1). ÖAW, Wien, 113 S.

Fink, J. (1977): Jüngste Schotterakkumulationen im österreichischen Donauabschnitt. Erdwissenschaftliche Forschung 13, S. 191-211.

Fink, J. & Kukla, G. J. (1977): Pleistocene climates in central Europe; at least 17 interglacials after the Olduvai Event. Quaternary Research 7 (3), S. 363-371.

Fink, J. (1978): Exkursion durch den österreichischen Teil des nördlichen Alpenvorlandes und den Donauraum zwischen Krems und der Wiener Pforte (= Mitteilungen der Kommission für Quartärforschung der Österreichischen Akademie der Wissenschaften Erg. z. Bd. 1). ÖAW, Wien, 113 S.

Fink, J. (1979): Stand und Aufgaben der österreichischen Quartärforschung. Innsbrucker Geographische Studien 5, S. 79-104.

Fink, J. & Nagl, H. (1979): Quartäre Sedimente und Formen (1:1 000 000). In: Österreichische Akademie der Wissenschaften (ÖAW). Kommission für Raumforschung (Hrsg.): Atlas der Republik Österreich 1:1,000.000, Nr. II/6. Freytag-Berndt & Artaria, Wien.

Fink, J., Walder, R. & Rerych, W. (1979): Böden und Standortsbeurteilung 1:750 000 (1 Blatt + 1 Legende). In: Österreichsiche Akademie der Wissenschaften (ÖAW). Kommission für Raumforschung (Hrsg.): Atlas der Republik Österreich 1:1,000.000, Nr. IV/4. Freytag-Berndt & Artaria, Wien.

Fitzsimmons, K. E., Marković, S. B. & Hambach, U. (2012): Pleistocene environmental dynamics recorded in the loess of the middle and lower Danube basin. Quaternary Science Reviews 41, S. 104-118.

Frechen, M., Zander, A., Cilek, V. & Ložek, V. (1999): Loess chronology of the Last Interglacial/Glacial cycle in Bohemia and Moravia, Czech Republic. Quaternary Science Reviews 18 (13), S. 1467-1493.

Frechen, M., Terhorst, B. & Rähle, W. (2007): The Upper Pleistocene loess/palaeosol sequence from Schatthausen, N-Baden-Württemberg. Quaternary Science Journal (E&G) 56 (3), S. 212-227.

Fuchs, G. & Matura, A. (1976): Zur Geologie des Kristallins der südlichen Böhmischen Masse. Jahrbuch der Geologischen Bundesanstalt Wien 119, S. 1-43.

Fuchs, M., Kreutzer, S., Rousseau, D.-D., Antoine, P., Hatté, C., Lagroix, F., Moine, O., Gauthier, C., Svoboda, J. & Lisá, L. (2013): The loess sequence of Dolní Věstonice, Czech Republic: A new OSL-based chronology of the Last Climatic Cycle. Boreas 42 (3), S. 664-677.

GBA Österreich (Geologische Bundesanstalt): Geologische Karten online. http://geomap.geolba.ac.at/GEO/GEO_main.cfm?Init=false. Letzter Zugriff am 06.03.2015.

Gocke, M., Hambach, U., Eckmeier, E., Schwark, L., Zöller, L., Fuchs, M., Löscher, M. & Wiesenberg, G. L. B. (2014): Introducing an improved multi-proxy approach for paleoenvironmental reconstruction of loess–paleosol archives applied on the Late Pleistocene Nussloch sequence (SW Germany). Palaeogeography, Palaeoclimatology, Palaeoecology 410, S. 300-315.

Götzinger, G. (1935): Zur Gliederung des Lößes. Leimen- und Humuszonen im Viertel unter dem Manhartsberge. Verhandlungen der Geologischen Bundesanstalt (Wien) 8-9, S. 126-132.

Götzinger, G. (1936): Das Lößgebiet um Göttweig und Krems an der Donau. In: G. Götzinger (Hrsg.): Führer für die Quartär-Exkursionen in Österreich. Geologische Bundesanstalt, Wien, S. 1-11.

Gross, H. (1956): Das Göttweiger Interstadial, ein zweiter Leithorizont der letzten Vereisung. Eiszeitalter und Gegenwart 7, S. 87-101.

Gross, H. (1957): Die geologische Gliederung und Chronologie des Jungpleistozäns in Mitteleuropa und den angrenzenden Gebieten. Quartär 9, S. 3-39.

Gross, H. (1960): Die Bedeutung des Göttweiger Interstadials im Ablauf der Würm-Eiszeit. Eiszeitalter und Gegenwart 11, S. 99-106.

Gross, H. (1962): Der gegenwärtige Stand der Geochronologie des Spätpleistozäns in Mittel- und Westeuropa. Quartär 14, S. 49-68.

Haase, D., Fink, J., Haase, G., Ruske, R., Pécsi, M., Richter, H., Altermann, M. & Jager, K. D. (2007): Loess in Europe - its spatial distribution based on a European Loess Map, scale 1 : 2,500,000. Quaternary Science Reviews 26 (9-10), S. 1301-1312.

Haesarts, P., Damblon, F., Bachner, M. & Trnka, G. (1996): Revised stratigraphy and chronology of the Willendorf II sequence, Lower Austria. Archaeologia Austriaca 80, S. 25-42.

Haesarts, P., Borziac, I., Chirica, V., Damblon, F., Koulakovska, L. & Van der Pflicht, J. (2003): The East Carpathian loess record: a reference for the middle and late pleniglacial stratigraphy in Central Europe. Quaternaire 14 (3), S. 163-188.

Haesarts, P. & Teyssandier, N. (2003): The early Upper Paleolithic occupations of Willendorf II (Lower Austria): a contribution to the chronostratigraphic and cultural context of the beginning of the Upper Paleolithic in Central Europe. In: J. Zilhão & F. D'Errico (Hrsg.): The Chronology of the Aurignacian and of the Transitional Technocomplexes - Dating, Stratigraphies, Cultural Implications. (= Trabalhos de Arqueologia 33), S. 133-151.

Haesarts, P., Borziac, I., Chirica, V., Damblon, F. & Koulakovska, L. (2007): Cadre stratigraphique et chronologique du Gravettien en Europe centrale. Paleo - Revue d'archéologie préhistorique 19, S. 31-52.

Hambach, U., Zeeden, C., Hark, M. & Zöller, L. (2008): Magnetic Dating of an Upper Palaeolithic Cultural Layer Bearing Loess from the Krems-Wachtberg Site (Lower Austria). Abhandlungen der Geologischen Bundesanstalt 62, S. 153-157.

Händel, M., Simon, U., Einwögerer, T. & Neugebauer-Maresch, C. (2009): Loess deposits and the conservation of the archaeological record-The Krems-Wachtberg example. Quaternary International 198, S. 46-50.

Händel, M., Einwögerer, T., Simon, U. & Neugebauer-Maresch, C. (2014): Krems-Wachtberg excavations 2005–12: Main profiles, sampling, stratigraphy, and site formation. Quaternary International 351, S. 38-49.

Haslinger, E., Smolíková, L., Havlíček, P., Roetzel, R., Heinrich, M., Holásek, O., Vachek, M. & Ottner, F. (2009): Pedological and geochemical investigations at the "Red Outcrop" of Langenlois (Lower Austria). Quaternary Science Journal (E&G) 58 (2), S. 135-147.

Havlíček, P., Holásek, O., Roetzel, R. & Smolíková, L. (2010): Quaternary Sediments at the Southeastern Margin of the Bohemian Massif in the Borderland of Austria and the Czech Republic (Lower Austria - South Moravia). Abhandlungen der Geologischen Bundesanstalt 65, S. 211-219.

Head, M. J. & Gibbard, P. L. (2005): Early-Middle Pleistocene transitions: an overview and recommendation for the defining boundary. In: M. J. Head & P. L. Gibbard (Hrsg.): Early-Middle Pleistocene transitions: the land-ocean evidence. (= Special Publication 247). Geological Society of London, London, S. 1-18.

Heller, F. & Liu, T. S. (1982): Magnetostratigraphical Dating of Loess Deposits in China. Nature 300, S. 431-433.

Hofer, I. (2010): Sedimentologische und elementaranalytische Untersuchungen an Löss-/ Paläobodensequenzen in der Umgebung von Krems/Niederösterreich. Diplomarbeit, Universität Wien, unveröffentlicht, XV+185 S.

Hydro NÖ (2005): Hydrogeogr. Dienst Niederösterr.: Niederschlag mittlere Jahressumme 1971-2000. http://www.noel.gv.at/Externeseiten/wasserstand/folder_n_lt/niederschlag/bemessung/n_1971_2000.htm. Letzter Zugriff am 06.03.2015.

IPCC Working Group I (2013): Climate Change 2013: The Physical Science Basis (= Contribution to the fifth assessment report on the intergovenmental panel on climate change). Cambridge University Press, Cambridge, New York, 1535 S.

IPCC Working Group II (2014): Climate Change 2014: Impacts, Adaption, and Vulnerability (= Contribution to the fifth assessment report on the intergovenmental panel on climate change). Cambridge University Press, Cambridge, New York, 1820 S.

IUSS Working Group WRB (2006): World reference base for soil resources 2006 (= World Soil Resources Reports 103). FAO Roma, 132 S.

IUSS Working Group WRB (2014): World reference base for soil resources 2014. International soil classification system for naming soils and creating legends for soil maps (= World Soil Resources Reports 106). FAO Roma, 181 S.

Jary, Z. & Ciszek, D. (2013): Late Pleistocene loess–palaeosol sequences in Poland and western Ukraine. Quaternary International 296, S. 37-50.

Kadereit, A., Kind, C.-J. & Wagner, G. A. (2013): The chronological position of the Lohne Soil in the Nussloch loess section – re-evaluation for a European loess-marker horizon. Quaternary Science Reviews 59, S. 67-86.

Kemp, R. A. (1995): Distribution and Genesis of Calcitic Pedofeatures within a Rapidly Aggrading Loess-Paleosol Sequence in China. Geoderma 65 (3-4), S. 303-316.

Kemp, R. A., Derbyshire, E., Meng, X. M., Chen, F. H. & Pan, B. T. (1995): Pedosedimentary Reconstruction of a Thick Loess Paleosol Sequence near Lanzhou in North-Central China. Quaternary Research 43, S. 30-45.

Kemp, R. A., Derbyshire, E. & Meng, X. M. (1997): Micromorphological variation of the S1 paleosol across northwest China. Catena 31 (1-2), S. 77-90.

Kemp, R. A. (1999): Micromorphology of loess-paleosol sequences: a record of paleoenvironmental change. Catena 35 (2-4), S. 179-196.

Kemp, R. A., Derbyshire, E. & Meng, X. M. (2001): A high-resolution micromorphological record of changing landscapes and climates on the western Loess Plateau of China during oxygen isotope stage 5. Palaeogeography, Palaeoclimatology, Palaeoecology 170 (1-2), S. 157-169.

Khormali, F., Abtahi, A., Mahmoodi, S. & Stoops, G. (2003): Argillic horizon development in calcareous soils of arid and semiarid regions of southern Iran. Catena 53 (3), S. 273-301.

Khormali, F. & Kehl, M. (2011): Micromorphology and development of loess-derived surface and buried soils along a precipitation gradient in Northern Iran. Quaternary International 234, S. 109-123.

Khormali, F., Ghergherechi, S., Kehl, M. & Ayoubi, S. (2012): Soil formation in loess-derived soils along a subhumid to humid climate gradient, Northeastern Iran. Geoderma 179, S. 113-122.

Kimble, J. M. (Hrsg., 2004): Cryosols, Permafrost-Affected Soils. Springer, Berlin, Heidelberg, 726 S.

Knoll, S. (2013): Sedimentologische und mineralogische Eigenschaften mittelpleistozäner Paläoböden in der Löss-Paläoboden-Sequenz Krems-Schießstätte (Niederösterreich). Bachelorarbeit, Julius Maximilians Universität Würzburg, unveröffentlicht, 62 S.

Koch, R. & Neumeister, H. (2005): Zur Klassifikation von Lößsedimenten nach genetischen Kriterien. Zeitschrift für Geomorphologie, N.F. 49 (2), S. 183-203.

Kohl, H. (1981): Das Quartär in Oberösterreich und die internationale Quartärforschung. Jahrbuch des Oberösterreichischen Musealvereins 126/1, S. 229-251.

Kohl, H. (1986): Pleistocene glaciations in Austria. Quaternary Science Reviews 5, S. 421-427.

Kohl, H. (2000): Das Eiszeitalter in Oberösterreich, Abriß einer Quartärgeologie von Oberösterreich (= Schriftenreihe des OÖ Musealvereins 17), Linz, 487 S.

Köllisch, T. (2014): Die Bedeutung von spektralphotometrischen Messungen für die Interpretation eines Lössprofils in Krems, Österreich. Bachelorarbeit, Julius Maximilians Universität Würzburg, unveröffentlicht, 54 S.

Kovanda, J. (1995): Bericht 1993 und 1994 über die Bearbeitung fossiler Mollusken aus ausgewählten Lößkomplexen auf den Blättern 21 Horn, 22 Hollabrunn und 38 Krems. Jahrbuch der Geologischen Bundesanstalt 138 (3), S. 563-564.

Kovanda, J., Smolíková, L. & Horáček, I. (1995): New data on four classic loess sequences in Lower Austria. Sborník Geologických Věd. Antropozoikum 22, S. 63-85.

Krasilnikov, P. V. & García Calderón, N. E. (2006): A WRB-based buried paleosol classification. Quaternary International 156–157, S. 176-188.

Kubïena, W. L. (1938): Micropedology. Collegiate Press, Ames, Iowa, 243 S.

Kubïena, W. L. (1956): Zur Mikromorphologie, Systematik und Entwicklung der rezenten und fossilen Lößböden. Eiszeitalter und Gegenwart 7, S. 102-112.

Kühn, P., Terhorst, B. & Ottner, F. (2006): Micromorphology of middle Pleistocene palaeosols in northern Italy. Quaternary International 156, S. 156-166.

Kukla, G. J., Ložek, V. & Záruba, Q. (1961): Zur Stratigraphie der Lösse in der Tschechoslowakei. Quartär 13, S. 1-29.

Kukla, G. J. (1977): Pleistocene land-sea correlations I. Europe. Earth-Science Reviews 13 (4), S. 307-374.

Kukla, G. J. & Cílek, V. (1996): Plio-pleistocene megacycles: Record of climate and tectonics. Palaeogeography, Palaeoclimatology, Palaeoecology 120 (1-2), S. 171-194.

Kuntze, H., Roeschmann, G. & Schwerdtfeger, G. (1994): Bodenkunde. Ulmer, 5. Aufl., 424 S.

Lisiecki, L. E. & Raymo, M. E. (2005): A Pliocene-Pleistocene stack of 57 globally distributed benthic δ18O records. Paleoceanography 20, S. PA1003.

Lisiecki, L. E. & Raymo, M. E. (2007): Plio–Pleistocene climate evolution: trends and transitions in glacial cycle dynamics. Quaternary Science Reviews 26 (1–2), S. 56-69.

Litt, T., Behre, K.-E., Meyer, K.-D., Stephan, H.-J. & Wansa, S. (2007): Stratigraphische Begriffe für das Quartär des norddeutschen Vereisungsgebietes. Quaternary Science Journal (E&G) 56 (1-2), S. 7-65.

Liu, T. S., Ding, Z. L. & Rutter, N. (1999): Comparison of Milankovitch periods between continental loess and deep sea records over the last 2.5 Ma. Quaternary Science Reviews 18 (10-11), S. 1205-1212.

Liu, W. G. & Huang, Y. S. (2005): Compound specific D/H ratios and molecular distributions of higher plant leaf waxes as novel paleoenvironmental indicators in the Chinese Loess Plateau. Organic Geochemistry 36 (6), S. 851-860.

Liu, W. G., Huang, Y. S., AN, Z. H., Clemens, S. C., Li, L., Prell, W. L. & Ning, Y. F. (2005): Summer monsoon intensity controls C4/C3 plant abundance during the last 35 ka in the Chinese Loess Plateau: Carbon isotope evidence from bulk organic matter and individual leaf waxes. Palaeogeography, Palaeoclimatology, Palaeoecology 220 (3–4), S. 243-254.

Lomax, J., Fuchs, M., Preusser, F. & Fiebig, M. (2014): Luminescence based loess chronostratigraphy of the Upper Palaeolithic site Krems-Wachtberg, Austria. Quaternary International 351, S. 88-97.

Ložek, V. (2001): Molluscan fauna from the loess series of Bohemia and Moravia. Quaternary International 76-77, S. 141-156.

Lukić, T., Basarin, B., Buggle, B., Marković S. B., Tomović, V. M., Popov Raljič, J., Hrnjak, I., Timar-Gabor, A., Hambach, U. & Gavrilov, M. B. (2014): A joined rock magnetic and colorimetric perspective on the Late Pleistocene climate of Orlovat loess site (Northern Serbia). Quaternary International 334–335, S. 179-188.

Machalett, B., Oches, E. A., Frechen, M., Zöller, L., Hambach, U., Mavlynova, N. G., Marković, S. B. & Endlicher, W. (2008): Aeolian dust dynamics in central Asia during the Pleistocene: Driven by the long-term migration, seasonality, and permanency of the Asiatic polar front. Geochemistry Geophysics Geosystems 9.

Mack, G. H., James, W. C. & Monger, H. C. (1993): Classification of paleosols. Geological Society of America Bulletin 101, S. 188-203.

Macphail, R. I. & Goldberg, P. (2010): 26 - Archaeological Materials. In: G. Stoops, V. Marcelino & F. Mees (Hrsg.): Interpretation of Micromorphological Features of Soils and Regoliths. Elsevier, Amsterdam, S. 589-622.

Maher, B. A. & Thompson, R. (1994): Pedogenesis and Paleoclimate - Interpretation of the Magnetic-Susceptibility Record of Chinese Loess-Paleosol Sequences - Comment. Geology 22 (9), S. 857-858.

Marković, S. B., Bokhorst, M. P., Vandenberghe, J., McCoy, W. D., Oches, E. A., Hambach, U., Gaudenyi, T., Jovanović, M., Zöller, L., Stevens, T. & Machalett, B. (2008): Late Pleistocene loess-palaeosol sequences in the Vojvodina region, north Serbia. Journal of Quaternary Science 23 (1), S. 73-84.

Marković, S. B., Hambach, U., Catto, N., Jovanović, M., Buggle, B., Machalett, B., Zöller, L., Glaser, B. & Frechen, M. (2009): Middle and Late Pleistocene loess sequences at Batajnica, Vojvodina, Serbia. Quaternary International 198, S. 255-266.

Marković, S. B., Hambach, U., Stevens, T., Kukla, G. J., Heller, F., McCoy, W. D., Oches, E. A., Buggle, B. & Zöller, L. (2011): The last million years recorded at the Stari Slankamen (Northern Serbia) loess-palaeosol sequence: revised chronostratigraphy and long-term environmental trends. Quaternary Science Reviews 30 (9-10), S. 1142-1154.

Matura, A. (2006): Böhmische Masse. In: G. Wesseley (Hrsg.): Niederösterreich. (= Geologie der Österreichischen Bundesländer). S. 25-39.

Muhs, D. R., Cattle, S. R., Crouvi, O., Rousseau, D.-D., Sun, J. M. & Zárate, M. A. (2014): Loess Records. In: P. Knippertz & J.-B. W. Stuut (Hrsg.): Mineral Dust. Springer Netherlands, Dordrecht, S. 411-441.

Müller, H.-W., Dohrmann, R., Klosa, D., Rehder, S. & Eckelmann, W. (2009): Comparison of two procedures for particle-size analysis: Köhn pipette and X-ray granulometry. Journal for Plant Nutrition and Soil Science 172, S. 172-179.

Nagl, H. (1983): Klima- und Wasserbilanztypen Österreichs - Versuch einer regionalen Gliederung mit besonderer Berücksichtigung des außeralpinen Raumes. Geographischer Jahresbericht aus Österreich 40, S. 50-72.

Nestroy, O., Aust, G., Blum, W. E. H., Englisch, M., Hager, H., Herzberger, E., Kilian, W., Nelhiebel, P., Ortner, G., Pecina, E., Pehamberger, A., Schneider, W. & Wagner, J. (2011): Systematische Gliederung der Böden Österreichs. Österreichische Bodensystematik 2000 in der revidierten Fassung von 2011 (= Mitteilungen der Österreichischen Bodenkundlichen Gesellschaft 79). Österreichische Bodenkundliche Gesellschaft, Wien, 98 S.

Neugebauer-Maresch, C. (1993a): Zur altsteinzeitlichen Besiedlungsgeschichte des Galgenberges von Stratzing/Krems-Rehberg. Archäologie Österreichs 4 (1), S. 10-19.

Neugebauer-Maresch, C. (Hrsg., 1993b): Altsteinzeit im Osten Österreichs (= Wissenschaftliche Schriftenreihe Niederösterreich, 95/96/97). NÖ Pressehaus, St. Pölten/Wien, 96 S.

Neugebauer-Maresch, C. (Hrsg., 2008): Krems-Hundssteig – Mammutjägerlager der Eiszeit. Ein Nutzungsareal paläolithischer Jäger- und Sammler(innen) vor 41.000–27.000 Jahren (= Mitteilungen der Prähistorischen Kommission, 67). ÖAW, Wien, 347 S.

Nigst, P. R., Viola, T. B., Haesarts, P. & Trnka, G. (2008): Willendorf II. Wissenschaftliche Mitteilungen aus dem Niederösterreichischen Landesmuseum 19, S. 31-58.

Niklfeld, H. (1964): Zur xerothermen Vegetation im Osten Niederösterreichs. Verhandlungen der Zoologisch-Botanischen Gesellschaft in Wien 103/104, S. 152-181.

NÖ-Atlas (2015): Geografische Kartendienste der Abteilung Hydrologie und Geoinformation des Amts der niederösterreichischen Landesregierung: NÖ-Atlas. Karte: Geländehöhe (Laserscan). http://atlas.noe.gv.at/webgisatlas/init.aspx?karte=atlas_gelaendehoehe&ks=hoehenangaben. Letzter Zugriff am 06.03.2015.

Novothny, A., Frechen, M., Horvath, E., Bradak, B., Oches, E. A., McCoy, W. D. & Stevens, T. (2009): Luminescence and amino acid racemization chronology of the loess-paleosol sequence at Süttő, Hungary. Quaternary International 198, S. 62-76.

Novothny, A., Frechen, M., Horvath, E., Wacha, L. & Rolf, C. (2011): Investigating the penultimate and last glacial cycles of the Süttő loess section (Hungary) using luminescence dating, high-resolution grain size, and magnetic susceptibility data. Quaternary International 234, S. 75-85.

Oches, E. A. & McCoy, W. D. (1995): Amino acid geochronology applied to the correlation and dating of central european loess deposits. Quaternary Science Reviews 14 (7–8), S. 767-782.

Ottner, F., Sedov, S., Baatar, U. & Wriessnig, K. (2013): Grain size and mineralogical indicators of weathering in the Oberlaab loess-paleosol sequence, Upper Austria. Quaternary Science Journal (E&G) 62 (1), S. 34-43.

Pécsi, M. (1973): Lithologische und chronologische Gliederung der Lösse in Ungarn. Eiszeitalter und Gegenwart 23-24, S. 216-218.

Pécsi, M. (1990): Loess is not just the accumulation of dust. Quaternary International 7-8, S. 1-21.

Pécsi, M. & Richter, G. (1996): Löss: Herkunft - Gliederung - Landschaften (= Zeitschrift für Geomorphologie, N.F., Supplementband 98). Bornträger, Berlin & Stuttgart, 391 S.

Pehamberger, A. K. & Gerzabek, M. H. (2009): Die Braunerde als häufigster Bodentyp Österreichs. Die Bodenkultur 60 (2), S. 53-67.

Penck, A. & Brückner, E. (1909): Die Eiszeiten in den nördlichen Ostalpen (= Die Alpen im Eiszeitalter 1). Tauchnitz, Leipzig, 393 S.

Peticzka, R. & Riegler, D. (2004): Sedimentologisch-bodenkundliche Untersuchungen im Bereich Stillfried an der March - Grub Kranawetberg. In: R. Peticzka (Hrsg.): Beiträge zur Quartärforschung und Landschaftsökologie. Wien, S. 47-54.

Peticzka, R., Riegler, D. & Holawe, F. (2009): Exkursionsführer. 28. Jahrestagung des Arbeitskreises Paläopedologie der Deutschen Bodenkundlichen Gesellschaft, 21. bis 23. Mai 2009 in Wien, 68 S.

Peticzka, R., Holawe, F. & Riegler, D. (2010): Structural analyses on the modified paleosol-sequence of "Stillfried B" with high resolution measurements of selected laboratory parameters. Quaternary International 222 (1-2), S. 168-177.

Piffner, O. A. (2010): Geologie der Alpen. Haupt (UTB), 2. Aufl., Stuttgart, 359 S.

Piller, W. E., Egger, H., Erhart, C. W., Gross, M., Harzhauser, M., Hubmann, B., Van Husen, D., Krenmayr, H. G., Krystyn, L., Lein, R., Lukeneder, A., Mandl, G. W., Rögl, F., Roetzel, R., Rupp, C., Schnabel, W., Schönlaub, H. P., Summesberger, H., Wagreich, M. & Wessely, G. (2004): Die stratigraphische Tabelle von Österreich 2004 (sedimentäre Schichtfolgen). Kommission für die paläontologische und stratigraphische Erforschung Österreichs der Österreichischen Akademie der Wissenschaften und Österreichische Stratigraphische Kommision, Wien.

Porter, S. C. (2013): Loess Records - China. In: S. A. Ellias & C. J. Mock (Hrsg.): Encyclopedia of Quaternary Science (Second Edition). Elsevier, Amsterdam, S. 595-605.

Preusser, F. (2008): Luminescence dating: basics, methods and applications. Quaternary Science Journal (E&G) 57 (3-4), S. 95-149.

Preusser, F. & Fiebig, M. (2009): European Middle Pleistocene loess chronostratigraphy: Some considerations based on evidence from the Wels site, Austria. Quaternary International 198 (1–2), S. 37-45.

Prins, M. A., Vriend, M., Nugteren, G., Vandenberghe, J., Lu, H. Y., Zheng, H. B. & Weltje, G. J. (2007): Late Quaternary aeolian dust input variability on the Chinese Loess Plateau: inferences from unmixing of loess grain-size records. Quaternary Science Reviews 26 (1–2), S. 230-242.

Pye, K. (1995): The nature, origin and accumulation of loess. Quaternary Science Reviews 14 (7–8), S. 653-667.

Pye, K. & Sherwin, D. (1999): Loess. In: A. S. Goudie, I. Livingstone & S. Stokes (Hrsg.): Aeolian Environments, Sediments and Landforms. Wiley & Sons, Chichester, S. 213-238.

Rabeder, G. (1981): Die Arvicoliden (Rodentia, Mammalia) aus dem Pliozän und dem älteren Pleistozän von Niederösterreich. Beiträge zur Paläontologie von Österreich 8, S. 1-373.

Rabeder, G. & Gruber, B. (1986): Höhlenbär und Bärenjäger : Ausgrabungen in der Ramesch-Knochenhöhle im Toten Gebirge: Katalog zur Sonderausstellung (= Kataloge des Oberösterreichischen Landesmuseums, Neue Folge 6). Oberösterreichisches Landesmuseum, Linz, 31 S.

Rabeder, G. & Verginis, S. (1987): Die plio/pleistozänen Lößprofile von Stranzendorf und Krems (Niederösterreich). Griechische Geographische Gesellschaft Band B, S. 285-306.

Retallack, G. J. (1998): Adapting soil taxonomy for use with paleosols. Quaternary International 51–52, S. 55-57.

Retallack, G. J. (2001): Soils of the Past. An introduction to paleopedology. Blackwell Science, 2. Aufl., xi+404 S.

Riegler, D. & Peticzka, R. (2004): Typuslokalität Stillfried an der March - Ausgangssituation. In: R. Peticzka (Hrsg.): Beiträge zur Quartärforschung und Landschaftsökologie. Wien, S. 41-45.

Roberts, H. M. (2008): The development and application of luminescence dating to loess deposits: a perspective on the past, present and future. Boreas 37 (4), S. 483-507.

Rögl, F. & Summesberger, H. (1978): Die geologische Lage von Stillfried an der March. Forschungen in Stillfried 3, S. 76-86.

Schädel, K. & Werner, J. (1963): Neue Gesichtspunkte zur Stratigraphie des mittleren und älteren Pleistozäns im Rheingletschergebiet. Eiszeitalter und Gegenwart 14, S. 5-26.

Schäfer, C. (2014): Methoden zur Spektralphotometrie an Löss-Paläobodensequenzen in Krems, Niederösterreich. Bachelorarbeit, Julius Maximilians Universität Würzburg, unveröffentlicht, 45 S.

Scheffer, F., Meyer, B. & Gebhardt, H. (1966): Pedochemische und kryoklastische Verlehmung (Tonbildung) in Böden aus kalkreichen Lockersedimenten (Beispiel Lößß). Zeitschrift für Pflanzenernährung, Düngung und Bodenkunde 114, S. 77-89.

Schirmer, W. (2000): Eine Klimakurve des Oberpleistozäns aus dem rheinischen Löss. Eiszeitalter und Gegenwart 50, S. 25-49.

Schlaipfer, M. (2012): Paläopedologische Untersuchungen in Stillfried an der March: neue Methoden zur stratigraphischen Einordnung der Paläoböden Stillfried A & Stillfried B. Diplomarbeit, Universität Wien, unveröffentlicht, VIII+94 S.

Schmidt, E. D., Semmel, A. & Frechen, M. (2011): Luminescence dating of the loess/palaeosol sequence at the gravel quarry Gaul/Weilbach, southern Hesse (Germany). Quaternary Science Journal (E&G) 60 (1), S. 116-125.

Scholger, R. & Terhorst, B. (2011): Paläomagnetische Untersuchungen der pleistozänen Löss-Paläobodensequenz im Profil Wels-Aschet. In: D. Van Husen & J. Reitner (Hrsg.): Die Löss-Sequenz Wels/Aschet - Ein Referenzprofil für das Mittel- und Jungpleistozän im nördlichen Alpenvorland (MIS 16 bis MIS2). (= Mitteilungen der Kommission für Quartärforschung der Österreichischen Akademie der Wissenschaften 19). ÖAW, S. 47-61.

Scholger, R. & Terhorst, B. (2013): Magnetic excursions recorded in the Middle to Upper Pleistocene loess/palaeosol sequence Wels-Aschet (Austria). Quaternary Science Journal (E&G) 62 (1), S. 14-21.

Schönhals, E., Rohdenburg, H. & Semmel, A. (1964): Ergebnisse neuerer Untersuchungen zur Würmlöß-Gliederung in Hessen. Eiszeitalter und Gegenwart 15, S. 199-206.

Schratt-Ehrendorfer, L. (2008): Die Pflanzenwelt der Steppen Österreichs: Flora und Vegetation, Standortsvielfalt und Gefährdung. In: H. Wiesbauer (Hrsg.): Die Steppe lebt - Felssteppen und Trockenrasen in Niederösterreich. Amt der NÖ Landesregierung, Abteilung Naturschutz St. Pölten, S. 59-86.

Sedov, S., Sycheva, S., Pi, T. & Díaz, J. (2013): Last Interglacial paleosols with Argic horizons in Upper Austria and Central Russia: Pedogenetic and paleoenvironmental inferences from comparison with the Holocene analogues. Quaternary Science Journal (E&G) 62 (1), S. 44-58.

Semmel, A. (1968): Studien über den Verlauf jungpleistozäner Formung in Hessen (= Frankfurter Geographische Hefte 45). Kramer, Frankfurt am Main, 133 S.

Semmel, A. & Fromm, K. (1976): Ergebnisse paläomagnetischer Untersuchungen an quartären Sedimenten des Rhein-Main-Gebiets. Eiszeitalter und Gegenwart 27, S. 18-25.

Semmel, A. (1993): Grundzüge der Bodengeographie. Teubner, 3. Aufl., Stuttgart, 127 S.

Shackleton, N. J., Sánchez-Goñi, M. F., Pailler, D. & Lancelot, Y. (2003): Marine Isotope Substage 5e and the Eemian Interglacial. Global and Planetary Change 36 (3), S. 151-155.

Shackleton, N. J. (2006): Formal Quaternary stratigraphy—What do we expect and need? Quaternary Science Reviews 25 (23–24), S. 3458-3462.

Shi, C. D., Zhu, R. X., Glass, B. P., LIU, Q. S., Zeman, A. & Suchy, V. (2003): Climate variations since the last interglacial recorded in Czech loess. Geophysical Research Letters 30 (11), S. 16-1 - 16-4.

Singer, B. S. (2014): A Quaternary geomagnetic instability time scale. Quaternary Geochronology 21, S. 29-52.

Smalley, I. J. (1971): In-Situ Theories of Loess Formation and Significance of Calcium-Carbonate Content of Loess. Earth-Science Reviews 7 (2), S. 67-85.

Smalley, I. J. & Leach, J. A. (1978): Origin and Distribution of Loess in Danube Basin and Associated Regions of East-Central Europe - Review. Sedimentary Geology 21, S. 1-26.

Smalley, I. J., Jefferson, I. F., Dijkstra, T. A. & Derbyshire, E. (2001): Some major events in the development of the scientific study of loess. Earth-Science Reviews 54 (1-3), S. 5-18.

Smalley, I. J., O'Hara-Dhand, K., Wint, J., Machalett, B., Jary, Z. & Jefferson, I. (2009): Rivers and loess: The significance of long river transportation in the complex event-sequence approach to loess deposit formation. Quaternary International 198, S. 7-18.

Smalley, I. J., Marković, S. B. & Svirčev, Z. (2011): Loess is [almost totally formed by] the accumulation of dust. Quaternary International 240, S. 4-11.

Smolíková, L. (1967): Polygenese der fossilen lössböden der tschechoslowakei im lichte mikromorphologischer untersuchungen. Geoderma 1 (3–4), S. 315-324.

Smolíková, L. (1994): Bericht 1993 über die mikromorphologische Bearbeitung quartärer Böden auf den Blättern 9 Retz und 22 Hollabrunn und vergleichende Untersuchungen auf den Blättern 21 Horn, 38 Krems und 40 Stockerau. Jahrbuch der Geologischen Bundesanstalt 137, S. 541.

Smolíková, L. (1995): Bericht 1994 über Mikromorphologie und Stratigraphie der quartären Böden auf den Blättern 21 Horn, 22 Hollabrunn und 38 Krems. Jahrbuch der Geologischen Bundesanstalt 138 (3), S. 565.

Smolíková, L. (1997): Bericht 1996 über mikromorphologische und stratigraphische Bearbeitung quartärer Böden auf den Blättern 21 Horn, 22 Hollabrunn und 38 Krems. Jahrbuch der Geologischen Bundesanstalt 140, S. 353-354.

Smolíková, L. (1998): Bericht 1997 über Mikromorphologie und Stratigraphie der quartären Böden auf Blatt 23 Hadres. Jahrbuch der Geologischen Bundesanstalt 141, S. 328-329.

Smolíková, L., Havlíček, P. & Roetzel, R. (2010): Stratigraphy of Quaternary Fossil Soils along Highway A5 between Wolkersdorf and Schrick (Vienna Basin, Lower Austria). Abhandlungen der Geologischen Bundesanstalt 65, S. 221-228.

Solleiro-Rebolledo, E., Cabadas, H. & Terhorst, B. (2013): Paleopedological record along the loess-paleosol sequence in Oberlaab, Austria. Quaternary Science Journal (E&G) 62 (1), S. 22-33.

Sprafke, T. (2011): Die Löss Paläobodensequenz Paudorf - ein Archiv quartärer Umweltveränderungen in der Lössregion Niederösterreich. Diplomarbeit, Julius Maximilians Universität Würzburg, unveröffentlicht, IX+122 S.

Sprafke, T., Terhorst, B., Peticzka, R. & Thiel, C. (2013): Paudorf locus typicus (Lower Austria) revisited — the potential of the classic loess outcrop for Middle to Late Pleistocene landscape reconstructions. Quaternary Science Journal (E&G) 62 (1), S. 59-72.

Sprafke, T., Thiel, C. & Terhorst, B. (2014): From micromorphology to palaeoenvironment: The MIS 10 to MIS 5 record in Paudorf (Lower Austria). Catena 117, S. 60-72.

Sprafke, T. & Obreht, I. (2016): Loess: Rock, sediment or soil - What is missing for its definition? Quaternary International 399, S. 198-207.

Stahr, K., Kandeler, E., Herrmann, L. & Streck, T. (2008): Bodenkunde und Standortlehre (UTB Grundwissen Bachelor). Ulmer, Stuttgart, 318 S.

Stephan, S. (2000): Bt-Horizonte als Interglazial-Zeiger in den humiden Mittelbreiten; Bildung, Mikromorphologie, Kriterien. Eiszeitalter und Gegenwart 50, S. 95-106.

Stevenson, F. J. (1982): Humus Chemistry: Genesis, Composition, Reactions. Wiley, New York, XIII+443 S.

Stoops, G. (2003): Guidelines for analysis and description of soil and regolith thin sections. Soil Science Society of America, Madison, Wisconsin, 184 S.

Stoops, G. (Hrsg., Working Draft): Multilingual Translation of Micromorphological Terminology used in "Guidelines for Analysis and Description of Soil and Regolith Thin Sections, Stoops (2003)". Deutsche Übersetzungen von P. Kühn, D. Sauer, E. Eberhardt, unpubliziert.

Terhorst, B., Frechen, M. & Reittner, J. (2002): Chronostratigraphische Ergebnisse aus Lößprofilen der Inn- und Traun-Hochterrassen in Oberösterreich. Zeitschrift für Geomorphologie, N.F., Supplementband 127, S. 213-232.

Terhorst, B. (2007): Korrelation von mittelpleistozänen Löss-/Paläobodensequenzen in Oberösterreich mit der marinen Sauerstoffisotopenkurve. Quaternary Science Journal (E&G) 56, S. 172-185.

Terhorst, B., Thiel, C., Peticzka, R., Sprafke, T., Frechen, M., Fladerer, F. A., Roetzel, R. & Neugebauer-Maresch, C. (2011): Casting new light on the chronology of the loess/paleosol sequences in Lower Austria. Quaternary Science Journal (E&G) 60 (2-3), S. 270-277.

Terhorst, B., Ottner, F. & Wriessnig, K. (2012): Weathering intensity and pedostratigraphy of the Middle to Upper Pleistocene loess/palaeosol sequence of Wels-Aschet (Upper Austria). Quaternary International 265, S. 142-154.

Terhorst, B. (2013): A stratigraphic concept for Middle Pleistocene Quaternary sequences in Upper Austria. Quaternary Science Journal (E&G) 62 (1), S. 4-13.

Terhorst, B., Kühn, P., Damm, B., Hambach, U., Meyer-Heintze, S. & Sedov, S. (2014): Paleoenvironmental fluctuations as recorded in the loess-paleosol sequence of the Upper Paleolithic site Krems-Wachtberg. Quaternary International 351, S. 67-82.

Terhorst, B., Sedov, S., Sprafke, T., Peticzka, R., Meyer-Heintze, S., Kühn, P. & Solleiro Rebolledo, E. (2015): Austrian MIS 3/2 loess–palaeosol records—Key sites along a west–east transect. Palaeogeography, Palaeoclimatology, Palaeoecology 418, S. 43-56.

Thiel, C., Buylaert, J. P., Murray, A. S., Terhorst, B., Hofer, I., Tsukamoto, S. & Frechen, M. (2011a): Luminescence dating of the Stratzing loess profile (Austria) - Testing the potential of an elevated temperature post-IR IRSL protocol. Quaternary International 234, S. 23-31.

Thiel, C., Buylaert, J. P., Murray, A. S., Terhorst, B., Tsukamoto, S., Frechen, M. & Sprafke, T. (2011b): Investigating the chronostratigraphy of prominent palaeosols in Lower Austria using post-IR IRSL dating. Quaternary Science Journal (E&G) 60 (1), S. 137-152.

Thiel, C., Terhorst, B., Jaburova, I., Buylaert, J. P., Murray, A. S., Fladerer, F. A., Damm, B., Frechen, M. & Ottner, F. (2011c): Sedimentation and erosion processes in Middle to Late Pleistocene sequences exposed in the brickyard of Langenlois/Lower Austria. Geomorphology 135 (3-4), S. 295-307.

Torrent, J., Liu, Q. S., Bloemendal, J. & Barrón, V. (2007): Magnetic Enhancement and Iron Oxides in the Upper Luochuan Loess–Paleosol Sequence, Chinese Loess Plateau. Soil Science Society of America Journal 71 (5), S. 1570-1578.

USGS (2012): Shuttle Radar Topography Mission, 3 Arc Second Void Filled (~90 m Auflösung), http://earthexplorer.usgs.gov/.

USGS (2014): Shuttle Radar Topography Mission, 1 Arc Second Non Void Filled (~30 m Auflösung), http://earthexplorer.usgs.gov/.

Van Den Bogaard, C., Van Den Bogaard, P. & Schmincke, H.-U. (1989): Quartärgeologisch-tephrostratigraphische Neuaufnahme und Interpretation des Pleistozänprofils Kärlich. Eiszeitalter und Gegenwart 39, S. 62-86.

Van Husen, D. & Reitner, J. (2011): An Outline of the Quaternary Stratigraphy of Austria. Quaternary Science Journal (E&G) 60 (2-3), S. 366-387.

Van Loon, A. J. (2006): Lost loesses. Earth-Science Reviews 74, S. 309-316.

Van Vliet-Lanoë, B. (2010): 6 - Frost Action. In: G. Stoops, V. Marcelino & F. Mees (Hrsg.): Interpretation of Micromorphological Features of Soils and Regoliths. Elsevier, Amsterdam, S. 81-108.

Vandenberghe, J., Lu, H. Y., Sun, D. H., Van Huissteden, J. & Konert, M. (2004): The late Miocene and Pliocene climate in East Asia as recorded by grain size and magnetic susceptibility of the Red Clay deposits (Chinese Loess Plateau). Palaeogeography, Palaeoclimatology, Palaeoecology 204 (3–4), S. 239-255.

Vandenberghe, J. (2013): Grain size of fine-grained windblown sediment: A powerful proxy for process identification. Earth-Science Reviews 121, S. 18-30.

Verginis, S. (1993a): Paläoböden und Klimaschwankungen während des Jungpleistozäns am Beispiel des Profils Stiefern, NÖ. Griechische Geographische Gesellschaft Band B, S. 242-251.

Verginis, S. (1993b): Lössakkumulation und Paläoböden als Indikatoren für Klimaschwankungen während des Paläolithikums (Pleistozän). Mit ausgewählten Beispielen aus Niederösterreich. In: C. Neugebauer-Maresch (Hrsg.): Altsteinzeit im Osten Österreichs. (= Wissenschaftliche Schriftenreihe Niederösterreich 95/96/97). NÖ Pressehaus, St. Pölten/Wien, S. 13-30.

Vilim, P. (2004): Sedimentologische Untersuchungen am Lössprofil Buchberg am Kamp. In: R. Peticzka (Hrsg.): Beiträge zur Quartärforschung und Landschaftsökologie. Wien, S. 33-39.

Viscarra Rossel, R. A., Minasny, B., Roudier, P. & Mcbratney, A. B. (2006a): Colour space models for soil science. Geoderma 133 (3–4), S. 320-337.

Viscara Rossel, R. A., Walvoort, D. J. J., McBratney, A. B., Janik, L. J. & Skjemstad, J. O. (2006b): Visible, near infrared, mid infrared or combined diffuse reflectance spectroscopy for simultaneous assessment of various soil properties. Geoderma 131 (1–2), S. 59-75.

Vogel, J. C. & Zagwijn, W. H. (1967): Groningen radiocarbon dates VI. Radiocarbon 9, S. 63-106.

Wacha, L. & Frechen, M. (2011): The geochronology of the "Gorjanovic loess section" in Vukovar, Croatia. Quaternary International 240, S. 87-99.

Wallner, G., Wild, E. M., Aref-Azar, H., Hille, P. & Schmidt, W. F. O. (1990): Dating of Austrian Loess Deposits. Radiation Protection Dosimetry 34 (1/4), S. 69-72.

Wessely, G. (2006a): Molassezone. In: G. Wessely (Hrsg.): Niederösterreich (= Geologie der Österreichischen Bundesländer). Geologische Bundesanstalt, Wien, S. 41-68.

Wessely, G. (2006b): Wiener Becken. In: G. Wessely (Hrsg.): Niederösterreich (= Geologie der Österreichischen Bundesländer). Geologische Bundesanstalt, Wien, S. 189-224.

Wessely, G. & Draxler, I. (2006): Pliozän und Quartär. In: G. Wessely (Hrsg.): Niederösterreich (= Geologie der Österreichischen Bundesländer). Geologische Bundesanstalt, Wien, S. 235-252.

Woldstedt, P. (1956): Über die Gliederung der Würm-Eiszeit und die Stellung der Lösse in ihr. Eiszeitalter und Gegenwart 7, S. 78-86.

Woldstedt, P. (1958): Eine neue Kurve der Würm-Eiszeit. Eiszeitalter und Gegenwart 9, S. 151-154.

Woldstedt, P. (1966): Der Ablauf des Eiszeitalters. Eiszeitalter und Gegenwart 17, S. 153-158 + 1 Tafel.

ZAMG Österreich [Dat.] (Zentralanstalt für Meteorologie und Geodynamik): Klimadaten von Österreich 1971 - 2000. http://www.zamg.ac.at/fix/klima/oe71-00/klima2000/klimadaten_oesterreich_1971_frame1.htm. Letzter Zugriff am 06.03.2015.

ZAMG Österreich [Kart.] (Zentralanstalt für Meteorologie und Geodynamik): Klimakarten Kompas WebGIS. http://www.zamg.ac.at/cms/de/klima/informationsportal-klimawandel/klimakarten. Letzter Zugriff am 06.03.2015.

Zárate, M. A., Kemp, R. A. & Blasi, A. M. (2002): Identification and differentiation of Pleistocene paleosols in the northern Pampas of Buenos Aires, Argentina. Journal of South American Earth Sciences 15 (3), S. 303-313.

Zárate, M. A., Kemp, R. & Toms, P. (2009): Late Quaternary landscape reconstruction and geochronology in the northern Pampas of Buenos Aires province, Argentina. Journal of South American Earth Sciences 27 (1), S. 88-99.

Zech, W., P., S. & Hintermaier-Erhard, G. (2014): Böden der Welt - Ein Bildatlas. Springer Spektrum, 2. Aufl., Berlin, Heidelberg, 164 S.

Zeuner, F. E. (1954): Riss or Würm? Eiszeitalter und Gegenwart 4-5, S. 98-105.

Zöller, L., Stremme, H. E. & Wagner, G. A. (1988): Thermolumineszenz-Datierung an Löß-Paläoboden-Sequenzen von Nieder-, Mittel- und Oberrhein. Chemical Geology (Isotope Geoscience section) 73, S. 39-62.

Zöller, L., Oches, E. A. & McCoy, W. D. (1994): Towards a revised chronostratigraphy of loess in Austria with respect to key sections in the Czech Republic and in Hungary. Quaternary Geochronology (Quaternary Science Reviews) 13, S. 465-472.

Abbildungsverzeichnis

Tabellenverzeichnis

Abkürzungsverzeichnis

ka	1000 Jahre (kiloannus)
LPS	Löss-Paläoboden Sequenz
m ü. A.	Meter über Adria
MBB	Matuyama-Brunhes Grenze (Matuyama-Brunhes boundary)
MIS	Sauerstoffisotopenstufe (marine isotope stage)
WRB	World Reference Base for Soil Resources
PPL	einfach polarisiertes Licht (plain polarized light)
XPL	gekreuzt polarisiertes Licht (crossed polarized light)

Anhang

Die E-Book-Version der Arbeit sowie alle in diesem Rahmen erhobenen und visualisierten Messdaten sind frei verfügbar auf dem Repository der Universität Würzburg:
http://nbn-resolving.de/urn:nbn:de:bvb:20-opus-127787

Die Excel-Datei umfasst in 19 Tabellenblättern folgende Daten:

Anhang 1: Karbonatanalysen Profil SAK
Anhang 2: Korngrößen- und Karbonatanalysen der Profile in GN1
Anhang 3: Korngrößen- und Karbonatanalysen Profil MW2C
Anhang 4: Korngrößen- und Karbonatanalysen der Profile in AK3
Anhang 5: Korngrößen- und Karbonatanalysen der Profile in AK1
Anhang 6: Korngrößen- und Karbonatanalysen der Profile in NW2
Anhang 7: Korngrößen- und Karbonatanalysen Profil SFK
Anhang 8: Karbonatanalysen Typusböden
Anhang 9: Farbparameter, Karbonat- und Grusgehalte Paudorf
Anhang 10: Farbparameter und Grusgehalte Stiefern
Anhang 11: Farbparameter und Karbonatgehalte GN1
Anhang 12: Farbparameter MW2C
Anhang 13: Farbparameter, Karbonat- und Grusgehalte (G: semi-quantitativ) AK3
Anhang 14: Farbparameter und Grusgehalte AK2B
Anhang 15: Farbparameter und Grusgehalte AK1
Anhang 16: Farbparameter und Grusgehalte NW4B
Anhang 17: Farbparameter NW2C
Anhang 18: Farbparameter und Karbonatgehalte Stillfried
Anhang 19: Farbparameter Typusböden

Anhang 20: Legende zu den Profilzeichnungen dieser Arbeit

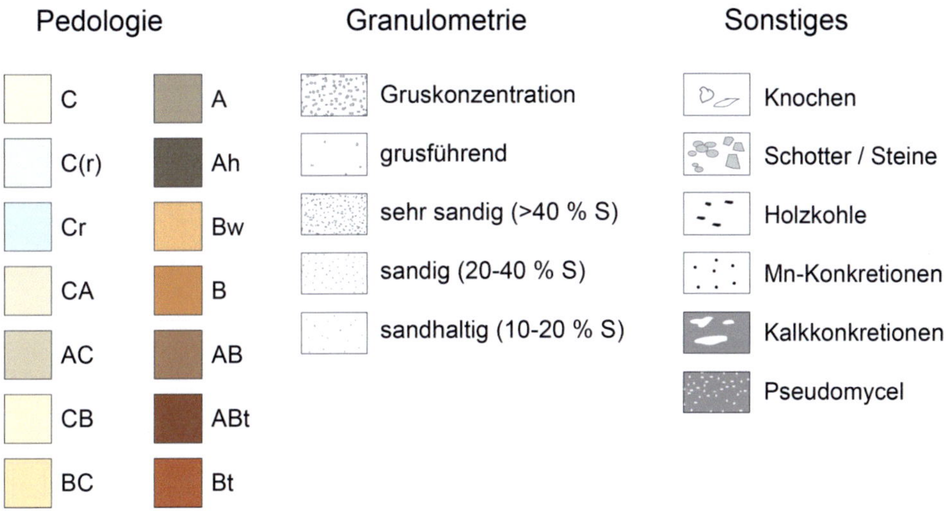